CORPO

BILL BRYSON

Corpo
Um guia para usuários

Tradução
Cássio de Arantes Leite

Copyright © 2019 by Bill Bryson

Grafia atualizada segundo o Acordo Ortográfico da Língua Portuguesa de 1990, que entrou em vigor no Brasil em 2009.

Título original
The Body: A Guide for Occupants

Capa
Adaptação a partir de Richard Ogle/tw

Ilustração de capa
Neil Gower

Preparação
Joaquim Toledo Jr.

Revisão
Huendel Viana
Isabel Cury

Índice remissivo
Luciano Marchiori

Dados Internacionais de Catalogação na Publicação (cip)
(Câmara Brasileira do Livro, sp, Brasil)

Bryson, Bill
 Corpo : um guia para usuários / Bill Bryson ; tradução Cássio de Arantes Leite. — 1ª ed. — São Paulo : Companhia das Letras, 2020.

 Título original : The Body : A Guide for Occupants.
 Bibliografia.
 isbn 978-85-359-3294-2

 1. Anatomia humana 2. Fisiologia humana i. Título.

	cdd-612
19-30625	nlm-qt 104

Índice para catálogo sistemático:
1. Anatomia humana : Medicina 612

Cibele Maria Dias – Bibliotecária – crb-8/9427

[2020]
Todos os direitos desta edição reservados à
EDITORA SCHWARCZ S.A.
Rua Bandeira Paulista, 702, cj. 32
04532-002 — São Paulo — sp
Telefone: (11) 3707-3500
www.companhiadasletras.com.br
www.blogdacompanhia.com.br
facebook.com/companhiadasletras
instagram.com/companhiadasletras
twitter.com/cialetras

Para Lottie.
Seja bem-vinda também.

Sumário

1. Como construir um humano 9
2. Por fora: pele e pelo 18
3. Seu eu microbiano 34
4. O cérebro 53
5. A cabeça 75
6. Goela abaixo: boca e garganta 94
7. O coração e o sangue 112
8. O departamento de química 137
9. Na sala de dissecação: o esqueleto 156
10. Em movimento: bipedalismo e exercício 171
11. Equilíbrio 182
12. O sistema imune 195
13. Inspire, expire: os pulmões e a respiração ... 207
14. O glorioso alimento 220
15. Vísceras 241
16. Sono 251
17. Nos países baixos 265
18. No início: a concepção e o parto 278

19. Nervos e dor 292
20. Quando as coisas dão errado: doenças 305
21. Quando as coisas dão muito errado: câncer 321
22. Medicina boa e medicina ruim 335
23. O fim 351

Notas 367
Referências bibliográficas 389
Agradecimentos 399
Créditos das imagens 401
Índice remissivo 403

1. Como construir um humano

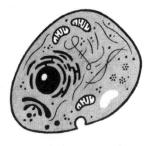

Tão semelhante a um deus!
William Shakespeare, *Hamlet*

Há muito tempo, quando chegava ao fim do ginásio, nos Estados Unidos, me lembro de ouvir um professor de biologia dizer que todas as substâncias químicas que compunham o ser humano podiam ser compradas num armazém por cinco dólares ou algo assim. Não me recordo da soma exata. Talvez fossem 2,97 ou 13,50 dólares, mas sem dúvida era muito pouco, até para valores da década de 1960, e me lembro de ficar chocado com o pensamento de que era possível produzir uma criatura desajeitada e espinhenta como eu por quase nada.

Foi uma revelação tão espetacularmente humilhante que permaneceu comigo todos esses anos. A questão é: era verdade? Valemos de fato tão pouco assim?

Muitos especialistas (entenda-se por isso "estudantes universitários de ciências solitários na sexta à noite") tentaram diversas vezes, em geral só por passatempo, fazer as contas de quanto custaria o material necessário para construir um ser humano. Talvez a tentativa mais respeitável e abrangente em anos recentes tenha sido conduzida pela Real Sociedade de Química, que, como parte do Festival de Ciências de Cambridge de 2013, calculou os elementos necessários para construir o ator Benedict Cumberbatch. (Cumberbatch foi um convidado especial do festival naquele ano e, por sorte, era um humano de tamanho médio.)

No total, segundo a Real Sociedade,[1] são necessários 59 elementos para fazer um ser humano. Seis deles — carbono, oxigênio, hidrogênio, nitrogênio, cálcio e fósforo — respondem por 99,1% de nossa composição, mas a maior parte do restante é um pouco inesperada. Quem teria imaginado que não seríamos completos sem um pouco de molibdênio, ou de vanádio, manganês, estanho e cobre? Nossa necessidade de alguns deles, diga-se de passagem, é excepcionalmente modesta, e suas quantidades são medidas em partes por milhão ou mesmo partes por bilhão. Precisamos, por exemplo, de apenas vinte átomos de cobalto e trinta átomos de cromo para cada 999 999 999,5 átomos de todo o resto.[2]

O componente mais abundante em qualquer ser humano, ocupando 61% da capacidade disponível, é o oxigênio. Pode parecer um pouco contraintuitivo sermos compostos de dois terços de um gás inodoro. O motivo de não sairmos quicando por aí como um balão é que a maior parte desse oxigênio está ligada a átomos de hidrogênio (que compõem outros 10% de você) para produzir água — e a água, como você deve saber se já tentou mover uma piscina inflável cheia ou se já andou por aí com a roupa encharcada, é surpreendentemente pesada. É um pouco irônico que duas das coisas mais leves da natureza, o oxigênio e o hidrogênio, formem uma das mais pesadas quando combinadas, mas a natureza é cheia desses contrassensos. O oxigênio e o hidrogênio também estão entre os elementos mais baratos do seu corpo. Todo o seu oxigênio custaria apenas 8,90 libras, e o seu hidrogênio, um pouco mais de dezesseis libras (presumindo que você e Benedict Cumberbatch tenham o mesmo tamanho). Seu nitrogênio (2,6% de você) sai ainda mais em conta, a meros 27 pence por corpo. Mas daqui para a frente começa a ficar bem salgado.

Você precisa de cerca de catorze quilos de carbono, e isso vale 44,3 mil libras, segundo a Real Sociedade de Química. (Eles usam apenas a forma mais purificada de tudo. A Real Sociedade jamais faria um humano com matéria-prima de segunda.) Cálcio, fósforo e potássio, embora necessários em quantidades bem menores, ficariam no total em mais de 47 mil libras. Quase todo o resto é ainda mais caro por unidade de volume, mas, felizmente, exigido apenas em quantidades microscópicas. O grama de tório custa quase 2 mil libras, mas ele constitui apenas 0,0000001% de você, então é possível comprar a quantidade necessária para seu corpo por 21 pence. Todo o estanho requerido pode ser seu por meros quatro pence, enquanto zircônio e nióbio vão lhe custar apenas dois pence cada. O samário, correspondente a 0,000000007% de você, pelo jeito nem vale a pena ser cobrado. O extrato da Real Sociedade contabiliza o custo como zero libra.

Dos 59 elementos encontrados em nosso corpo, 24 são tradicionalmente conhecidos como "elementos essenciais", porque de fato não dá para fazer nada sem eles. O resto é uma grande mistureba. Alguns são sem dúvida benéficos; outros podem ser benéficos, mas ainda não temos muita certeza de que maneira; outros não são prejudiciais nem benéficos, mas apenas "pegaram carona" em nós, por assim dizer; e outros são um desastre. O cádmio, por exemplo, é o 23º elemento mais comum no corpo humano, constituindo apenas 0,1% da nossa massa, mas é altamente tóxico. Nós o temos não porque o corpo precise dele, mas porque penetra nas plantas pelo solo e depois em nós, quando comemos as plantas. Se você vive na América do Norte, é provável que ingira cerca de oitenta microgramas de cádmio todos os dias, mas isso não faz nada bem.

Muito do que ocorre nesse nível elementar ainda está sendo compreendido. Por exemplo, qualquer célula do seu corpo tem mais de 1 milhão de átomos de selênio, mas até pouco tempo atrás ninguém fazia a menor ideia do porquê de sua presença. Hoje sabemos que o selênio compõe duas enzimas vitais cuja deficiência foi ligada a hipertensão, artrite, anemia, alguns tipos de câncer e até, possivelmente, baixa contagem de espermatozoides.[3] Assim, sem dúvida é uma boa ideia ingerir um pouco de selênio (ele é encontrado em oleaginosas, pão integral e peixe, entre outros), mas, ao mesmo tempo, o nutriente consumido em excesso pode envenenar irremediavelmente o fígado.[4] Como quase tudo na vida, encontrar o equilíbrio é um negócio complicado.

Ao todo, segundo a Real Sociedade, o custo de construir um novo ser humano, usando o prestativo Benedict Cumberbatch como padrão, seria de exatas 96 546,79 libras. A mão de obra e os impostos aumentariam esse valor, é claro. Você provavelmente teria sorte se conseguisse comprar um Benedict Cumberbatch por um preço final muito inferior a 200 mil libras — o que não é fortuna, levando tudo isso em consideração, mas está bem longe da bagatela sugerida pelo meu professor. Isso posto, em 2012, o *Nova*, um programa sobre ciências muito famoso da rede de TV americana PBS, fez uma análise igual a essa num episódio chamado "Caçando os elementos" e chegou ao valor de 168 dólares para os componentes fundamentais do ser humano,[5] ilustrando uma questão que se tornará inescapável à medida que você prosseguir na leitura deste livro: quando o assunto é o corpo humano, os detalhes muitas vezes são surpreendentemente incertos.

Mas é claro que isso tudo não faz tanta diferença. Qualquer que fosse o volume do investimento ou o cuidado ao escolher os melhores materiais, ainda assim seria impossível criar um ser humano. Mesmo reunindo os maiores gênios (vivos ou já falecidos), dotados da totalidade do conhecimento humano, todos eles juntos não conseguiriam produzir uma única célula viva, que dirá uma réplica de Benedict Cumberbatch.

Este é inquestionavelmente o fato mais espantoso a nosso respeito: somos um mero conjunto de componentes inertes, os mesmos encontrados num punhado de terra. Eu já disse em outro livro, mas creio que vale a pena repetir: o que é especial nos elementos que nos constituem é o fato de eles nos constituírem. Esse é o milagre da vida.

Passamos a vida toda nesse cálido e balouçante invólucro carnal e no entanto quase sempre o subestimamos. Quem seria capaz de apontar mais ou menos onde fica o baço e dizer para que serve? Ou a diferença entre tendões e ligamentos? Ou o que fazem nossos gânglios linfáticos? Quantas vezes por dia nós piscamos? Quinhentas? Mil? Você não faz ideia, claro. O.k., piscamos 14 mil vezes por dia — no total, nossos olhos ficam fechados por 23 minutos enquanto estamos acordados.[6] Só que ninguém precisa pensar a respeito dessas coisas, porque a cada segundo, todos os dias, nosso corpo executa uma quantidade literalmente incalculável de tarefas — um quatrilhão, um nonilhão, um quindecilhão, um vigintilhão (porque essas quantidades existem); enfim, um número que vai muito além da nossa imaginação — sem exigir um instante da sua atenção.

Desde que você começou a ler esta sentença, há pouco mais de um segundo, seu corpo produziu 1 milhão de glóbulos vermelhos. Eles já estão percorrendo seu corpo, viajando depressa por suas veias, mantendo-o vivo. Cada um desses glóbulos vermelhos vai circular por você cerca de 150 mil vezes, levando oxigênio a suas células sem parar, e depois, gastos e inúteis, se apresentarão a outras células e serão calmamente aniquilados em função do bem maior que é você.

No total, são necessários 7 bilhões de bilhões de bilhões (ou seja, 7 000 000 000 000 000 000 000 000 000 ou 7 octilhões) de átomos para fazer você. Não se sabe por que esses 7 bilhões de bilhões de bilhões de átomos sentem uma urgência tão grande de serem você. Afinal, são partículas sem vida, não há pensamentos ou ideias nelas. E contudo, de algum modo, enquanto existirmos, eles continuarão a construir e manter funcionando todos os incontáveis sistemas e estruturas necessários para que você continue em movimento, para que você seja você, para que você tenha esse formato, permitindo que usufrua da condição rara e sumamente agradável conhecida como vida.

É um trabalho muito maior do que se imagina. Desembalado, certamente você é imenso. Seus pulmões esparramados cobririam uma quadra de tênis, e as vias aéreas dentro deles, esticadas, iriam de Londres a Moscou. A extensão de todos os seus vasos sanguíneos equivale a duas voltas e meia na Terra.[7] Mas sua parte mais notável é o DNA. Você tem um metro de DNA embalado em cada célula, e são tantas células que, se usássemos todo o DNA de seu corpo para fabricar um fio, ele se estenderia por mais de 15 bilhões de quilômetros, até depois de Plutão.[8] Pense nisto: é o suficiente para ultrapassar o Sistema Solar. Você é, num sentido muito literal, cósmico.

Mas seus átomos são apenas blocos de montar, não estão vivos. Não é fácil dizer com precisão onde a vida começa. A unidade básica da vida é a célula — todo mundo concorda nesse ponto. A célula é cheia de partes superatarefadas — ribossomos e proteínas, DNA, RNA, mitocôndrias e muitas outras bizarrices microscópicas misteriosas —, mas nenhuma delas é viva em si. A própria célula — do latim "quarto pequeno" — é apenas o compartimento que as contém, ou seja, é tão sem vida quanto qualquer compartimento. Porém, de alguma forma, quando todas essas coisas se unem, há vida. E isso é um mistério para a ciência. Parte de mim torce para que permaneça sempre assim.

E o mais impressionante nisso tudo é que não há nada no comando: cada componente da célula reage a sinais de outros componentes, todos se empurrando e se chocando, como carrinhos de bate-bate no parque de diversões. No entanto, de algum modo essa movimentação aleatória resulta numa ação suave e coordenada, não só dentro da célula como também em todo o corpo humano, conforme elas se comunicam umas com as outras em diferentes partes do seu cosmos particular.

O coração da célula é o núcleo. Ele contém o DNA celular — que mede um metro, como já adiantamos, espremido em um espaço que poderíamos tranquilamente chamar de infinitesimal. O motivo para tanto DNA caber em um núcleo celular é a sua estreiteza extrema: seriam necessários 20 bilhões de filamentos de DNA lado a lado para atingir a largura de um fio de cabelo humano.[9] Toda célula do seu corpo (a rigor, toda célula com núcleo) contém duas cópias do seu DNA. É por isso que você tem uma quantidade suficiente para ir até Plutão e além.

O DNA existe com uma única finalidade — criar mais DNA. Seu DNA não passa de um manual de instruções para fabricar você. Uma molécula de DNA, como você certamente vai se lembrar de ter visto em incontáveis programas de televisão ou ainda nas aulas de biologia, é composta de duas fitas conectadas por pontes para formar a célebre escada em caracol conhecida como dupla hélice. Um pedaço de DNA é dividido em segmentos chamados cromossomos e em unidades individuais mais curtas chamadas genes. A soma de todos os seus genes é o genoma.

O DNA é extremamente estável. Pode durar dezenas de milhares de anos. Hoje em dia, é o que possibilita aos cientistas desvendar a antropologia do passado muito antigo. É provável que todas as coisas que você possui neste exato momento — uma carta, uma joia, uma relíquia de família — não existirão mais daqui a mil anos, mas seu DNA sem dúvida seguirá por aí e será recuperável, caso alguém se dê o trabalho de procurar. O DNA passa informação adiante com extraordinária fidelidade. Comete aproximadamente um erro a cada bilhão de letras copiadas. Mesmo assim, isso gera cerca de três erros (ou mutações) por divisão celular. A maioria dessas mutações é ignorada pelo corpo, porém às vezes elas podem ter uma importância mais significativa. Isso é a evolução.

Todos os componentes do genoma têm um propósito único: manter a sua linhagem viva. O fato de carregarmos genes antiquíssimos e possivelmente — até a atualidade, de todo modo — eternos nos faz perceber como somos insignificantes. Você vai morrer e desaparecer, mas seus genes continuarão a existir, contanto que seus eventuais descendentes continuem a produzir descendentes. E é impressionante considerar que nem uma única vez em 3 bilhões de anos, desde que a vida começou, sua linhagem pessoal de ascendência foi interrompida. Para você estar aqui, agora, cada ancestral seu teve de passar seu material genético adiante para uma nova geração, antes de ser morto ou de algum outro modo eliminado do processo reprodutivo. É uma cadeia extremamente bem-sucedida.

A função exata dos genes é fornecer instruções para construir proteínas. As coisas mais importantes do corpo são feitas de proteínas. Algumas aceleram as reações químicas e são conhecidas como enzimas. Outras transmitem mensagens químicas e são conhecidas como hormônios. Outras, ainda, atacam os patógenos e são chamadas de anticorpos. A maior proteína de todas, a titina, ajuda a controlar a elasticidade muscular. Seu nome químico tem 189 819 letras, configurando a maior palavra da língua inglesa — isto é, se os dicionários admitissem nomes científicos.[10] Ninguém sabe quantos tipos de proteína existem dentro de nós, mas as estimativas vão de algumas centenas de milhares a 1 milhão ou mais.[11]

O paradoxo da genética é que somos todos muito diferentes e ainda assim praticamente idênticos, em termos genéticos. Os seres humanos compartilham 99,9% de seu DNA, porém não existem dois humanos iguais.[12] O meu DNA e o seu diferem em 3 milhões a 4 milhões de trechos, uma fatia pequena em relação ao total, mas o suficiente para gerar muitas diferenças entre nós.[13] Há também dentro do seu corpo cerca de cem mutações pessoais — trechos de instruções genéticas exclusivos seus, que não batem exatamente com nenhum dos genes transmitidos pelos seus pais.[14]

Os detalhes de como tudo isso funciona permanecem um grande mistério. Apenas 2% do genoma humano codifica proteínas, ou seja, apenas 2% executam uma função prática de forma demonstrável e inequívoca. Ninguém sabe exatamente o que o restante faz. Uma boa parte — sardas na pele, por exemplo — apenas está ali no seu canto. Mas muito desses 98% não faz o menor sentido. Uma porção curta de DNA conhecida como sequência Alu se repete mais de 1 milhão de vezes em todo o nosso genoma, inclusive, às vezes, no meio de importantes genes codificadores de proteínas.[15] Até onde sabemos, é uma baboseira sem lógica, e no entanto constitui 10% do nosso material genético. Toda essa parte misteriosa por um tempo foi chamada de DNA lixo, mas hoje recebe o nome mais elegante de DNA escuro, no sentido de que não sabemos sua função ou por que existe. Um tanto está envolvido na regulação dos genes, mas boa parte do restante permanece incógnita.

O corpo costuma ser comparado a uma máquina, mas ele é muito mais que isso: opera 24 horas por dia durante décadas sem (praticamente) exigir manutenção regular ou a instalação de peças sobressalentes, funciona à base de água e alguns compostos orgânicos, é macio e bastante gracioso, além de móvel e flexível, reproduz-se com fervor, faz piadas, sente afeição, aprecia um pôr do sol avermelhado e uma brisa refrescante. Conhecemos quantas máquinas capazes disso? É indiscutível. Você é um prodígio, sem dúvida. Embora uma minhoca, diga-se de passagem, também seja.

E como celebramos a glória da nossa existência? Bem, para a maioria das pessoas, exercitando-se minimamente e comendo muito. Pense em toda a porcaria que você enfia na boca e em quanto tempo passa esparramado num estado quase vegetativo diante de uma tela brilhante. Contudo, de um modo benigno e milagroso, nosso corpo cuida da gente, extrai nutrientes da miscelânea de coisas que comemos e consegue nos manter inteiros, em geral num patamar bastante elevado, por décadas. Suicidar-se pelo estilo de vida leva uma eternidade.

Mesmo quando fazemos praticamente tudo errado, nosso corpo nos sustenta e nos preserva. Somos um testemunho vivo disso, de um modo ou de outro. Cinco em cada seis fumantes não terão câncer de pulmão.[16] A maioria dos muito propensos a um ataque cardíaco jamais terá um. Todos os dias, estima-se, de uma a cinco células suas se tornam cancerígenas, e seu sistema imune as captura e extermina.[17] Pense nisso. Dezenas de vezes, toda semana, bem mais de mil vezes por ano, você desenvolve a doença mais temida da atualidade, e seu corpo sempre o salva. É claro que muito de vez em quando um câncer pode evoluir para algo mais grave e possivelmente fatal, mas, no geral, o câncer é raro: a maioria das células no corpo é replicada bilhões e bilhões de vezes sem que nada de errado aconteça. O câncer pode ser uma causa de morte comum, mas não é um evento comum na vida.

Nosso corpo é um universo de 37,2 trilhões de células* operando em conjunto praticamente o tempo todo.[18] Uma dor, uma pontada de indigestão,

---

* Esse número é uma estimativa, claro. As células humanas vêm numa variedade de tipos, tamanhos e densidades e são literalmente incontáveis. A quantidade de 37,2 trilhões foi calculada em 2013 por uma equipe de cientistas europeus liderados por Eva Bianconi, da Universidade de Bolonha, na Itália, e publicada nos *Annals of Human Biology*.

um hematoma ou uma espinha são as coisas que denunciam nossa imperfectibilidade durante o curso normal da vida. Existem milhares delas capazes de nos matar — pouco mais de 8 mil, segundo a *Classificação estatística internacional de doenças e problemas relacionados à saúde* (CID) compilada pela Organização Mundial de Saúde — e escaparemos de todas, menos de uma. Para a maioria, não é mau negócio.[19]

Estamos longe de ser perfeitos, ninguém duvida. Nossos terceiros molares têm pouco espaço para irromper porque o maxilar ficou pequeno demais para acomodar todos os dentes com que fomos agraciados; temos a pelve pequena demais para o bebê passar sem causar uma dor excruciante na mãe. Somos irremediavelmente suscetíveis a dores nas costas. Temos órgãos que em geral não conseguem se consertar sozinhos. Se um peixe-zebra machuca o coração, um novo tecido cresce no lugar. Se você machucar seu coração, bem, não é nada bom. Quase todos os animais produzem a própria vitamina C, mas nós somos incapazes disso. Realizamos todas as partes do processo, exceto, inexplicavelmente, o último passo, a produção de uma única enzima.[20]

O milagre da vida humana não é sermos dotados de algumas fragilidades, mas estarmos repletos delas. Não esqueça que seus genes vêm de ancestrais que na maior parte do tempo não eram nem sequer humanos. Alguns eram peixes. Muitos outros eram minúsculos, peludos e viviam em tocas. Herdamos nosso projeto corporal desses seres. Você é produto de 3 bilhões de anos de ajustes evolucionários. Estaríamos em situação bem melhor se pudéssemos começar do zero e nos presentear com um corpo construído para nossas necessidades particulares de *Homo sapiens* — caminhar eretos sem acabar com os joelhos e as costas, engolir sem forte risco de engasgar, expelir bebês mecanicamente. Mas não fomos construídos para isso. Começamos nossa jornada pela história como organismos unicelulares flutuando em mares quentes e rasos. Tudo o que veio depois foi um longo e interessante acidente, mas um acidente glorioso, também, como espero que as páginas a seguir mostrem com clareza.

2. Por fora: pele e pelo

A beleza não vai além da pele, mas a feiura chega até a medula.
Dorothy Parker

I

Pode ser um pouco surpreendente pensar a respeito, mas nossa pele é o maior órgão do corpo, e talvez o mais versátil. Ela mantém as entranhas do lado de dentro e as coisas nocivas do lado de fora. Amortece impactos. É a responsável pelo sentido do tato, proporcionando prazer, calor, dor e quase tudo o mais que nos faz nos sentirmos vivos. Produz melanina para nos proteger da luz ultravioleta. É capaz de se regenerar sozinha quando abusamos do sol. É parte integrante do que entendemos por belo no ser humano. Ela zela por nós.

O nome formal da pele é sistema tegumentar. Ela tem cerca de dois metros quadrados no total e pesa entre 4,5 e sete quilos, embora naturalmente isso dependa da sua altura e de quanta pele é necessária para envolver suas nádegas e sua barriga. É mais fina nas pálpebras (com espessura de apenas um milésimo de polegada) e mais grossa no calcanhar e na metade inferior da palma da mão. Ao contrário do coração ou do rim, a pele nunca falha. "Nossas costuras não estouram, não sofremos pequenos vazamentos espontâneos",[1] diz Nina Jablonski, professora de antropologia na Universidade Estadual da Pensilvânia e autoridade máxima em assuntos cutâneos.

A pele é composta de uma camada interna, a derme, e uma externa, a epiderme. A camada mais superficial da epiderme, por sua vez, chamada estrato córneo, é composta apenas de células mortas. É surpreendente pensar que tudo o que faz de você um ser humano bonito está morto. Onde o corpo e o ar se encontram, somos todos cadáveres. Essas células externas são substituídas mês a mês. Soltamos pele copiosamente, de forma quase descuidada: cerca de 25 mil flocos por minuto, mais de 1 milhão de pedacinhos a cada hora.[2] Se você passar o dedo por uma prateleira empoeirada, fragmentos de seu antigo eu ficarão grudados nele. Silenciosamente, implacavelmente, viramos pó.

Chamamos de descamação essa perda de flocos de pele. Cada um deixa em seu rastro cerca de meio quilo de poeira por ano.[3] Se você queimar o conteúdo recolhido por um aspirador de pó, o odor predominante será o cheiro inconfundível que associamos a cabelo queimado. Isso acontece porque a pele e o cabelo são feitos na maior parte da mesma coisa: queratina.

Sob a epiderme fica a derme, um ambiente fértil onde residem todos os sistemas ativos da pele — os vasos sanguíneos e linfáticos, as fibras nervosas, as raízes dos folículos capilares, as reservas glandulares de suor e sebo. Sob ela, mas não tecnicamente parte da pele, fica uma camada subcutânea de gordura. Embora ela não componha o sistema tegumentar, é uma parte importante de seu corpo, pois armazena energia, fornece isolamento e prende a pele ao corpo.

Ninguém sabe ao certo quantos buracos há na pele, mas somos bem mais furados que um queijo suíço. A maioria das estimativas sugere algo entre 2 milhões e 5 milhões de folículos capilares e talvez o dobro de glândulas sudoríparas. Os folículos cumprem dupla função: desenvolvem pelos e secretam sebo (pelas glândulas sebáceas), que se mistura ao suor para formar uma camada oleosa na superfície. Isso ajuda a manter a pele elástica e a deixá-la inóspita para inúmeros organismos estranhos. Às vezes os poros ficam bloqueados por pequenos tampões de pele morta e sebo seco e formam o que chamamos de cravos. Se o folículo em seguida infecciona e inflama, o resultado é o terror dos adolescentes conhecido como espinha. A juventude é atormentada por espinhas simplesmente porque suas glândulas sebáceas — como todas as suas demais glândulas — são bastante ativas. Quando a condição fica crônica, o resultado é a acne, palavra de derivação incerta.[4] Parece ter relação com o grego *acme*, denotando um feito elevado e admirável, coisa que um rosto coberto de espinhas com certeza não é. Como uma coisa ficou ligada a outra não está claro. O termo aparece em língua inglesa em 1743, em um dicionário médico britânico.

Amontoados na derme há também uma variedade de receptores que nos põem em contato com o mundo. Se uma brisa leve bate em seu rosto, você é informado disso pelos corpúsculos de Meissner.* Quando encosta em um metal quente, os corpúsculos de Ruffini fazem soar o alarme. As células de Merkel reagem à pressão constante; os corpúsculos de Pacini, à vibração.

Os corpúsculos de Meissner são os prediletos de todo mundo. Eles detectam o contato mais leve e são particularmente abundantes nas zonas erógenas e em outras áreas de sensibilidade acentuada: ponta dos dedos, lábios, língua, clitóris, pênis e assim por diante.[5] O nome se deve a um anatomista alemão, Georg Meissner, que recebeu o crédito pela descoberta em 1852, embora seu colega Rudolf Wagner alegasse ser o verdadeiro descobridor. Os dois se afastaram depois disso, prova de que nenhum detalhe em ciência é pequeno demais para uma animosidade.

Todos esses receptores são intricadamente ajustados para permitir que você sinta o mundo. O corpúsculo de Pacini consegue detectar um movimento levíssimo de 0,00001 milímetro — praticamente nulo. Mais do que isso, eles nem precisam estar em contato com o material que interpretam. Como David J. Linden observou em *Touch: The Science of the Hand, Heart, and Mind* [Tato: a ciência da mão, do coração e da mente], quando você enfia a pá no cascalho ou na areia, percebe a diferença entre os dois, mesmo tocando só na pá.[6] Curiosamente, não temos receptores para umidade.[7] Temos apenas sensores termais a nos guiar, e é por isso que, ao sentar no molhado, em geral não sabemos dizer na hora se o lugar está mesmo molhado ou apenas gelado.

---

* A palavra "corpúsculo", do latim, é um termo um pouco vago, anatomicamente falando. Pode significar tanto células livres, flutuando a esmo, quanto corpúsculos sanguíneos, ou significar aglomerados celulares que funcionam de forma independente, como os corpúsculos de Meissner.

As mulheres são muito mais dotadas que os homens de sensibilidade tátil com os dedos, mas só porque têm mãos menores e, assim, uma rede mais densa de sensores.[8] Uma coisa interessante sobre o tato é que o cérebro não lhe diz apenas como é a sensação, mas como ela *deve ser*. É por isso que a carícia amorosa é um deleite, mas a mesma carícia feita por uma pessoa estranha é repulsiva, horrível. Também por isso é tão difícil fazer cócegas em si mesmo.

Um dos episódios mais memoravelmente inesperados que presenciei enquanto escrevia este livro aconteceu numa sala de dissecação na Faculdade de Medicina da Universidade de Nottingham, quando um professor e cirurgião chamado Ben Ollivere (sobre o qual ainda falaremos bastante) cortava com delicadeza e erguia um pedaço de pele de cerca de um milímetro de espessura do braço de um cadáver. Era translúcido de tão fino. "Nisto aqui", ele disse, "fica a cor da sua pele. Raça é isso — um fiapo de epiderme."

Comentei isso com Nina Jablonski quando estive em sua sala no distrito de State College, na Pensilvânia, pouco depois. Ela balançou a cabeça enfaticamente, concordando. "É extraordinário que uma faceta tão pequena da nossa composição receba tanta importância", disse. "As pessoas agem como se a cor da pele fosse um determinante de caráter, quando se resume a uma reação à luz do sol. Biologicamente, a raça não existe de verdade — em termos de cor da pele, feições faciais, tipo de cabelo, estrutura óssea ou qualquer outra coisa que seja uma característica definidora dos povos. E, no entanto, veja quanta gente foi escravizada, odiada, linchada ou privada dos direitos fundamentais ao longo da história por causa da cor da pele."

Alta e elegante, de cabelos curtos e prateados, Jablonski trabalha numa sala muito organizada no quarto andar do prédio de antropologia no campus da universidade, mas seu interesse pela pele surgiu há quase trinta anos, quando era uma jovem primatologista e paleobióloga da Universidade da Austrália Ocidental, em Perth. Preparando uma palestra sobre as diferenças entre a cor da pele de primatas e humanos, ela se surpreendeu ao descobrir que havia pouca informação sobre o assunto, e nunca mais parou de estudá-lo. "Começou como um projeto pequeno e sem grandes pretensões e acabou tomando grande parte da minha vida profissional", afirma. Em 2006, publicou o aclamado *Skin: A Natural History* [Pele: uma história natural], seguido, seis anos mais tarde, de *Living Color: The Biological and Social Meaning of Skin Color* [Cor viva: o significado biológico e social da cor da pele].

A cor da pele se revelou mais cientificamente complicada do que qualquer um imaginava. "Mais de 120 genes estão envolvidos na pigmentação dos mamíferos", diz Jablonski, "então é bem difícil desempacotar tudo isso." Podemos dizer o seguinte: a pele obtém sua cor por uma variedade de pigmentos, dentre os quais o mais importante, de longe, é uma molécula cujo nome formal é eumelanina, mas que é universalmente conhecida como melanina.[9] É uma das moléculas mais antigas da biologia, encontrada por todo o mundo dos seres vivos. Ela não dá cor à pele, apenas: é o que colore a plumagem das aves, proporciona a textura e a luminescência das escamas dos peixes, tinge o nanquim da lula com seu preto arroxeado. Está envolvida até em fazer a fruta ficar marrom. Em nós, também dá cor aos cabelos. Sua produção cai de forma drástica à medida que envelhecemos, por isso muita gente fica grisalha.[10]

"A melanina é um filtro solar excelente",[11] afirma Jablonski. "É produzida nas células chamadas melanócitos. Todos nós, não importa nossa raça, temos a mesma quantidade de melanócitos. A diferença está na quantidade de melanina produzida." A melanina com frequência reage de modo irregular à luz do sol, resultando em sardas, tecnicamente conhecidas como efélides.[12]

A cor da pele é um exemplo clássico do que se conhece por convergência evolutiva — ou seja, efeitos similares da evolução em dois ou mais lugares diferentes. As pessoas do Sri Lanka ou da Polinésia, digamos, têm pele marrom-clara não por possuírem uma ligação genética direta, mas porque evoluíram de forma independente para lidar com as condições de onde viviam. Costumava-se achar que a despigmentação provavelmente levava de 10 mil a 20 mil anos, mas hoje, graças à genômica, sabemos que pode ocorrer bem mais depressa — talvez apenas 2 mil ou 3 mil anos. Sabemos também que esse processo aconteceu diversas vezes. A pele de cor clara — "pele despigmentada", como Jablonski a chama — evoluiu pelo menos três vezes na Terra. A adorável gama de matizes exibida pelos humanos é um processo em constante transformação. "Estamos no meio de um novo experimento em evolução humana", nas palavras de Jablonski.

Já foi sugerido que a pele clara pode ser consequência da migração humana e do surgimento da agricultura. O argumento é que caçadores-coletores obtinham bastante vitamina D com a pesca e a caça, e que essas atividades diminuíram abruptamente quando as pessoas passaram a cultivar a terra, sobretudo à medida que se mudavam para latitudes mais setentrionais. Logo passou a ser uma grande vantagem ter pele mais clara, para sintetizar vitamina D extra.

A vitamina D é essencial à saúde. Ela ajuda a construir ossos e dentes resistentes, fortalece o sistema imune, combate o câncer e nutre o coração. Só faz bem. Podemos obtê-la de duas formas: com os alimentos que ingerimos ou com a luz do sol. O problema é que a exposição excessiva aos raios ultravioleta do sol danifica o DNA das nossas células e pode causar câncer de pele. A quantidade certa é um equilíbrio complicado. Os humanos contornaram o problema evoluindo uma gama de tons de pele para se adequar à intensidade solar de diferentes latitudes. Quando o corpo humano se adapta a circunstâncias alteradas, o processo é conhecido como plasticidade fenotípica. Mudamos a cor da nossa pele o tempo todo — quando nos bronzeamos ou nos queimamos sob o sol forte ou quando coramos de vergonha. O vermelho do sol é causado pelos minúsculos vasos sanguíneos nas áreas afetadas se dilatando com sangue, deixando a pele quente ao toque.[13] O nome formal da queimadura de sol é eritema.[14] Mulheres grávidas costumam passar por um escurecimento dos mamilos e, às vezes, de outras partes do corpo, como o abdômen e o rosto, consequência da produção aumentada de melanina. Isso é chamado de melasma, e não se sabe por que ocorre.[15] O rubor de quando ficamos zangados é um pouco contraintuitivo. Quando o corpo se prepara para brigar, desvia parte do sangue para onde é realmente necessário — a saber, os músculos —, então por que mandar sangue para o rosto, sem que isso confira um benefício fisiológico óbvio? A questão permanece um mistério. Uma possibilidade sugerida por Jablonski é que isso ajuda de algum modo a mediar a pressão arterial. Ou talvez sirva apenas como um sinal para que seu oponente recue, avisando que você está com bastante raiva.

Em todo caso, a lenta evolução de diferentes tons de pele funcionava perfeitamente quando as pessoas permaneciam mais em um só local ou migravam devagar, mas hoje em dia a facilidade de deslocamento resultou em muita gente indo parar em lugares onde os níveis de sol e os tons de pele não foram feitos uns para os outros. Em regiões como a Europa setentrional e o Canadá, não é possível, nos meses de inverno, obter vitamina D suficiente em razão da luz solar enfraquecida, por mais pálida que seja sua pele. Dessa forma, a vitamina D deve ser extraída da comida, então é difícil obter o suficiente — o que não surpreende. Para atender às necessidades dietéticas só com alimento, você teria de comer quinze ovos ou três quilos de queijo diariamente ou, talvez mais plausível, embora não mais palatável, tomar meia colher de óleo de fígado de bacalhau. Nos Estados Unidos, o leite é suplementado com vitamina D, o que ajuda, mas isso oferece apenas um terço das necessidades diárias de um adulto. Consequentemente, estima-se que 50% das pessoas no mundo sofram de deficiência de vitamina D pelo menos durante parte do ano. Em climas mais ao norte, isso pode chegar a 90%.[16]

À medida que a pele clara evoluía nos humanos, as pessoas também desenvolveram olhos e cabelos mais claros — mas apenas bem recentemente.[17] Olhos e cabelos de coloração mais clara surgiram em algum momento nas imediações do mar Báltico, cerca de 6 mil anos atrás. Não existe uma explicação óbvia. A cor do cabelo e dos olhos não afeta o metabolismo da vitamina D, nem de algo que seja fisiológico, aliás, de modo que não parece haver nenhum benefício prático. A hipótese é que essas características foram selecionadas como marcadores tribais ou porque as pessoas as achassem mais atraentes. Se os seus olhos são azuis ou verdes, não é por você ter maior quantidade dessas cores em sua íris do que as outras pessoas, mas simplesmente menos das demais cores. É a ausência de outros pigmentos que deixa os olhos azuis ou verdes.

A cor da pele mudou durante um período muito mais longo — pelo menos 60 mil anos —, mas não foi um processo simples e direto.[18] "Alguns povos se despigmentaram, outros se repigmentaram", explica Jablonski. "Alguns mudaram bastante de tom de pele, à medida que se deslocavam para novas latitudes; outros continuaram praticamente iguais."

As populações indígenas da América do Sul, por exemplo, têm a pele mais clara do que se esperaria em função das latitudes que habitam.[19] Isso porque em termos evolucionários são recém-chegadas. "Elas conseguiram chegar aos trópicos muito rápido e estavam bem equipadas, inclusive com alguma vestimenta", contou-me Jablonski. "Então, em essência, frustraram a evolução." Um tanto mais difícil de explicar é o povo khoisan, da África meridional.[20] Eles sempre viveram sob o sol do deserto e nunca migraram grandes distâncias. Contudo, sua pele é 50% mais clara do que o ambiente levaria a prever. Acredita-se que uma mutação genética para pele mais clara tenha sido introduzida entre eles por forasteiros em algum momento nos últimos 2 mil anos. Mas não se sabe exatamente quem foram esses estrangeiros.

O desenvolvimento nos últimos anos de técnicas para analisar DNA antigo significa que estamos aprendendo mais o tempo todo, e boa parte do que descobrimos é surpreendente — e o resto, desconcertante ou discutível. Usando análise de DNA, no início de 2018 os cientistas do University College London e do Museu de História Natural da Inglaterra anunciaram, para perplexidade geral, que um antigo bretão conhecido como Homem de Cheddar tinha pele de "escura para negra".[21] (O que afirmaram de fato foi que sua probabilidade de ter pele escura era de 76%.) Também parece ter tido olhos azuis. O Homem de Cheddar estava entre as primeiras pessoas a regressar às ilhas britânicas após o fim da última era glacial, cerca de 10 mil anos atrás. Seus antepassados estiveram na Europa por 30 mil anos, tempo mais do que suficiente para terem evoluído, ficando com a pele clara — de modo que, se ele realmente tinha pele escura, seria uma surpresa de verdade. Entretanto, outras fontes autorizadas sugerem que o DNA estava bastante degradado, e nossa compreensão da genética da pigmentação era titubeante demais para permitir alguma conclusão sobre a cor da pele e dos olhos do Homem de Cheddar.[22] Foi, no mínimo, um lembrete de como ainda temos muito a aprender. "No que se refere à pele, ainda estamos, em muitos sentidos, apenas nos primórdios", afirmou Jablonski.

A pele vem em duas variedades: com e sem pelos. Pele sem pelos é chamada de glabra e existe em pouca quantidade. Nossas partes de fato sem pelos são os lábios, os mamilos e a genitália, bem como a palma das mãos e a sola dos pés. O resto do corpo é coberto por pelos visíveis, chamados pelos terminais, como na sua cabeça, ou por penugem, como os pelos que vemos no rosto de uma criança. Na verdade, somos tão peludos quanto nossos primos primatas.[23] Acontece que nosso pelo é bem mais fino e delicado. No todo, calcula-se que tenhamos 5 milhões de pelos, mas a quantidade varia com a idade e as circunstâncias e, em todo caso, não passa de uma estimativa.[24]

Pelos são exclusivos de mamíferos. Como a pele sob eles, servem a uma multiplicidade de fins: fornecem calor, amortecimento e camuflagem, protegem o corpo da luz ultravioleta e permitem a membros de um grupo sinalizar entre si, demonstrando raiva ou excitação.[25] Mas algumas dessas coisas claramente não funcionam tão bem, já que somos quase pelados. Todo mamífero contrai os músculos em volta dos folículos capilares quando sente frio, num processo que chamamos de arrepio ou calafrio. Nos mamíferos peludos, isso acrescenta uma camada útil de ar isolante entre os pelos e a pele, mas nos humanos não traz benefício fisiológico nenhum e não passa de um lembrete de como somos carecas, comparados a eles.[26] Quando os mamíferos estão assustados ou furiosos, seus pelos também ficam de pé (para o animal parecer maior e mais feroz) e a pele fica toda eriçada, mas é claro que isso tampouco tem grande serventia para os humanos.[27]

As duas questões mais prementes no que diz respeito aos pelos humanos são: em que momento nos tornamos praticamente pelados e por que retivemos pelos visíveis apenas em alguns lugares? Quanto à primeira, é impossível afirmar com segurança quando os humanos perderam seus pelos, uma vez que pelos e pele não são preservados no registro fóssil, mas sabemos por estudos genéticos que a pigmentação escura remonta a algo entre 1,2 milhão e 1,7 milhão de anos.[28] Pele escura não era necessária quando ainda éramos peludos, de modo que isso sugere fortemente um intervalo de tempo para a perda dos pelos. O motivo de conservarmos pelos em algumas partes do corpo é de certa forma óbvio no caso da cabeça, mas menos claro em outras partes. Os cabelos agem como um bom isolante no frio e um bom refletor de calor no tempo quente. Segundo Nina Jablonski, cabelos muito cacheados são o tipo mais eficaz, "porque aumentam a grossura do espaço entre a superfície do cabelo e o couro cabeludo, permitindo que o ar circule".[29] Um motivo diferente, mas não menos importante, para a permanência dos pelos na cabeça é que nossos cabelos são uma ferramenta de sedução desde tempos imemoriais.

Pelos pubianos e nas axilas são mais problemáticos. Não é fácil pensar numa justificativa para os pelos no sovaco terem melhorado a existência humana. Alguns supõem que os pelos secundários são usados para aprisionar ou dispersar (dependendo da teoria) os odores sexuais, ou feromônios. O único problema dessa teoria é que os humanos parecem não ter feromônios.[30] Um estudo publicado por pesquisadores da Austrália na *Royal Society Open Science* em 2017 concluiu que feromônios humanos provavelmente não existem e com certeza não desempenham um papel identificável na atração. Outra hipótese é que os pelos secundários de algum modo protegem a pele de escoriações, embora muita gente depile o corpo inteiro sem apresentar aumentos notáveis de irritação na pele. Uma teoria mais plausível, talvez, é que os pelos secundários existem para exibição — anunciando a maturidade sexual.[31]

Cada pelo do nosso corpo tem um ciclo de crescimento, com uma fase de desenvolvimento e uma interfase. O ciclo dos pelos faciais em geral é completado em quatro semanas, mas no seu couro cabeludo o pelo pode durar até seis ou sete anos. Um pelo da sua axila provavelmente dura seis meses; na perna, dois. Os pelos crescem um terço de milímetro por dia, mas a taxa de crescimento depende da idade, da saúde e até da estação do ano. A remoção dos pelos, seja cortando, raspando ou depilando, não tem consequências para o que acontece na raiz. Ao longo da vida produzimos cerca de oito metros de pelos, mas como todos eles caem em algum momento, nenhum fio isolado consegue ir muito além de cerca de um metro.[32] Nossos ciclos capilares são irregulares, então em geral não notamos muito o ritmo da queda.

II

Em outubro de 1902, a polícia parisiense foi chamada a um apartamento no número 157 da Rue du Faubourg Saint-Honoré, em um bairro rico a poucas centenas de metros do Arco do Triunfo, no oitavo *arrondissement*. Um homem fora assassinado e algumas obras de arte tinham sido roubadas. O assassino não deixou pistas óbvias, mas felizmente os detetives puderam contar com um gênio da identificação de criminosos chamado Alphonse Bertillon.

Bertillon inventara um sistema que chamou de antropometria, mas que ficou conhecido como *bertillonage* entre os fãs maravilhados. O sistema introduziu o conceito da foto de identificação policial e a prática, ainda hoje universalmente observada, de fotografar toda pessoa detida de frente e de perfil.[33] Mas foi na meticulosidade de suas medições que o *bertillonage* se destacou. As medidas dos indivíduos compreendiam onze atributos estranhamente específicos — altura quando sentado, comprimento do mindinho esquerdo, largura da bochecha —, coisas que Bertillon escolhera porque não mudariam com a idade. O sistema de Bertillon foi desenvolvido não para condenar criminosos, mas para pegar os reincidentes. Como na França havia penas mais duras para antigos delinquentes (que muitas vezes eram exilados para rincões distantes da metrópole, como a Ilha do Diabo), muitos criminosos tentavam de tudo para passar por réus primários. O sistema de Bertillon foi projetado para identificá-los e fez isso muito bem. No primeiro ano de operação, ele desmascarou 241 impostores.

As impressões digitais na verdade foram apenas uma parte incidental do sistema de Bertillon, mas quando ele encontrou uma impressão digital solitária em um batente de janela na cena do crime no número 157 e a usou para identificar o assassino como um certo Henri-Léon Scheffer, causou sensação não só na França, como também no mundo todo. Obter impressões digitais em pouco tempo passou a ser uma ferramenta fundamental do trabalho policial por toda parte.

O caráter singular da impressão digital foi determinado inicialmente no Ocidente pelo anatomista tcheco do século xix Jan Purkinje, embora na verdade os chineses tenham feito a mesma descoberta mais de mil anos antes e por séculos os ceramistas japoneses tenham identificado seus produtos pressionando um dedo na argila antes de cozer a peça.[34] Francis Galton, primo de Charles Darwin, sugerira usar impressões digitais para pegar criminosos anos antes de Bertillon ter a ideia, assim como um missionário escocês no Japão chamado Henry Faulds. Bertillon não foi sequer o primeiro a usar impressões digitais para pegar um assassino — isso aconteceu na Argentina, dez anos antes —, mas foi quem levou o crédito.

Que imperativo evolucionário nos levou a ter caracóis na ponta dos dedos? Resposta: ninguém sabe. Seu corpo é um universo de mistérios. Grande parte do que ocorre com ele e dentro dele acontece por motivos que desconhecemos — na maioria das vezes, simplesmente porque não há motivos. A evolução é um processo acidental, afinal de contas. A ideia de que não existem duas impressões digitais idênticas na verdade é uma suposição. Ninguém pode dizer com certeza que não haja alguém por aí com uma impressão igual à sua. Tudo que se pode dizer é que ninguém ainda encontrou dois grupos de impressões digitais que casem perfeitamente.

O nome técnico da impressão digital é dermatóglifo. Os sulcos que compõem suas impressões digitais são as papilas dérmicas. Supõe-se que sua função seja ajudar a segurar as coisas, assim como os sulcos do pneu melhoram a tração na pista, mas ninguém comprovou isso de fato.[35] Outros sugeriram que as espirais dos dedos servem para a água escoar melhor, deixar a pele dos dedos mais elástica e flexível ou melhorar a sensibilidade, mas isso também não passa de conjecturas. De modo similar, ninguém chegou perto de explicar por que ficamos com os dedos enrugados quando tomamos um banho muito demorado.[36] A explicação mais frequente é que isso ajudaria a água a escoar e ajudaria no ato de agarrar. Mas na realidade não faz muito sentido. Se existe alguém que precisa agarrar algo é a pessoa que acabou de cair na água, não quem já está nela há certo tempo.

É muito raro nascer uma pessoa com as pontas dos dedos completamente lisas, condição genética conhecida como adermatoglifia.[37] Essas pessoas apresentam também menos glândulas sebáceas do que o normal. Isso pareceria sugerir uma ligação genética entre as glândulas sudoríparas e a ponta dos dedos, mas ainda não se pode dizer que ligação é essa.

No que toca às particularidades cutâneas, impressões digitais são, para ser honesto, bastante triviais. Muito mais importantes são suas glândulas sudoríparas. Você pode não achar, mas suar é parte crucial da condição humana. Como disse Nina Jablonski: "O prosaico e nada glamouroso suor fez dos humanos o que eles são hoje". Chimpanzés têm apenas a metade das nossas glândulas sudoríparas e assim não conseguem dissipar o calor tão depressa quanto humanos. A maioria dos quadrúpedes se resfria ofegando, o que é incompatível com correr prolongadamente e respirar fundo ao mesmo tempo, em especial entre criaturas peludas em climas quentes.[38] É muito melhor fazer como fazemos e distribuir fluidos aquosos sobre a pele quase exposta, que resfria o corpo à medida que evapora, fazendo de nós um tipo de ar-condicionado. Como escreve Jablonski: "A perda da maior parte dos nossos pelos corporais e a conquista da capacidade de dissipar o calor corporal excessivo através das glândulas sudoríparas écrinas, na superfície da pele, ajudou a possibilitar o aumento dramático do nosso órgão mais sensível à temperatura, o cérebro".[39] Foi assim que o suor nos ajudou a ficar mais espertos, diz ela.

Suamos mesmo em repouso, ainda que não visivelmente, mas se você acrescentar atividade vigorosa e condições desafiadoras, secamos nosso suprimento de água bem rápido. Segundo Peter Stark, em *Last Breath: Cautionary Tales from the Limits of Human Endurance* [Último suspiro: o que nos ensinam os limites da resistência humana], um homem que pesa setenta quilos contém um pouco menos de quarenta litros de água.[40] Se ele não faz nada além de ficar sentado e respirar, perde cerca de 1,5 litro de água por dia, mediante a combinação de suor, respiração e micção. Mas, se faz algum esforço, a taxa de perda pode pular para 1,5 litro por hora. Isso pode ficar perigoso bem rápido. Em condições extenuantes — caminhar sob o sol escaldante, digamos —, podemos facilmente suar de dez a doze litros de água em um dia. Não admira que necessitemos permanecer hidratados quando o tempo está quente.

A menos que a perda seja interrompida ou reposta, a vítima começará a sofrer dores de cabeça e letargia após eliminar apenas de três a cinco litros de líquido. Após seis ou sete litros de perda sem reposição, há a tendência de diminuição da capacidade intelectual. (É em momentos assim que o aventureiro sai da trilha e se perde na mata.) Se a perda fica muito acima de dez litros para um homem de setenta quilos, a pessoa entra em choque e morre. Durante a Segunda Guerra Mundial, os cientistas estudaram quanto tempo soldados conseguiam caminhar em um deserto sem beber água (presumindo que estivessem devidamente hidratados ao partir) e concluíram que podiam percorrer 72 quilômetros sob um calor de 28°C, 24 quilômetros a 38°C e apenas onze quilômetros a 49°C.

Seu suor é 99,5% água. O resto é, mais ou menos, metade sal e metade outras substâncias químicas. Embora o sal seja apenas uma minúscula parte de seu suor total, você pode perder até doze gramas (três colheres de chá) de sal em um dia no tempo quente, uma quantidade talvez perigosamente elevada, então é tão importante repor tanto o sal quanto a água.[41]

A sudorese é ativada pela liberação de adrenalina, por isso você sua quando está estressado.[42] Ao contrário do resto do corpo, as palmas da mão não suam em consequência do esforço físico ou do calor, mas apenas por estresse. É o suor emocional que os detectores de mentira analisam.[43]

Há duas variedades de glândulas sudoríparas: écrina e apócrina. As glândulas écrinas são bem mais numerosas e produzem o suor aquoso que encharca sua camisa quando faz um sol de rachar. As glândulas apócrinas estão restritas principalmente à virilha e às axilas e produzem um suor mais espesso e pegajoso.

É o suor écrino em seus pés — ou, mais corretamente, a decomposição química realizada nele pelas bactérias ali presentes — que causa o odor acre. O suor em si é inodoro, na verdade. Ele necessita de bactérias para produzir cheiro. As duas substâncias químicas que provocam o odor — ácido isovalérico e metanodiol — também são produzidas por ação bacteriana em alguns queijos, por isso muitas vezes eles têm um cheiro tão parecido com o dos nossos pés.[44]

Seus micróbios da pele são extraordinariamente pessoais. Aqueles que vivem em você dependem, em grau surpreendente, do tipo de sabonete ou sabão em pó que você usa, independentemente de você preferir lã ou algodão, e tomar banho antes ou depois do trabalho. Alguns micróbios são moradores permanentes. Outros montam acampamento por uma semana ou um mês e depois, como uma tribo nômade, desaparecem sem alarde.

Há cerca de 100 mil micróbios por centímetro quadrado em sua pele, e eles não são fáceis de erradicar. Segundo um estudo, a quantidade de bactérias em você na verdade aumenta após o banho, porque a água penetra nas reentrâncias e as carrega.[45] Mas higienizar-se com rigor não é fácil, mesmo que você se esforce. Para limpar as mãos com segurança após um exame, o médico precisa lavá-las vigorosamente com sabonete por no mínimo um minuto — padrão que é, em termos práticos, quase inatingível para alguém lidando com muitos pacientes.[46] Isso de certa forma explica por que todo ano cerca de 2 milhões de americanos pegam uma infecção hospitalar grave (sendo que 90 mil morrem por causa delas). "A maior dificuldade", escreve Atul Gawande, "é garantir que os clínicos como eu façam a única coisa que todos concordam que impede o contágio: lavar as mãos."

Um estudo na Universidade de Nova York em 2007 revelou que a maioria dos indivíduos tinha cerca de duzentas espécies diferentes de micróbios na pele, mas elas variavam drasticamente de pessoa para pessoa. Apenas quatro tipos apareceram em todo mundo. Em outro estudo famoso, o Projeto de Biodiversidade do Umbigo, conduzido por pesquisadores da Universidade Estadual da Carolina do Norte, foram colhidas amostras de sessenta indivíduos aleatórios para descobrir que tipos de microrganismos nos espreitam do umbigo. O estudo revelou 2368 espécies de bactérias, 1458 delas desconhecidas pela ciência. (Isso dá uma média de 24,3 novos micróbios em cada umbigo.) A quantidade de espécies por pessoa variava de 29 a 107. Um voluntário abrigava um micróbio jamais visto fora do Japão — lugar onde nunca estivera.[47]

O problema dos sabonetes antibacterianos é que eles matam tanto as bactérias boas em sua pele como as prejudiciais.[48] Isso também vale para os produtos antissépticos para as mãos. Em 2016, a FDA americana baniu dezenove ingredientes normalmente usados em sabonetes antibacterianos, pois os fabricantes não comprovaram que eram seguros para o uso a longo prazo. Os micróbios não são os únicos habitantes da sua pele. Neste exato instante, pastando entre os torrões de descamação da sua cabeça (e em todos os demais lugares com superfície oleosa, mas acima de tudo na sua cabeça), há minúsculos ácaros chamados *Demodex folliculorum*. Em geral são inofensivos, felizmente, além de invisíveis. Convivem conosco há tanto tempo que, segundo um estudo, o DNA deles pode ser usado para rastrear as migrações dos nossos ancestrais de centenas de milhares de anos atrás.[49] Para eles, sua pele é como uma gigantesca tigela crocante de flocos de milho. Se você fechar os olhos e usar a imaginação, quase consegue ouvi-los mastigando.

Uma outra coisa que a pele faz bastante, por motivos nem sempre compreendidos, é coçar. Embora grande parte das coceiras seja facilmente explicável (picadas de inseto, exantemas, urtiga), há um bocado de coisas sem explicação. Enquanto você lê esta passagem, talvez sinta uma urgência de se coçar em vários lugares que não coçavam um instante antes simplesmente porque toquei no assunto. Ninguém sabe dizer por que somos tão sugestionáveis no que diz respeito a coceiras ou mesmo por que, na ausência de irritações óbvias, nós as temos. Não existe um local separado no cérebro dedicado à coceira, então é impossível estudá-la como fenômeno neurológico.

A coceira (o termo médico apropriado é "prurido") fica restrita à camada mais superficial da pele e a alguns pontos mais úmidos — olhos, garganta, nariz e ânus, principalmente. Não importa do que você sofra, nunca sentirá coceira no baço. Estudos mostraram que o alívio mais duradouro vem de coçar as costas, mas o alívio mais prazeroso vem de coçar o tornozelo.[50] A coceira crônica ocorre em todo tipo de problemas médicos — tumores cerebrais, AVCs, distúrbios autoimunes, efeito colateral de medicamentos e muito mais. Uma das formas mais enlouquecedoras de coceira é a comichão fantasma, que muitas vezes acompanha uma amputação e causa na pobre vítima uma coceira constante que nunca é apaziguada. Mas talvez o caso mais extraordinário desse sofrimento incessante diga respeito à paciente conhecida como "M", uma mulher de Massachusetts de trinta e tantos anos que desenvolveu uma comichão irresistível no alto da testa, após um acesso de herpes.[51] A irritação era tão exasperante que ela raspou completamente um pedaço de seu couro cabeludo, com cerca de quatro centímetros de diâmetro, de tanto coçar. Remédios não ajudavam. Ela coçava o lugar com particular fúria quando dormia — de tal forma que um dia acordou com fluido cerebrospinal escorrendo pelo rosto. Seus dedos haviam atravessado o osso do crânio e chegado ao cérebro. Hoje, mais de doze anos depois, segundo ficamos sabendo, a mulher consegue lidar com o problema sem se ferir gravemente, mas ele nunca foi embora. O mais desconcertante nisso tudo é que ela destruiu quase todas as fibras nervosas nessa área da pele e ainda assim a coceira insuportável continua.

No entanto, é provável que nenhum mistério em nossa superfície cause maior consternação do que a estranha tendência a perdermos cabelos com a idade. Temos entre 100 mil e 150 mil folículos capilares na cabeça, embora claramente nem todos sejam iguais em todas as pessoas.[52] Você perde, em média, entre cinquenta e cem fios de cabelo por dia, e às vezes eles não voltam a crescer. Cerca de 60% dos homens ficam substancialmente carecas aos cinquenta anos. Um em cada cinco atinge essa condição aos trinta. Pouco se compreende sobre o processo, mas sabemos que um hormônio chamado di-hidrotestosterona tende a ficar um pouco descontrolado com a idade, instruindo os folículos capilares a fechar, e outros mais reservados, nas narinas e ouvidos, para nosso desalento, a despertar. A única cura conhecida para a calvície é a castração.[53]

Ironicamente, considerando como os perdemos com facilidade, os cabelos são bastante resistentes contra a decomposição e sabemos que duram milhares de anos no túmulo.[54]

Talvez a maneira mais positiva de encarar a questão seja considerar que, se alguma parte nossa deve ser sacrificada ao altar da meia-idade, os folículos capilares são um candidato óbvio. Ninguém nunca morreu de calvície, afinal.

3. Seu eu microbiano

> *E não chegamos ao fim da história da penicilina. Talvez estejamos apenas no começo.*
>
> Alexander Fleming, discurso de recebimento
> do prêmio Nobel, dezembro de 1945

I

Respire fundo. Você provavelmente supõe que está enchendo os pulmões com o rico e vital oxigênio. Na verdade, não. Oito por cento do ar que respiramos é nitrogênio. Ele é o elemento mais abundante na atmosfera e é vital para nossa existência, mas não interage com outros elementos. Quando respiramos, o nitrogênio do ar entra nos pulmões e volta imediatamente a sair, como um consumidor distraído que entrou por engano na loja errada. Para ser útil, o nitrogênio precisa ser convertido em formas mais amigáveis, como a amônia, e as bactérias fazem esse serviço por nós.[1] Sem sua ajuda, morreríamos. Na verdade, nem existiríamos. Está na hora de sermos gratos a nossos micróbios.

Você abriga trilhões e trilhões dessas criaturas minúsculas, que lhe proporcionam um bem espantoso. Elas fornecem cerca de 10% das suas calorias, decompondo alimentos que de outra forma não teriam utilidade, e no processo extraem nutrientes benéficos como vitaminas B2 e B12 e ácido fólico. Os humanos produzem vinte enzimas digestivas, uma quantidade bastante respeitável no mundo animal, mas as bactérias produzem 10 mil — ou quinhentas vezes mais —, segundo Christopher Gardner, diretor de estudos de nutrição na Universidade Stanford.[2] "Nossa vida seria muito menos nutrida sem elas", afirma.

Individualmente, sua escala é infinitesimal, e levam vidas fugazes — uma bactéria média pesa cerca de um trilionésimo de uma cédula de dólar e não vive mais que vinte minutos —,[3] mas, coletivamente, elas são sem dúvida formidáveis. Você nasceu com todos os genes que terá durante a vida. Não dá para comprar novos ou substituí-los. Mas as bactérias podem trocar genes entre si[4] como se fossem cartas de Pokémon e conseguem pegar o DNA de vizinhas mortas. Essas transferências genéticas horizontais, como são conhecidas, aceleram imensamente sua capacidade de se adaptar a seja lá o que a natureza e a ciência puserem na sua frente. Além disso, o DNA bacteriano tem menos escrúpulos em fazer correções, então passa por mutação com mais frequência, conquistando maior agilidade genética.

Em velocidade de mudança, elas nos deixam comendo poeira. A *E. coli* consegue se reproduzir 72 vezes em um dia, o que significa que em três dias pode acumular tantas gerações quanto as produzidas por nós em todo o transcurso da história humana. Uma única bactéria mãe poderia teoricamente gerar uma prole tão numerosa que em menos de dois dias pesaria mais que a Terra.[5] Em três dias, essa descendência excederia a massa do universo observável.[6] É claro que coisas como essas são impossíveis de acontecer, mas as bactérias já convivem conosco em quantidades que desafiam a imaginação. Se pusermos todos os micróbios da Terra numa pilha e toda a vida animal em outra, a pilha dos micróbios seria 25 vezes maior.[7]

Não se iluda. O planeta é dos micróbios. Estamos entregues aos seus caprichos. Eles não precisam de nós. Sem eles, morreríamos em um dia.

Sabemos surpreendentemente pouco a respeito dos micróbios que estão dentro, sobre e em torno de nós porque, em sua esmagadora maioria, eles não podem ser cultivados em laboratório, o que dificulta muito seu estudo. O que podemos dizer é que no momento em que você lê isto, provavelmente há cerca de 40 mil espécies de micróbios fazendo de seu corpo um lar — novecentos em suas narinas, oitocentos dentro das bochechas, 1300 na gengiva, cerca de 36 mil no aparelho gastrintestinal, embora tais quantidades precisem ser constantemente ajustadas, à medida que novas descobertas são feitas.[8] No início de 2019, um estudo com apenas vinte pessoas feito pelo Wellcome Sanger Institute, perto de Cambridge, descobriu 105 novas espécies de micróbios intestinais de cuja existência não suspeitávamos. Os números exatos variam de pessoa para pessoa e num mesmo indivíduo ao longo da vida — isso depende de diversos fatores: se somos jovens ou velhos, onde e com quem dormimos, se tomamos ou não antibióticos ou se somos gordos ou magros. (Pessoas magras têm mais micróbios intestinais do que gordas; ter micróbios famintos explica ao menos em parte sua esbelteza.) Esses números, é claro, dizem respeito às variedades de espécies. Em termos de micróbios individuais, a quantidade está além da imaginação, quanto mais de uma contagem: na casa dos trilhões. Sua carga total de micróbios chega a menos de 1,5 quilo, o peso aproximado de seu cérebro.[9] Alguns até mesmo descrevem a microbiota como um de nossos órgãos.

Por muitos anos, foi comum afirmar que cada indivíduo contém dez vezes mais células bacterianas do que humanas. Mas essa proporção aparentemente embasada vem de um artigo escrito em 1972 que não passava de suposição. Em 2016, pesquisadores de Israel e Canadá fizeram uma verificação mais cuidadosa e concluíram que abrigamos cerca de 30 trilhões de células humanas e algo entre 30 trilhões e 50 trilhões de células bacterianas (dependendo de um monte de fatores, como saúde e dieta), de modo que as quantidades estão bem mais próximas —[10] embora deva ser observado que os glóbulos vermelhos representam 85% das nossas células, mas não são células de verdade, porque não possuem o maquinário celular usual (como núcleo e mitocôndrias), e são na realidade apenas recipientes para a hemoglobina. Uma consideração à parte é que as células bacterianas são minúsculas, ao passo que as humanas são comparativamente gigantescas, assim, em termos de dimensões, para não mencionar a complexidade do que fazem, é inquestionável que as células humanas sejam mais importantes. Mais uma vez, porém, da perspectiva genética, temos cerca de 20 milhões de genes bacterianos, de modo que, geneticamente, você é mais ou menos 99% bactéria e quase nem 1% você mesmo.

* * *

Comunidades microbianas podem ser surpreendentemente específicas.[11] Embora você e eu carreguemos muitos milhares de espécies de bactérias, talvez tenhamos apenas uma fração em comum. Micróbios aparentemente são faxineiros ferozes. Durante o sexo, os parceiros humanos forçosamente realizam a troca de uma porção de micróbios e outros materiais orgânicos. Apenas alguns beijos apaixonados, segundo um estudo, resultam na transferência de mais de 1 bilhão de bactérias de uma boca para outra, junto com cerca de 0,7 miligrama de proteína, 0,45 miligrama de sal, 0,7 micrograma de gordura e 0,2 micrograma de "compostos orgânicos variados" (isto é, fragmentos de comida).* Mas, assim que a festa termina, os microrganismos anfitriões em ambos os participantes começarão uma espécie de processo gigante de faxina e em apenas um dia ou algo assim o perfil microbiano de ambas as partes será mais ou menos plenamente restaurado ao que era antes de as línguas terem estado em contato. Às vezes alguns patógenos entram sorrateiramente, e então você acaba pegando herpes ou um resfriado, mas isso é exceção.

Por sorte, a maioria dos micróbios não está nem aí para nós. Alguns nos habitam de forma benigna em um processo conhecido como comensalismo. Só uma porção minúscula nos deixa doentes. Dos milhões de micróbios que já foram identificados, sabe-se que apenas 1415 causam doenças em humanos —[12] uma mixaria, tudo considerado. Por outro lado, ainda assim isso representa muitas maneiras de ficar doente, e, juntas, essas 1415 entidades desprovidas de vontade causam um terço de todas as mortes no planeta.

Assim como as bactérias, seu repertório pessoal de micróbios consiste em fungos, vírus, protistas (amebas, algas, protozoários etc.) e arqueas — que por muito tempo foram classificadas apenas como outro tipo de bactérias, mas que na verdade representam todo um outro ramo da vida. As arqueas se parecem muito com bactérias, na medida em que são muito simples e não têm núcleo,

---

* Segundo a dra. Anna Machin, da Universidade de Oxford, uma coisa que você faz quando beija é coletar uma amostra dos genes de histocompatibilidade da outra pessoa que estão envolvidos na resposta imune. Embora provavelmente não seja isso que passa por sua cabeça nesse momento, você está essencialmente testando se a outra pessoa daria uma boa parceira, de um ponto de vista imunológico.

mas apresentam o grande benefício para nós de não causar doenças conhecidas em humanos. Tudo que nos oferecem é um pouco de gás, na forma de metano.

É importante termos em mente que praticamente nenhum desses micróbios têm algo em comum em termos de história e genética.[13] A única coisa que os une é seu tamanho microscópico. Para todos eles, você não é uma pessoa, mas um mundo — uma vasta e saltitante abundância de ecossistemas maravilhosamente ricos com a conveniência da mobilidade e, de quebra, com hábitos muito úteis, como espirrar, acariciar animais e nem sempre se lavar tão cuidadosamente quanto deveria.

II

Um vírus, nas memoráveis palavras do britânico Peter Medawar, biólogo premiado com o Nobel, é "uma má notícia embrulhada numa proteína". Na verdade, muitos vírus não representam encrenca alguma, pelo menos não para os humanos. Vírus são um pouco estranhos: não estão exatamente vivos, mas também de forma alguma estão mortos. Fora das células vivas, não passam de matéria inerte. Não se alimentam, não respiram, não fazem quase nada. Não têm meios de locomoção. Não têm impulsão; pegam carona. Temos de circular por aí, coletando-os — nas maçanetas das portas, apertando mãos, no ar que respiramos. Na maioria das vezes, parecem tão inanimados quanto uma partícula de poeira, mas uma vez que estão numa célula viva explodem numa existência fecunda, reproduzindo-se tão furiosamente quanto qualquer outra criatura.

Como as bactérias, os vírus são incrivelmente bem-sucedidos. O vírus do herpes existe há centenas de milhões de anos[14] e infecta todo tipo de animal — até ostras. São terrivelmente pequenos — muito menores do que bactérias e pequenos demais para serem vistos em microscópios convencionais. Se você inflar um deles até deixá-lo do tamanho de uma bola de tênis, um humano nessa mesma escala teria oitocentos quilômetros de altura.[15] Uma bactéria seria do tamanho de uma bola de praia.

No sentido moderno, designando um microrganismo ínfimo, o termo "vírus" surge apenas em 1900, quando um botânico holandês, Martinus Beijerinck, descobriu que as plantas de tabaco em seu estudo eram suscetíveis a um obscuro agente infeccioso ainda menor que uma bactéria. De início, ele chamou o agente misterioso de *contagium vivum fluidum*, mas depois mudou para *virus*, a palavra latina para "veneno".[16] Embora tenha sido o pai da virologia, não viveu para ver a importância de sua descoberta ser apreciada, então nunca recebeu um prêmio Nobel, como merecia.

Costumava-se achar que todos os vírus causassem doenças — por isso a citação de Peter Medawar —, mas hoje sabemos que a maioria infecta apenas células bacterianas e não exerce o menor efeito em nós. Das centenas de milhares de vírus que razoavelmente se supõe existirem, apenas 586 espécies são infecciosas para os mamíferos e, destas, apenas 263 afetam os humanos.[17]

Sabemos muito pouco sobre a maioria dos demais vírus não patogênicos porque só os que causam doenças tendem a ser estudados. Em 1986, uma aluna da Universidade Estadual de Nova York em Stony Brook chamada Lita Proctor resolveu procurar vírus na água do mar, procedimento considerado bastante excêntrico, uma vez que se acreditava no meio científico que não havia vírus nos oceanos, a não ser talvez transitoriamente, levados por tubulações de esgoto e coisas assim. Então foi com ligeira perplexidade que Proctor descobriu que, na média, um litro de água marinha contém mais de 100 *bilhões* de vírus.[18] Mais recentemente, Dana Willner, bióloga da Universidade Estadual de San Diego, investigou a quantidade de vírus presentes em pulmões humanos saudáveis — outro lugar em que ninguém esperaria muito encontrá-los. Willner descobriu que uma pessoa abriga em média 174 espécies de vírus, 90% das quais nunca vistas. A Terra, sabemos agora, é povoada de vírus num grau de que até há pouco tempo mal suspeitávamos. Segundo a virologista Dorothy H. Crawford, só os vírus oceânicos enfileirados se estenderiam por 10 milhões de anos-luz,[19] uma distância além da imaginação.

Outra coisa que os vírus sabem fazer é esperar. Um exemplo dos mais extraordinários ocorreu em 2014, quando uma equipe francesa encontrou um vírus previamente desconhecido, *Pithovirus sibericum*, na Sibéria. Embora houvesse permanecido preso no permafrost por 30 mil anos, quando injetado numa ameba ele entrou em ação como se estivesse na flor da idade. Por sorte, o *P. sibericum* mostrou não infectar humanos, mas vai saber o que mais pode estar por lá, esperando para ser descoberto. Um exemplo bem mais comum de paciência viral é encontrado no vírus varicela-zóster. Esse é o vírus da catapora que você pegou quando criança, mas que depois pode permanecer inerte nas células nervosas por meio século ou mais, até eclodir naquela indignidade horrenda e dolorosa da velhice conhecida como herpes-zóster ou cobrelo. É normalmente descrita como uma erupção dolorida no torso, mas na verdade o herpes pode aparecer quase em qualquer parte da superfície corporal. Um amigo meu teve herpes no olho esquerdo e descreveu isso como a pior experiência da sua vida.

O mais regular dos encontros virais indesejáveis é o resfriado. Todo mundo sabe que passar frio aumenta a chance de pegar um resfriado (por isso tem esse nome, afinal), no entanto a ciência nunca foi capaz de provar por que — ou, aliás, até *se* — isso de fato é verdade. Resfriados inquestionavelmente são mais frequentes no inverno do que no verão, mas pode ser apenas porque no frio passamos mais tempo em ambientes fechados e expostos a fluidos e exalações alheios.[20] O resfriado não é uma enfermidade isolada, mas antes uma família de sintomas produzidos por uma multiplicidade de vírus,[21] dos quais os mais perniciosos são os rinovírus. Só deles há uma centena de variedades. Existem, em suma, muitas maneiras de pegar um resfriado, por isso nunca desenvolvemos imunidade suficiente para deixar de contraí-los.

Por anos, o Reino Unido operou uma instalação de pesquisa em Wiltshire chamada Common Cold Unit [Unidade Resfriado], porém ela fechou em 1989 sem encontrar a cura. Mas experimentos interessantes foram conduzidos ali. Em um deles, era instalado um dispositivo que secretava um fluido ralo pelas narinas da pessoa, no ritmo de um nariz escorrendo.[22] O voluntário então socializava com outros, como se estivesse numa festa. Sem que ninguém soubesse, o fluido continha uma tintura visível apenas sob a luz ultravioleta. Quando ativada após todos terem confraternizado por algum tempo, os participantes ficaram espantados ao descobrir que a tintura estava por toda parte — nas mãos, na cabeça e no tronco de todos, além de copos, maçanetas, sofás, tigelas de aperitivos etc. Como o adulto médio leva a mão ao rosto dezesseis vezes por hora, a cada toque transferia o pretenso patógeno do nariz para uma tigela de salgados, dali para uma terceira parte inocente, dali para uma maçaneta, dali para uma quarta parte inocente, e assim por diante, até praticamente todo mundo e todas as coisas exibirem o brilho festivo do muco imaginário. Em estudo similar na Universidade do Arizona, os pesquisadores "contaminaram" o puxador de metal da porta de um edifício e descobriram que apenas quatro horas depois o vírus se espalhara pelo prédio todo, infectando mais da metade dos empregados e aparecendo em quase todos os aparelhos compartilhados, como máquinas de xerox e de café.[23] No mundo real, essas infestações podem permanecer ativas por mais de três dias.[24] Agora, um dado surpreendente: a maneira menos eficaz de disseminar os germes (segundo outro estudo) é beijar. O beijo se revelou quase completamente ineficiente entre voluntários na Universidade de Wisconsin que haviam sido contaminados de propósito com resfriado. Espirros e tosses não tiveram resultado muito melhor. A única maneira confiável de transferir germes de resfriado é o contato físico.

Um levantamento no metrô de Boston revelou que os apoios metálicos são um ambiente razoavelmente hostil para micróbios. Onde os micróbios prosperam é no tecido dos bancos e nos apoios plásticos.[25] O método mais eficiente de transferir germes parece ser uma combinação de papel-moeda e muco nasal. Um estudo na Suíça descobriu que o vírus da gripe pode sobreviver numa cédula por duas semanas e meia, se acompanhado de uma microgota de muco. Sem muco, a maioria dos vírus do resfriado não sobrevive em uma nota dobrada por mais que algumas horas.

As duas outras formas de micróbio que normalmente nos habitam são fungos e protistas. Os fungos, por muito tempo, causaram uma espécie de perplexidade científica, sendo classificados como plantas ligeiramente esquisitas, nada além. Na verdade, no nível celular, eles nada têm de plantas. Não realizam fotossíntese, portanto não têm clorofila nem são verdes. De certo, estão mais para animais do que para plantas. Apenas em 1959 foram reconhecidos como um ramo separado e receberam seu próprio reino. Essencialmente, dividem-se em dois grupos — mofos e leveduras. Na maior parte, os fungos nos deixam em paz. Somente cerca de trezentas, entre vários milhões de espécies, nos afetam de algum modo, e a maioria dessas micoses, como são conhecidas, não deixam ninguém doente de verdade, causando apenas desconforto ou irritação medianos, como a frieira, por exemplo. Alguns, porém, são bem mais desagradáveis do que isso, e sua quantidade tem crescido.

O *Candida albicans*, fungo responsável pela candidíase, até a década de 1950 se restringia à boca e aos genitais, mas hoje ele às vezes invade lugares mais profundos do corpo e se desenvolve no coração e em outros órgãos, como bolor numa fruta. Similarmente, o *Cryptococcus gattii* era conhecido havia décadas na Colúmbia Britânica, no Canadá, crescendo principalmente em árvores e no solo ao redor delas, mas nunca fizera mal aos humanos.[26] Então, em 1999, ele adquiriu uma virulência súbita, causando graves infecções pulmonares e cerebrais em um punhado de vítimas no oeste do Canadá e nos Estados Unidos. Números exatos são impossíveis de conseguir, porque a doença muitas vezes é mal diagnosticada e, surpreendentemente, não tem notificação compulsória na Califórnia, um dos principais locais de incidência, porém trezentos e tantos casos no oeste da América do Norte foram confirmados desde 1999, com cerca de um terço de óbitos.

Notificados com bem mais frequência são os números da coccidioidomicose, mais comumente conhecida como febre do vale. Ela ocorre quase somente na Califórnia, no Arizona e em Nevada, infectando cerca de 10 mil a 15 mil pessoas por ano e matando cerca de duzentas, embora a quantidade real seja provavelmente mais elevada, já que pode ser confundida com pneumonia. O fungo é encontrado no solo e a quantidade de casos aumenta sempre que o solo é perturbado, como em terremotos e tempestades de poeira. No conjunto, acredita-se que os fungos sejam responsáveis por cerca de 1 milhão de mortes anuais no mundo todo, de modo que dificilmente podemos considerá-los irrelevantes.

Enfim, os protistas. Protista é qualquer coisa que não seja obviamente planta, animal ou fungo; é uma categoria reservada às formas de vida que não se encaixam em mais nenhum lugar. Originalmente, no século xix, os organismos unicelulares eram chamados de protozoários. Presumia-se que fossem todos aparentados, mas com o tempo ficou evidente que bactérias e arqueas pertenciam a reinos distintos. Protistas são uma categoria imensa e incluem amebas, paramécios, diatomáceas, mofos limosos e muitos outros seres que são bastante obscuros para todo mundo, exceto para quem trabalha com biologia e áreas afins. Da perspectiva da saúde humana, os protistas mais notáveis pertencem ao gênero *Plasmodium*. São as pequenas criaturas malignas que se transferem dos mosquitos para nós e causam a malária. Os protistas também são responsáveis por toxoplasmose, giardíase e criptosporidiose.

Em resumo, há uma quantidade espantosa de micróbios à nossa volta e ainda mal começamos a compreender seus efeitos sobre nós, para o bem ou para o mal. Um exemplo muito impressionante disso aconteceu em 1992, no norte da Inglaterra, na velha cidade fabril de Bradford, West Yorkshire, quando Timothy Rowbotham, um microbiologista do governo, foi enviado para rastrear a origem de uma epidemia de pneumonia.[27] Numa amostra colhida na torre de uma caixa-d'água, ele encontrou um micróbio diferente de qualquer outro visto antes. Na dúvida, identificou-o como uma nova bactéria, não por sua natureza particularmente bacteriana, mas porque não podia ser outra coisa. Na falta de termo melhor, chamou-o de "coco de Bradford". Embora ainda não fizesse ideia, Rowbotham acabara de mudar o mundo da microbiologia.

Rowbotham guardou as amostras em um freezer por seis anos antes de enviá-las para colegas, ao se aposentar precocemente. No fim, elas foram parar nas mãos de Richard Birtles, um bioquímico britânico radicado na França. Birtles percebeu que o coco de Bradford não era uma bactéria, mas um vírus — porém, que não se enquadrava em nenhuma definição de vírus. Para começar, era muito maior — mais de cem vezes — do que qualquer vírus conhecido. A maioria dos vírus tem apenas uma dúzia de genes, aproximadamente. Esse tinha mais de mil. Vírus não são considerados coisas vivas, mas seu código genético continha uma sequência de 62 letras* encontradas em todas as coisas vivas desde o início da Criação, fazendo dele não só algo vivo como também tão antigo quanto qualquer outra criatura na Terra.

Birtles chamou o novo vírus de mimivírus, porque "imita um micróbio". Quando Birtles e seus colegas escreveram sobre seus resultados, no início não conseguiram encontrar nenhum periódico que os publicasse, porque eram bizarros demais. A torre de resfriamento em que as amostras estavam foi demolida no fim da década de 1990 e parece que a única colônia desse vírus estranho e antigo se perdeu com ela.

Desde então, porém, outras colônias de vírus ainda mais gigantescos foram encontradas. Em 2013, uma equipe de pesquisadores franceses liderada por Jean Michel Claverie, da Universidade Aix-Marseille (instituição à qual ele era ligado quando descreveu o mimivírus), descobriu um novo vírus gigante que chamaram de pandoravírus, contendo nada menos que 2500 genes, 90% dos quais não são encontrados em nenhum outro lugar na natureza.

* Só para constar: GTGCCAGCAGCCGCGGTAATTCAGCTCCAATAGCGTATATTAAA-GTTGCTGCAGTTAAAAAG.

Eles descobriram um terceiro grupo, o dos fitovírus, que é ainda maior e no mínimo tão estranho quanto. No total, no momento em que escrevo, há cinco grupos de vírus gigantes, que não só diferem de tudo na Terra como também são muito diferentes entre si. Essas biopartículas estranhas e exóticas, já se afirmou, são a prova da existência de um quarto domínio da vida, além das bactérias, arqueas e eucariotas, esta última incluindo vida complexa, como nós. Na questão dos micróbios, ainda estamos engatinhando.

III

Muito após o início da era moderna, a ideia de que uma coisa tão minúscula quanto um microrganismo pudesse causar um mal sério era tida como evidentemente absurda. Quando o microbiologista Robert Koch relatou em 1884 que o cólera era causado por um bacilo (uma bactéria em forma de bastonete), um colega eminente mas cético chamado Max von Pettenkofer ficou tão escandalizado com a ideia que anunciou que tomaria um frasco de bacilos para provar que Koch estava errado.[28] A anedota teria um desfecho mais feliz se Pettenkofer tivesse ficado ruim em seguida e se retratasse, retirando suas objeções infundadas, mas na verdade ele não ficou nem um pouco doente. Às vezes isso acontece. Hoje se acredita que Pettenkofer devia ter contraído cólera antes e continuava com alguma imunidade residual. O que não se divulgou muito foi que dois alunos seus também tomaram um extrato de cólera e ambos ficaram gravemente doentes. Em todo caso, o episódio serviu para postergar ainda mais a aceitação geral da teoria dos germes, como ficou conhecida. Em certo sentido, não fazia tanta diferença assim o que causava cólera ou diversas outras enfermidades comuns porque não havia tratamento para elas, de toda forma.*

---

* As descobertas de Koch hoje sem dúvida são extremamente famosas e ele é justamente celebrado por isso. O que com frequência costumamos negligenciar, contudo, é a diferença que contribuições pequenas, incidentais, podem fazer para o progresso científico, e em nenhum lugar isso ficou mais bem ilustrado do que no próprio produtivo laboratório de Koch. A cultura de inúmeras amostras bacterianas diferentes ocupava um bocado de espaço no laboratório e trazia o risco constante de contaminação cruzada. Mas por sorte Koch tinha um assistente chamado Julius Richard Petri que concebeu a placa com tampa protetora que hoje leva seu

Antes da penicilina, a coisa mais próxima de uma droga maravilhosa que existia era o Salvarsan, desenvolvido pelo imunologista alemão Paul Ehrlich em 1910, mas essa medicação era efetiva apenas contra algumas coisas, principalmente sífilis, e tinha uma série de desvantagens.[29] Para começar, o Salvarsan era composto de arsênico, portanto tóxico, e o tratamento consistia em injetar aproximadamente meio litro da solução no braço do paciente uma vez por semana ao longo de cinquenta semanas ou mais. Se ministrado incorretamente, o líquido podia vazar para o músculo, causando efeitos colaterais dolorosos e às vezes graves, incluindo necessidade de amputação. Médicos que aplicavam o tratamento de forma segura ficaram célebres. Ironicamente, um dos mais renomados era Alexander Fleming.

A história da descoberta acidental da penicilina já foi contada inúmeras vezes, mas dificilmente encontramos duas versões que coincidam tim-tim por tim-tim. O primeiro relato completo da descoberta só foi publicado em 1944, uma década e meia após os eventos que descreve, numa altura em que os detalhes já ficavam vagos, mas, até onde podemos dizer, a história parece ser a seguinte: em 1928, quando Alexander Fleming tirava férias de seu emprego como pesquisador médico no St. Mary's Hospital, em Londres, esporos de mofo do gênero *Penicillium* entraram em seu laboratório e aterrissaram numa placa de Petri que ele deixara destampada. Graças a uma sequência de acontecimentos casuais — Fleming não limpara suas placas de Petri antes de sair de férias, o tempo estava atipicamente fresco naquele verão (e, assim, bom para esporos), ele se ausentou por tempo suficiente para o lento mofo crescer —, quando voltou Fleming descobriu que a propagação de bactérias na placa de Petri fora claramente inibida.

Muitos escreveram que o tipo de fungo que pousou na placa era raro, tor-

---

nome. As placas de Petri ocupavam pouquíssimo espaço, forneciam um ambiente estéril e uniforme e eliminaram de forma eficiente o risco de contaminação cruzada. Mas havia ainda a necessidade de um meio de cultivo. Várias gelatinas foram tentadas, mas nenhuma se revelou satisfatória. Então Fanny Hesse, esposa de outro assistente de pesquisa nascida nos Estados Unidos, sugeriu que tentassem ágar. Fanny aprendera com sua avó a usar ágar para fazer geleias, pois ele não derretia no calor do verão americano. O ágar funcionou perfeitamente também para os fins laboratoriais. Sem esses dois acontecimentos, as descobertas revolucionárias de Koch talvez tivessem levado mais alguns anos para serem feitas, ou possivelmente nunca seriam.

nando a descoberta praticamente miraculosa, mas isso parece ter sido invenção jornalística. O mofo era na verdade o *Penicillium notatum* (hoje chamado *Penicillium chrysogenum*), muito comum em Londres, então não surpreende que alguns esporos flutuassem por seu laboratório e caíssem no ágar. Também é um lugar-comum afirmar que Fleming deixou de explorar sua descoberta e que anos se passaram antes que outros enfim convertessem aquilo em uma medicação útil. Isso é, para dizer o mínimo, uma interpretação pouco generosa dos fatos. Primeiro, Fleming merece crédito por perceber o significado do mofo — um cientista menos alerta poderia simplesmente ter jogado tudo fora. Além do mais, ele relatou a descoberta em um periódico respeitável e até comentou suas implicações antibióticas. Também tentou por algum tempo transformá-la num remédio utilizável, mas era um processo complicado do ponto de vista técnico — como outros descobririam mais tarde — e havia coisas mais importantes que desejava pesquisar; assim, não insistiu mais. Costuma-se negligenciar que Fleming à época já era um cientista eminente e ocupado. Em 1923 descobrira a lisozima — uma enzima antimicrobiana presente na saliva, no muco e nas lágrimas — como parte da primeira linha de defesa do corpo contra patógenos invasores, e estava ansioso para explorar suas propriedades. Ele não tinha nada de tolo ou atrapalhado, como às vezes se sugere.

No começo da década de 1930, pesquisadores na Alemanha produziram um grupo de drogas bactericidas conhecidas como sulfonamidas, mas elas nem sempre funcionavam a contento e muitas vezes tinham efeitos colaterais graves. Em Oxford, uma equipe de bioquímicos liderada por Howard Florey, australiano de nascimento, começou a pesquisar uma alternativa mais eficaz, e no processo redescobriu o artigo de Fleming sobre a penicilina. O chefe de pesquisa em Oxford era um emigrado alemão excêntrico chamado Ernst Chain,[30] bizarramente parecido com Albert Einstein (até no basto bigode), mas de temperamento bem mais difícil. Chain era de uma família de judeus berlinenses ricos, mas fugira para a Inglaterra com a ascensão de Adolf Hitler. Ele era talentoso em muitas áreas e considerou seguir a carreira de pianista antes de se decidir pela ciência. Mas também era um homem complicado. Tinha temperamento explosivo e instintos ligeiramente paranoicos — embora pareça justo dizer que, se houve uma época em que um judeu possa ser desculpado pela paranoia, foi a década de 1930. Era um candidato improvável a fazer a descoberta que fosse, pois sofria de um medo patológico de se contaminar no laboratório.[31] Mas superou o medo e perseverou, descobrindo para sua surpresa que a penicilina não só matava os patógenos em ratos como também não apresentava efeitos colaterais evidentes. Haviam encontrado a droga perfeita: uma medicação capaz de devastar seu alvo sem devastar o paciente. O problema, como Fleming percebera, era a grande dificuldade de produzir penicilina em quantidades clinicamente úteis.

Por determinação de Florey, Oxford ofereceu uma quantidade significativa de recursos e espaço de pesquisa para cultivar mofo e pacientemente extrair minúsculas quantidades de penicilina. No início de 1941, tinham medicamento suficiente apenas para testar em um policial chamado Albert Alexander, que era uma demonstração tragicamente ideal de como os humanos eram vulneráveis a infecções antes dos antibióticos.[32] Certa vez, podando roseiras em seu jardim, Alexander arranhou o rosto num espinho. O machucado infeccionou e a infecção se espalhou. Alexander perdeu um olho e agora estava delirante e às portas da morte. O efeito da penicilina foi milagroso. Em dois dias, conseguia sentar e parecia quase de volta à vida normal. Mas o medicamento logo começou a faltar. No desespero, os cientistas filtraram e reinjetaram tudo que puderam obter a partir da urina de Alexander, mas quatro dias depois ficaram sem a substância. O pobre Alexander teve uma recaída e morreu.

Com o Reino Unido envolvido na Segunda Guerra Mundial e os Estados Unidos ainda fora dela, a busca por fabricar penicilina em massa se transferiu para uma instalação de pesquisa do governo americano no Illinois. Os americanos pediram em sigilo que cientistas e outras partes envolvidas por todo o mundo aliado enviassem amostras de solo e mofo. Centenas responderam, mas nada que mandaram parecia promissor. Então, dois anos após o início dos testes, uma assistente de laboratório em Peoria chamada Mary Hunt comprou um melão numa mercearia local.[33] A fruta tinha uma mancha de "bolor muito dourado", recordou ela mais tarde. Esse mofo se revelou duzentas vezes mais potente do que qualquer coisa previamente testada. O nome e a localização da mercearia onde Mary Hunt o comprou hoje foram esquecidos, e o melão histórico, por sua vez, foi cortado e comido pela equipe. Mas o mofo sobreviveu. Toda penicilina produzida desde esse dia descende desse melão escolhido ao acaso.[34]

Um ano depois, as farmacêuticas americanas produziam 100 bilhões de unidades de penicilina por mês. Os pesquisadores britânicos ficaram desolados ao descobrir que os métodos de produção haviam sido patenteados pelos americanos e que teriam de pagar royalties para utilizar a própria descoberta.[35]

Alexander Fleming só ficou famoso como pai da penicilina quando a guerra estava perto do fim, cerca de vinte anos após a afortunada descoberta, mas então a fama veio pra valer. Ele recebeu 189 homenagens de todos os tipos no mundo inteiro e até batizaram uma cratera da Lua com seu nome. Em 1949, dividiu o prêmio Nobel de fisiologia ou medicina com Ernst Chain e Howard Florey. Florey e Chain nunca gozaram da devida aclamação popular, em parte por serem muito menos sociáveis que Fleming e em parte porque a história de descoberta acidental dava um assunto bem mais interessante do que uma história de empenho obstinado. Chain, a despeito do Nobel compartilhado, ficou convencido de que Florey não lhe dera crédito suficiente, e a amizade, por pouca que fosse, acabou.[36]

No início de 1945, em seu discurso de recebimento do Nobel, Fleming advertiu que micróbios podiam facilmente desenvolver resistência a antibióticos se estes fossem usados de forma indiscriminada. Acho que nunca um discurso do Nobel foi mais premonitório.

IV

A grande virtude da penicilina — ceifar todo tipo de bactéria — também é sua fraqueza elementar. Quanto mais expomos os micróbios a antibióticos, mais oportunidade eles têm de desenvolver resistência. O que resta no paciente após um tratamento com antibióticos, afinal, são os micróbios mais resistentes. Atacando um amplo espectro, estimulamos demasiada ação defensiva.[37] Ao mesmo tempo, infligimos danos colaterais desnecessários. Antibióticos têm a sutileza de uma granada de mão. Acabam tanto com os micróbios ruins quanto com os bons. Há cada vez mais evidências de que parte dos organismos benéficos talvez nunca mais se recupere, uma perda permanente para nós.

A maioria das pessoas no mundo ocidental, quando chega à idade adulta, submeteu-se a algo entre cinco e vinte tratamentos com antibióticos. Os efeitos, receia-se, podem ser cumulativos, cada geração passando adiante menos microrganismos do que a anterior. Pouca gente tem mais consciência disso que um cientista americano chamado Michael Kinch. Em 2012, quando era diretor do Centro da Universidade Yale para Descoberta Molecular, em Connecticut, o pequeno Grant, filho de doze anos de Kinch, sentiu fortes dores abdominais. "Ele tinha passado o dia em um acampamento de verão e comido alguns bolinhos", recorda Kinch, "então pensamos no começo que fosse apenas uma combinação de excitação e gulodice, mas os sintomas pioraram." No fim, Grant foi parar no Yale New Haven Hospital, onde uma sucessão de coisas alarmantes aconteceu depressa.[38] Descobriram que seu apêndice se rompera e que os micróbios intestinais haviam escapado para o abdômen, resultando em peritonite. Então a infecção evoluiu para uma sepse, o que significou que passara ao sangue e podia se espalhar por qualquer parte do corpo. Infelizmente, quatro antibióticos ministrados a Grant não fizeram efeito sobre a bactéria devastadora.

"Foi muito assustador", lembra Kinch. "Aquela criança tinha tomado antibióticos só uma vez na vida, para uma infecção de ouvido, e mesmo assim as bactérias intestinais se mostraram resistentes. Não era para ter acontecido."

Felizmente, dois outros antibióticos funcionaram e a vida de Grant foi salva.

"Ele teve sorte", diz Kinch. "Logo vai chegar o dia em que as bactérias dentro de nós serão resistentes não só contra dois terços dos antibióticos que utilizamos contra elas, mas contra todos eles. Daí vamos estar encrencados pra valer."

Atualmente Kinch é diretor do Centro para Inovação da Pesquisa Empresarial da Universidade de Washington em St. Louis. Ele trabalha numa antiga fábrica de telefones abandonada, hoje reformada e charmosa, que é parte de um projeto de resgate do bairro promovido pela universidade. "Costumava ser o melhor lugar em St. Louis pra descolar crack", diz, com um ar de orgulho irônico. Um sujeito animado entrando na meia-idade, Kinch foi trazido à Universidade de Washington para promover o empreendedorismo, mas uma de suas paixões centrais continua sendo o futuro da indústria farmacêutica e de onde virão os novos antibióticos. Em 2016, ele escreveu um livro alarmante sobre o assunto, *A Prescription for Change: The Looming Crisis in Drug Development* [Uma prescrição para a mudança: a crise iminente no desenvolvimento de medicações].

"Da década de 1950 ao fim da década de 1990", afirma, "aproximadamente três antibióticos eram introduzidos nos Estados Unidos a cada ano. Hoje, é mais ou menos um novo antibiótico ano sim, ano não. A taxa de retirada de antibióticos do mercado — porque não funcionam mais ou porque estão obsoletos — é o dobro da taxa de introdução de novos. A consequência óbvia disso é que nosso arsenal de drogas para tratar infecções bacterianas está diminuindo. E não dá sinais de parar."

O maior agravante é que grande parte do nosso uso de antibióticos não passa de pura insensatez. Quase três quartos dos 40 milhões de antibióticos prescritos todo ano nos Estados Unidos são receitados para males que não podem ser curados por antibióticos. Segundo Jeffrey Linder, professor de medicina em Harvard, antibióticos são prescritos em 70% dos casos de bronquite aguda, mesmo as normas determinando explicitamente que não têm utilidade alguma nesses casos.[39]

Ainda mais assustador, 80% dos antibióticos nos Estados Unidos são ministrados a animais de fazenda, principalmente para engorda. Produtores de frutas também usam antibióticos para combater infecções bacterianas em suas plantações. Como consequência, a maioria dos americanos ingere antibióticos por tabela na sua comida (incluindo até alguns alimentos rotulados como orgânicos) sem saber.[40] A Suécia proibiu o uso agrícola de antibióticos em 1986.[41] A União Europeia a seguiu em 1999. Em 1977, a FDA americana determinou a interrupção do uso de antibióticos com fins de engorda de animais de fazenda, mas recuou ante o clamor de protesto dos interesses particulares na agricultura e dos líderes no Congresso que os apoiavam.[42]

Em 1945, ano em que Alexander Fleming ganhou o prêmio Nobel, um caso típico de pneumonia pneumocócica podia ser curado com 40 mil unidades de penicilina. Hoje, devido à resistência aumentada, isso pode chegar a mais de 20 milhões de unidades por dia durante muitos dias para obtenção do mesmo resultado. Com algumas doenças, a penicilina hoje não tem o menor efeito. Consequentemente, a taxa de mortalidade de doenças infecciosas tem aumentado e voltou ao nível de cerca de quarenta anos atrás.[43]

De fato, não convém brincar com bactérias. Elas não só estão cada vez mais resistentes como também evoluíram para uma temível nova classe de patógenos que costumam ser conhecidos como superbactérias — sem praticamente nenhuma intenção hiperbólica.[44] O *Staphylococcus aureus* é um micróbio encontrado na pele e nas narinas humanas. Em geral, não causa danos, mas é um oportunista: quando o sistema imune está debilitado, pode penetrar furtivamente e provocar um estrago. Na década de 1950, o organismo desenvolveu resistência à penicilina, e por sorte outro antibiótico chamado meticilina foi disponibilizado e combateu as infecções do *S. aureus*. Mas apenas dois anos após a introdução da meticilina duas pessoas no Royal Surrey County Hospital, em Guildford, perto de Londres, desenvolveram infecções de *S. aureus* que não respondiam à meticilina.[45] O *S. aureus*, praticamente da noite para o dia, evoluíra uma nova forma de resistência à droga. A neva cepa foi chamada de MRSA, sigla em inglês para "*Staphylococcus aureus* resistente à meticilina". Em dois anos já havia se espalhado pela Europa continental. Pouco depois, chegou aos Estados Unidos.

Hoje, estima-se que a MRSA e suas primas matem 700 mil pessoas por ano no mundo todo.[46] Até há pouco tempo, uma droga chamada vancomicina era eficaz contra a MRSA, mas agora a resistência já começa a dar as caras. Ao mesmo tempo enfrentamos as infecções de uma classe de bactérias de nome formidável, as enterobacteriáceas (ou CRE), resistentes a carbapenêmicos e imunes a quase tudo que usamos contra elas. A CRE mata cerca da metade dos infectados.[47] Por sorte, até agora, em geral não infecta pessoas saudáveis. Mas, se isso acontecer, salve-se quem puder.

Contudo, à medida que o problema se agravou, a indústria farmacêutica parou de tentar produzir novos antibióticos. "Simplesmente, fica caro demais para elas", diz Kinch.[48] "Na década de 1950, pelo equivalente a 1 bilhão de dólares em dinheiro atual, você poderia desenvolver umas noventa drogas. Hoje, com o mesmo dinheiro, você pode desenvolver em média só um terço de um medicamento. As patentes farmacêuticas duram apenas vinte anos, mas isso inclui o período de ensaios clínicos. Os fabricantes em geral têm apenas nove anos de proteção de patente exclusiva." Dessa forma, com exceção das dezoito maiores farmacêuticas do mundo, todas desistiram de procurar novos antibióticos.[49] As pessoas só tomam o remédio por uma ou duas semanas. É muito melhor focar em drogas como estatinas ou antidepressivos, que as pessoas tomam mais ou menos indefinidamente. "Nenhuma companhia em seu juízo perfeito vai desenvolver o próximo antibiótico", diz Kinch.

Ainda não é motivo de desespero, mas precisamos fazer alguma coisa sobre isso. No atual ritmo de propagação, prevê-se que a resistência antimicrobiana levará a 10 milhões de mortes evitáveis por ano — é mais gente do que as fatalidades por câncer atuais — daqui a trinta anos, a um custo aproximado de 100 trilhões de dólares em dinheiro atual.[50]

Quase todo mundo concorda que precisamos de uma abordagem mais direta. Uma possibilidade interessante seria interromper as linhas de comunicação das bactérias. Bactérias nunca preparam um ataque até terem reunido quantidade suficiente — ou quórum, como dizemos — para valer a pena realizá-lo. A ideia seria produzir drogas sensíveis ao quórum que não matassem todas as bactérias, mas simplesmente mantivessem seu número abaixo do limiar que provoca um ataque.[51]

Outra possibilidade é recrutar um bacteriófago, uma espécie de vírus, para caçar e matar bactérias perniciosas para nós. Bacteriófagos — com frequência abreviados para apenas fagos — não são muito conhecidos da maioria, mas são as biopartículas mais abundantes da Terra.[52] Quase toda a superfície do planeta, incluindo nós, está coberta deles. Fazem uma coisa muito bem: cada um ataca uma bactéria particular. Isso significa que os médicos teriam de identificar o patógeno agressor e selecionar o fago certo para matá-lo, processo mais custoso e demorado, mas que tornaria muito mais difícil para a bactéria desenvolver resistência.

O certo é que alguma atitude tem de ser tomada. "Tendemos a nos referir à crise dos antibióticos como uma ameaça iminente", diz Kinch, "mas não é nada disso. É uma crise *atual*. Como mostrou meu filho, esses problemas já estão entre nós — e a coisa vai piorar muito."

Ou, como ouvi de um médico: "Estamos antevendo o momento em que não poderemos fazer cirurgias no quadril nem outros procedimentos rotineiros porque o risco de infecção será alto demais".

O dia em que as pessoas voltarão a morrer por se arranhar em um espinho de roseira pode não estar tão distante.

4. O cérebro

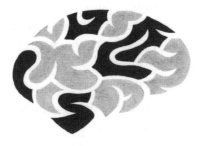

> O cérebro supera o céu em vastidão,
> Pois, justaponha um e outro,
> O primeiro abrangerá o segundo
> Facilmente, e de quebra você.
>
> Emily Dickinson

Dentro da sua cabeça fica a coisa mais extraordinária do universo. Ainda que viajássemos por cada palmo do espaço sideral, possivelmente não encontraríamos em lugar nenhum algo tão maravilhoso, complexo e funcional quanto esse cerca de um quilo e meio de massa esponjosa que temos entre as orelhas.

Para um objeto tão prodigioso, o cérebro humano é extraordinariamente desinteressante. Antes de mais nada, é composto de 75% a 80% de água, e o resto se divide mais ou menos entre gordura e proteína. É incrível como três substâncias tão banais podem se juntar de maneira a nos possibilitar ter pensamentos, memória, visão, apreciação estética e tudo o mais. Se você o tirasse do crânio e o segurasse, provavelmente ficaria surpreso ao constatar como é macio. A consistência do cérebro já foi comparada a tofu, manteiga amolecida ou um manjar branco um pouco desandado.[1]

O grande paradoxo do cérebro é que tudo o que sabemos sobre o mundo vem de um órgão que, por si mesmo, nunca o viu. O cérebro existe no silêncio e na escuridão, como um prisioneiro na masmorra. Ele não tem receptores de dor e nenhum sentimento, literalmente. Nunca sentiu o tépido calor do sol nem o frescor de uma brisa. Para seu cérebro, o mundo não passa de uma torrente de pulsos elétricos, como sinais de código Morse. E com base nessa informação crua e neutra ele cria para você — cria mesmo, no sentido literal — um universo vibrante, tridimensional, sensorialmente atraente. Seu cérebro *é* você. O resto não passa de encanamentos e andaimes.

Só de ficarmos sentados e quietos, sem fazer nada, nosso cérebro processa mais informação em trinta segundos do que o telescópio espacial *Hubble* em trinta anos. Um pedacinho de córtex de um milímetro cúbico — do tamanho de um grão de areia — pode conter 2 mil terabytes de informação, o suficiente para armazenar todos os filmes já feitos — trailers inclusos — ou cerca de 1,2 bilhão de exemplares deste livro.* Estima-se que, no conjunto, o cérebro humano contenha algo da ordem de duzentos exabytes de informação, aproximadamente o mesmo que "todo o conteúdo digital do mundo atual", segundo a *Nature Neuroscience*.[2] Se isso não é a coisa mais extraordinária do universo, então sem dúvida ainda temos alguns portentos por descobrir.

O cérebro costuma ser retratado como um órgão voraz. Ele representa apenas 2% do nosso peso corporal, mas utiliza 20% da nossa energia.[3] Em recém-nascidos, não usa menos do que 65%. Em parte, é por isso que os bebês dormem o tempo todo — o cérebro em crescimento suga suas energias — e têm tanta gordura corporal, para usar como reserva energética quando necessário. Nossos músculos na verdade usam ainda mais energia — cerca de um quarto do total —, mas temos um bocado de músculos; por unidade de matéria, o cérebro é de longe nosso órgão mais dispendioso.[4] Mas também é maravilhosamente eficiente. Ele exige apenas cerca de quatrocentas calorias de energia diárias — mais ou menos o equivalente a um muffin de

---

* Tenho imensa dívida para com o dr. Magnus Bordewich, diretor de pesquisa do Departamento de Ciências da Computação da Universidade Durham, por alguns desses cálculos.

mirtilo. Tente fazer seu laptop funcionar 24 horas à base de muffin e você verá aonde chega.

Ao contrário de outras partes do corpo, o cérebro queima suas quatrocentas calorias a um ritmo constante, independentemente do que você estiver fazendo. Concentração mental demais não ajuda a emagrecer. Na verdade, aliás, parece não conferir benefício algum. Richard Haier, da Universidade da Califórnia em Irvine, usou tomografia de emissão de pósitrons para revelar que os cérebros que mais se esforçam são em geral os menos produtivos. Os cérebros mais eficientes, ele descobriu, eram os que conseguiam resolver uma tarefa depressa e depois passar a um modo de espera.[5]

Com toda a sua capacidade, nada em seu cérebro é distintivamente humano. Usamos os mesmos componentes — neurônios, axônios, gânglios e assim por diante — que um cachorro ou hamster. Baleias e elefantes têm o cérebro muito maior do que o nosso, embora, é claro, também tenham o corpo bem maior. Mas mesmo um rato do tamanho de um ser humano teria um cérebro maior e muitas aves se dariam ainda melhor. Acontece também que o cérebro humano é um pouco menos majestoso do que presumimos por tanto tempo. Durante anos, afirmou-se que o cérebro possui 100 bilhões de células nervosas (ou neurônios), mas um cuidadoso levantamento feito pela neurocientista brasileira Suzana Herculano-Houzel em 2015 revelou que o número está mais para 86 bilhões — um rebaixamento substancial.[6]

Neurônios não são como outras células, tipicamente compactas e esféricas. Os neurônios são compridos e desfiados, para melhor transmitir sinais elétricos entre si. O prolongamento principal do neurônio chama-se axônio. Em sua extremidade final, ele se divide nas extensões ramificadas chamadas dendritos — 400 mil deles. O minúsculo espaço entre as terminações das células nervosas é chamado de sinapse. Cada neurônio se conecta a milhares de outros neurônios, produzindo trilhões e trilhões de conexões — tantas conexões "em um único centímetro cúbico de tecido cerebral quantas estrelas na Via Láctea", para citar o neurocientista David Eagleman.[7] Nossa inteligência reside em todo esse emaranhado sináptico complexo, não na quantidade de neurônios, como pensávamos.

Certamente o mais curioso e extraordinário acerca do cérebro é como ele é tão desnecessário. Para sobrevivermos no planeta, não precisamos fazer música ou filosofar — você na verdade só precisa ser mais esperto que um quadrúpede —, então por que investimos tanta energia e risco em produzir uma capacidade mental que não necessitamos de fato? Essa é apenas uma das muitas coisas sobre seu cérebro que seu cérebro não lhe conta.

Sendo nosso órgão mais complexo, não surpreende que o cérebro tenha mais nomes para seus elementos e traços característicos do que qualquer outra parte do corpo, mas, essencialmente, ele se divide em três seções. No topo, literal e figurativamente, fica o telencéfalo, que preenche a maior área da caixa craniana e é a parte que vem à nossa mente quando pensamos no cérebro. No telencéfalo são executadas as funções mais elevadas. Ele se divide em dois hemisférios, ligados cada um preponderantemente a uma metade do corpo, mas, por motivos que desconhecemos, a vasta maioria da fiação é cruzada, de modo que o lado direito do telencéfalo controla o lado esquerdo do corpo, e vice--versa.[8] Os hemisférios são conectados por um feixe de fibras chamado corpo caloso. Cobrindo o cérebro há fissuras profundas conhecidas como sulcos e saliências chamadas giros, que aumentam sua área superficial. Os padrões exatos dos sulcos e giros em um cérebro são únicos para cada indivíduo — assim como suas impressões digitais —, mas ninguém sabe se isso tem alguma coisa a ver com inteligência, temperamento ou qualquer outra coisa que nos define.

Cada hemisfério do telencéfalo se divide em quatro lobos — frontal, parietal, temporal e occipital — bastante especializados em determinadas funções. O lobo parietal controla dados sensoriais, como tato e temperatura. O lobo occipital processa a informação visual, e o lobo temporal controla em especial a informação auditiva, embora também ajude a processar a visual. Sabe-se há alguns anos que seis pequenas áreas no lobo temporal são estimuladas quando olhamos para outro rosto, embora aparentemente ainda seja muito difícil precisar quais partes do meu rosto estimulam quais áreas de seu cérebro.[9] O lobo frontal sedia as funções elevadas do cérebro — raciocínio, antecipação, resolução de problemas, controle emocional e assim por diante. Ele é em parte responsável pela personalidade, por quem somos. Ironicamente, como Oliver Sacks notou certa vez, os lobos frontais foram a última parte do cérebro a ser decifrada. "Mesmo na minha época de estudante de medicina, eram chamados de 'lobos silenciosos'", escreveu ele em 2001. Era assim não porque achassem que careciam de funções, mas porque essas funções não se manifestam.

Sob o telencéfalo, no fundo da cabeça, mais ou menos no ponto onde o cérebro se encontra com a nuca, fica o cerebelo, ou "pequeno cérebro". Embora o cerebelo ocupe apenas 10% da caixa craniana, abriga mais da metade dos neurônios.[10] Ele os tem em quantidade não porque processa muitos pensamentos, mas porque controla o equilíbrio e os movimentos complexos, e isso exige um circuito de conexões profuso.

Na base do cérebro, descendo como uma espécie de poço de elevador e conectando o órgão à coluna e ao corpo, fica sua parte mais antiga, o tronco encefálico. Ele é responsável por nossas funções mais básicas: dormir, respirar, manter o batimento cardíaco. Não desperta tanto interesse popular, mas é tão central para nossa existência que no Reino Unido a morte do tronco encefálico é a medida fundamental para declarar o óbito em humanos.

Espalhadas pelo cérebro, como frutas cristalizadas em um panetone, há diversas estruturas menores — hipotálamo, amígdala, hipocampo, septo pelúcido, comissura habenular, córtex entorrinal e mais cerca de uma dúzia de outras* — que coletivamente são conhecidas como sistema límbico (do latim *limbus*, "periférico"). É fácil passar a vida toda sem ouvir falar de nenhuma dessas componentes a menos que ocorra algum problema. Os gânglios da base, por exemplo, desempenham um papel importante no movimento, na linguagem e no pensamento, mas só costumam chamar nossa atenção para sua existência quando degeneram e levam ao mal de Parkinson.

Apesar de sua obscuridade e dimensões modestas, as estruturas do sistema límbico exercem um papel fundamental na felicidade, controlando e regulando processos básicos como memória, apetite, emoções, sonolência e alerta, e o processamento de informação sensorial. O conceito de "sistema límbico" foi inventado em 1952 por um neurocientista americano, Paul D. MacLean, mas nem todos os neurocientistas atuais concordam que as componentes formam um sistema coerente. Muitos acreditam que são na verdade várias partes distintas conectadas apenas pelo fato de dizerem respeito antes ao desempenho corporal que ao pensamento.

A componente mais importante do sistema límbico é uma pequena usina

---

* Temos duas de cada, uma em cada hemisfério, assim na verdade deveríamos nos referir a elas sempre no plural (tálamos, hipocampos, amígdalas cerebelosas e assim por diante), mas raramente o fazemos.

de energia chamada hipotálamo, que na realidade não é estrutura alguma, apenas um feixe de células neurais. O nome não descreve o que faz, mas onde se encontra: sob o tálamo. (O tálamo, ou "quarto interno", é uma espécie de repetidor de sinal para a informação sensória e uma parte importante do cérebro — não existe uma parte do cérebro que não seja importante, é claro —, mas não é um componente do sistema límbico.) O hipotálamo é curiosamente modesto. Embora seja apenas do tamanho de um amendoim e pese cerca de três gramas, é responsável por grande parte da química mais importante do corpo. Ele regula a função sexual, controla a fome e a sede, monitora o açúcar e os sais no sangue, determina quando você precisa dormir. Pode até desempenhar um papel no modo como envelhecemos mais devagar ou mais rápido.[11] Em grande medida, seu sucesso ou fracasso como ser humano depende dessa coisinha no meio da sua cabeça.

O hipocampo é central para a formação das memórias. (O nome de origem grega é uma referência a sua semelhança com um cavalo-marinho.) A amígdala (do grego para "amêndoa") é especializada em lidar com emoções intensas e estressantes — medo, raiva, ansiedades, fobias de todo tipo. Pessoas que perderam as amígdalas cerebelosas são literalmente destemidas e com frequência incapazes até de reconhecer o medo em outros.[12] A amígdala fica particularmente ativa durante o sono e isso explica por que nossos sonhos muitas vezes são perturbadores. Seus pesadelos talvez sejam apenas as amígdalas se descarregando.[13]

Considerando como o cérebro é estudado à exaustão, e há tanto tempo, é extraordinário quanta coisa elementar ainda não sabemos ou, pelo menos, sobre as quais não concordamos de um modo geral. Como: o que é a consciência, exatamente? Ou: o que de fato é o pensamento? Não podemos prendê-lo em um pote de vidro ou observá-lo numa lâmina de microscópio, contudo um pensamento é claramente uma coisa real e definida. Pensar constitui nosso talento mais vital e milagroso, porém, em um sentido fisiológico profundo, não sabemos de fato o que é pensar.

Grande parte disso poderia ser dita a respeito da memória. Sabemos um bocado sobre como as lembranças são construídas e como e onde ficam armazenadas, mas não por que conservamos algumas e outras não. Claramente, não tem muito a ver com valor ou utilidade reais. Consigo lembrar a escalação titular completa do time de beisebol dos St. Louis Cardinals de 1964 — coisa que não tem importância alguma para mim desde essa data e que na verdade nunca foi de grande serventia, mesmo nessa época — e no entanto não consigo lembrar o número do meu próprio celular, onde parei o carro no estacionamento, qual era o terceiro item que minha esposa me pediu que comprasse no supermercado ou qualquer uma das inúmeras outras coisas que são inquestionavelmente mais urgentes e necessárias do que lembrar a escalação dos Cardinals de 1964 (a propósito, Tim McCarver, Bill White, Júlian Javier, Dick Groat, Ken Boyer, Lou Brock, Curt Flood e Mike Shannon).

Assim, há uma quantidade imensa de coisas ainda por aprender e muitas outras que talvez nunca venhamos a descobrir. Mas, da mesma forma, parte das que *sabemos* são no mínimo tão incríveis quanto as que não sabemos. Considere como enxergamos — ou, para dizer mais precisamente, como o cérebro nos diz o que enxergamos.

Olhe ao redor. Seus olhos enviam 100 bilhões de sinais para o cérebro a cada segundo.[14] Mas isso é apenas parte da história. Quando você "vê" alguma coisa, apenas cerca de 10% da informação vem do nervo óptico.[15] Outras partes de seu cérebro precisam desconstruir os sinais — reconhecer rostos, interpretar movimentos, identificar perigo. Em outras palavras, a função mais importante de ver não é receber imagens visuais, mas atribuir significado a elas.

Para cada dado visual, leva uma quantidade de tempo ínfima mas perceptível — cerca de duzentos milissegundos, ou um quinto de segundo — até que a informação viaje ao longo dos nervos ópticos e chegue ao cérebro, onde será processada e interpretada. Um quinto de segundo não é um tempo desprezível quando uma reação rápida se faz necessária — desviar de um carro que vem na sua direção, por exemplo, ou evitar uma pancada na cabeça. Para nos ajudar a lidar melhor com esse atraso, o cérebro realiza uma coisa extraordinária: ele prevê continuamente como será o mundo daqui a um quinto de segundo e é *isso* que nos oferece como sendo o momento presente. Ou seja, nunca vemos o mundo como está neste preciso instante, mas, antes, como será daqui a uma fração de segundo no futuro. Passamos a vida toda, em outras palavras, vivendo em um mundo que ainda não existe, de certa forma.

Seu cérebro costuma tapeá-lo de várias maneiras, para seu próprio bem. O som e a luz chegam a você em velocidades diferentes — fenômeno que percebemos toda vez que escutamos um avião passando e erguemos o rosto para descobrir o som vindo de uma parte do céu e o avião se movendo silenciosamente por outra. No mundo mais imediato, seu cérebro em geral pasteuriza essas diferenças, de maneira que você percebe os estímulos como que chegando todos ao mesmo tempo.

De maneira similar, o cérebro fabrica todos os componentes que constituem seus sentidos. É um fato da existência estranho e não intuitivo que os fótons de luz não tenham cor, as ondas sonoras não tenham som, as moléculas olfativas não tenham cheiro. Nas palavras do médico e escritor britânico James Le Fanu, "embora tenhamos a impressão predominante de que o verde das árvores e o azul do céu fluem por nossos olhos como por uma janela aberta, as partículas de luz que impactam a retina não têm cor, assim como as ondas sonoras que impactam o tímpano são silenciosas e as moléculas de aroma não têm odor. São partículas de matéria subatômicas, invisíveis, sem peso, viajando pelo espaço".[16] Toda a riqueza da vida é criada dentro da sua cabeça. O que você vê não é o que existe, mas o que o seu cérebro lhe diz que existe, e isso não é a mesma coisa. Considere uma barra de sabão. Já lhe ocorreu que a espuma produzida é sempre branca, seja qual for a cor do sabão? Isso não é assim porque o sabão de algum modo muda de cor quando é molhado e esfregado. No plano molecular as coisas continuam iguais a antes. É apenas que a espuma reflete a luz de forma diferente. Você presencia o mesmo efeito nas ondas estourando na praia — água verde-azulada e espuma branca — e em um monte de outros fenômenos. É assim porque a cor não é uma realidade fixa, mas uma percepção.

Em algum momento da vida você provavelmente já esteve diante de uma dessas ilusões de óptica em que olha por quinze ou vinte segundos para a imagem de um quadrado vermelho, depois para uma folha em branco, e por alguns instantes vê um quadrado espectral azul-esverdeado sobre o papel. Essa pós-imagem é consequência da fadiga em alguns fotorreceptores em seus olhos causada pelo esforço muito intenso, mas o relevante é que a cor azul-esverdeada não está ali, nem nunca existiu em lugar algum exceto na sua imaginação. Em um sentido absolutamente real, isso é verdade para todas as cores.

Seu cérebro é muitíssimo bom em encontrar padrões e atribuir uma ordem ao caos, como essas duas conhecidas ilusões de óptica demonstram:

Na primeira ilustração, quase todo mundo vê apenas manchas aleatórias, até alguém explicar que se trata de um dálmata, então de repente, para a maioria, o cérebro preenche as margens que faltam e dá sentido a toda a composição. A ilusão é da década de 1960, mas pelo jeito ninguém sabe quem a criou. A segunda ilustração tem uma história mais conhecida. Ela se chama triângulo de Kanizsa, nome do psicólogo italiano Gaetano Kanizsa, que a criou em 1955. Não há nenhum triângulo na figura, é claro, a não ser aquele que o seu cérebro põe ali.

Seu cérebro faz essas coisas para você porque foi projetado para ajudá-lo de todas as maneiras que puder. Contudo, o paradoxo é que ele também é muito pouco confiável. Há alguns anos, uma psicóloga da Universidade da Califórnia em Irvine, Elizabeth Loftus, descobriu que é possível, através da sugestão, implantar memórias inteiramente falsas na cabeça das pessoas — convencê-las de que sofreram um trauma ao se perder numa loja de departamentos ou num shopping quando eram pequenas ou de que foram abraçadas pelo Pernalonga na Disneylândia — ainda que essas coisas nunca tenham acontecido.[17] (Para começar, Pernalonga nem é da Disney e nunca estaria na Disneylândia.) Ela mostrava para as pessoas fotos adulteradas de sua infância em que a imagem fora manipulada para parecer que voavam em um balão de ar quente, e muitas vezes elas se lembravam de repente da experiência e a descreviam animadamente, ainda que nada disso houvesse acontecido, como todos bem sabiam.

Ora, você deve pensar que nunca seria tão sugestionável, e talvez tenha razão — apenas cerca de um terço das pessoas é tão crédula assim —, mas as evidências mostram que todo mundo às vezes recorda equivocadamente até os acontecimentos mais vívidos. Em 2001, logo após a destruição do World Trade Center em 11 de setembro em Nova York, psicólogos da Universidade de Illinois pegaram os depoimentos detalhados de setecentas pessoas sobre onde estavam e o que faziam quando souberam do ocorrido. Um ano depois, os psicólogos fizeram as mesmas perguntas às mesmas pessoas e descobriram que quase a metade agora se contradizia de algum modo significativo — afirmavam ter estado em um lugar diferente no momento da tragédia, acreditavam que assistiram a ela pela TV, quando na verdade souberam pelo rádio, e assim por diante —, mas sem se dar conta de que suas lembranças mudaram.[18] (Eu, de minha parte, lembro nitidamente de assistir aos acontecimentos ao vivo na TV em New Hampshire, onde morávamos na época, com dois dos meus filhos, para então descobrir mais tarde que um deles estava na verdade na Inglaterra, na época.)

O armazenamento de memória é cheio de idiossincrasias e estranhamente desarticulado. A mente quebra cada memória em suas partes componentes — nomes, rostos, lugares, contextos, a sensação de tocar alguma coisa, até mesmo saber se está viva ou morta — e as manda para diferentes lugares, depois as chama de volta e as reagrupa quando o todo é necessário outra vez.[19] Um simples pensamento ou lembrança fugaz pode disparar mais de 1 milhão de neurônios pelo cérebro inteiro.[20] Além do mais, esses fragmentos de memória se movem no decorrer do tempo, migrando de uma parte do córtex para outra, por motivos inteiramente desconhecidos.[21] Não admira que façamos confusão com os detalhes.

Como consequência, a memória não é um registro fixo e permanente, como um documento numa gaveta de arquivo. É algo muito mais nebuloso e mutável. Como Elizabeth Loftus afirmou a um entrevistador em 2013: "Está mais para uma página da Wikipédia. Você pode entrar nela e mudá-la, assim como qualquer um".*[22]

---

* Outro exemplo extraordinário de lembranças imaginárias ocorreu em um experimento numa universidade não identificada no Canadá onde sessenta alunos voluntários foram confrontados com a acusação de que durante a adolescência haviam cometido um crime envolvendo roubo ou agressão pelo qual haviam sido presos. Nada disso aconteceu de fato, mas após três sessões com um entrevistador simpático mas manipulador, 70% dos voluntários confessaram os incidentes imaginários, muitas vezes acrescentando detalhes incriminadores vívidos — inteiramente imaginados, mas nos quais acreditavam com sinceridade.

As memórias são categorizadas de muitas maneiras diferentes e não parece haver duas autoridades que utilizem as mesmas terminologias. As divisões citadas com mais frequência são de longo prazo, de curto prazo e de trabalho (segundo a duração) e processual, conceitual, semântica, declarativa, implícita, autobiográfica e sensorial (segundo o tipo). Fundamentalmente, porém, as memórias vêm em duas variedades principais: declarativa e processual. A memória declarativa é a que você põe em palavras — nomes de capitais, sua data de nascimento, a grafia de uma palavra difícil e tudo o mais de que você tem certeza. A memória processual descreve as coisas que você sabe e compreende, mas que não conseguiria facilmente pôr em palavras — como nadar, dirigir, descascar uma laranja, identificar as cores.

A memória de trabalho é onde as memórias de curto e de longo prazo se combinam. Digamos que você tenha um problema matemático para solucionar. O problema fica na memória de curto prazo — afinal, você não precisará lembrar dele daqui a alguns meses —, mas as habilidades necessárias para fazer os cálculos são mantidas na memória de longo prazo.

Os pesquisadores às vezes também acham útil distinguir entre memória de recordação, que é o que você consegue lembrar espontaneamente — o tipo de coisas que você sabe quando responde perguntas de conhecimentos gerais —, e a memória de reconhecimento, em que você fica um pouco confuso sobre a essência, mas consegue recordar o contexto. A memória de reconhecimento explica por que muitas vezes é difícil se lembrar do conteúdo de um livro, mas em geral recordamos onde o lemos, a cor ou o desenho da capa e outras aparentes irrelevâncias. A memória de reconhecimento é útil na verdade porque não atravanca o cérebro com detalhes desnecessários, mas nos ajuda a lembrar onde podemos encontrar esses detalhes se viermos a necessitar deles outra vez.

A memória de curto prazo é realmente curta — não mais do que um minuto ou perto disso para coisas como endereços e números de telefone. (Se você ainda consegue se lembrar de determinada coisa após meio minuto, tecnicamente ela não é mais uma memória de curto prazo. É de longo prazo.) A memória de curto prazo da maioria é péssima. Seis palavras ou dígitos aleatórios é mais ou menos tudo que conseguimos reter de forma confiável por mais que alguns instantes.

Por outro lado, com esforço podemos treinar a memória para realizar os feitos mais extraordinários. Todo ano os Estados Unidos realizam um campeonato nacional de memória em que acontecem coisas realmente impressionantes.[23] Um campeão de memória podia lembrar de 4140 dígitos aleatórios após olhar para eles por apenas trinta minutos. Outro era capaz de lembrar 27 baralhos de cartas embaralhadas aleatoriamente nesse mesmo período. Outro ainda conseguia se lembrar de um baralho inteiro de cartas após estudá-las por 32 segundos. Pode não ser o melhor uso para a mente humana, mas certamente é uma demonstração de sua incrível capacidade e versatilidade. A maioria dos campeões de memória, a propósito, não é espetacularmente inteligente. Simplesmente tem motivação suficiente para treinar a memória e realizar alguns truques extraordinários.

Costumava-se pensar que toda experiência era armazenada de forma permanente como memória em alguma parte do cérebro, mas que a maior parte ficava trancada em algum lugar além da nossa capacidade de recordação imediata. A ideia surgiu principalmente com uma série de experimentos no Canadá conduzidos da década de 1930 à de 1950 pelo neurocirurgião Wilder Penfield.[24] Quando fazia operações no Instituto Neurológico de Montreal, Penfield descobriu que o contato da sonda com o cérebro do paciente muitas vezes evocava sensações poderosas — cheiros vívidos da infância, sentimentos de euforia, às vezes a recordação de uma cena esquecida do passado distante. Disso se concluiu que o cérebro registrava e armazenava todo evento consciente em nossa vida, por mais trivial que fosse. Hoje, porém, acredita-se que na verdade o estímulo forneceu a sensação de memória e que a experiência dos pacientes estava mais para alucinação do que para recordação.

Mas sem dúvida retemos muito mais do que conseguimos trazer à mente com facilidade. Você talvez não se lembre muito bem de um bairro onde morou quando era criança, mas se voltar ao lugar e caminhar por ele, quase certamente se lembrará de detalhes muito particulares em que não pensou por anos. Com tempo e estímulo suficientes, provavelmente ficaríamos espantados com a quantidade de informação armazenada dentro de nós.

A pessoa com quem aprendemos grande parte do que sabemos sobre memória foi, ironicamente, um homem que tinha muito pouca.[25] Henry Molaison era um jovem afável e bem-apessoado de 27 anos de Connecticut que sofria episódios incapacitantes de epilepsia. Em 1953, inspirado nos esforços de Wilder Penfield, no Canadá, um cirurgião chamado William Scoville abriu um furo na cabeça de Molaison e removeu metade do hipocampo de cada lado do seu cérebro e a maior parte das amígdalas. O procedimento diminuiu muito as convulsões de Molaison (embora sem eliminá-las por completo), mas ao trágico preço de privá-lo da capacidade de formar novas memórias — condição conhecida como amnésia anterógrada. Molaison recordava eventos do passado distante, mas era quase incapaz de formar novas memórias. Quando uma pessoa deixava sua presença, era imediatamente esquecida. Até a psiquiatra que o atendeu quase todo dia por anos era uma pessoa nova para ele toda vez que a via. Molaison sempre se reconhecia no espelho, mas ficava com frequência espantado ao constatar como envelhecera. Às vezes, e misteriosamente, conseguia descrever algumas lembranças. Ele lembrava que John Glenn era um astronauta e Lee Harvey Oswald um assassino (embora não conseguisse lembrar quem ele assassinara) e decorou o endereço e a disposição dos cômodos em sua nova casa quando se mudou. Mas, fora isso, vivia aprisionado em um presente eterno que não conseguia compreender. A provação do pobre Henry Molaison foi a primeira indicação de que o hipocampo exerce um papel central na formação de memórias. Mas o que os cientistas aprenderam com Molaison não foi tanto como a memória funciona, e sim como é difícil entender como ela funciona.

Sem dúvida, o aspecto mais surpreendente do cérebro é que todos os seus processos mais elevados — pensar, ver, escutar e assim por diante — acontecem bem na superfície, na camada de quatro milímetros de espessura do córtex cerebral. O primeiro a mapear essa área foi o neurologista alemão Korbinian Brodmann (1868-1918). Brodmann é um dos mais brilhantes e menos reconhecidos neurocientistas de todos os tempos. Em 1909, quando trabalhava em um instituto de pesquisa em Berlim, identificou minuciosamente 47 regiões distintas do córtex cerebral, que passaram a ser conhecidas como áreas de Brodmann. "Raras vezes na história da neurociência uma única ilustração foi tão influente", escreveram Karl Zilles e Katrin Amunts na *Nature Neuroscience* um século depois.[26]

Tímido ao extremo, Brodmann foi repetidamente passado para trás nas promoções, a despeito da importância de seu trabalho, e lutou por anos para assegurar uma posição de pesquisa adequada.[27] Sua carreira foi ainda mais prejudicada com o início da Primeira Guerra Mundial, quando o puseram para trabalhar em um asilo mental em Tübingen. Finalmente, em 1917, aos 48 anos, sua sorte mudou. Ele conseguiu um importante emprego como chefe do Departamento de Anatomia Topográfica em um instituto em Munique. Assim teve segurança financeira para se casar e formar família, o que não demorou a fazer. Mas Brodmann não usufruiu sequer de um ano da atípica serenidade. No verão de 1918, onze meses e meio após se casar, dois meses e meio após o nascimento de seu filho, e no auge da felicidade, contraiu uma infecção súbita e cinco dias depois estava morto. Tinha 49 anos.

A área mapeada por Brodmann, o córtex cerebral, é a célebre massa cinzenta do cérebro. Sob ela fica o volume muito maior de matéria ou substância branca, que tem esse nome porque os neurônios são cobertos por uma membrana isolante e adiposa clara chamada bainha de mielina, que acelera imensamente a velocidade com que os sinais são transmitidos. Tanto matéria branca quanto matéria cinzenta são nomes enganosos.[28] A matéria cinzenta não é tão cinzenta assim na realidade, mas rósea e avermelhada. Ela só se torna cinza pra valer na ausência de fluxo sanguíneo e com a adição de conservantes. Matéria branca também é um atributo póstumo, porque o processo de conserva transforma o revestimento de mielina sobre as fibras nervosas em um branco luminoso.

Diga-se de passagem, a ideia de que usamos apenas 10% do nosso cérebro é um mito.[29] Ninguém sabe de onde foi tirada, mas nunca esteve nem próxima da verdade. Seu uso do cérebro pode não ser dos mais ajuizados, mas você emprega todo ele, de um modo ou de outro.

O cérebro leva um longo tempo para se formar por completo. As conexões do cérebro adolescente estão apenas cerca de 80% terminadas (o que talvez não seja uma grande surpresa para pais de adolescentes).[30] Embora a maior parte do crescimento cerebral ocorra nos dois primeiros anos e esteja 95% encerrado com a idade de dez anos, as sinapses não estão inteiramente conectadas senão quando a pessoa chega aos 25 ou trinta anos. Isso significa que o período da adolescência se estende na prática até boa parte da vida adulta. Nesse meio-tempo, a pessoa em questão quase certamente terá comportamento mais impulsivo e menos reflexivo do que em idade mais avançada e será mais suscetível aos efeitos do álcool. "O cérebro adolescente não é apenas um cérebro adulto com menos quilometragem", como Frances E. Jensen, professora de neurologia, afirmou à *Harvard Magazine* em 2008. É, antes, um tipo de cérebro completamente diferente.

O núcleo accumbens, uma região do prosencéfalo associada ao prazer, alcança seu tamanho máximo nos anos de adolescência. Ao mesmo tempo, o corpo nunca produzirá mais dopamina, o neurotransmissor do prazer, do que nesse período. É por isso que as sensações que temos na adolescência são muito mais intensas do que em qualquer outro momento da vida. Mas também significa que a busca de prazer é um risco ocupacional para os adolescentes. A principal causa de mortalidade entre adolescentes são acidentes — e a principal causa de acidentes é simplesmente estar com outros adolescentes.[31] Quando há mais de um adolescente em um carro, por exemplo, o risco de acidente sobe 400%.

Todo mundo já ouviu falar de neurônios, mas não muitos estão familiarizados com as outras importantes células cerebrais chamadas neuróglias ou células de glia, o que é um pouco estranho, já que são dez vezes mais numerosas que os neurônios. As neuróglias (*glia* significa "cola") são as células que sustentam os neurônios no cérebro e no sistema nervoso central. Por longo tempo, presumiu-se que não fossem muito importantes — acreditava-se que seu papel fosse principalmente fornecer um tipo de apoio físico, ou matriz extracelular, nas palavras dos anatomistas, para os neurônios —, mas hoje sabemos que estão envolvidas em um monte de química importante, desde a produção de mielina até a limpeza de resíduos.

Há um bocado de discordância quanto a se o cérebro consegue produzir novos neurônios. Uma equipe da Universidade Colúmbia liderada por Maura Boldrini anunciou no início de 2018 que os hipocampos cerebrais definitivamente produziam ao menos alguns neurônios, mas uma equipe da Universidade da Califórnia em San Francisco chegou à conclusão oposta. A dificuldade é que não há jeito certo de dizer se os neurônios no cérebro são novos ou não.[32] O que está além da dúvida é que mesmo que produzamos novos neurônios, não chega perto do suficiente para contrabalançar o tipo de perda que temos ao envelhecer de um modo geral, para não mencionar um AVC ou Alzheimer. Assim, seja literalmente, ou para todos os fins e propósitos, quando você chega ao fim da infância terá todas as células cerebrais que um dia carregará.

Pelo lado positivo, o cérebro é capaz de compensar uma perda bastante severa de massa. Em um caso citado por James Le Fanu em seu livro *Why Us?* [Por que nós?], os médicos colheram imagens do cérebro de um homem de meia-idade de inteligência normal e ficaram espantados ao descobrir que dois terços do espaço em seu crânio eram ocupados por um cisto benigno gigante que ele evidentemente tinha desde a infância. Ele não possuía os lobos frontais inteiros e parte dos lobos parietais e temporais. O terço remanescente de seu cérebro simplesmente assumira os deveres e as funções dos dois terços que faltavam e foram tão bem-sucedidos que nem ele nem ninguém jamais suspeitara que operava a uma capacidade muitíssimo reduzida.[33]

Com todos os seus prodígios, o cérebro é um órgão curiosamente na dele. O coração bate, os pulmões inflam e se esvaziam, os intestinos se agitam e gorgolejam discretamente, mas o cérebro simplesmente fica ali como um pudim, sem se manifestar. Nada em sua estrutura exterior sugere que seja um instrumento de pensamento elevado. Como o professor John R. Searle de Berkeley afirmou: "Se projetássemos uma máquina orgânica para bombear o sangue, talvez chegássemos a algo como o coração, mas se projetássemos uma máquina para produzir consciência, quem pensaria em 100 bilhões de neurônios?".[34]

Assim, não surpreende que nosso entendimento de como o cérebro funciona chegou de forma lenta e amplamente inadvertida. Um dos maiores (e, vale dizer, mais recontados) eventos nos primórdios da neurociência ocorreu em 1848 na região rural de Vermont, quando um jovem trabalhador da ferrovia chamado Phineas Gage instalava dinamite e a rocha explodiu antes da hora, lançando uma barra de aço de mais de meio metro que atravessou sua face esquerda e saiu por seu cocuruto antes de aterrissar de volta na Terra a quinze metros dali. A barra arrancou um caroço perfeito de cérebro de mais ou menos 2,5 centímetros de diâmetro. Milagrosamente, Gage sobreviveu e parece que nem chegou a perder a consciência, embora tenha perdido o olho esquerdo e sua personalidade tenha ficado transformada para sempre. Antes um sujeito boa-praça e popular, agora era taciturno, implicante e propenso a explosões de profanidades. "Não era mais Gage", como um velho amigo afirmou com tristeza. Como frequentemente acontece com pessoas com danos no lobo frontal, Gage não suspeitava de sua condição e não percebia que havia mudado. Incapaz de sossegar em algum lugar, foi da Nova Inglaterra para a América do Sul e depois para San Francisco, onde morreu com 36 anos de idade, após sofrer convulsões.

O infortúnio de Gage foi a primeira prova de que um dano físico ao cérebro podia transformar a personalidade, mas ao longo das décadas seguintes outros notaram que vítimas de tumores com parte dos lobos frontais destruída ou afetada às vezes ficavam curiosamente serenas e plácidas. Na década de 1880, numa série de operações, um médico suíço chamado Gottlieb Burckhardt removeu cirurgicamente dezoito gramas do cérebro de uma mulher emocionalmente perturbada, no processo transformando-a (nas palavras do médico) de "uma demente perigosa e excitada numa demente tranquila".[35] Ele tentou o processo em mais cinco pacientes, mas três morreram e dois desenvolveram epilepsia, então desistiu. Cinquenta anos mais tarde, em Portugal, um professor de neurologia da Universidade de Lisboa, Egas Moniz, decidiu tentar outra vez, e começou experimentalmente a cortar os lobos frontais de esquizofrênicos para ver se acalmava suas mentes inquietas. Foi inventada assim a lobotomia frontal (embora muitas vezes chamada de leucotomia, particularmente entre os britânicos).

Moniz deu uma demonstração quase perfeita de como não fazer ciência.[36] Ele realizou operações sem ter a menor ideia dos danos que poderia causar ou de qual seria o resultado. Não conduziu experimentos preliminares em animais. Não selecionou os pacientes com zelo particular e não monitorou os resultados cuidadosamente em seguida. Na verdade, não realizou nenhuma das cirurgias pessoalmente, e apenas supervisionou a equipe — para então levar o crédito em possíveis sucessos. A prática na verdade funcionou até certo ponto. Pessoas com lobotomia em geral ficavam menos violentas e mais tratáveis, mas na maioria das vezes também sofriam uma grande e irreversível perda de personalidade. A despeito das inúmeras desvantagens do procedimento e dos lamentáveis padrões clínicos de Moniz, ele foi celebrado no mundo todo e em 1949 recebeu a honra suprema de um prêmio Nobel.

Nos Estados Unidos, um médico chamado Walter Jackson Freeman ouviu falar do procedimento de Moniz e se tornou seu seguidor mais entusiástico. Num período de quase quarenta anos, Freeman viajou pelo país realizando lobotomias em quase qualquer um que pusessem na sua frente. Numa dessas turnês, lobotomizou 225 pessoas em doze dias. Um de seus pacientes tinha quatro anos de idade. Operou pessoas com fobias, bebuns recolhidos na rua, condenados por atos homossexuais — em qualquer um, em suma, com algum tipo de suposta aberração mental ou social. O método de Freeman era tão rápido e brutal que fazia outros médicos se encolherem. Ele inseria um picador de gelo comum no cérebro pela órbita ocular, penetrando no osso do crânio com leves marteladas, depois o mexia vigorosamente para seccionar as conexões neurais. Eis sua despreocupada descrição do procedimento numa carta para o filho:

> Eu [...] os ponho para dormir com um choque e enquanto estão sob a "anestesia" enfio um picador de gelo entre o globo ocular e a pálpebra pelo teto da órbita até chegar ao lobo frontal do cérebro e faço o corte lateral balançando o negócio de um lado para o outro. Fiz em dois pacientes em ambos os lados e em outro de um lado sem incorrer em quaisquer complicações, a não ser um belo olho roxo, em um caso. Pode haver problemas depois, mas pareceu bastante fácil, embora definitivamente uma coisa desagradável de se ver.

E como. O procedimento era tão grosseiro que um neurologista experiente da Universidade de Nova York desmaiou assistindo à operação de Freeman.[37] Mas era rápido: o paciente em geral podia ir para casa depois de uma hora. Essa rapidez e essa simplicidade deslumbraram muitos na comunidade médica. Freeman era extraordinariamente casual em sua abordagem. Operava sem luvas nem máscara cirúrgica, normalmente com as roupas do corpo. O método não deixava cicatriz, mas também significava que ele estava operando às cegas, sem a menor certeza de qual faculdade mental destruía. Como picadores de gelo não foram feitos para neurocirurgias, às vezes quebravam dentro da cabeça e tinham de ser removidos cirurgicamente, quando não matavam o paciente primeiro. Freeman acabou bolando um instrumento especializado para o procedimento, mas era essencialmente apenas um picador de gelo mais robusto.

O mais notável talvez seja que Freeman era um psiquiatra, e não um cirurgião formado, fato que horrorizou muitos médicos.[38] Cerca de dois terços de seus pacientes não conheceram nenhum benefício nem pioraram com a operação.[39] Dois por cento morreram. Seu fiasco mais notório foi Rosemary

Kennedy, irmã do futuro presidente.[40] Em 1941, aos 23 anos, era uma jovem vivaz e atraente, mas teimosa e com tendência a mudanças de humor. Também tinha dificuldade de aprendizado, embora aparentemente nem de longe tão grave e incapacitante quanto às vezes se afirma. Seu pai, exasperado com os atos de rebeldia, mandou-a para a lobotomia de Freeman sem consultar a esposa. A lobotomia em essência destruiu Rosemary. Ela passou os 64 anos seguintes em uma casa de repouso no Meio-Oeste, incapaz de falar, sofrendo de incontinência e privada de personalidade. Sua amorosa mãe ficou sem visitá-la por vinte anos.

Pouco a pouco, à medida que ficava cada vez mais evidente que Freeman e outros como ele estavam destruindo vidas humanas, o procedimento saiu de moda, especialmente com o desenvolvimento de drogas psicoativas eficazes. Freeman continuou a realizar lobotomias até pouco antes de virar um octogenário, quando finalmente se aposentou, em 1967. Mas as consequências do que ele e outros deixaram em seu rastro duraram anos. Posso falar por experiência própria, nesse caso. No começo dos anos 1970, trabalhei por dois anos em um hospital psiquiátrico nos arredores de Londres, onde uma ala era ocupada em grande parte por pessoas lobotomizadas nas décadas de 1940 e 1950. Eram, quase sem exceção, cascas ocas, obedientes e sem vida.*

O cérebro é um dos nossos órgãos mais vulneráveis. Por paradoxal que pareça, o mero fato de estar tão confortavelmente encasulado em seu crânio protetor o torna suscetível a danos quando incha por uma infecção ou quando entram líquidos, como em um sangramento, porque o material adicional não tem para onde ir.[41] O resultado é a compressão do cérebro, que pode ser fatal. O cérebro também pode facilmente sofrer dano batendo contra o crânio com violência súbita, como num acidente de carro ou numa queda. Uma fina camada de fluido cerebrospinal nas meninges, a membrana externa do cérebro, oferece algum amortecimento, mas só um pouco. Esses traumatismos, conhecidos como traumas de contragolpe, ocorrem no lado oposto ao

---

* Em seu verbete sem dúvida mais questionável, o *Oxford Companion to the Body* afirma: "Para muita gente, o termo 'lobotomia' conjura imagens de criaturas perturbadas cujos cérebros foram danificados ou mutilados extensamente, deixando-as na melhor das hipóteses em um estado vegetativo sem personalidade ou sentimentos. Isso nunca foi verdade [...]". Na verdade, foi.

ponto de impacto, porque o cérebro é lançado contra o próprio revestimento que o protege (ou, nesse caso, nem tanto).[42] São contusões muito comuns em esportes de contato. Se forem graves ou repetidas, podem gerar uma enfermidade cerebral degenerativa conhecida como encefalopatia traumática crônica (ETC). Entre 20% e 45% dos jogadores aposentados da liga nacional de futebol americano sofrem em algum grau de ETC, segundo uma estimativa, mas acredita-se que o problema também seja comum entre ex-jogadores de rúgbi e futebol australiano e até jogadores de futebol que cabecearam demais.

Além dos ferimentos por choque, o cérebro é vulnerável a suas próprias tempestades internas. AVCs e convulsões são fragilidades peculiarmente humanas. A maioria dos outros animais nunca sofre AVCs e naqueles em que isso acontece é um evento raro. Mas para os humanos, é a segunda causa mais comum de morte no mundo todo, segundo a Organização Mundial de Saúde. A razão disso é quase um mistério. Como observa Daniel Lieberman em *The Story of the Human Body* [A história do corpo humano], o cérebro dispõe de um excelente suprimento de sangue para minimizar o risco de AVC, e mesmo assim sofremos AVCs.

A epilepsia também é um mistério permanente, mas com o agravante de que os epilépticos sempre foram evitados e demonizados ao longo da história. Por muito tempo no século XX foi uma crença comum entre autoridades médicas que convulsões eram infecciosas — só de observar alguém tendo uma convulsão as pessoas também teriam uma. Epilépticos eram com frequência tratados como deficientes mentais e confinados a instituições. Ainda ontem, em 1956, epilépticos eram proibidos de se casar em dezessete estados americanos; em dezoito estados, epilépticos podiam ser esterilizados contra a vontade. A última lei dessas só foi revogada em 1980. No Reino Unido, a epilepsia permaneceu na legislação como justificativa para anulação do casamento até 1970.[43] Como Rajendra Kale afirmou no *British Medical Journal* há alguns anos: "A história da epilepsia pode ser resumida como 4 mil anos de ignorância, superstição e estigma seguidos de cem anos de conhecimento, superstição e estigma".[44]

A epilepsia na verdade não é uma doença isolada, mas uma coleção de sintomas que podem ir de um breve lapso de consciência a convulsões prolongadas, tudo causado por neurônios no cérebro errando o alvo. Ela pode advir de uma enfermidade ou trauma na cabeça, mas com frequência não é precipitada por nenhum evento óbvio; são apenas convulsões súbitas e assustadoras saídas do nada. Medicamentos modernos reduziram muito ou eliminaram as convulsões para milhões de pacientes, mas cerca de 20% dos epilépticos não reagem aos remédios. Todo ano cerca de um em mil morre durante ou logo após uma convulsão num problema conhecido como morte súbita e inesperada em epilepsia (ou SUDEP, da sigla em inglês). Como Colin Grant observa em *A Smell of Burning: The Story of Epilepsy* [Cheiro de queimado: a história da epilepsia]: "Ninguém sabe o que a causa. O coração simplesmente para". (Além disso, um em cada mil epilépticos morre tragicamente todo ano de perda de consciência em circunstâncias infelizes — no banho, digamos, ou batendo a cabeça com força numa queda.)

O fato inescapável é que o cérebro é um lugar tão perturbador quanto maravilhoso. Parece haver uma quantidade quase ilimitada de síndromes curiosas ou bizarras e enfermidades associadas a problemas neurais. A síndrome de Anton-Babinski, por exemplo, é uma enfermidade em que as pessoas são cegas, mas se recusam a acreditar. Na síndrome de Riddoch, as vítimas não conseguem ver objetos a menos que estejam em movimento. A síndrome de Capgras é uma enfermidade em que você fica convencido de que as pessoas que conhece intimamente são impostores.[45] Na síndrome de Klüver-Bucy a vítima desenvolve o desejo de comer e fornicar indiscriminadamente (para compreensível consternação dos entes queridos).[46] Talvez a mais bizarra de todas seja a ilusão de Cotard, em que a pessoa acredita que morreu e ninguém consegue convencê-la do contrário.[47]

Nada que diz respeito ao cérebro é simples. Até estar inconsciente é uma questão complicada. Além de dormindo, anestesiado ou com uma concussão, você pode estar em coma (olhos fechados e totalmente alheio), em estado vegetativo (olhos abertos, mas alheio) ou minimamente consciente (ocasionalmente lúcido, mas na maior parte do tempo confuso ou alheio). A síndrome de encarceramento é diferente também.[48] É estar totalmente alerta mas paralisado e muitas vezes capaz de se comunicar apenas com piscadas de olho.

Ninguém sabe quantas pessoas estão vivas mas minimamente conscientes ou pior, mas a *Nature Neuroscience* sugeriu em 2014 que a quantidade no mundo todo é provavelmente na casa das centenas de milhares.[49] Em 1997, Adrian Owen, na época um jovem neurocientista trabalhando em Cambridge, descobriu que algumas pessoas que se supunha em estado vegetativo estão na verdade plenamente conscientes, mas impossibilitadas de sinalizar o fato a alguém.

Em seu livro *Into the Grey Zone* [Na zona cinzenta], Owen discute o caso de uma paciente chamada Amy, que sofreu um grave traumatismo numa queda e por anos permaneceu em um leito hospitalar. Usando imagem por ressonância magnética funcional e observando cuidadosamente as reações neurais da mulher enquanto os pesquisadores lhe faziam uma série de perguntas, puderam determinar que estava plenamente consciente. "Ela escutara cada conversa, reconhecera cada visita e prestara intensa atenção nas decisões tomadas em seu nome." Mas não conseguia mover um músculo — para abrir os olhos, se coçar, expressar algum desejo. Owen acredita que algo entre 15% e 20% das pessoas tidas como em estado vegetativo permanente estão na verdade inteiramente acordadas. Mesmo hoje, a única maneira segura de dizer se um cérebro está funcionando é se o dono afirmar que sim.

Talvez nada seja mais inesperado sobre nosso cérebro do que ele ser menor hoje do que era há 10 mil ou 12 mil anos, e um bocado menor. Mais especificamente, o cérebro médio encolheu de 1500 centímetros cúbicos para os 1350 centímetros cúbicos atuais. Isso equivale a tirar dele um naco mais ou menos do tamanho de uma bola de beisebol. Essa mudança não é tão simples assim de explicar, porque aconteceu no mundo todo ao mesmo tempo, como se tivéssemos assinado um tratado para reduzir o órgão. A suposição comum é de que nossos cérebros simplesmente ficaram mais eficientes e capazes de compactar maior desempenho num espaço menor, assim como os celulares, que foram ficando cada vez mais sofisticados à medida que diminuíam de tamanho. Mas ninguém pode provar que não nos tornamos simplesmente mais obtusos.

Ao longo aproximadamente do mesmo período, nossos crânios também ficaram mais finos. Ninguém sabe explicar isso também. Pode ser simplesmente que um estilo de vida menos robusto e ativo signifique que não precisamos investir no osso do crânio como costumávamos fazer.[50] Mas de novo pode ser simplesmente porque não somos mais o que um dia fomos.

E com esse pensamento não muito animador em mente, voltemos a atenção para o restante da cabeça.

5. A cabeça

Não foi uma mera ideia, mas um lampejo de inspiração. Quando olhei para aquele crânio, vi como que se iluminar de repente uma vasta planície sob o céu em fogo, o problema da natureza do criminoso.

Cesare Lombroso

Todo mundo sabe que não dá para viver sem a cabeça, mas por quanto tempo exatamente é uma questão que recebeu bastante atenção no fim do século XVIII. Foi uma boa época para se perguntar, porque a Revolução Francesa oferecia às mentes inquisitivas um suprimento regular de cabeças frescas para examinar.

Uma cabeça decapitada continua com um pouco de sangue oxigenado; assim, a perda de consciência pode não ser instantânea. Estimativas de quanto tempo o cérebro consegue continuar funcionando vão de dois a sete segundos — e isso presumindo uma decapitação perfeita, o que de modo algum era sempre o caso. Cabeças não saem facilmente nem mesmo com golpes decididos de um machado especialmente afiado manejado por um especialista.

Como Frances Larson observa em sua fascinante história da decapitação, *Severed* [Decepada], a rainha Maria da Escócia precisou de três vigorosas machadadas para sua cabeça cair no cesto, e seu pescoço era comparativamente delicado.[1]

Muitos observadores de execuções afirmavam testemunhar sinais de consciência em cabeças recém-decepadas. Conta-se que Charlotte Corday, guilhotinada em 1793 pelo assassinato do líder radical Jean-Paul Marat, exibia uma expressão de fúria e ressentimento quando o carrasco ergueu sua cabeça para os apupos da multidão.[2] Outros, comenta Larson, teriam, segundo se contou, piscado ou movido os lábios, tentando falar. Conta-se que a cabeça de um homem chamado Terier virou os olhos na direção de um orador cerca de quinze minutos após ter sido separada do corpo. Mas quanto disso era reflexo, ou exagero de quem relatava, ninguém pode dizer. Em 1803, dois pesquisadores alemães decidiram levar algum rigor científico à questão. Eles pegavam a cabeça imediatamente ao cair e a examinavam à procura de algum sinal de vida, gritando: "Está me ouvindo?". Nenhuma respondeu, e os investigadores concluíram que a perda de consciência era imediata ou no mínimo rápida demais para ser medida.

Nenhuma outra parte do corpo recebeu mais atenção errônea, ou se revelou mais resistente à compreensão científica, do que a cabeça. O século XIX em particular foi algo como uma idade de ouro nesse aspecto. Ele presenciou a ascensão de duas disciplinas distintas mas com frequência confusas, a frenologia e a craniometria. A frenologia era a prática de correlacionar protuberâncias em um crânio a capacidades mentais e atributos de caráter e nunca passou de uma ocupação marginal. Quase todos os craniometristas, sem exceção, menosprezavam a frenologia como uma ciência maluca, ao mesmo tempo que promulgavam um disparate alternativo de sua própria lavra. A craniometria era voltada a medições mais precisas e abrangentes de volume, forma e estrutura da cabeça e do cérebro, mas como ciência, verdade seja dita, extraiu conclusões igualmente absurdas.*

---

* A craniometria às vezes é chamada de craniologia e nesse caso precisa ser diferenciada da disciplina moderna e perfeitamente respeitável de mesmo nome. A craniologia moderna é

O maior entusiasta craniano de todos, hoje esquecido mas um dia muito famoso, foi Barnard Davis (1801-81), médico na região das Midlands inglesas. Davis ficou fascinado pela craniometria na década de 1840 e rapidamente se tornou a suprema autoridade mundial no assunto. Ele produziu uma série de livros com títulos imponentes como *The Peculiar Crania of the Inhabitants of Certain Groups of Islands in the Western Pacific* [Os peculiares crânios dos habitantes de determinados grupos de ilhas no Pacífico ocidental] e *On the Weight of the Brain in Different Races of Man* [Sobre o peso do cérebro nas diferentes raças do homem]. Eles foram surpreendentemente populares. *On Synostotic Crania Among Aboriginal Races of Man* [Sobre os crânios sinostóticos entre raças aborígenes do homem] teve quinze edições. O épico *Crania Britannica* [Crânios britânicos], publicado em dois volumes, teve 31 edições.

Davis ficou tão célebre que pessoas do mundo todo, entre elas o presidente da Venezuela, lhe deixaram seus crânios para serem estudados.[3] Pouco a pouco, ele construiu a maior coleção de crânios do mundo — 1540 no total, ou mais do que todos os crânios em todas as outras instituições do mundo todo combinadas.

Davis não se deixava deter por nada para ampliar sua coleção. Quando cobiçava crânios do povo nativo da Tasmânia, escreveu para George Robinson, designado Protetor dos Aborígenes, a fim de obter alguns. Como a pilhagem de túmulos aborígenes passara a ser considerada crime, Davis forneceu a Robinson instruções detalhadas sobre como remover o crânio de um tasmaniano nativo e trocá-lo pelo de um substituto conveniente, de forma a não levantar suspeitas. Ele foi evidentemente bem-sucedido em suas tentativas, pois sua coleção logo incluía dezesseis crânios tasmanianos e um esqueleto completo.

A ambição fundamental de Davis era provar que os povos de pele escura foram criados separadamente dos de pele clara. Ele se convencera de que o intelecto e a bússola moral das pessoas estavam indelevelmente escritos nas protuberâncias cranianas e que estas eram produtos exclusivos de raça e classe.[4] Pessoas com "peculiaridades cefálicas" deviam ser tratadas "não como criminosos, mas como idiotas perigosos", sugeriu ele. Em 1878, aos 77 anos,

---

usada por antropólogos e paleontólogos para estudar diferenças anatômicas em povos antigos, bem como por cientistas forenses para fazer determinações sobre idade, sexo e raça de crânios encontrados.

casou-se com uma mulher cinquenta anos mais jovem. Como era o crânio da moça, não se sabe.

Esse impulso dos especialistas europeus em provar a inferioridade das demais raças era muito disseminado, quando não universal. Na Inglaterra, em 1866, o eminente médico John Langdon Haydon Down (1828-96) descreveu pela primeira vez a condição que chamamos hoje de síndrome de Down em um artigo chamado "Observações sobre uma classificação étnica dos idiotas", mas referindo-se a ela como "mongolismo" e a suas vítimas como "idiotas mongoloides", convicto de que sofriam de uma regressão inata a um tipo asiático e inferior.[5] Down acreditava — e ninguém pareceu duvidar dele — que idiotia e etnicidade eram qualidades associadas. Ele também listava "malaio" e "negroide" como tipos regressivos.

Na Itália, enquanto isso, Cesare Lombroso (1835-1909), o fisiologista mais eminente do país, desenvolvia uma teoria paralela chamada antropologia criminal. Lombroso acreditava que os criminosos eram um caso de atavismo que traía seus instintos criminais mediante um leque de características anatômicas — inclinação da testa, lóbulos das orelhas arredondados ou pontudos, até o espaçamento entre os dedos dos pés. (Pessoas com muito espaço entre os dedos eram mais próximas dos macacos, explicou ele.) Embora essas afirmações carecessem de qualquer legitimidade científica, Lombroso foi amplamente apreciado e às vezes até mesmo hoje é citado como pai da moderna criminologia. Lombroso era chamado com frequência em julgamentos para dar seu depoimento como perito. Em um deles, citado por Stephen Jay Gould em *A falsa medida do homem*, pediram-lhe que determinasse qual de dois homens assassinara uma mulher.[6] Lombroso declarou que o culpado era evidente, pois tinha "maxilares, seios faciais e malares enormes, lábio superior fino, incisivos imensos, cabeça anormalmente grande [e] obtusidade tátil com mancinismo sensorial". Não fazia diferença que ninguém soubesse muito bem o que isso queria dizer e que não houvesse evidência real contra o pobre réu. Ele foi considerado culpado.

Mas o mais influente, e inesperado, praticante da craniometria foi o grande anatomista francês Pierre Paul Broca (1824-80). Broca era sem dúvida um cientista brilhante. Em 1861, durante uma autópsia numa vítima de derrame que ficara sem falar por anos, exceto pela constante repetição da sílaba "tã", Broca descobriu o centro de fala do cérebro no lobo frontal — a primeira vez que alguém conectava uma área do cérebro a uma ação específica.[7] O centro de fala é chamado de área de Broca e o defeito de fala que ele descobriu é conhecido como afasia de Broca. (Em que a pessoa entende o que é dito, mas não consegue responder a não ser com ruídos sem sentido ou às vezes expressões clichês, como "com certeza" ou "puxa vida".)

Broca tinha menos discernimento, porém, com relação a traços de caráter. Havia se convencido, a despeito de toda evidência em contrário, de que mulheres, criminosos e estrangeiros de pele escura tinham cérebro menor e menos ágil do que sua contrapartida branca masculina. Sempre que apresentavam a Broca alguma prova de que isso não era verdade, ele a descartava, afirmando que devia ser furada. Mostrou-se igualmente relutante em acreditar em um estudo feito na Alemanha demonstrando que o cérebro alemão era em média cem gramas mais pesado do que o francês. Explicou a esquisita discrepância sugerindo que os franceses do experimento eram muito velhos e seus cérebros haviam encolhido. "O grau de deterioração que a idade pode impor a um cérebro varia muito", insistiu. Também enfrentou dificuldades para explicar por que criminosos executados ocasionalmente tinham cérebro grande e concluiu que o órgão inchara artificialmente com o estresse do enforcamento. A suprema indignidade de todas aconteceu quando o cérebro do próprio Broca foi medido após sua morte e se revelou menor do que a média.

Quem por fim proporcionou ao estudo da cabeça humana algo como uma base científica sólida foi ninguém menos que o grande Charles Darwin. Em 1872, treze anos após a publicação da *Origem das espécies*, Darwin produziu outra obra seminal, *A expressão das emoções no homem e nos animais*, que examinava o tema de forma racional e livre de preconceitos. A obra foi revolucionária não só por sua relevância, mas por observar que determinadas expressões faciais parecem ser comuns a todos os povos. Essa afirmação era muito mais ousada do que entendemos hoje, porque realçava a convicção de Darwin de que todas as pessoas, da raça que fossem, compartilhavam uma herança comum, e esse era um pensamento bastante revolucionário em 1872.

Darwin percebeu algo que os bebês sabem por instinto — que o rosto humano é muito expressivo e instantaneamente cativante. Ao que tudo indica não existem duas autoridades no assunto a concordar em exatamente quantas expressões somos capazes de fazer — as estimativas vão de 4100 a 10 mil —, mas sem dúvida é um número muito alto.*[8] Mais de quarenta músculos, uma parcela significativa do total corporal, estão envolvidos na expressão facial. Bebês recém-nascidos parecem preferir um rosto, ou mesmo o padrão geral de um rosto, a qualquer outra forma.[9] Regiões inteiras do cérebro são devotadas apenas ao reconhecimento de rostos. Somos refinadamente sensíveis às menores alterações de humor ou de expressão, mesmo que nem sempre tomemos consciência delas. Em um experimento relatado por Daniel McNeill em seu livro *The Face* [O rosto], ele mostrava fotos de mulheres idênticas em todos os aspectos, exceto que as pupilas estavam um pouco mais abertas em uma delas. Embora a mudança fosse pequena demais para ser conscientemente notada, os homens acharam a mulher com pupilas maiores mais atraente, embora não soubessem explicar por quê.[10]

Na década de 1960, quase um século após Darwin escrever *A expressão das emoções*, Paul Ekman, professor de psicologia da Universidade da Califórnia em San Francisco, decidiu pôr à prova a universalidade das expressões faciais estudando povos tribais remotos da Nova Guiné, sem familiaridade com os hábitos ocidentais. Ekman concluiu que seis expressões são universais: medo, raiva, surpresa, prazer, nojo e tristeza. A mais universal de todas é o sorriso, o que não deixa de ser um pensamento agradável. Nunca foi encontrada uma sociedade que não retribua um sorriso. Sorrisos de verdade são breves — duram entre dois terços de um segundo e quatro segundos. É por isso que um sorriso que demora a se desfazer começa a parecer ameaçador. Um sorriso verdadeiro é a única expressão que não podemos fingir. Como o anatomista francês G.-B. Duchenne de Boulogne notou em 1862, um sorriso genuíno, espontâneo, envolve a contração dos músculos orbiculares, sobre os quais não temos nenhum controle independente.[11] Você pode fazer sua boca sorrir, mas não consegue fazer seus olhos brilharem de alegria fingida.

Segundo Paul Ekman, todos incorremos em "microexpressões" — lampejos de emoção, com não mais que um quarto de segundo de duração, que

---

* Certamente, porém, qualquer número é bastante especulativo. Como poderíamos distinguir, digamos, a expressão de número 1013 da 1012 e da 1014? Quaisquer diferenças teriam de ser praticamente microscópicas. Mesmo algumas expressões básicas são quase impossíveis de distinguir. Medo e surpresa em geral não podem ser diferenciados sem sabermos o contexto que provocou a emoção.

traem nossos verdadeiros sentimentos íntimos, independentemente do que nossa expressão mais geral e controlada transmita.[12] Quase ninguém percebe essas expressões reveladoras, segundo Ekman, mas podemos aprender a fazê-lo, presumindo-se que queiramos saber o que nossos colegas e familiares realmente pensam de nós.

Pelos padrões dos primatas, temos uma cabeça muito esquisita. Nosso rosto é achatado, nossa testa é alta e nosso nariz, protuberante. Quase certamente uma série de fatores é responsável por nossos arranjos faciais distintos — postura ereta, cérebro grande, dieta e estilo de vida, o fato de sermos feitos para correr por longo tempo (o que afeta como respiramos) e as coisas que achamos adoráveis num parceiro. (Covinhas, por exemplo — não é o tipo de coisa que gorilas procuram, quando estão a fim.)

Surpreendentemente, haja vista como o rosto é central em nossa existência, muita coisa nele continua um mistério para nós. Pegue as sobrancelhas. Todas as inúmeras espécies de hominídeos que nos precederam tinham arcada supraciliar proeminente, mas o *Homo sapiens* abriu mão delas em prol de sobrancelhas menores e ativas.[13] Não é fácil explicar o motivo. Uma teoria é que as sobrancelhas existem para impedir o suor de cair nos olhos, mas o que elas fazem bem de verdade é transmitir emoções. Pense em quantas mensagens você pode passar com um mero arquear de sobrancelhas, de "Acho difícil de acreditar!" a "Olha o degrau!" e "Vamos transar?". Uma das razões para o caráter enigmático da *Mona Lisa* é o fato de não ter sobrancelhas.[14] Em um interessante experimento, mostraram às pessoas dois conjuntos de fotos de celebridades digitalmente manipuladas: um com as sobrancelhas apagadas e outro com os olhos apagados. Surpreendentemente, e em sua esmagadora maioria, os voluntários acharam mais difícil identificar as imagens sem sobrancelhas do que sem olhos.

Cílios são quase tão incertos quanto. Há alguma evidência a sugerir que mudam o fluxo do ar em volta do olho de forma sutil, ajudando a afastar partículas de poeira e a impedir outras coisas minúsculas de pousar neles, mas o principal benefício provavelmente é acrescentarem interesse e fascínio ao rosto. Pessoas com cílios longos são em geral consideradas mais atraentes.

O nariz é ainda mais anômalo. O convencional entre mamíferos é ter focinho, não um nariz arredondado e saliente. Segundo Daniel Lieberman, professor de biologia evolucionária humana em Harvard, nosso nariz externo e seios faciais complicados evoluíram para ajudar na eficiência respiratória e para impedir o superaquecimento quando corremos por longo tempo.[15] É um arranjo que claramente veio a calhar para nós, pois humanos e seus ancestrais têm narizes protuberantes há cerca de 2 milhões de anos.

O mais misterioso de tudo é o queixo. O queixo é exclusivo de humanos e ninguém sabe por que o temos. Não parece conferir nenhum benefício estrutural à cabeça, então pode ser apenas que julguemos um bom queixo atraente. Lieberman, num raro momento de leveza, observou: "Testar essa última hipótese é particularmente difícil, mas o leitor é encorajado a pensar em experimentos apropriados". Costumamos desdenhar de queixos pequenos entre a aristocracia e de um modo geral tendemos a associá-los a deficiência de caráter e intelecto.

Por mais que apreciemos um nariz atrevido ou um olhar arrebatador, o real propósito da maioria das características faciais é nos ajudar a interpretar o mundo por meio dos sentidos. É curioso falarmos sempre em cinco sentidos, porque temos muito mais do que isso. Há um sentido de equilíbrio, de aceleração e desaceleração, do lugar que ocupamos no espaço (conhecido como propriocepção), da passagem do tempo, do apetite. No todo (e dependendo de como os contamos), temos pelo menos 33 sistemas dentro de nós que nos informam onde estamos e como estamos nos saindo.[16]

Exploraremos o sentido do paladar no próximo capítulo, quando nos aventurarmos pela boca, mas agora olhemos para os três outros sentidos mais familiares da cabeça: visão, audição e olfato.

VISÃO

Ninguém precisa dizer que o olho é um prodígio. Cerca de um terço de todo o córtex cerebral está implicado na visão. Os vitorianos tinham tamanho fascínio pela complexidade do olho que costumavam citá-lo como prova de design inteligente. Uma escolha estranha, porque o olho é na verdade o contrário — literalmente, pois foi construído de trás para a frente. Os bastonetes e cones que detectam a luz estão no fundo, mas os vasos sanguíneos que os mantêm oxigenados ficam na frente. Há vasos e fibras nervosas e outros detritos incidentais por toda a estrutura e seu olho precisa enxergar através disso. Normalmente, o cérebro filtra a interferência, mas nem sempre com sucesso. Você pode ter a experiência de olhar para um céu azul em um dia de sol e ver pequenas centelhas brancas aparecendo e desaparecendo no ar, como breves estrelas cadentes. O que está vendo, por mais espantoso que pareça, são seus glóbulos brancos, movendo-se por uma rede de capilares diante da retina.[17] Como os glóbulos brancos são grandes (comparados aos vermelhos), eles às vezes ficam presos brevemente nos capilares estreitos, e é isso que você vê. O nome técnico para essas perturbações é fenômenos entópticos de campo azul de Scheerer (do oftalmologista alemão do início do século XX Richard Scheerer), embora em inglês sejam normalmente conhecidos de forma mais poética como "espíritos do céu azul". São especialmente visíveis contra o céu azul e limpo simplesmente devido ao modo como o olho absorve diferentes tipos de comprimento de onda luminosa. As "moscas esvoaçantes" são um fenômeno similar. Consistem em grumos de fibras microscópicas no meio gelatinoso do humor vítreo lançando uma sombra sobre a retina. Essas manchas são uma ocorrência normal do envelhecimento e, de um modo geral, inofensivas, embora às vezes indiquem ruptura da retina. Se quiser impressionar alguém, pode usar o nome técnico em latim, *muscae volitantes*.[18]

Se você segurasse um olho humano na mão, é provável que se surpreendesse com o tamanho, já que vemos apenas um sexto dele quando está embutido na órbita.[19] O olho parece um saquinho cheio de gel, e não poderia ser diferente, porque contém material gelatinoso, o humor vítreo supramencionado. ("Humor" no sentido anatômico significa qualquer fluido ou semifluido no corpo, e não, obviamente, a capacidade de achar graça nas coisas.)

Como esperaríamos de um instrumento complexo, o olho tem muitas partes, algumas cujo nome é bastante conhecido (íris, córnea, retina) e outras mais obscuras (fóvea, coroide, esclera), mas essencialmente é uma câmera. As partes frontais — o cristalino e a córnea — captam a passagem das imagens e as projetam no fundo do olho — a retina —, onde fotorreceptores as convertem em sinais elétricos que são transmitidos para o cérebro via nervo óptico.

Se existe uma parte de sua anatomia visual que merece um aplauso especial, essa parte é a córnea. Esses óculos de proteção modestos e arredondados não só servem de escudo contra as agressões do mundo, como também são responsáveis por dois terços do foco. O cristalino, que leva todo o crédito na imaginação popular, realiza cerca de um terço do foco, apenas.[20] A córnea não poderia ser menos imponente. Se você a tirar e a segurar na ponta do dedo (onde haveria espaço de sobra), não vai parecer grande coisa. Mas a um exame mais detido, como em quase qualquer outra parte do corpo, é um prodígio de complexidade. Suas cinco camadas — epitélio, membrana de Bowman, estroma, membrana de Descemet e endotélio — se sobrepõem numa espessura um pouco maior que meio milímetro. Para poder ser transparente, tem um suprimento de sangue muito modesto — na prática, quase inexistente.

A parte do olho com mais fotorreceptores — os verdadeiros responsáveis pela visão — se chama fóvea (do latim para "buraco raso"; a fóvea fica numa leve depressão).* É interessante que a maioria das pessoas nunca tenha ouvido falar nessa parte tão crucial.

Para manter tudo funcionando na maciota (no sentido mais literal), produzimos lágrimas constantemente. As lágrimas ajudam as pálpebras a deslizar e ainda corrigem minúsculas imperfeições na superfície do globo ocular, possibilitando o foco.[21] Também contêm substâncias químicas antimicrobianas que mantêm a maioria dos patógenos à distância. Lágrimas vêm em três variedades: basais, reflexas e emocionais. As basais são funcionais e fornecem lubrificação. Lágrimas reflexas surgem quando o olho fica irritado com fumaça, cebola picada e coisas assim. E lágrimas emocionais dispensam explicação, claro, mas ao mesmo tempo são singulares. Somos as únicas criaturas que choram por sentimentos, até onde sabemos dizer. Por que o fazemos, eis outro dos muitos mistérios da vida. Não extraímos benefício fisiológico algum de chorar. Também é um pouco estranho, sem dúvida, que uma reação associada à forte tristeza também seja acionada por alegria extrema, mudo arrebatamento, orgulho intenso ou quase qualquer outro estado emocional poderoso.

A produção de lágrimas envolve uma quantidade extraordinária de minúsculas glândulas em torno dos olhos — chamadas glândulas de Krause, Wolfring, Moll e Zeis, além das quase quatro dúzias de glândulas meibomianas nas

---

* A propósito, ter visão 20/20 significa apenas que você enxerga tão bem de vinte pés de distância (seis metros) quanto qualquer pessoa com vista razoavelmente boa. Não significa que sua visão é perfeita.

pálpebras. Ao todo, você produz de 150 a trezentos mililitros de lágrimas diariamente.[22] Isso é drenado por buracos chamados pontos lacrimais, na pequena saliência carnosa (conhecida como papila lacrimal) no canto do olho, perto do nariz. Quando você chora emotivamente, os pontos não conseguem drenar o líquido com rapidez suficiente, assim ele transborda e desce por seu rosto.

É a íris que confere ao olho sua cor. Ela é composta de um par de músculos que ajustam a abertura da pupila, ao modo do diafragma em uma câmera, para permitir ou impedir a entrada da luz conforme necessário. Superficialmente, a íris parece um anel perfeito circundando a pupila, mas uma inspeção mais cuidadosa mostra que é na verdade "uma confusão de manchas, formas e riscos", nas palavras de Daniel McNeill, e esses padrões são únicos em cada um, por isso os dispositivos de reconhecimento de íris hoje estão sendo cada vez mais utilizados para identificação em sistemas de segurança.

O branco do olho é formalmente chamado de esclera (da palavra grega para "duro"). Nossas escleras são únicas entre os primatas.[23] Elas nos permitem monitorar o olhar de outros com considerável precisão, bem como empreender a comunicação silenciosa. Você só precisa mover os globos oculares ligeiramente para fazer sua companhia olhar para alguém em uma mesa vizinha no restaurante, digamos.

Nossos olhos contêm dois tipos de fotorreceptores para a visão — bastonetes, que nos ajudam a ver em condições de obscuridade, mas não fornecem cor, e cones, que funcionam quando a luz é forte e dividem o mundo em três cores: azul, verde e vermelho. Pessoas daltônicas normalmente nascem sem um desses três tipos de cone, portanto não enxergam todas as cores, apenas algumas. Quem nasce sem nenhum cone sofre de acromatopsia, ou seja, não enxerga cor alguma. O principal problema dessas pessoas não é a palidez de seu mundo, mas a dificuldade de ficar sob luz forte, e elas podem ser literalmente cegadas pela luz do dia.[24] Como já fomos noturnos, nossos ancestrais abriram mão de uma certa acuidade visual — ou seja, cones foram sacrificados por bastonetes — para proporcionar melhor visão noturna. Bem mais tarde, reevoluiu entre os primatas a capacidade de enxergar vermelhos e laranjas, de modo a identificar melhor frutos maduros, mas continuamos tendo apenas três tipos de receptores de cor, enquanto aves, peixes e répteis têm quatro.[25] É um pouco humilhante, mas quase todas as criaturas não mamíferas vivem num mundo visualmente mais rico que o nosso.

Por outro lado, fazemos excelente uso do que temos. O olho humano consegue distinguir algo entre 2 milhões e 7,5 milhões de cores, segundo diversos cálculos. Mesmo no extremo inferior das estimativas, é um bocado.

Seu campo visual é surpreendentemente compacto. Estique o braço e olhe para a unha do polegar: essa é mais ou menos a área que está sempre em foco a todo momento. Mas como seu olho dispara constantemente — batendo quatro fotos por segundo —, você tem a impressão de ver uma área muito mais ampla. Os movimentos sacádicos (da palavra francesa *saccade*, que significa "puxão") ocorrem numa taxa de aproximadamente um quarto de milhão por dia sem que tenhamos a menor consciência deles.[26] (Também não os notamos nos outros.)

Além do mais, todas as fibras nervosas saem do olho por um único canal no fundo, resultando num ponto cego a cerca de quinze graus do centro em nosso campo de visão. O nervo óptico é razoavelmente robusto — quase da grossura de um lápis —, o que representa bastante espaço visual perdido. Podemos perceber o ponto cego com um truque simples. Primeiro, feche o olho esquerdo e olhe diretamente para a frente com o outro olho. Agora, estique o indicador com a mão direita o mais longe do rosto que puder. Lentamente, mova o dedo por seu campo de visão, mas sem deixar de olhar diretamente a sua frente. Em algum ponto, quase milagrosamente, o dedo vai desaparecer. Parabéns. Você encontrou seu ponto cego.

Não percebemos normalmente o ponto cego porque nosso cérebro preenche o vazio continuamente por nós. O processo é chamado interpolação perceptiva. O ponto cego, vale notar, é muito mais do que apenas um ponto; é uma porção substancial de seu campo de visão central. É extraordinário que uma parte significativa de tudo que você "vê" seja na verdade imaginado. Os naturalistas vitorianos às vezes mencionavam isso como uma prova adicional da providência divina, evidentemente sem parar para se perguntar por que Deus nos dera um olho defeituoso, para começo de conversa.[27]

AUDIÇÃO

A audição é outro milagre seriamente subestimado. Imagine que você tem três ossinhos minúsculos, uns fiapos de músculo e ligamento, uma membrana delicada e algumas células nervosas, e disso tenta fazer um dispositivo que consiga capturar com mais ou menos perfeita fidelidade a panóplia completa da experiência auditiva — sussurros íntimos, a exuberância das sinfonias, o tamborilar reconfortante da chuva nas folhas, uma torneira pingando na cozinha. Quando você enfia fones de seiscentas libras nos ouvidos e fica maravilhado com a riqueza e a perfeição do som, tenha em mente que tudo que essa tecnologia cara está fazendo é lhe transmitir uma aproximação razoável da experiência auditiva que seus ouvidos lhe proporcionam de graça.

O ouvido consiste em três partes. A mais externa de todas, essa concha mole nas laterais da cabeça que chamamos de orelha, é formalmente o pavilhão auricular. À primeira vista, a orelha parece mal projetada para fazer seu trabalho. Qualquer engenheiro, partindo do zero, projetaria algo maior e mais rígido — mais como uma antena parabólica, digamos — e certamente não deixaria uma cascata de cabelos cair por cima. Na verdade, porém, os remoinhos cartilaginosos dos nossos ouvidos externos realizam um trabalho surpreendentemente bom em captar os sons — e, mais do que isso, em conceber estereoscopicamente de onde vêm e se merecem nossa atenção. É por isso que você consegue não só escutar alguém chamando seu nome do outro lado da festa, como também virar a cabeça e identificar a fonte da emissão com acuidade inexplicável. Seus antepassados passaram eras como presas para lhe conceder esse benefício.

Embora todos os ouvidos externos funcionem da mesma maneira, cada conjunto, ao que parece, é construído de forma única e tão característica do dono quanto as impressões digitais. Segundo Desmond Morris, dois terços dos europeus têm lóbulos soltos e um terço, lóbulos presos. De um modo ou de outro, isso não faz a menor diferença para a audição, nem para qualquer outra coisa, na verdade.

A passagem além do pavilhão, o canal auditivo, termina num pedaço de tecido esticado e resistente chamado membrana timpânica, ou simplesmente tímpano, e ela marca a fronteira entre o ouvido externo e o médio. Os minúsculos tremores no tímpano são passados adiante para os três menores ossos do corpo, conhecidos como martelo, bigorna e estribo (segundo as formas que evocam vagamente). Esses ossículos são uma demonstração perfeita de como a evolução muitas vezes tira leite de pedra. Eles foram ossos do maxilar em nossos antigos ancestrais e só gradualmente migraram para novas posições em nosso ouvido interno.[28] Durante grande parte da história, esses três ossos não tiveram nada a ver com a audição.

Os ossículos existem apenas para amplificar os sons e passá-los adiante para o ouvido interno por meio da cóclea, uma estrutura em caracol (a palavra grega significa exatamente isso) preenchida por 2700 filamentos delicados chamados estereocílios, que oscilam como plantas marinhas quando as ondas sonoras passam por eles. O cérebro então reúne os sinais e processa o que acabou de escutar. Tudo isso é feito numa escala de modéstia sublime — a cóclea é menor do que uma semente de girassol e os três ossículos caberiam num botão de camisa —, porém funciona incrivelmente bem. Uma onda de pressão que move o tímpano por um espaço inferior à largura de um átomo ativará os ossículos e chegará ao cérebro como som.[29] Melhor que isso, impossível. Segundo o cientista acústico Mike Goldsmith: "Se pudéssemos escutar sons ainda mais baixos, viveríamos num mundo de ruído constante, porque o movimento aleatório onipresente das moléculas do ar seria audível. Nossa audição realmente não poderia ser melhor". Do menor som detectável ao mais alto há um leque com cerca de 1 milhão de milhão de vezes de amplitude.[30]

Como proteção contra avarias por ruídos fortes demais, temos o assim chamado reflexo acústico, em que um músculo separa abruptamente o estribo da cóclea, na prática interrompendo o circuito, sempre que um som brutalmente intenso é percebido, e mantém essa posição por alguns segundos depois, e é por isso que em geral ficamos surdos após uma explosão. Infelizmente, o processo não é perfeito. Como qualquer reflexo, ele é rápido, mas não instantâneo, e leva cerca de um terço de segundo para o músculo se contrair, e nesse ponto muitos danos podem acontecer.

Nossos ouvidos foram construídos para um mundo silencioso. A evolução não previu que um dia os humanos enfiariam plugues de plástico neles e os sujeitariam a cem decibéis de trovoadas melódicas num espaço de milímetros. Os estereocílios tendem a se desgastar de todo modo à medida que envelhecemos e, para nosso pesar, não se regeneram. Uma vez danificado, o estereocílio se perde para sempre. Não existe um motivo particular para isso. Nas aves os estereocílios voltam a crescer perfeitamente bem. Só em nós não fazem isso. Os de alta frequência ficam na frente e os de baixa frequência mais adentro. Isso significa que as ondas sonoras, altas e baixas, passam sobre os cílios de alta frequência e esse tráfego mais pesado leva ao desgaste mais acelerado.[31]

A fim de medirem a potência, intensidade e altura de diferentes sons, os cientistas acústicos da década de 1920 criaram o conceito de decibel. O termo foi cunhado pelo coronel Sir Thomas Fortune Purves, engenheiro-chefe do Correio Britânico (que na época era encarregado do sistema telefônico, de onde o interesse em amplificação de som).[32] O decibel é logarítmico, ou seja, suas unidades de incremento não são matemáticas no sentido cotidiano do termo, mas aumentam em ordens de magnitude. Assim, a soma de dois sons de dez decibéis não é vinte decibéis, mas treze decibéis. O volume dobra mais ou menos a cada seis decibéis, ou seja, um ruído de 96 decibéis não é apenas um pouco mais alto do que um ruído de noventa decibéis, mas duas vezes mais alto. O limiar de dor para ruído é de cerca de 120 decibéis, e ruídos acima de 150 decibéis podem perfurar o tímpano. Para fins de comparação, lugares tranquilos como uma biblioteca ou o campo atingem cerca de trinta decibéis; roncos, sessenta a oitenta decibéis; um trovão próximo e muito alto chega a 120 decibéis; e um avião a jato decolando, 150 decibéis.

O ouvido também é responsável por manter você equilibrado, graças a um grupo minúsculo mas engenhoso de ductos semicirculares e duas bolsinhas minúsculas ligadas a eles chamadas órgãos otolíticos, que juntos compõem o aparelho vestibular. O aparelho vestibular faz o mesmo que um giroscópio em um avião, mas de uma forma extremamente miniaturizada. Dentro dos canais vestibulares há um gel que funciona um pouco como a bolha de uma régua de prumo. Os movimentos do gel de um lado para o outro ou para cima e para baixo informam ao cérebro em que direção nos movemos (por isso conseguimos perceber se o elevador está subindo ou descendo mesmo na ausência de indícios visuais). O motivo para sentirmos tontura quando saímos do carrossel é que o gel continua em movimento, ainda que a cabeça tenha parado, de modo que o corpo permanece temporariamente desorientado.[33] Esse gel fica mais espesso à medida que envelhecemos e deixa de se movimentar tão bem, por isso idosos com frequência têm o andar titubeante (e, principalmente por isso, não devem descer de coisas em movimento). Quando a perda de equilíbrio é prolongada ou severa, o cérebro não sabe muito bem o que está acontecendo e interpreta como envenenamento.[34] Por isso a perda de equilíbrio com tanta frequência resulta em náusea.

Outra parte do ouvido que se intromete em nossa consciência de tempos em tempos é a trompa de Eustáquio, que forma uma espécie de túnel de escape para o ar entre o ouvido médio e a cavidade nasal. Quase todo mundo conhece a sensação desconfortável no ouvido quando mudamos rapidamente de altitude, como na aterrissagem de um avião. Isso é conhecido como efeito de Valsalva e ocorre porque a pressão do ar dentro da sua cabeça não consegue acompanhar a mudança da pressão atmosférica do lado de fora. Desentupir os ouvidos soprando o ar com a boca e o nariz tampados é conhecido como manobra de Valsalva. Ambas as coisas devem seu nome ao anatomista italiano do século XVII Antonio Maria Valsalva, que além disso, não por acaso, nomeou a trompa de Eustáquio, em homenagem ao colega anatomista Bartolomeo Eustachi. Como sua mãe sem dúvida já o alertou, cuidado para não soprar forte demais. Tem gente que já rompeu o tímpano fazendo isso.

OLFATO

O olfato é o sentido que quase todo mundo diz que viveria sem, se tivesse de escolher. Segundo uma pesquisa, metade das pessoas com menos de trinta anos afirmou que sacrificaria o sentido do olfato para não ter de viver sem um dispositivo eletrônico adorado.[35] Espero não ser necessário observar que isso seria um pouco estúpido. O olfato é na verdade muito mais importante para a felicidade e a realização do que calcula a maioria.

No Centro de Sentidos Químicos Monell, na Filadélfia, pesquisadores trabalham para compreender o olfato, e uma salva de palmas para eles, porque não há muito mais gente fazendo isso. Instalado em um prédio de tijolos anônimo perto do campus da Universidade da Pensilvânia, o Monell é o maior instituto de pesquisa no mundo dedicado aos sentidos complexos e negligenciados do paladar e do olfato.

"O olfato é algo como uma ciência órfã", disse Gary Beauchamp quando o visitei no outono de 2016.[36] Um homem afável, de voz suave, com barba branca bem aparada, Beauchamp é presidente emérito do centro. "A quantidade de artigos publicados sobre a visão e a audição fica nas dezenas de milhares todo ano", contou-me. "Sobre o olfato, são no máximo algumas centenas. O mesmo se dá com dinheiro de pesquisa, em que as verbas para audição e visão são no mínimo dez vezes maiores do que para o olfato."

Uma consequência disso é que há um bocado de coisas que ainda não sabemos sobre o olfato, incluindo como exatamente funciona. Quando farejamos ou inalamos, as moléculas de odor presentes no ar penetram em nossas passagens nasais e entram em contato com o epitélio olfativo — um retalho de células nervosas contendo cerca de 350 a quatrocentos tipos de receptores de odor. Se o tipo certo de molécula ativa o tipo certo de receptor, ela envia um sinal para o cérebro, que o interpreta como um cheiro. De que maneira exatamente isso acontece é onde reside a controvérsia. Muitos especialistas acreditam que as moléculas de odor se encaixam nos receptores como chaves numa fechadura. Um problema dessa teoria é que às vezes as moléculas têm formatos químicos diferentes mas o mesmo cheiro, e algumas têm formatos que quase combinam, mas cheiros dissimilares, sugerindo que só a forma não explica tudo. Assim há uma teoria rival e bem mais complicada chamada ressonância. Em essência, os receptores são estimulados não pelo formato das moléculas, mas pelo modo como vibram.[37]

Para quem não é cientista, não faz de fato grande diferença, uma vez que o resultado é o mesmo nos dois casos. O importante é que os odores são complexos e difíceis de desconstruir. Moléculas de aroma normalmente ativam não um único tipo de receptor de odor, mas vários, como um pianista tocando acordes — só que num teclado enorme. Uma banana, por exemplo, contém trezentas moléculas voláteis, como são chamadas as moléculas ativas nos aromas.[38] Tomates têm quatrocentas;[39] café, pelo menos seiscentas. Compreender como e em que grau elas contribuem para um aroma não é tarefa simples. Mesmo no nível mais básico, os resultados com frequência são extremamente contraintuitivos. Se combinamos o odor frutado do isobutirato de etila com a tentação caramelada do etil maltol e o cheiro de violetas do alil alfa-ionona, temos o aroma de abacaxi, que é completamente distinto de seus três principais ingredientes. Outras substâncias químicas por sua vez têm estruturas muito diferentes, mas produzem o mesmo aroma, e também ninguém sabe o que acontece. O cheiro de amêndoas tostadas pode ser produzido por 75 combinações químicas variadas que não têm nada em comum além do modo como o nariz humano as percebe.[40] Devido à complexidade, continuamos engatinhando na compreensão de tudo isso. O cheiro de alcaçuz, por exemplo, foi decodificado apenas em 2016.[41] Há uma infinidade de outros odores comuns ainda por ser decifrada.

Durante décadas se alegou que os seres humanos podiam discriminar cerca de 10 mil aromas, mas então alguém decidiu investigar a origem dessa afirmação e descobriu que foi sugerida pela primeira vez em 1927, por dois engenheiros químicos de Boston, que simplesmente chutaram.[42] Em 2014, pesquisadores da Universidade Pierre e Marie Curie, em Paris, e da Universidade Rockefeller, em Nova York, relataram no periódico *Science* que na verdade podemos detectar uma quantidade muito vasta de odores — pelo menos 1 trilhão, possivelmente ainda mais.[43] Imediatamente, outros cientistas da área questionaram a metodologia estatística usada no estudo. "Essas afirmações não têm base alguma", declarou curto e grosso Markus Meister, professor de ciências biológicas no Instituto de Tecnologia da Califórnia.[44]

Uma curiosidade interessante e importante sobre nosso sentido do olfato é que ele é o único dos cinco sentidos básicos não mediado pelo hipotálamo. Quando cheiramos algo, a informação, por motivos que desconhecemos, vai direto para o córtex olfativo, aninhado junto ao hipocampo, onde as memórias são formadas, e alguns neurocientistas acham que isso talvez explique por que certos odores são tão poderosamente evocativos de lembranças.[45]

O cheiro é certamente uma experiência intensamente pessoal. "Acho que o aspecto mais extraordinário do olfato é que cada um cheira o mundo a seu modo", contou-me Beauchamp. "Embora tenhamos todos entre 350 e quatrocentos tipos de receptores de odor, apenas cerca da metade é comum a todo mundo. Isso significa que não cheiramos as mesmas coisas."

Ele pegou um pequeno frasco em sua mesa, destampou e me deu para experimentar. Não senti cheiro de nada.

"É um hormônio chamado androsterona", explicou Beauchamp. "Cerca de um terço das pessoas, como você, não sente nada. Outro terço sente cheiro de urina e o outro terço, de sândalo." Seu sorriso se abriu ainda mais. "Se você tem três pessoas que não conseguem concordar nem se algo é agradável, repelente ou simplesmente inodoro, começa a perceber como a ciência do olfato é complicada."

Somos mais hábeis em detectar odores do que pensamos. Em um impressionante experimento, pesquisadores da Universidade da Califórnia em Berkeley espalharam aroma de chocolate por um campo imenso e os voluntários eram desafiados a tentar encontrar a trilha como um perdigueiro, andando de quatro e com o nariz rente ao chão.[46] Cerca de dois terços conseguiram seguir o cheiro com precisão considerável. Em cinco de quinze cheiros testados, os seres humanos se saíram melhor até do que cães.[47] Outros testes mostraram que pelo faro as pessoas conseguiam identificar, numa pilha de camisetas usadas, qual delas pertencia ao parceiro ou parceira. Bebês e mães são similarmente habilidosos em perceber os respectivos odores.[48] O olfato, em suma, é muito mais importante para nós do que percebemos.

A perda total do olfato é conhecida como anosmia e a perda parcial, hiposmia. Algo entre 2% e 5% da população mundial sofre de uma coisa ou outra, o que é uma proporção muito alta. Uma minoria particularmente malfadada sofre de cacosmia, em que tudo cheira a fezes, e que é, segundo todos os relatos, tão horrível quanto se imagina. No Centro de Sentidos Químicos Monell eles se referem à perda do olfato como "deficiência invisível".

"Dificilmente alguém perde o sentido do paladar", diz Beauchamp. "O paladar depende de três nervos diferentes, então isso ajuda muito. Nosso sentido do olfato é bem mais vulnerável." A principal causa da perda de olfato são doenças infecciosas como gripe e sinusite, mas ela também pode resultar de uma pancada na cabeça ou de degeneração neural. Um dos primeiros sintomas do Alzheimer é a perda de olfato.[49] Noventa por cento das pessoas que perdem o olfato por traumatismo na cabeça nunca mais o recuperam; a perda permanente é sofrida por uma proporção menor — cerca de 70% — dos que perdem o olfato devido a infecções.[50]

"Pessoas que perdem o sentido do olfato normalmente ficam chocadas com a diminuição de sua alegria de viver", diz Beauchamp. "Dependemos do olfato para interpretar o mundo, mas também, não menos crucialmente, para extrair prazer dele."

Isso é particularmente verdade no caso da comida, e para esse tema tão importante precisamos de outro capítulo.

6. Goela abaixo: boca e garganta

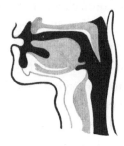

Para prolongar a vida, abrevie as refeições.
Benjamin Franklin

Na primavera de 1843, o grande engenheiro Isambard Kingdom Brunel fez uma rara pausa no trabalho — a construção do ss *Great Britain*, a maior e mais desafiadora embarcação do mundo a sair do papel até então — para divertir seus filhos com um truque de mágica. Mas as coisas não saíram como planejado. No meio da brincadeira, Brunel acidentalmente engoliu meio soberano de ouro que escondera sob a língua.[1] Não é difícil imaginar a expressão de surpresa e em seguida de consternação, talvez de ligeiro pânico, no rosto do engenheiro ao sentir a moeda deslizar pela garganta e se alojar na base da traqueia. Ele não sentia dor, mas era muito desconfortável, além de preocupante, pois se a moeda mudasse levemente de posição, poderia asfixiá-lo.

Nos dias subsequentes, Brunel, seus amigos, colegas, familiares e médicos tentaram todos os remédios óbvios, de bater com força em suas costas a segurá-lo pelos tornozelos (era um homem pequeno e fácil de erguer) e sacudi-lo vigorosamente, mas nada funcionou. Tentando achar uma solução por meio da engenharia, Brunel elaborou um mecanismo em que se pendurava de cabeça para baixo e balançava em amplos arcos, esperando que o movimento e a gravidade combinados fizessem a moeda cair. Isso também não deu certo. O sofrimento de Brunel virou assunto nacional. As sugestões vinham dos quatro cantos do país e do mundo todo, mas nenhuma tentativa funcionou. A certa altura, o eminente médico Sir Benjamin Brodie decidiu tentar uma traqueostomia, procedimento arriscado e desagradável. Sem paliativo para a dor da cirurgia — a anestesia chegaria ao Reino Unido só dali a três anos —, Brodie fez uma incisão na garganta de Brunel e tentou extrair a moeda com um longo fórceps enfiado pela abertura, mas isso bloqueou a passagem de ar e o engenheiro tossiu tão violentamente que o procedimento foi abandonado.

Finalmente, em 16 de maio, mais de seis semanas após o início de seu martírio, Brunel voltou a ajustar as correias em sua engenhoca e começou a balançar. Quase imediatamente, a moeda saiu e caiu rolando no chão.

Não tardou muito para o eminente historiador Thomas Babington Macaulay correr ao Athenaeum Club, em Pall Mall, e gritar: "Ela saiu!", e todos souberam na hora do que estava falando. Brunel viveu o resto de seus dias sem sofrer complicações por causa do incidente e, até onde se sabe, não voltou a pôr moedas na boca.

Menciono o caso aqui para ilustrar, se isso ainda se faz necessário, como nossa boca é um lugar perigoso. Morremos asfixiados com mais facilidade do que qualquer outro mamífero. Na verdade, não será exagero dizer que somos construídos para sufocar, coisa que é claramente um atributo estranho para se ter na vida — com ou sem moeda na traqueia.

Olhe dentro da sua boca e grande parte do que você vê é familiar — língua, dentes, gengivas, o poço negro no fundo dominado por esse curioso penduricalho conhecido como úvula. Mas nos bastidores, por assim dizer, há todo um importante aparato muscular e estrutural cujos nomes a maioria nunca ouviu falar: palatoglosso, gênio-hioide, valécula, levantador do véu palatino. Como no caso de todas as outras partes em sua cabeça, a boca é um reino de complexidade e mistério.

As amígdalas, por exemplo. Estamos familiarizados com elas, mas quantos de nós sabem exatamente sua função? Para falar a verdade, ninguém. São duas protuberâncias carnosas montando guarda de lado a lado no fundo da garganta. (No século xix, muitos começaram a se referir a elas como amígdalas, ainda que a palavra já fosse usada para as estruturas no cérebro, daí uma certa confusão.) Adenoides são parecidas, mas ficam dentro da cavidade nasal e não as vemos. Ambas fazem parte do sistema imune, embora não sejam particularmente impressionantes, convém dizer. As adenoides muitas vezes encolhem até ficarem quase inexistentes na adolescência, e tanto elas como as amígdalas podem ser removidas sem alteração discernível em nosso bem-estar geral.* As amígdalas são parte de uma estrutura um pouco mais notável conhecida como anel linfático de Waldeyer, descoberto por um prolífico anatomista alemão de nome imponente, Heinrich Wilhelm Gottfried von Waldeyer-Hartz (1836-1921), mais lembrado por cunhar os termos "cromossomo" em 1888 e "neurônio" em 1891. Anatomicamente falando, ele jogava em todas. Entre várias outras descobertas, foi o primeiro a postular, ainda em 1870, que a mulher nascia com todos os óvulos plenamente formados e a postos.[2]

A palavra que os anatomistas usam para o ato de engolir é deglutição, e fazemos isso o tempo todo — cerca de 2 mil vezes por dia, ou uma vez a cada trinta segundos, em média. Engolir é um negócio mais complicado do que costumamos imaginar.[3] Quando você engole, a comida não cai simplesmente no seu estômago pela ação da gravidade, mas é empurrada por contrações musculares. É por isso que podemos comer e beber de cabeça para baixo, se quisermos. No conjunto, cinquenta músculos podem entrar em ação só para levar um pedaço de alimento dos seus lábios ao seu estômago, e eles devem executar suas funções em ordem exata, para assegurar que o que entrou no sistema alimentar não siga pelo lado errado e acabe alojado numa via aérea, como a moeda de Brunel.

A complexidade da deglutição humana se deve em grande parte à posição da laringe na garganta, mais baixa em comparação a outros primatas. Para

---

* Talvez valha a pena observar que em 2011 um pesquisador no Instituto Karolinska em Estocolmo afirmou que pessoas que extraíam as amígdalas quando jovens tinham probabilidade 44% maior de ter um ataque cardíaco em idade mais avançada. Claro, a ligação entre os dois eventos pode ser uma coincidência, mas na ausência de evidências conclusivas isso sugere que talvez seja melhor deixar as amígdalas em paz. O mesmo estudo descobriu também que pessoas que conservavam o apêndice tinham risco 33% reduzido de um ataque cardíaco na meia-idade.

acomodar a postura ereta quando aderimos ao bipedalismo, nosso pescoço ficou mais longo e reto e se moveu para um ponto mais central sob o crânio, e não atrás, como em outros primatas. Acontece que essas mudanças nos proporcionaram maior aptidão para a fala, mas também aumentaram o perigo de "obstrução traqueal", nas palavras de Daniel Lieberman. Únicos entre os animais, mandamos nosso ar e nossa comida pelo mesmo túnel. A pequena estrutura chamada epiglote, uma espécie de alçapão para a garganta, é a única coisa que se interpõe entre nós e a catástrofe. A epiglote abre quando respiramos e se fecha quando engolimos, fazendo o alimento ir numa direção e o ar em outra, mas, ocasionalmente, quando falha, as consequências podem ser terríveis.

Pensando bem, parece incrível sermos capazes de sentar a uma mesa de jantar com os amigos, nos esbaldando de prazer — comendo, conversando, rindo, respirando, tomando vinho —, enquanto nossos guardiães nasofaríngeos mandam tudo para o lugar certo, nas duas direções, sem que precisemos prestar atenção sequer por um instante. É um feito e tanto. Mas tem mais. Conforme papeamos sobre o trabalho, a escola dos filhos ou o preço da couve, o cérebro monitora não apenas o sabor e o grau de frescor do que ingerimos, mas também o volume e a textura. Assim, ele vai lhe permitir engolir um bolo "úmido" grande (como uma ostra ou um bocado de sorvete), mas insiste numa mastigação mais meticulosa para coisas pequenas, secas e pontudas como frutos secos e sementes, que podem não passar tão suavemente.

Enquanto isso, você, longe de ajudar nesse processo crítico, não para de despejar mais vinho pela goela, desestabilizando todos os seus sistemas internos e comprometendo seriamente a capacidade funcional do cérebro. É por isso que dizer que o corpo é nosso velho servo sofredor é pôr em termos brandos.

Quando consideramos a precisão exigida, e a quantidade de vezes numa vida em que os sistemas são desafiados, é extraordinário que não sufoquemos com mais frequência. Segundo fontes oficiais, cerca de 5 mil pessoas nos Estados Unidos e cerca de duzentas no Reino Unido morrem asfixiadas por comida todo ano — o que é estranho, pois esses números, ajustados por população, indicam que os americanos têm probabilidade cinco vezes maior de sufocar do que a dos britânicos.

Mesmo admitindo a sofreguidão com que o americano médio se entrega à comida, isso não parece condizer com a realidade. O mais provável é que muitas mortes por asfixia sejam na verdade ataques cardíacos mal diagnosticados. Suspeitando disso, um legista na Flórida chamado Robert Haugen investigou há alguns anos a morte de supostas vítimas de ataque cardíaco em restaurantes e, sem grande dificuldade, descobriu que nove haviam na verdade morrido sufocadas. Em um artigo para o *Journal of the American Medical Association*, ele sugeriu que as mortes por sufocamento eram bem mais comuns do que geralmente se pensava. Mesmo utilizando as estimativas mais cautelosas, a asfixia é a quarta causa mais comum de morte acidental nos Estados Unidos hoje.[4]

A solução mais conhecida para uma crise de asfixia é a manobra Heimlich, criada pelo cirurgião nova-iorquino Henry Judah Heimlich (1920-2016), na década de 1970. A manobra Heimlich consiste em abraçar por trás a vítima engasgada e aplicar-lhe uma série de apertões abruptos pouco acima do umbigo, para expulsar o que está bloqueando a passagem, como uma rolha numa garrafa.

Henry Heimlich tinha algo de showman.[5] Ele promovia o procedimento, e a si mesmo, sem trégua. Apareceu no *The Tonight Show* de Johnny Carson, vendia pôsteres e camisetas e falou perante plateias grandes e pequenas por todos os Estados Unidos. Vangloriava-se de que seu método salvara a vida de Ronald Reagan, Cher, Ed Koch (prefeito de Nova York) e várias centenas de outros. Pessoas próximas não o viam com bons olhos. Um ex-colega chamou Heimlich de "mentiroso e ladrão", e um de seus filhos considerava sua prática "a longa história de uma fraude que durou cinquenta anos". Heimlich sabotou seriamente a própria reputação defendendo um tratamento chamado malarioterapia, em que as pessoas eram deliberadamente infectadas com pequenas doses de malária, acreditando ser a cura para o câncer, a doença de Lyme ou a aids, entre outras coisas. Sua defesa do tratamento não tinha base alguma na ciência. Em parte por ele ter se tornado um constrangimento, em 2006 a Cruz Vermelha americana parou de utilizar o termo "manobra de Heimlich" e passou a chamá-la de "apertões abdominais".

Heimlich morreu em 2016, aos 96 anos. Pouco antes de falecer, salvou a vida de uma mulher com sua manobra, na casa de repouso onde estavam — a única vez em sua vida que teve a oportunidade de usá-la. Ou não. Posteriormente se contou que alegara ter salvado a vida de outra pessoa, em outra ocasião. Heimlich, tudo leva a crer, tinha suas manobras também para lidar com a verdade, não só com comida presa.

* * *

A maior autoridade em asfixia na época foi muito provavelmente um sisudo médico americano com o nome extravagante de Chevalier Quixote Jackson, que viveu de 1865 a 1958. Jackson era considerado (pela Sociedade de Cirurgiões Torácicos) o "pai da broncoesofagoscopia americana", e de fato mereceu o epíteto, embora deva ser dito também que não havia grande concorrência. Sua especialidade — sua obsessão — eram objetos estranhos engolidos ou aspirados. Ao longo de uma carreira que durou quase 75 anos, Jackson se especializou em projetar instrumentos e refinar métodos para retirar tais objetos e no processo construiu uma extraordinária coleção de 2374 itens engolidos de forma imprudente.[6] Hoje, a Coleção de Corpos Estranhos de Chevalier Jackson fica em um mostruário no porão do Museu Mütter, do The College of Physicians of Philadelphia na Pensilvânia. Cada objeto é meticulosamente catalogado por idade e sexo da vítima; por tipo de objeto; se estava alojado na traqueia, laringe, esôfago, brônquio, estômago, cavidade pleural ou outro lugar; se foi fatal ou não; e o método da remoção. Acredita-se que seja a maior coleção do mundo das coisas extraordinárias que as pessoas enfiam na garganta, seja por acidente, seja por algum bizarro desígnio. Entre os objetos recuperados por Jackson nas goelas dos vivos e dos mortos havia um relógio de pulso, um terço, minibinóculos, um cadeado pequeno, um trompete de brinquedo, um espeto de churrasco, uma chave-borboleta de radiador, diversas colheres, uma ficha de pôquer e um amuleto que dizia (quem sabe com um toque de ironia): "Me carregue para ter boa sorte".

Segundo se dizia, Jackson era um homem frio e sem amigos, mas no fundo parece ter tido um bom coração.[7] Em sua autobiografia, contou como em certa ocasião removeu da garganta de uma criança "uma massa cinzenta — talvez comida, talvez tecido morto" — que a impedira de engolir por dias, então instruiu o assistente a lhe dar um copo de água. A garota bebericou cautelosamente no início e então aceitou um gole maior. "Em seguida, delicadamente afastou o copo na mão do assistente, segurou minha mão e a beijou", recordou Jackson, no único caso em sua vida que parece tê-lo comovido.

Em sete décadas e meia na ativa, Jackson salvou centenas de vidas e treinou outros para salvar incontáveis mais. Se fosse um pouco menos reservado com os pacientes e colegas, sem dúvida hoje seria mais conhecido.

* * *

Você certamente já notou que sua boca é uma câmara úmida e reluzente. É porque há doze glândulas salivares distribuídas por ela. Um adulto típico secreta cerca de 1,5 litro de saliva por dia.[8] Segundo um cálculo, secretamos cerca de 30 mil litros ao longo da vida (a quantidade que usaríamos em duzentos banhos).[9]

A saliva é composta quase inteiramente de água. Apenas 0,5% dela é alguma outra coisa, mas essa proporção minúscula é cheia de enzimas úteis — proteínas que aceleram as reações químicas. Entre elas estão a amilase e a ptialina, que iniciam a quebra dos açúcares em carboidratos enquanto ainda estão em nossa boca. Mastigue um alimento rico em amido, como pão ou batata, por um tempo um pouco maior do que o normal e você logo notará um sabor adocicado. Infelizmente para nós, as bactérias em nossa boca também apreciam a doçura; elas devoram os açúcares liberados e excretam ácidos, que furam nossos dentes e provocam cáries. Outras enzimas, notavelmente a lisozima — que foi descoberta por Alexander Fleming antes de se deparar com a penicilina —, atacam muitos patógenos invasores, mas não os que levam à deterioração dos dentes, para nosso azar. Estamos na posição um tanto estranha não só de fracassar em exterminar as bactérias que nos causam diversos problemas, como também, ativamente, de lhes fornecer alimento.

Apenas recentemente se descobriu que a saliva também contém um poderoso analgésico chamado opiorfina.[10] É seis vezes mais potente que a morfina, embora a tenhamos em doses muito pequenas, por isso não vivemos chapados nem somos imunes à dor quando mordemos a bochecha ou queimamos a língua. Como é tão diluída, ninguém sabe ao certo por que está presente. É tão discreta que sua existência só foi notada em 2006.

Produzimos pouquíssima saliva quando dormimos, por isso os micróbios proliferam durante o sono e nos deixam com mau hálito ao acordar.[11] Também é por isso que vale a pena escovar os dentes antes de deitar — o hábito reduz o número de bactérias que levamos para a cama. Se ninguém é muito fã de beijos na hora de acordar, como você talvez já tenha observado, deve ser porque nossas exalações contêm mais de 150 compostos químicos diferentes, nem todos frescos e mentolados como gostaríamos.[12] Entre as substâncias químicas que ajudam a criar o mau hálito matinal estão metil mercaptano (que cheira a repolho velho), sulfeto de hidrogênio (ovo podre), dimetilsulfureto (algas viscosas), dimetilamina e trimetilamina (peixe estragado) e cadaverina (que dispensa descrição).

Na década de 1920, o professor Joseph Appleton, da Faculdade de Medicina Dental da Universidade da Pensilvânia, foi o primeiro a estudar colônias bacterianas dentro da boca e descobriu que, no plano microbial, sua língua, dentes e gengivas são como continentes separados, cada um com sua própria colônia de microrganismos. Há diferenças até entre as colônias bacterianas que habitam as partes expostas de um dente e as que ficam sob a gengiva. No todo, foram encontradas na boca humana cerca de mil espécies de bactérias, embora em um dado momento qualquer seja pouco provável que você tenha mais do que duzentas bactérias.[13]

A boca não é apenas um lar acolhedor para os germes, mas também uma excelente pousada para os que pretendem seguir viagem para outras partes. Paul Dawson, professor de ciência do alimento da Universidade Clemson, na Carolina do Sul, construiu parte de sua carreira estudando como transmitimos bactérias do corpo para outras superfícies, como por exemplo compartilhando uma garrafa de água ou voltando a enfiar a tortilha no guacamole após uma primeira dentada, numa festa. Em um estudo chamado "Transferência bacteriana associada a assoprar as velas em um bolo de aniversário", a equipe de Dawson descobriu que o costume de apagar velinhas aumentava a área com bactérias em mais de 1400%,[14] algo que soa estarrecedor, mas que na verdade provavelmente não é muito pior do que o tipo de coisas a que nos expomos no dia a dia. Há um monte de germes à solta pelo mundo ou espreitando invisíveis nas superfícies, e entre estas se incluem muitas que levamos à boca e quase tudo que tocamos.

Os componentes mais familiares da boca são sem dúvida os dentes e a língua. Nossos dentes são criações formidáveis, além de incrivelmente versáteis. Eles realizam três funções: cortar (os incisivos, que são como facas), perfurar e rasgar (os caninos, feitos de uma cúspide única) e triturar (os molares, formados por pequenas cúspides com uma fossa no meio). A parte externa é revestida pelo esmalte. É a substância mais dura do corpo humano, mas consiste em uma fina camada apenas e não pode ser substituída se for danificada. Por isso vamos ao dentista quando temos cárie. Sob o esmalte há uma camada bem mais grossa de outro tecido mineralizado, chamado dentina, que, esta sim, consegue se regenerar. No centro de tudo fica a polpa carnosa contendo nervos e suprimento de sangue. Por sua dureza, os dentes já foram chamados de "fósseis prontos".[15] Quando tudo o mais em você virou pó ou se dissolveu, o último vestígio físico de sua existência na Terra talvez seja um molar fossilizado.

Podemos morder bem forte. A força da mordida é calculada em unidades chamadas newtons (devido à segunda lei do movimento de Isaac Newton, não à sua ferocidade bucal), e o adulto típico do sexo masculino consegue gerar até quatrocentos newtons de força,[16] um bocado de coisa, embora não chegue aos pés de um orangotango, capaz de morder com força cinco vezes maior. Mesmo assim, quando pensamos na facilidade com que conseguimos quebrar, digamos, um cubo de gelo (tente fazer isso com a mão e veja o resultado) e no pouco espaço ocupado pelos cinco músculos mandibulares, podemos apreciar como a mastigação humana é plenamente apta.

A língua é um músculo, mas muito diferente dos demais. Para começar, é supersensível — pense na destreza com que extraímos da boca algo indesejado que entra com a comida, como uma casca minúscula de ovo ou um grão de areia — e está intimamente envolvida em atividades cruciais como articular a fala e experimentar a comida. Quando comemos, a língua se move de um lado para outro, como um anfitrião atarefado numa festa, verificando o sabor e a forma de cada bocado, preparando-se para despachá-lo goela abaixo. Como todo mundo sabe, a língua é coberta por saliências. São as papilas gustativas, compostas de agrupamentos de células receptoras de paladar, os botões gustativos. As papilas vêm em três formatos — circunvaladas (ou arredondadas), fungiformes (em forma de cogumelo) e foliadas (como folhas). Suas células estão entre as mais regenerativas do corpo e são substituídas de dez em dez dias.[17]

Por anos até em livros didáticos podíamos ver um mapa da língua com os sabores elementares ocupando uma zona bem definida: doce na ponta da língua, acre nas laterais e amargo no fundo. Esse mito remonta a uma obra de referência de 1942 escrita por um certo Ewin G. Boring, psicólogo de Harvard que interpretou equivocadamente um artigo escrito por um pesquisador alemão quarenta anos antes.[18] No total, temos cerca de 10 mil botões gustativos distribuídos por toda a língua, exceto no meio. Botões gustativos adicionais são encontrados no céu da boca e no fundo da garganta — sendo esse, segundo dizem, o motivo para alguns remédios parecerem mais amargos conforme descem.

Além da boca e da garganta, o corpo tem receptores de paladar até no intestino (onde ajudam a identificar substâncias estragadas ou tóxicas),[19] mas eles não se conectam ao cérebro da mesma maneira que os receptores de paladar em sua língua, e por um bom motivo. Você não vai querer sentir o gosto do que sua barriga está provando. Receptores de paladar também foram encontrados no coração, nos pulmões e até nos testículos.[20] Ninguém sabe exatamente o que fazem aí. Mas eles também enviam sinais ao pâncreas para ajustar a produção de insulina e podem estar ligados a isso.

De um modo geral, supõe-se que os receptores de paladar evoluíram para dois fins sumamente práticos: ajudar a encontrar alimentos ricos em energia (como doces e frutas maduras) e a evitar os perigosos. Mas vale lembrar também que nem sempre cumprem muito bem seu papel. O capitão James Cook, grande explorador britânico, teve uma venturosa demonstração disso em 1774, em sua segunda viagem épica pelo Pacífico. Um marujo pescou um peixe carnudo que ninguém a bordo reconheceu. O cozinheiro o preparou e o levou ao capitão e seus dois oficiais, mas, como já haviam jantado, apenas experimentaram o peixe e lhe disseram que guardasse o resto para o dia seguinte. Foi um tremendo lance de sorte, pois, no meio da noite, todos os três foram "acometidos de debilidade extraordinária e entorpecimento em todos os membros". Cook ficou praticamente paralisado por horas e incapaz de erguer qualquer coisa — mesmo um lápis. Ministraram-lhe um emético, para esvaziar seu estômago. Os homens tiveram sorte de sobreviver, porque o que comeram era um baiacu. Ele contém um veneno chamado tetrodotoxina, mil vezes mais potente que o cianureto.[21]

A despeito de sua extrema toxicidade, o baiacu é uma iguaria famosa no Japão, onde o conhecem por *fugu*. Preparar *fugu* é um trabalho apenas para poucos chefs treinados, que devem remover cuidadosamente o fígado, os intestinos e a pele do peixe antes de prepará-lo, pois são as partes mais saturadas de veneno. Mesmo assim, permanecem toxinas suficientes para adormecer a boca e deixar o apreciador deliciosamente zonzo. Em um caso famoso em 1975, um conhecido ator chamado Bandō Mitsugorō repetiu quatro vezes a porção de *fugu* — a despeito de insistirem que parasse — e morreu miseravelmente quatro horas depois, de asfixia. O *fugu* ainda mata cerca de uma pessoa por ano no Japão.

O problema do *fugu* é que quando os efeitos nocivos começam a ficar evidentes, é tarde demais para fazer algo a respeito. Isso vale para todo tipo de substâncias, da beladona a uma ampla variedade de fungos. Em 2008, em um episódio também famoso, o escritor britânico Nicholas Evans e três membros de sua família ficaram mortalmente doentes em suas férias na Escócia quando confundiram um cogumelo letal, *Cortinarius speciosissimus*, com seu inofensivo e delicioso primo, *Boletus edulis* (conhecido como *ceps*).[22] Os efeitos foram terríveis — Evans precisou de um transplante de rim e os demais sofreram consequências permanentes —, ainda que nada no sabor os tivesse alertado para o perigo do que comiam. O fato é que nossas supostas defesas são mais supostas que defensivas.

Podemos ter cerca de 10 mil receptores de paladar, mas em nossa boca na verdade há uma quantidade ainda maior de receptores para dor e outras sensações somatossensórias.[23] Como coexistem lado a lado na língua, às vezes os misturamos. Quando você diz que a malagueta queima, está sendo mais literal do que imagina. O cérebro interpreta a pimenta como fogo de verdade. Como afirma Joshua Tewksbury, da Universidade de Colorado: "A pimenta estimula os mesmos neurônios que você ativa quando encosta em uma chama de 169ºC. Essencialmente, nosso cérebro nos diz que pusemos a língua em um forno". Do mesmo modo, o mentol é percebido como frescor mesmo na fumaça aquecida do cigarro.

O ingrediente ativo em todas as pimentas do gênero *Capsicum* é uma substância química chamada capsaicina. Quando ingerimos a capsaicina, o corpo libera endorfinas — não se sabe ao certo por quê — e isso se traduz literalmente numa onda de calor prazeroso. Como qualquer calor, porém, pode rapidamente gerar desconforto e ficar intolerável.

A quantidade de calor, ou ardência, nas pimentas-malaguetas é medida em unidades batizadas em homenagem a Wilbur Scoville (1865-1942), um despretensioso farmacêutico americano sem particular interesse por pratos picantes e que muito possivelmente nunca provou uma comida apimentada genuína na vida. Scoville passou boa parte da carreira dando aulas na Faculdade de Farmácia de Massachusetts e produzindo artigos acadêmicos com títulos como "Algumas observações sobre supositórios de glicerina", mas em 1907, aos 42 anos, aparentemente tentado por um grande salário, mudou-se para Detroit, onde foi trabalhar numa grande companhia farmacêutica, a Parke, Davis & Co. Uma de suas funções era supervisionar a produção de um unguento popular para os músculos chamado Heet. A sensação de calor do Heet vinha das malaguetas — as mesmas usadas na cozinha —, mas o ardor das pimentas variava enormemente de lote para lote e não havia maneira confiável de avaliar a quantidade a ser incluída em cada produção. Assim Scoville elaborou o chamado Teste Organoléptico de Scoville, um método científico para medir o grau de calor de qualquer pimenta. Ele é o padrão utilizado até hoje.

O pimentão recebe uma pontuação de Scoville de cinquenta a cem unidades de Scoville. A pimenta jalapeño em geral fica na faixa de 2,5 mil a 5 mil. Atualmente, muitos cultivam pimentas para obter a maior ardência possível. A detentora do recorde no momento em que escrevo é a *Carolina Reaper*, com 2,2 milhões de Scovilles. Mas uma versão depurada de uma espécie marroquina de eufórbia — prima das eufórbias comuns que florescem nos jardins — foi calculada em 16 bilhões de Scovilles.[24] Pimentas superquentes não têm utilidade na alimentação — estão além de qualquer limiar de tolerância humano —, mas são de interesse dos fabricantes de spray de pimenta, que também utilizam capsaicina.*

Estudos revelaram que a capsaicina abaixa a pressão arterial, combate a inflamação e reduz a susceptibilidade ao câncer, entre vários outros benefícios para o ser humano. Em um estudo publicado no *British Medical Journal*, adultos chineses que consumiam bastante capsaicina mostraram probabilidade de morrer 14% reduzida, por qualquer causa, durante o período do estudo, em relação aos demais de paladar menos aventureiro.[25] Mas, como sempre acontece nesses casos, o fato de os indivíduos comerem muita pimenta e serem 14% mais bem-sucedidos em sobreviver pode ser apenas coincidência.

---

* A capsaicina existe na natureza porque as pimentas desenvolveram uma defesa para não serem ingeridas por mamíferos pequenos, que destruiriam as sementes com seus dentes. Os pássaros, porém, engolem as sementes inteiras e não sentem o gosto da capsaicina, assim podem comer as sementes de pimentas maduras à vontade. Então voam e as espalham — envoltas num pequeno pacote de fertilizante — para novos locais ao defecar, arranjo que serve tão bem aos pássaros como às sementes.

Aliás, temos detectores de dor não só na boca, mas também nos olhos, ânus e vagina, por isso comidas apimentadas podem causar desconforto nesses lugares.

Quanto ao paladar, nossa língua consegue identificar os familiares sabores básicos: doce, salgado, acre, amargo e *umami* (palavra japonesa significando "saboroso" ou "carnoso"). Alguns especialistas acreditam que também temos receptores de sabor especificamente alocados para metal, água, gordura e outro conceito japonês, chamado *kokui*, significando "encorpado" ou "nutritivo",[26] mas os únicos universalmente aceitos são os cinco básicos.

No Ocidente, o *umami* ainda é um conceito um tanto exótico. Ele é na verdade um termo comparativamente recente até no Japão, embora o sabor seja conhecido há séculos. Vem de um caldo de peixe popular chamado *dashi*, feito de algas e escamas secas, que misturado a outros alimentos os torna ainda mais saborosos, transmitindo um gosto indescritível mas distinto. Na primeira década do século xx, um químico de Tóquio chamado Kikunae Ikeda resolveu identificar a origem do sabor e tentar sintetizá-lo. Em 1909, ele publicou um breve artigo em um periódico local, identificando a fonte do sabor como glutamato químico, um aminoácido. Batizou o sabor de *umami*, significando "essência da delícia".

A descoberta de Ikeda não chamou a atenção de praticamente ninguém fora do Japão. A palavra *umami* não tem registro em inglês antes de 1963, quando apareceu em um artigo acadêmico. O primeiro periódico científico importante em que apareceu foi a *New Scientist*, em 1979. O artigo de Ikeda só foi traduzido para o inglês em 2002, depois que os receptores de sabor *umami* foram confirmados por pesquisadores ocidentais. Mas, no Japão, Ikeda ganhou notoriedade não tanto como cientista, e sim como cofundador de uma grande empresa, chamada Ajinomoto, criada para explorar sua patente com a fabricação de *umami* sintético, na forma universalmente conhecida como glutamato monossódico. Hoje, a Ajinomoto é uma gigante, produzindo cerca de um terço do glutamato mundial.[27]

O glutamato começou a cair em desgraça no Ocidente depois de 1968, quando o *New England Journal of Medicine* publicou a carta — não um artigo ou estudo, mas simplesmente uma carta — de um médico observando que às vezes se sentia um pouco mal após comer em restaurantes chineses e se perguntando se o responsável não seria o glutamato monossódico adicionado à comida. O cabeçalho da carta dizia "Síndrome de restaurante chinês" e essa foi a modesta semente para a ideia fixa na cabeça de muita gente de que o glutamato era uma espécie de toxina. Na verdade, não é. Ele está presente naturalmente em muitos alimentos, como o tomate, e nunca revelou ter efeitos deletérios quando ingerido em quantidade normal. Segundo Ole G. Mouritsen e Klavs Styrbæk, em seu fascinante estudo *Umami: Unlocking the Secrets of the Fifth Taste* [Umami: desvendando os segredos do quinto sabor], "nenhum outro aditivo alimentar foi submetido a um escrutínio mais completo que o glutamato monossódico" e nenhum cientista encontrou razão alguma para condená-lo. Contudo, sua reputação no Ocidente como causa de dor de cabeça e leve mal-estar hoje parece intocada e permanente.

A língua e suas papilas gustativas nos dão apenas as texturas e os atributos básicos dos alimentos — macio, liso, doce, amargo e assim por diante —, mas a apreciação sensorial plena de tudo depende dos nossos outros sentidos. Quase sempre é incorreto falar no gosto da comida, embora é claro todo mundo faça isso. O que apreciamos ao comer é o sabor, que envolve tanto o paladar como o olfato.*

Diz-se que o olfato responde por ao menos 70% do sabor, podendo chegar a 90%.[28] Sabemos disso intuitivamente, com frequência sem nos darmos conta. Se alguém lhe mostrar um pote aberto de iogurte e perguntar: "É morango?", sua reação normal será cheirar, não provar. Isso acontece porque o morango é na verdade um cheiro percebido pelo nariz, não um gosto sentido na boca.

Quando você come, a maior parte do aroma lhe chega não pelas narinas, mas pela escada dos fundos da sua passagem nasal, conhecida como rota retronasal — que fica oposta à rota ortonasal, no alto do nariz. Um modo fácil de identificar as limitações de suas papilas gustativas é fechar os olhos, apertar as narinas e provar uma jujuba escolhida ao acaso no pacote. Você vai perceber instantaneamente a doçura, mas quase certamente não será capaz de identificar o sabor. Abra os olhos e destampe o nariz, porém, e a especificidade frutada se torna imediata e aromaticamente óbvia.

Até o som influencia materialmente em que medida achamos uma comi-

---

* Não é só a língua inglesa que faz isso. Pelo menos dez outras línguas usam as palavras "gosto" [*taste*] e "sabor" [*flavour*] de forma intercambiável.

da deliciosa. Escutando uma série de sons de mastigação em fones de ouvido conforme experimentam batatas fritas de várias tigelas, as pessoas classificam as batatas mais crocantes e barulhentas como mais frescas e saborosas, mesmo todas sendo iguais.

Muitos experimentos já foram feitos para demonstrar como somos facilmente tapeados com relação ao sabor. Em um teste cego na Universidade de Bordeaux, alunos da faculdade de enologia provavam duas taças de vinho, um tinto e um branco. Os vinhos na verdade eram iguais, exceto que um dele fora tingido com um aditivo inodoro e insosso. Os alunos, sem exceção, apontaram qualidades inteiramente diferentes para os dois.[29] Isso não aconteceu por serem inexperientes ou ingênuos, mas porque sua visão os levou a criar expectativas bastante diferentes e influenciou fortemente o que sentiam quando provavam as taças. Por esse mesmo motivo, se uma bebida artificial de laranja é tingida de vermelho, não conseguimos deixar de sentir o sabor de cereja.[30]

O fato é que odores e sabores são criados inteiramente dentro da cabeça. Pense em uma coisa deliciosa — um brownie úmido, cremoso, quentinho, recém-saído do forno, digamos. Dê uma mordida e saboreie a maciez aveludada, o aroma rico e inebriante de chocolate inundando sua cabeça. Agora, considere o fato de que nenhum desses sabores ou aromas existe de fato. O que efetivamente acontece em sua boca na verdade não passa de textura e química. É o seu cérebro que interpreta essas moléculas sem cheiro e sem sabor e dá vida a elas para seu prazer. Seu brownie é uma partitura. Seu cérebro executa a sinfonia. Como em quase tudo o mais, você experimenta o mundo que seu cérebro lhe permite experimentar.

Sem dúvida há outra coisa notável que fazemos com a boca e a garganta, que são os ruídos imbuídos de significado. A capacidade de criar e compartilhar sons complexos é uma das grandes maravilhas da existência humana e a característica, mais do que qualquer outra, que nos diferencia de todas as demais criaturas.

A fala e seu desenvolvimento "são talvez mais extensamente debatidos do que qualquer outro tópico na evolução humana", nas palavras de Daniel Lieberman.[31] Ninguém sabe sequer aproximadamente quando a fala surgiu no planeta e se é uma conquista limitada ao *Homo sapiens* ou se foi uma habilidade dominada por humanos arcaicos como o Neandertal e o *Homo erectus*. Lieberman, com base em seus cérebros grandes e variedade de ferramentas, acha provável que os neandertais fossem dotados de fala complexa, mas a hipótese não pode ser provada.

O certo é que a capacidade da fala exige um equilíbrio delicado e coordenado entre músculos, ligamentos, ossos e cartilagens minúsculos e o comprimento, a tensão e a posição corretos para expelir microrrajadas de ar modulado na medida exata. A língua, os dentes e os lábios precisam ter a agilidade de apanhar esses sopros guturais e transformá-los em fonemas nuançados. E tudo deve ser feito sem comprometer nossa capacidade de engolir ou respirar. Uma operação extremamente complexa, para dizer o mínimo. Não é apenas o cérebro grande que nos permite falar, mas um elaborado arranjo anatômico. Ao que tudo indica, os chimpanzés não conseguem falar por não serem capazes de mover sutilmente a língua e os lábios de modo a formar sons complexos.

Tudo isso pode ter acontecido de maneira fortuita no decorrer de uma modificação evolucionária na estrutura do nosso tronco feita para acomodar a nova postura quando assumimos o bipedalismo, ou pode ser que algumas dessas características tenham sido selecionadas mediante a sabedoria lenta e incremental da evolução, mas o principal é que terminamos com cérebros grandes o bastante para lidar com pensamentos complexos e com aparelhos vocais unicamente aptos a articulá-los.

A laringe é essencialmente uma caixa irregular com lados de três a quatro centímetros. Dentro e em torno dela há nove cartilagens, seis músculos e uma série de ligamentos, incluindo dois comumente conhecidos como cordas vocais, porém chamados mais apropriadamente de pregas vocais.*[32] Quando o ar é forçado por elas, as pregas vocais estalam e drapejam (como uma bandeira tremulando sob uma brisa firme, já foi dito), produzindo uma variedade de sons que são refinados pela língua, pelos dentes e pelos lábios trabalhando em conjunto para criar as exalações maravilhosas, ressonantes, informativas conhecidas como fala. As três fases do processo são respiração, fonação e articulação. A respiração é simplesmente o ar expelido passando pelos ligamentos

---

* Falando muito estritamente, as pregas vocais consistem dos dois ligamentos vocais e dos músculos e membranas associados a eles.

vocais; a fonação é o ato de transformar esse ar em som; e a articulação é o refinamento do som em fala. Para ver o grande prodígio que é a fala humana, basta cantarolar alguma coisa — "Frère Jacques" serve perfeitamente — e observar como a voz humana é naturalmente melódica. O fato é que, além de eclusa e túnel de vento, sua garganta é um instrumento musical.

Quando consideramos a complexidade de tudo, não surpreende muito que alguns tenham dificuldade na coordenação. A gagueira é uma das aflições comuns mais cruéis e mal compreendidas que existem. Ela afeta 1% de adultos e 4% de crianças. Por motivos ignorados, 80% dos gagos são homens. É mais comum entre canhotos do que destros, particularmente quando obrigados a escrever com a mão direita. Inúmeras figuras ilustres foram vítimas de gagueira, entre elas Aristóteles, Virgílio, Charles Darwin, Lewis Carroll, Winston Churchill (na juventude), Henry James, John Updike, Marilyn Monroe e o rei George VI, retratado magnificamente por Colin Firth no filme *O discurso do rei*, de 2010.

Ninguém sabe o que provoca a gagueira ou por que os gagos tropeçam em letras ou palavras diferentes em diferentes posições numa sentença. Em muitos casos, a gagueira cessa milagrosamente ao cantarolar, falar numa língua estrangeira ou falar sozinho. A maioria se recupera do problema durante a adolescência (por isso a proporção de crianças gagas é bem mais elevada do que a de adultos gagos). Mulheres parecem se recuperar com mais facilidade do que homens.

Não existe cura confiável para o problema. Johann Dieffenbach, um dos cirurgiões mais eminentes da Alemanha no século XIX, achava que a gagueira era uma queixa inteiramente ligada à musculatura e acreditava que podia curá-la cortando alguns músculos da língua dos pacientes.[33] Embora o procedimento tenha sido absolutamente ineficaz, foi durante um tempo amplamente repetido por toda a Europa e os Estados Unidos. Muitos pacientes morreram; todos passaram por um sofrimento terrível. Hoje, felizmente, a maioria obtém significativa ajuda com terapia da fala e uma abordagem paciente e compassiva.

Antes de deixarmos a garganta para avançar pelo corpo adentro, consideremos por um momento o estranho apêndice carnudo que fica de sentinela no limiar das trevas e com o qual iniciamos esse passeio pela maior abertura do corpo. Refiro-me à úvula, com sua permanente aura de mistério. (O nome aliás vem do latim "pequena uva", embora não se pareça muito com uma.) Por longo tempo, ninguém soube para que servia. Ainda não temos certeza, mas parece ser uma espécie de defesa da boca, como os protetores contra lama pendurados atrás dos pneus de caminhão. Ela dirige o alimento para a garganta e o afasta da passagem nasal (quando você tosse na hora em que come, por exemplo). Também ajuda na produção de saliva, algo que é sempre útil, e parece contribuir para o reflexo do engasgo. Também pode desempenhar um papel na fala, embora essa conclusão não seja baseada em muita coisa além do fato de sermos os únicos mamíferos dotados de úvula e falantes. Sabemos que pessoas que tiveram a úvula removida perdem algum controle dos sons guturais e às vezes se queixam de sentir que não cantam tão melodicamente quanto antes. A trepidação da úvula no sono parece ser um componente significativo do ronco e com frequência é o motivo para a excisão, mas a remoção da úvula é um evento muito raro. Para a esmagadora maioria, a úvula passa a vida toda sem nunca chamar a atenção.

A úvula, em suma, é uma coisinha curiosa. Considerando sua posição bem no centro do nosso maior orifício, no ponto sem retorno, parece ser estranhamente irrelevante. Não deixa de ser um duplo consolo saber que dificilmente você perderá sua úvula, mas, caso venha a ocorrer, não fará grande diferença.

7. O coração e o sangue

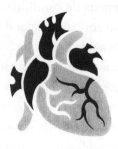

Parou.[1]
Última palavra dita pelo cirurgião e anatomista
britânico Joseph Henry Green (1791-1863)
quando media o próprio pulso.

I

Nenhum órgão é tão mal compreendido quanto o coração. Para começar, ele não se parece nem um pouco com o tradicional símbolo ligado ao Dia dos Namorados, às iniciais de casais entalhadas em troncos de árvores e coisas assim. (O símbolo surge pela primeira vez, como que saído do nada, em pinturas do norte da Itália no início do século XIV, mas ninguém sabe em que foi inspirado.)[2] Também não é no coração que colocamos a mão em momentos patrióticos; ele fica mais para o centro do peito. O mais curioso de tudo talvez seja fazermos dele a sede emocional do nosso ser, como quando afirmamos amar alguém de todo o coração ou dizemos que a pessoa partiu nosso coração por nos abandonar. Não me entenda mal. O coração é um órgão maravilhoso e merece todo o nosso aplauso e gratidão, mas não tem nenhum envolvimento em nosso bem-estar emocional.

O que é ótimo. O coração não tem tempo para distrações. É a coisa mais obstinada dentro de você. Ele tem um único trabalho a fazer e o faz sumamente bem: bater. Um pouco acima de uma vez por segundo, cerca de 100 mil vezes por dia, 3,5 bilhões de vezes durante uma vida, ele bate ritmadamente para impelir o sangue por seu corpo. E não estamos falando de movimentos suaves — são descargas poderosas o bastante para fazer o sangue jorrar por três metros se a aorta for cortada.

Com um ritmo de trabalho tão implacável, parece um milagre a maioria dos corações durar o quanto duram. Por hora, seu coração faz circular cerca de 260 litros de sangue.[3] São 6240 litros por dia — mais litros bombeados em um dia do que os litros de gasolina que você provavelmente vai pôr de gasolina no carro em um ano. O coração precisa bombear com força suficiente não apenas para mandar o sangue para suas extremidades mais distantes, mas para ajudar a trazer todo ele de volta. Se você está de pé, seu coração fica a mais ou menos 1,20 metro dos seus pés, então há um bocado de gravidade para superar na jornada de volta. Imagine apertar uma bomba de borracha do tamanho de um punho fechado com força suficiente para fazer um fluido subir por um tubo. Agora faça isso mais ou menos uma vez por segundo, 24 horas por dia, sem cessar, por décadas, e veja se não cansa. Já foi calculado (sabe-se lá como, é bom que se diga) que ao longo da vida o coração realiza quantidade de trabalho suficiente para erguer um objeto de uma tonelada por quase 250 quilômetros no ar.[4] É um instrumento verdadeiramente notável. Só que não está nem aí para sua vida amorosa.

Por tudo que faz, o coração é uma coisa surpreendentemente modesta. Pesa menos de quatrocentos gramas e se divide em quatro câmaras simples: dois átrios e dois ventrículos. O sangue chega pelos átrios e sai pelos ventrículos. Na verdade, o coração não é uma bomba, mas duas: uma manda o sangue para os pulmões e a outra se encarrega do resto do corpo. A produção de ambas deve estar equilibrada, o tempo todo, para que tudo funcione corretamente. Do total de sangue bombeado pelo coração, o cérebro fica com 15%, mas na verdade a maior parte, 20%, vai para os rins.[5] A jornada dele por seu corpo leva cerca de cinquenta segundos para se completar. Curiosamente, ao passar pelas câmaras, o sangue não faz nada pelo coração em si. O oxigênio que o alimenta vem pelas artérias coronárias, exatamente do mesmo modo como chega aos demais órgãos.

As duas fases do batimento cardíaco são conhecidas como sístole (quando o coração se contrai e impulsiona o sangue pelo corpo) e diástole (quando ele relaxa e torna a se encher). A diferença entre as duas é sua pressão arterial. Os dois números numa leitura de pressão arterial — digamos, 120/80 (ou "12 por 8") — medem simplesmente a pressão mais elevada e a mais baixa que seus vasos sanguíneos apresentam a cada batimento cardíaco. O primeiro número, o maior, é a pressão sistólica; o segundo, a diastólica. Os números medem especificamente quantos milímetros o mercúrio é empurrado em um tubo calibrado.

Manter todas as partes do corpo constantemente supridas com quantidades suficientes de sangue é um negócio complicado. Sempre que você fica em pé, cerca de setecentos mililitros do seu sangue tentam escoar para baixo, e seu corpo precisa de algum modo superar a ação normal da gravidade.[6] Para isso, suas veias possuem válvulas que impedem o sangue de fluir para trás, enquanto os músculos em suas pernas, ao se contrair, atuam como bombas, ajudando o sangue na parte inferior do corpo a voltar para o coração. Para isso, porém, precisamos levantar e nos movimentar. Por isso é importante que você se mexa regularmente. No geral, o corpo lida muito bem com esses desafios. "Pessoas saudáveis têm uma diferença inferior a 20% entre a pressão arterial no ombro e no tornozelo", afirma Siobhan Loughna, professor de anatomia na Faculdade de Anatomia da Universidade de Nottingham. "É absolutamente incrível como o corpo organiza tudo."

Como você pode deduzir, a pressão arterial não é um número fixo, mas muda de uma parte do corpo para outra e por todo o corpo de um modo geral ao longo do dia. Tende a ter o pico durante o dia, quando estamos (ou deveríamos estar) ativos, e a cair à noite, chegando ao ponto mais baixo de madrugada. Já se sabe há tempos que ataques cardíacos são mais comuns na calada da noite, e alguns especialistas acham que a mudança noturna da pressão arterial pode de algum modo agir como um gatilho.

Grande parte da pesquisa inicial sobre pressão arterial foi feita numa série de experimentos em animais decididamente horripilantes conduzidos pelo reverendo Stephen Hales, um pároco anglicano de Teddington, Middlesex, perto de Londres, no começo do século XVIII.[7] Em um deles, Hales prendeu um cavalo velho e ligou um tubo de quase três metros a sua artéria carótida com uma cânula de metal. Então abriu a artéria e mediu a altura que o sangue atingia no tubo a cada batimento agonizante. O reverendo assassinou inúmeras criaturas em sua busca por compreender a fisiologia e foi amplamente condenado por isso — o poeta Alexander Pope, que morava perto, era particularmente crítico —, mas entre a comunidade científica seus resultados ficaram célebres. Hales desse modo tem a dupla distinção de contribuir para a ciência e lhe dar uma péssima reputação ao mesmo tempo. Mesmo denunciado pelos protetores de animais, ele recebeu da Real Sociedade sua comenda mais elevada, a Medalha Copley, e por cerca de um século sua obra *Haemastaticks* foi a autoridade suprema em pressão arterial nos animais e no homem.

Por longo tempo no século xx, muitas autoridades médicas acreditavam que a pressão alta era um bom sinal, porque indicava um fluxo vigoroso.[8] Hoje, é claro, sabemos que a pressão arterial cronicamente elevada aumenta seriamente o risco de ataque cardíaco ou avc. Uma questão mais difícil é determinar o que exatamente pode ser chamado de pressão alta. Por um longo tempo, a leitura de 140/90 foi de modo geral considerada o ponto de referência para hipertensão, mas em 2017 a Associação Americana do Coração surpreendeu quase todo mundo empurrando o número para baixo, 130/80.[9] Essa pequena redução triplicou a quantidade de homens e duplicou a quantidade de mulheres até 45 anos considerados hipertensos e alçou praticamente todo mundo acima dos 65 à zona de perigo. Quase metade dos americanos adultos — 103 milhões de pessoas — está do lado errado do novo limiar da pressão arterial, muito acima dos 72 milhões anteriores. Pelo menos 50 milhões de americanos, acredita-se, não recebem a atenção médica apropriada para o problema.[10]

Na saúde do coração, a medicina moderna tem conhecido até aqui uma história de sucesso. A taxa de mortalidade por enfermidades cardíacas caiu de quase seiscentas pessoas por 100 mil em 1950 para apenas 168 por 100 mil hoje. Ainda em 2000, era de 257,6 para 100 mil. Mas continua sendo a principal causa de mortalidade. Só nos Estados Unidos, mais de 80 milhões de pessoas sofrem de doenças cardiovasculares, e o custo para o país de tratar o problema já foi calculado em até 300 bilhões de dólares por ano.[11]

O coração falha de muitas maneiras. Pode pular um batimento ou, com mais frequência, ter um batimento extra, por um defeito no impulso elétrico.

Algumas pessoas podem ter até 10 mil dessas palpitações por dia sem saber. Para outros, o coração arrítmico é um incômodo sem fim. Quando o ritmo do coração é lento demais, o problema é chamado de bradicardia; quando é rápido demais, taquicardia.

Um ataque cardíaco e uma parada cardíaca, embora normalmente confundidos pela maioria, são na verdade duas coisas diferentes.[12] Um ataque cardíaco ocorre quando o sangue oxigenado não consegue chegar ao músculo cardíaco devido a um bloqueio na artéria coronária. Ataques cardíacos são com frequência súbitos — por isso são chamados de ataques —, ao passo que outras formas de insuficiência cardíaca muitas vezes (embora nem sempre) são mais graduais. Quando o músculo cardíaco, além de um bloqueio, tem privação de oxigênio, ele começa a morrer, em geral dentro de sessenta minutos. Qualquer músculo cardíaco assim comprometido está perdido para sempre, o que é um pouco humilhante para nós, quando consideramos que outras criaturas bem mais simples — o peixe-zebra, por exemplo — conseguem repor tecido cardíaco danificado. Por que a evolução nos privou dessa enorme praticidade é mais um dos inúmeros imponderáveis do corpo.

A parada cardíaca ocorre quando o coração cessa completamente de bombear, em geral devido a uma falha nos impulsos elétricos. Quando o coração para, o cérebro fica privado de oxigênio e perdemos os sentidos rapidamente, com a morte sobrevindo logo a menos que algum socorro chegue a tempo. O ataque cardíaco muitas vezes leva à parada cardíaca, mas podemos sofrer parada cardíaca sem ter um ataque cardíaco. A distinção entre uma e outro é medicamente importante, porque exige tratamentos diferentes, embora para a vítima talvez seja um tanto quanto irrelevante.

Qualquer insuficiência cardíaca pode ser cruelmente sorrateira. Para cerca de um quarto das vítimas, a primeira (e, infelizmente, última) vez que ficam sabendo de seu problema no coração é ao sofrer o ataque cardíaco fulminante.[13] Não menos assustador, mais da metade de todos os primeiros ataques cardíacos (fatais ou não) ocorrem em pessoas normais e saudáveis, que não apresentam nenhum risco óbvio. Elas não fumam nem bebem em excesso, não estão seriamente acima do peso, não apresentam pressão arterial cronicamente elevada nem têm problema de colesterol, mas sofrem um ataque cardíaco mesmo assim. Viver uma vida virtuosa não é garantia de escapar dos males do coração; apenas melhora suas chances.

Tudo indica que dois ataques cardíacos nunca são idênticos. Mulheres e homens sofrem ataque cardíaco de maneira diferente. A mulher tem maior probabilidade de sentir dor abdominal e náusea do que o homem, o que aumenta o risco de o problema ser mal diagnosticado.[14] Em parte por esse motivo, mulheres que sofrem ataque cardíaco antes dos 55 anos correm risco de morrer duas vezes maior que sua contrapartida masculina. Mulheres têm mais ataques cardíacos do que se costuma supor. Só no Reino Unido, 28 mil mulheres sofrem ataque cardíaco fatal anualmente; cerca do dobro disso morre de cardiopatias, bem como de câncer de mama.

Algumas pessoas prestes a sofrer uma insuficiência cardíaca catastrófica têm uma súbita e aterrorizante premonição da morte. A circunstância foi observada comumente o bastante para receber um nome médico — *angor animi*, significando "a angústia da alma". Para umas poucas vítimas afortunadas (na medida que a boa sorte pode ser associada a um evento fatal), a morte ocorre tão rápido que parecem não sentir dor. Meu pai foi dormir certa noite em 1986 e nunca mais acordou. Até onde se pôde dizer, morreu sem sentir dor, sem sofrer e até sem saber que morria. Por motivos desconhecidos, o povo hmong do Sudeste Asiático é particularmente suscetível a uma enfermidade conhecida como síndrome da morte noturna súbita e inesperada.[15] O coração da vítima simplesmente para de bater durante o sono. As autópsias quase sempre mostram um órgão de aspecto normal e saudável. Cardiomiopatia hipertrófica é uma enfermidade que leva à morte súbita de atletas dentro de campo.[16] Ela se origina do espessamento antinatural (e quase sempre não diagnosticado) de um dos ventrículos e causa 11 mil mortes súbitas e inesperadas por ano entre pessoas com menos de 45 anos nos Estados Unidos.

O coração tem mais males nomeados do que praticamente qualquer outro órgão, e cada um deles é preocupante. Se você passar a vida sem ser apresentado à angina de Prinzmetal, à doença de Kawasaki, à anomalia de Ebstein, à síndrome de Eisenmenger, à cardiomiopatia de Takotsubo ou a tantas e tantas outras condições clínicas, pode se considerar realmente sortudo.

As cardiopatias são uma queixa tão comum hoje em dia que é um pouco surpreendente descobrir que se trata de um problema sobretudo moderno. Até a década de 1940, o principal objetivo da saúde pública era vencer doenças infecciosas como difteria, febre tifoide e tuberculose. Só depois que muitas delas foram tiradas do caminho ficou evidente que tínhamos outra epidemia crescente em nossas mãos, na forma das doenças cardiovasculares. O evento catalisador da atenção pública parece ter sido a morte de Franklin Delano Roosevelt.[17] No início de 1945, sua pressão arterial saltou para 300/190 e ficou claro que não era sinal de vigor, muito pelo contrário. Quando morreu, pouco depois, aos 63 anos, o mundo pareceu perceber de repente que as enfermidades cardíacas haviam se tornado um problema grave e disseminado, e que era hora de tentar fazer algo a respeito.

O resultado foi o célebre Estudo do Coração de Framingham, realizado na pequena cidade de mesmo nome, no Massachusetts. Começando no outono de 1948, o Estudo de Framingham recrutou 5 mil adultos locais e os acompanhou cuidadosamente pelo resto da vida.[18] Embora criticado por ser quase inteiramente composto de pessoas brancas (falha corrigida depois), ao menos o experimento incluía mulheres, o que foi uma visão atipicamente avançada para a época, particularmente porque não se acreditava que a mulher sofresse em grau elevado de problemas coronários. A ideia desde o começo foi determinar os fatores que levam algumas pessoas a ter problemas do coração e outras a escapar deles. Graças ao Estudo de Framingham, a maioria dos principais riscos de cardiopatias foi identificada e confirmada: diabetes, tabagismo, obesidade, dieta pobre, apatia crônica e assim por diante. De fato, diz-se que o termo "fator de risco" foi cunhado em Framingham.

O século XX poderia com alguma justificativa ser chamado de Século do Coração, pois nenhuma outra área da medicina conheceu progresso mais rápido e revolucionário. No intervalo de uma geração, passamos de mal saber como chegar a um coração palpitante à realização de cirurgias rotineiras. Como com qualquer procedimento médico complexo e arriscado, levou anos de trabalho paciente feito por inúmeras pessoas para aperfeiçoar as técnicas e conceber os aparelhos que tornaram isso tudo possível. O ousado risco pessoal às vezes assumido por alguns pesquisadores é deveras extraordinário. Considere o caso de Werner Forssmann. Em 1929, Forssmann era um jovem médico recém-formado, trabalhando em um hospital perto de Berlim, quando ficou curioso em descobrir como obter acesso direto ao coração por meio de um cateter. Sem fazer a menor ideia das consequências, enfiou o cateter numa artéria em seu braço e cautelosamente o empurrou, subindo pelo ombro e chegando ao peito, até alcançar o coração, que, como ele descobriu com satisfação, não parou quando foi invadido por um objeto estranho.[19] Então, percebendo que precisava de uma prova do que fizera, Forssmann levantou e caminhou até o departamento de radiologia do hospital, em outro andar do prédio, e tirou um raio X, para registrar a imagem escura e espantosa do cateter in situ no coração. O procedimento de Forssmann acabaria por revolucionar a cirurgia cardíaca, mas praticamente não chamou a atenção na época, em boa parte porque ele a divulgou em um periódico de pouca importância.

Forssmann seria uma figura mais simpática se não fosse um antigo e ardoroso defensor do Partido Nazista e da Liga de Médicos Alemães Nacional-Socialistas, que estava por trás do expurgo dos judeus e da aspiração de pureza racial alemã. Não fica inteiramente claro em que tipo de atrocidades incorreu pessoalmente durante o Holocausto, mas podemos afirmar com certeza que se comportou de uma forma abjeta. Após a guerra, em parte para fugir da desforra aliada, Forssmann trabalhou na obscuridade como médico familiar em uma cidadezinha na Floresta Negra. Teria passado completamente despercebido do mundo, não fosse o fato de dois acadêmicos da Universidade Columbia em Nova York, Dickinson Richards e André Cournand, cujo trabalho dependia diretamente da descoberta original de Forssmann, acharem seu paradeiro e divulgarem sua contribuição para a cardiologia. Em 1956, os três receberam o prêmio Nobel de fisiologia ou medicina.

Caráter bem mais nobre do que o de Forssmann, e não menos estoico em sua capacidade de sofrer desconforto em um experimento, foi o dr. John H. Gibbon, da Universidade da Pensilvânia. No início da década de 1930, Gibbon iniciou uma busca longa e paciente por construir uma máquina que pudesse oxigenar o sangue artificialmente e possibilitar a cirurgia de coração aberto.[20] Testando a capacidade de dilatação e contração dos vasos sanguíneos mais profundos do corpo, Gibbon inseria um termômetro no reto, enfiava um tubo de alimentação pela garganta e despejava água gelada, para determinar o efeito sobre sua temperatura corporal interna. Após vinte anos de refinamentos, e inúmeras ingestões heroicas de água gelada, em 1953 Gibbon mostrou a primeira máquina de coração-pulmão no Hospital Universitário Jefferson, na Filadélfia, e consertou o buraco no coração de uma jovem de dezoito anos que de outro modo teria morrido. Graças a seus esforços, ela viveu por mais trinta anos.

Infelizmente, os quatro pacientes seguintes morreram, e Gibbon desistiu do aparelho. Então coube a um cirurgião de Minneapolis, Walton Lillehei, aprimorar tanto a tecnologia como as técnicas cirúrgicas. Lillehei introduziu um aperfeiçoamento conhecido como circulação cruzada controlada, em que o paciente era ligado a um doador temporário (em geral um membro próximo da família) cujo sangue circulava por suas veias durante a cirurgia. A técnica funcionou tão bem que Lillehei ficou amplamente conhecido como o pai da cirurgia de coração aberto e gozou de grande renome e sucesso financeiro. Infelizmente, sua vida privada se mostrou menos respeitável. Em 1973, foi condenado por cinco acusações de evasão fiscal e uma boa dose de contabilidade para lá de imaginativa. Entre muitas outras coisas, havia a declaração de cem dólares pagos a uma prostituta, pelos quais esperava obter restituição como doação à caridade.

Embora a cirurgia com o coração aberto permitisse aos cirurgiões corrigir muitos defeitos antes inacessíveis, ela não podia resolver o problema de um coração que não batia direito. Para isso, foi necessário o aparelho hoje conhecido como marca-passo. Em 1958, um engenheiro sueco chamado Rune Elmqvist, trabalhando em colaboração com o cirurgião Åke Senning, do Instituto Karolinska, em Estocolmo, construiu um par de marca-passos cardíacos experimentais em sua mesa de cozinha.[21] O primeiro foi inserido no peito de Arne Larsson, paciente de 43 anos (também engenheiro) que estava muito perto de morrer de arritmia cardíaca como resultado de uma infecção viral. O dispositivo falhou após apenas algumas horas. O reserva foi inserido e durou três anos, embora quebrasse com frequência e a bateria tivesse de ser recarregada de tantas em tantas horas. À medida que a tecnologia melhorou, Larsson foi rotineiramente provido de novos marca-passos e viveu mais 43 anos. Quando morreu, em 2002, com a idade de 86 anos, estava em seu 26º marca-passo e vivera mais que seu cirurgião, Senning, e seu colega engenheiro, Elmqvist. O primeiro marca-passo era mais ou menos do tamanho de um maço de cigarros. Hoje, é do tamanho de uma moeda de uma libra e dura dez anos.

A ponte de safena, que consiste em extrair um pedaço de veia saudável da perna e transplantá-la para direcionar o fluxo sanguíneo em torno de uma artéria coronária doente, foi concebida em 1967 por René Favaloro, na Clínica Cleveland, em Ohio. A história de Favaloro foi tão inspiradora quanto trágica. Ele saiu de uma infância pobre na Argentina para se tornar o primeiro membro da família a obter diploma de curso superior. Depois de se formar em medicina, passou doze anos trabalhando com a população carente e em seguida foi para os Estados Unidos na década de 1960 para se aperfeiçoar. Na Clínica Cleveland era pouco mais que um residente, no começo, mas rapidamente revelou suas capacidades na cirurgia do coração e, em 1967, inventou a ponte de safena. Era um procedimento comparativamente simples mas engenhoso e funcionou de forma brilhante. O primeiro paciente de Favaloro, um homem doente demais para subir uma escada, recuperou-se completamente e viveu mais trinta anos. Favaloro ficou rico e célebre e no crepúsculo da carreira decidiu voltar para a Argentina para construir uma clínica e hospital do coração, onde os médicos podiam ser treinados e os pacientes, receber tratamento gratuito, caso não tivessem condições de pagar. Ele conseguiu, mas com a ruim situação econômica argentina, o hospital mergulhou em dificuldades financeiras. Incapaz de ver uma saída, em 2000 cometeu suicídio.[22]

O grande sonho era transplantar um coração, mas em muitos lugares isso enfrentava um obstáculo aparentemente intransponível: o óbito não podia ser declarado enquanto ele não parasse de bater por um dado período, o que praticamente acabava com as chances de se obter um coração aproveitável para transplante. Remover um coração batendo, por mais que a pessoa pudesse estar irremediavelmente comprometida em todos os demais aspectos, podia resultar num processo por homicídio.[23] Mas pela lei da África do Sul não havia esse risco. Em 1967, exatamente na época que René Favaloro aprimorava sua cirurgia da ponte de safena em Cleveland, Christiaan Barnard, um cirurgião da Cidade do Cabo, ganhou muito mais atenção mundial transplantando o coração de uma jovem vítima de um acidente de carro fatal para o peito de um homem de 54 anos chamado Louis Washkansky. Isso foi saudado como um feito médico revolucionário, embora na verdade Washkansky tenha morrido apenas dezoito dias depois. Barnard teve mais sorte com seu segundo transplante, um dentista aposentado chamado Philip Blaiberg, que sobreviveu por dezenove meses.*

---

* O transplante realizado por Barnard foi o primeiro de humano para humano. O primeiro transplante de coração envolvendo um humano ocorreu em janeiro de 1964, quando um certo dr. James D. Hardy, em Jackson, Mississippi, transplantou o coração de um chimpanzé em um homem chamado Boyd Rush. O paciente morreu uma hora depois.

Depois de Barnard, outros países passaram a usar a morte cerebral como medida alternativa para ausência de vida irreversível e em pouco tempo os transplantes de coração eram tentados por toda parte, embora quase sempre com resultados desencorajadores. O principal problema era não haver uma droga imunodepressora totalmente confiável para lidar com a rejeição. Uma substância chamada azatioprina funcionava às vezes, mas não era inteiramente confiável. Então, em 1969, um empregado da companhia farmacêutica suíça Sandoz chamado H. P. Frey coletou amostras de solo para testar no laboratório da empresa quando passava férias na Noruega. A Sandoz pedira aos funcionários que fizessem isso quando viajassem, na esperança de encontrarem potenciais novos antibióticos. A amostra de Frey continha um fungo, *Tolypocladium inflatum*, que não apresentava propriedades antibióticas úteis, mas se mostrou excelente em suprimir as reações imunes — exatamente o tipo de coisa necessário para possibilitar um transplante de órgão.[24] A Sandoz converteu o saquinho de terra de *Herr* Frey, e uma amostra similar encontrada subsequentemente em Wisconsin, em um lucrativo remédio chamado ciclosporina. Graças a esse novo medicamento e a algumas melhorias técnicas relacionadas, no início da década de 1980 as cirurgias de transplante de coração atingiam taxas de sucesso de 80%, uma conquista extraordinária para uma década e meia.[25] Hoje, de 4 mil a 5 mil transplantes de coração são realizados anualmente no mundo todo, com um tempo de sobrevivência médio de quinze anos.[26] O paciente de transplante que sobreviveu por mais tempo até hoje foi o britânico John McCafferty, que viveu por 33 anos com um coração transplantado, até morrer em 2016 aos 73 anos.

Por sinal, a morte cerebral acabou não se revelando tão inequívoca quanto originalmente se pensara. Algumas partes periféricas do cérebro, hoje sabemos, podem continuar com vida após todo o resto ter silenciado. Quando escrevia este livro, essa era a questão central de um longo processo judicial envolvendo uma jovem americana cuja morte cerebral foi declarada em 2013, mas que continuava a menstruar, processo que exige o funcionamento do hipotálamo — uma parte crucial do cérebro. Os pais da moça afirmaram que uma pessoa com parte do cérebro funcionando não pode ter a morte cerebral satisfatoriamente decretada.[27]

Quanto a Christiaan Barnard, o homem que começou tudo, o sucesso lhe subiu à cabeça. Ele viajou pelo mundo, namorou estrelas de cinema (particularmente Sophia Loren e Gina Lollobrigida) e se tornou, nas palavras de alguém que o conhecia bem, "um dos maiores mulherengos do mundo". Para degradar ainda mais sua imagem, fez fortuna defendendo os benefícios rejuvenescedores de uma linha de cosméticos que sabia ser pura tapeação. Morreu em 2001, aos 78 anos, de ataque cardíaco, passando férias em Chipre. Sua reputação nunca mais voltou a ser a mesma.

Por incrível que pareça, mesmo com todos os aperfeiçoamentos médicos, hoje temos 70% mais probabilidade de morrer do coração do que em 1900. Isso acontece em parte porque outras coisas costumavam matar as pessoas antes e em parte porque há cem anos elas não passavam cinco ou seis horas ao final do dia na frente da TV com a colher na mão e um pote de sorvete no colo. As enfermidades coronárias são de longe as principais assassinas do mundo ocidental. Como escreveu o imunologista Michael Kinch, "as doenças do coração matam a mesma quantidade de americanos todo ano que o câncer, a gripe, a pneumonia e os acidentes combinados. Um em cada três americanos morre do coração, e mais de 1,5 milhão sofre um ataque cardíaco ou AVC anualmente".[28]

Hoje em dia, o problema provavelmente é tanto o não tratamento quanto o tratamento desnecessário, segundo algumas autoridades no assunto. Angioplastias com balão para tratar angina (ou dores no peito) parecem vir ao caso. Na angioplastia, um balão é inflado dentro de um vaso coronário contraído para alargá-lo, e um stent,* uma prótese tubular, é deixado ali para manter o vaso permanentemente aberto. A operação inquestionavelmente salva vidas em emergências, mas também se revelou imensamente popular como

---

* O termo "stent" tem uma história curiosa. O nome vem de Charles Thomas Stent, dentista londrino do século XIX sem nenhuma relação com cirurgias do coração. Stent inventou um composto usado para fazer moldes dentários, que os cirurgiões dentistas acabaram achando útil para consertar a boca de soldados feridos na Guerra dos Bôeres. Com o tempo, o termo passou a ser usado para qualquer tipo de dispositivo utilizado para manter o tecido no lugar durante uma cirurgia corretiva e, na ausência de termo melhor, pouco a pouco se tornou a palavra empregada para um suporte arterial de cirurgia cardíaca. O recorde de stents instalados aliás parece pertencer a uma mulher de 56 anos em Nova York que, pela última informação, tivera 67 stents inseridos para angina por um período de dez anos, segundo o *Proceedings of the Baylor University Medical Center*.

procedimento eletivo. Em 2000, 1 milhão de angioplastias preventivas eram realizadas nos Estados Unidos anualmente, mas sem nenhuma prova de que salvassem vidas.[29] Quando testes clínicos foram enfim realizados, os resultados deram o que pensar. Segundo o *New England Journal of Medicine*, para cada mil angioplastias não emergenciais nos Estados Unidos, dois pacientes morriam na mesa de operações, 28 sofriam ataque cardíaco ocasionado pelo procedimento, de sessenta a noventa conheciam melhora "transitória" e o resto — cerca de oitocentos — não manifestava melhora nem piora (a menos é claro que contabilizemos os custos, a perda de tempo e a ansiedade com a cirurgia como prejuízo, e nesse caso saíram perdendo).

Apesar disso, a angioplastia continua extremamente popular. Em 2013, o ex-presidente George W. Bush submeteu-se a uma angioplastia com a idade de 67 anos, mesmo estando em boa forma e sem sinais de problemas cardíacos. Os cirurgiões em geral não criticam publicamente os colegas, mas o dr. Steve Nissen, chefe de cardiologia na Clínica Cleveland, foi bem duro. "Isso é o que a medicina americana tem de pior", afirmou.[30] "É um dos motivos para gastarmos tanto com medicina e obtermos tão pouco em troca."

II

A quantidade de sangue que há em você depende, como você deve imaginar, do seu tamanho. Um bebê recém-nascido contém apenas cerca de 240 mililitros, enquanto um homem adulto, 4,3 litros em média.[31] Uma coisa é certa: você está repleto dele. Espete sua pele em qualquer lugar e sairá sangue. Dentro de sua modesta carcaça, há cerca de 40 mil quilômetros de vasos sanguíneos (a maioria na forma de minúsculos capilares), de modo que nenhuma parte sua jamais deixe de ser renovada pela hemoglobina, a molécula que transporta oxigênio por seu corpo.[32]

Todo mundo sabe que o sangue carrega oxigênio para as células — é um dos poucos fatos sobre o corpo humano que todo mundo parece saber —, mas ele também faz muito mais. Transporta hormônios e outras substâncias químicas vitais, remove resíduos, encontra e mata patógenos, assegura que o oxigênio seja direcionado às partes do corpo onde é mais necessário, sinaliza nossas emoções (como quando coramos de vergonha ou ficamos vermelhos de raiva), ajuda a regular a temperatura corporal e até possibilita a complicada hidráulica da ereção masculina. É, em resumo, um líquido complexo. Segundo uma estimativa, uma única gota de sangue pode conter 4 mil tipos diferentes de molécula.[33] É por isso que os médicos adoram pedir exame de sangue: ele vem positivamente repleto de informação.

Quando pomos o tubo de ensaio para centrifugar, o sangue se separa em quatro camadas: glóbulos vermelhos, glóbulos brancos, plaquetas e plasma. O plasma é o mais abundante, compondo um pouco mais da metade do volume sanguíneo. É 90% água com alguns sais, gorduras e outras substâncias químicas em suspensão. Mas isso não quer dizer que o plasma não tem importância. Muito pelo contrário. Anticorpos, fatores coagulantes e outros componentes podem ser separados e usados de forma concentrada para tratar doenças autoimunes ou hemofilia — e isso é um tremendo negócio. Nos Estados Unidos, a venda de plasma representa 1,6% das exportações totais de produtos, mais do que o país lucra com a venda de aviões.[34]

Glóbulos vermelhos (conhecidos como hemácias ou eritrócitos) são o componente abundante seguinte, compreendendo cerca de 44% do volume total do sangue. Os glóbulos vermelhos são engenhosamente projetados para fazer um único trabalho: levar oxigênio. São muito pequenos, mas superabundantes. Uma colher de chá de sangue humano contém cerca de 25 bilhões deles — e cada glóbulo vermelho contém cerca de 250 mil moléculas de hemoglobina, a proteína na qual o oxigênio se prende deliberadamente. Os glóbulos vermelhos têm formato bicôncavo — ou seja, em disco, mas afundado no meio, dos dois lados —, o que lhes proporciona a maior área de superfície possível. Para alcançarem máxima eficiência, livraram-se de quase todos os componentes de uma célula convencional — DNA, RNA, mitocôndrias, aparelho de Golgi, enzimas de todo tipo. Um glóbulo vermelho completo consiste quase todo de hemoglobina. É essencialmente um contêiner de navio. Um paradoxo notável dos glóbulos vermelhos é que, embora transportem oxigênio para todas as demais células do corpo, não são oxigenados. Para suprirem suas próprias necessidades energéticas, utilizam glicose.

A hemoglobina tem uma peculiaridade estranha e perigosa: prefere imensamente o monóxido de carbono ao oxigênio.[35] Na presença de monóxido de carbono, a hemoglobina se carrega com suas moléculas como o metrô na hora do rush, deixando o oxigênio na plataforma. É por isso que o gás carbônico mata. (Cerca de 430 americanos por ano involuntariamente, e quantidade similar em suicídios.)

Um glóbulo vermelho sobrevive por cerca de quatro meses, média muito boa, considerando a estressada existência de empurra-empurra e corre-corre que levam. Cada um é disparado pelo corpo cerca de 150 mil vezes, viajando bem mais de cem quilômetros antes de ficar gasto demais para prosseguir.[36] Então são coletados por células limpadoras e enviados para o baço, onde são eliminados. Descartamos cerca de 100 bilhões de glóbulos vermelhos diariamente. É em grande parte por isso que as fezes são marrons. (A bilirrubina, um subproduto do mesmo processo, é responsável pelo brilho dourado da urina, bem como pelo tom amarelado dos hematomas, quando começam a sarar.)*

Os glóbulos brancos (ou leucócitos) são vitais para o combate de infecções. Na verdade, tão importantes que vamos tratá-los separadamente no capítulo 12, sobre o sistema imune. Por ora, basta saber que são muito menos numerosos do que seus irmãos vermelhos. Temos setecentas vezes mais glóbulos vermelhos do que brancos. Os glóbulos brancos representam menos de 1% do total.

As plaquetas (ou trombócitos), integrantes finais do quarteto sanguíneo, também respondem por menos de 1% do volume do sangue. As plaquetas foram por longo tempo um mistério para os cientistas. Um anatomista britânico chamado George Gulliver foi o primeiro a vê-las sob o microscópio, em 1841, mas continuaram sem ser nomeadas nem adequadamente compreendidas até 1910, quando James Homer Wright, patologista-chefe do Hospital Geral de Massachusetts, em Boston, inferiu seu papel central na coagulação. A coagulação é um negócio complicado. O sangue deve ficar em alerta permanente para se coagular de uma hora para outra, mas, do mesmo modo, não deve se coagular desnecessariamente. Assim que o sangramento começa, milhões de plaquetas se agregam em torno da ferida, acompanhadas por quantidade similarmente vasta de proteínas, que depositam um material cha-

---

* Se o sangue é vermelho, aliás, por que nossas veias parecem azuis? É simplesmente uma peculiaridade da óptica. Quando a luz atinge a pele, uma proporção mais elevada do espectro do vermelho é absorvida, mas a maior parte da luz azul é refletida de volta, então o que vemos é o azul. A cor não é uma característica inata que se irradia de um objeto, mas, antes, um marcador da luz rebatida nele.

mado fibrina. A fibrina se aglutina com as plaquetas e forma um tampão. Para tentar evitar erros, não menos que doze mecanismos de segurança são construídos no processo. A coagulação não funciona nas artérias principais porque o fluxo do sangue é violento demais; qualquer coágulo seria levado embora, por isso grandes sangramentos precisam ser interrompidos com a pressão de um torniquete. Em sangramentos graves, o corpo faz todo o possível para manter o sangue fluindo para os órgãos vitais e o desvia para longe dos objetivos secundários, como músculos e tecidos superficiais.[37] Por isso, quem perde muito sangue fica com uma palidez cadavérica e frio ao toque. As plaquetas vivem por cerca de uma semana, apenas, assim precisamos ser constantemente reabastecidos. Na última década ou algo assim, os cientistas perceberam que as plaquetas fazem mais do que simplesmente conduzir o processo de coagulação. Elas também desempenham importante papel na reação imune e na regeneração dos tecidos.[38]

Por muito tempo, quase nada se sabia sobre o propósito do sangue além de que era de algum modo crucial para a vida. A teoria prevalecente, remontando à época do venerável mas frequentemente equivocado médico grego Galeno (*c.* 129-*c.* 210), afirmava que o sangue era continuamente fabricado no fígado e usado pelo corpo assim que produzido. Como sem dúvida recordamos dos tempos de escola, o médico inglês William Harvey (1578-1657) percebeu que o sangue não é incessantemente utilizado, mas antes circula em um sistema fechado. Em um trabalho seminal chamado *Exercitatio Anatomica de Motu Cordis et Sanguinis in Animalibus* (*Estudo anatômico do movimento do coração e do sangue em animais*), Harvey delineou em todos os detalhes como o coração e o sistema circulatório funcionam, mais ou menos nos termos que compreendemos hoje. Nos meus tempos de escola, o fato era mencionado sempre como um desses momentos eureca que mudaram o mundo. Na verdade, na época de Harvey, a teoria foi quase universalmente ridicularizada e rejeitada. Quase todos os pares de Harvey o achavam um "desmiolado", nas palavras do diarista John Aubrey.[39] Ele foi abandonado por quase todos os seus pacientes e morreu um homem amargo.

Harvey não compreendia a respiração, assim não podia explicar para que o sangue servia ou por que circulava — duas falhas bem gritantes, como seus críticos rapidamente observaram. Os galenistas além disso acreditavam que o sangue contém dois sistemas arteriais separados — um em que é vermelho brilhante e outro em que é bem mais desbotado. Hoje sabemos que o sangue deixando os pulmões é cheio de oxigênio e portanto escarlate brilhante, enquanto o que retorna foi esvaziado de oxigênio e assim parece mais opaco. Harvey não sabia explicar como a circulação sanguínea em um sistema fechado podia ter duas cores, o que se tornou mais um motivo para o desprezo de suas teorias.[40]

O segredo da respiração foi deduzido, não muito após a morte de Harvey, por outro inglês, Richard Lower, que percebeu que o sangue perdia a cor viva quando voltava ao coração devido à liberação do oxigênio, ou "espírito nitroso", como o chamou. (O oxigênio só seria descoberto no século seguinte.) Era por isso, raciocinou Lower, que o sangue circulava — para recolher e descartar continuamente o óxido nitroso, o que foi um tremendo insight, pelo qual mereceria ter conquistado a fama. Mas na verdade Lower hoje é mais lembrado por outro feito. Na década de 1660, estava entre os diversos cientistas eminentes interessados na possibilidade de salvar vidas por meio da transfusão de sangue e envolveu-se numa série de experimentos com frequência repulsivos. Em novembro de 1667, perante um público de "pessoas ilustres e inteligentes", na Real Sociedade, em Londres, e sem ter a menor ideia das possíveis consequências, Lower realizou a transfusão de cerca de um quarto de litro do sangue de uma ovelha viva para o braço de um solícito voluntário chamado Arthur Coga.[41] Então Lower, Coga e os distintos cavalheiros aguardaram ansiosamente por vários minutos à espera do resultado. Por sorte, nada aconteceu. Um dos presentes relatou que Coga em seguida continuou "bem e feliz, e tomou uma ou duas taças de vinho, e deu umas cachimbadas no tabaco".

Duas semanas depois, o experimento foi repetido, mais uma vez sem efeitos prejudiciais, o que é de fato surpreendente. Normalmente, quando substâncias estranhas são introduzidas em grande volume na corrente sanguínea, a vítima entra em choque, então como Coga se furtou à miserável experiência permanece um enigma. Infelizmente, os resultados encorajaram outros cientistas na Europa a conduzir os próprios experimentos de transfusão e estes assumiram uma feição cada vez mais inventiva, para não dizer surreal. Foram feitas transfusões de leite, vinho, cerveja e até mercúrio, além

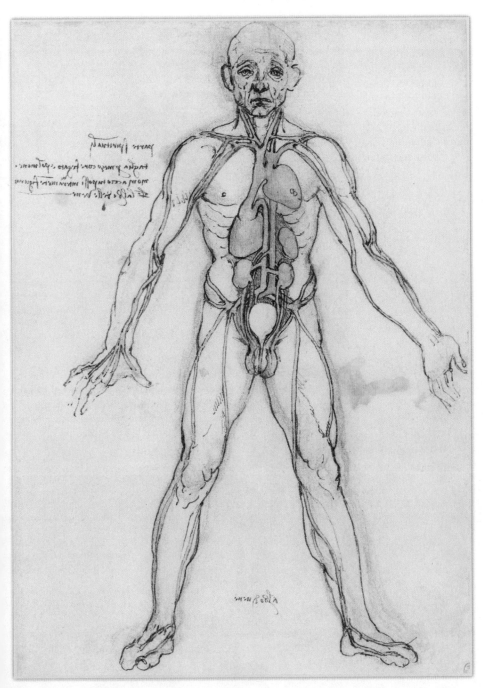

Ilustração do corpo humano feita por Leonardo da Vinci mostrando a circulação do sangue, c. 1490. Levou um tempo surpreendentemente longo para que a ciência médica desenvolvesse um interesse ativo pelo que havia dentro de nós e como era seu funcionamento. Leonardo foi um dos primeiros a dissecar o corpo humano, mas até mesmo ele o achava repulsivo.

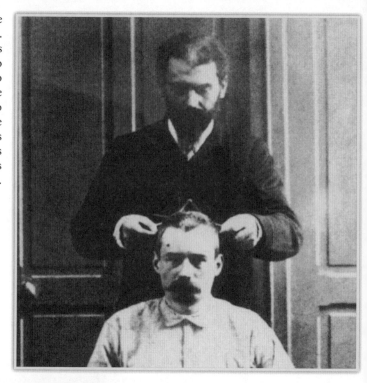

Foto de Alphonse Bertillon, 1893. O policial francês Bertillon inventou o sistema de identificação posteriormente conhecido como *bertillonage*, que registrava as medidas de partes do corpo e as marcas individuais das pessoas detidas.

Alexander Fleming, fotografado em 1945, ano em que ele, Ernst Chain e Howard Florey dividiram o prêmio Nobel de fisiologia ou medicina. Na época, o biólogo e médico escocês ficou famoso como pai da penicilina.

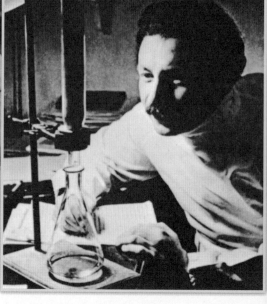

Ernst Chain, bioquímico alemão radicado em Oxford, retratado aqui em 1944. A despeito de seu medo patológico de contaminação no laboratório, ele descobriria que a penicilina, além de matar os patógenos em ratos, não apresentava efeitos colaterais evidentes.

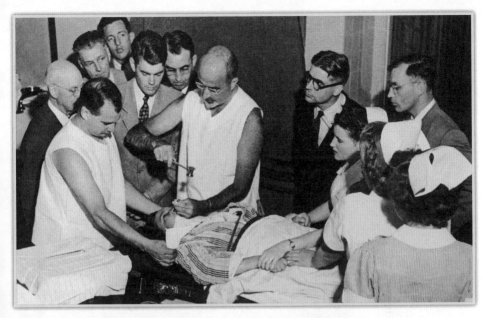

Walter Freeman, numa das milhares de lobotomias que realizou em pacientes por toda a América em meados do século XX. Ele usava um picador de gelo para chegar ao cérebro pela cavidade ocular. E nada de máscara, avental e luvas, vale observar.

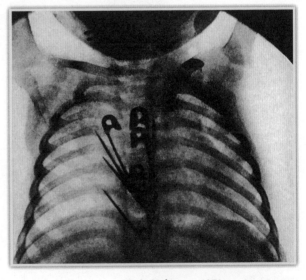

Ilustração de Cesare Lombroso, 1888. Importante e influente fisiologista e criminologista italiano do século XIX, ele desenvolveu a teoria de que a criminalidade era herdada e que os instintos criminosos podiam ser identificados em características como inclinação da fronte ou formato do lóbulo.

Raio X do caso 1071, em que quatro alfinetes grandes de fralda ficaram entalados no esôfago de uma bebê de nove meses. Chevalier Quixote Jackson descreveu a cirurgia como a mais difícil em sua longa carreira removendo objetos engolidos. A imagem serve de lembrete para nunca deixarmos objetos perigosos ao alcance de crianças — embora, neste caso, a culpada tenha sido a irmã.

Werner Forssmann, quando ainda era um jovem médico, por curiosidade e sem fazer ideia das consequências, enfiou um cateter numa artéria do braço para tentar chegar ao coração. Esta foto, 27 anos depois, em 1956, é de quando ganhou o prêmio Nobel por sua pesquisa revolucionária.

Ilustração de 1727 do reverendo Stephen Hales supervisionando a inserção de um tubo na artéria carótida de um desafortunado cavalo, para medir sua pressão arterial.

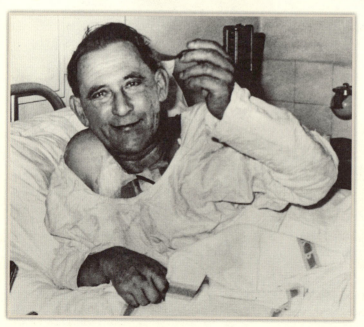

Louis Washkansky, paciente do primeiro transplante de coração do mundo em um hospital da Cidade do Cabo, em 1967, logo após o procedimento. Embora a cirurgia tenha sido saudada como um grande avanço, ele morreu dezoito dias depois.

William Harvey demonstrando para Carlos I como o sangue circula e o coração funciona. Suas teorias eram bastante alinhadas com nosso entendimento atual, mas na época foram ridicularizadas.

A pesquisa de Karl Landsteiner em Viena no começo do século XX marca o início da compreensão moderna do sangue; Landsteiner dividiu o sangue em diferentes grupos, que rotulou de A, B e O.

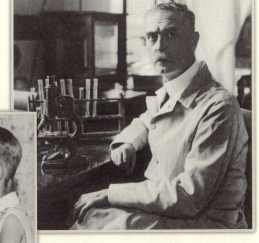

George Edward Bamberger e Charles Evan Watkins em seu aniversário de cinco anos. As crianças nasceram no mesmo hospital de Chicago, em 1930, e por uma falha acabaram trocadas; a confusão só foi resolvida depois que exames de sangue, na época o máximo da sofisticação técnica, revelaram os pais verdadeiros de cada bebê.

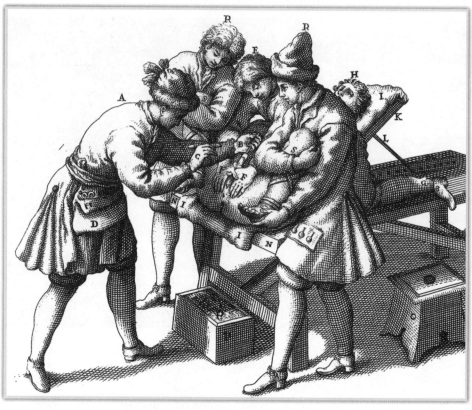

Ilustração de 1707 de uma litotomia, procedimento utilizado por séculos para remover cálculos biliares.

Adolf Butenandt, bioquímico alemão e especialista em hormônios, exibindo a cicatriz de esgrima da qual tanto se orgulhava.

Charles Brown-Séquard, que, no fim da década de 1880, aos 72 anos, ganhou fama por moer testículos de animais domésticos para inocular o extrato em si mesmo. Ele escreveu que se sentiu "animado como um homem de quarenta anos", mas a experiência prejudicou seriamente sua credibilidade científica junto aos pares.

O clínico geral canadense Frederick Banting (à dir.) e o assistente de laboratório da Universidade de Toronto, Charles Best, com quem ele conduziu seus testes incrivelmente amadorísticos porém bem-sucedidos em cães, na tentativa de curar o diabetes. São vistos aqui em 1921 com um dos cachorros do laboratório.

Foto do caso VI: jovem fotografada antes e depois do tratamento com insulina.

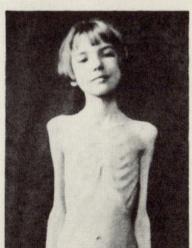
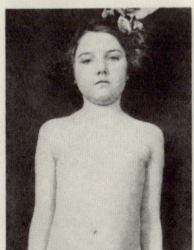

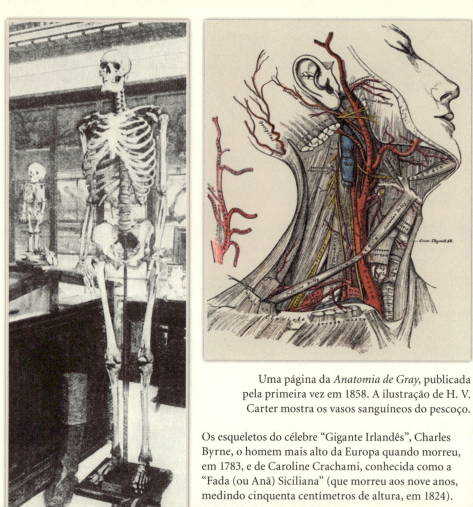

Uma página da *Anatomia de Gray*, publicada pela primeira vez em 1858. A ilustração de H. V. Carter mostra os vasos sanguíneos do pescoço.

Os esqueletos do célebre "Gigante Irlandês", Charles Byrne, o homem mais alto da Europa quando morreu, em 1783, e de Caroline Crachami, conhecida como a "Fada (ou Anã) Siciliana" (que morreu aos nove anos, medindo cinquenta centímetros de altura, em 1824).

Sala de dissecação St. George's Hosp em 1860. Henry Gra autor da *Anatomia de G* está junto aos pés do cada próximo ao centro da f do sangue de todas as espécies de animais domesticados. Os resultados com grande frequência eram mortes perturbadoramente agonizantes e constrangedoramente públicas. Em pouco tempo, as transfusões foram proibidas ou abandonadas e por cerca de um século e meio caíram em desgraça.

Então algo estranho aconteceu. Quando o resto do mundo científico embarcava na explosão de descobertas e insights conhecida como era do Iluminismo, a medicina mergulhava numa idade das trevas. Dificilmente poderíamos imaginar práticas mais equivocadas e contraproducentes do que as adotadas pelos médicos no século XVIII e mesmo em grande parte do XIX. Como David Wootton afirmou em *Bad Medicine: Doctors Doing Harm Since Hippocrates* [Remédio ruim: médicos causando estrago desde Hipócrates]: "Até 1865, a medicina era quase completamente ineficaz, quando não positivamente prejudicial".

Considere a infeliz morte de George Washington. Em dezembro de 1799, não muito tempo após encerrado seu mandato como primeiro presidente dos Estados Unidos, Washington passou um longo dia a cavalo sob o tempo inclemente inspecionando Mount Vernon, sua fazenda na Virginia. Ao voltar para casa mais tarde do que o previsto, jantou sem tirar a roupa úmida. De noite, sentiu dor de garganta. Logo tinha dificuldade de engolir e sua respiração ficou mais laboriosa.

Três médicos foram chamados. Após um exame rápido, abriram uma veia em seu braço e drenaram meio litro de sangue. A condição de Washington se deteriorou, no entanto, então lhe aplicaram um cataplasma vesicatório de cantáridas para extrair os humores ruins. Por último, ministraram-lhe um emético para induzir o vômito. Como nada disso produzisse qualquer benefício visível, realizaram mais três sangrias. No total, cerca de 40% do seu sangue foi removido em dois dias.

"Sou duro de matar", gemeu Washington, conforme seus bem-intencionados médicos o lancetavam incessantemente. Ninguém sabe ao certo qual era o problema dele, mas talvez não fosse nada além de uma infecção de garganta menor que exigia algum repouso. De todo modo, a doença e o tratamento combinados deram cabo de Washington. Estava com 67 anos de idade.

Após o óbito, outro médico apareceu e propôs que revivessem — na verdade, ressuscitassem — o presidente falecido, esfregando sua pele suavemente para estimular o fluxo sanguíneo e fazendo uma transfusão com sangue de cordeiro, a fim de substituir o sangue perdido e revigorar o que restara. Sua família misericordiosamente optou por permitir seu repouso eterno.

Pode parecer uma estupidez óbvia sangrar e socar uma pessoa que já está gravemente doente, mas tais práticas permaneceram em uso por um tempo extraordinariamente longo. Acreditava-se que a sangria não só fosse benéfica contra a doença, mas também que instilasse calma. Frederico, o Grande, da Alemanha, submetia-se a sangrias antes da batalha para pôr os nervos no lugar. Tigelas de coletar sangria eram passadas de geração em geração nas famílias. A importância da sangria é evocada pelo fato de que o venerável periódico médico inglês *The Lancet*, fundado em 1823, recebeu o nome do instrumento usado para abrir as veias.

Por que a sangria persistiu por tanto tempo? A resposta é que por boa parte do século xix a maioria dos médicos via as enfermidades não como aflições distintas, cada uma exigindo um tratamento próprio, mas como desequilíbrios generalizados que afetavam o corpo inteiro. Eles não ministravam um remédio para dor de cabeça e outro para, digamos, zumbido no ouvido, mas antes empenhavam-se em trazer o corpo todo de volta a um estado de equilíbrio, expurgando-o de toxinas mediante o tratamento com catárticos, eméticos e diuréticos, ou aliviando a vítima de uma ou duas tigelas de sangue. Abrir uma veia, como afirmou uma autoridade no assunto, "refresca e ventila o sangue" e permite que ele circule mais livremente "sem perigo de queimar".[42]

O mais célebre adepto do procedimento, conhecido como "Príncipe dos Sangradores", foi o americano Benjamin Rush. Rush estudou medicina em Edimburgo e Londres, onde aprendeu dissecação com o grande cirurgião e anatomista William Hunter, mas sua convicção de que todas as doenças vinham de uma única causa — sangue superaquecido — foi desenvolvida em boa parte por conta própria durante uma longa carreira na Pensilvânia. Rush, justiça seja feita, era um homem escrupuloso e instruído. Seu nome figura entre os signatários da Declaração de Independência e ele foi o médico mais eminente de seu tempo no Novo Mundo. Mas era um grande entusiasta das sangrias. Rush drenava quase dois litros de sangue das vítimas de uma vez só e às vezes as drenava duas ou três vezes num só dia. Parte do problema era sua convicção de que o corpo humano continha o dobro de sangue do que na verdade contém, mas em nenhum momento ele duvidou da probidade do que fazia. Durante uma epidemia de febre amarela na Filadélfia, sangrou centenas de pacientes e ficou convencido de que salvara inúmeras vidas quando na verdade tudo que fizera fora deixar de matar todo mundo. "Observei a convalescença mais célere onde o sangramento é mais profuso", escreveu orgulhoso para a esposa.[43]

Esse era o problema das sangrias. Se você podia dizer a si mesmo que os sobreviventes eram fruto de seus esforços, e que os mortos estavam além da salvação quando chegaram a suas mãos, elas podiam sempre parecer uma opção prudente. As sangrias conservaram um lugar nos tratamentos médicos até a era moderna. William Osler, autor de *The Principles and Practice of Medicine* [Princípios e práticas da medicina] (1893), a obra de referência mais influente do século XIX, manifestou-se a favor das sangrias muito tempo após iniciada o que consideraríamos a era moderna.[44]

Quanto a Rush, em 1813, com a idade de 67 anos, um dia ficou doente. Como a febre não cedia, insistiu com os médicos que o sangrassem, no que foi atendido. E então morreu.

Pode-se dizer que o início da compreensão moderna do sangue remonta a 1900 e à perspicaz descoberta feita por um jovem pesquisador médico vienense. Karl Landsteiner observou que o sangue de diferentes pessoas ao ser misturado às vezes se aglutinava; outras, não. Observando quais amostras se ligavam a quais, dividiu-as em três grupos, que rotulou de A, B e 0. Embora todo mundo leia e pronuncie este último grupo como O, Landsteiner na verdade se referia a zero, porque não havia aglutinação alguma.[45] Dois outros pesquisadores no laboratório de Landsteiner posteriormente descobriram um quarto grupo, que chamaram de AB, e o próprio Landsteiner, quarenta anos depois, foi codescobridor do fator Rh — abreviatura de *rhesus*, o tipo de macaco usado na pesquisa.* A descoberta dos tipos sanguíneos explicou por que as transfusões com frequência fracassavam: o doador e o receptor tinham tipos incompatíveis. Era uma descoberta incrivelmente importante, mas infe-

---

* O fator Rh é um dos muitos tipos de proteína de superfície chamados antígenos. Dizemos que pessoas com o antígeno Rh (cerca de 84%) são Rh positivo. Os que não o têm, 16% restantes, são Rh negativo.

lizmente quase ninguém prestou a menor atenção nela na época. Trinta anos se passariam até que a contribuição de Landsteiner para a ciência médica fosse reconhecida com um prêmio Nobel, em 1930.

Os tipos sanguíneos funcionam assim: todas as células de sangue são iguais por dentro, mas seu exterior é recoberto por diferentes tipos de antígenos — ou seja, proteínas que se projetam da superfície celular —, e isso explica os diferentes tipos. Há cerca de quatrocentas espécies de antígenos no total, mas apenas alguns têm efeito importante na transfusão, por isso todo mundo já ouviu falar nos tipos A, B, AB e O, mas nunca, digamos, em Kell, Giblett e Tipo E, para mencionar apenas alguns entre muitos mais.[46] Pessoas com sangue tipo A podem doar para A ou AB, mas não para B; pessoas com B podem doar para B ou AB, mas não para A; pessoas com AB podem doar apenas para outras pessoas com AB. Pessoas com tipo O podem doar para todos os outros e assim são conhecidos como doadores universais. As células do tipo A têm antígeno A na superfície, as de tipo B, antígeno B, e tipo AB, tanto A como B. Ponha sangue tipo A em uma pessoa de tipo B e o corpo receptor entende como uma invasão e ataca o novo sangue.

Não sabemos de fato por que existem tipos sanguíneos. Pode ser em parte simplesmente porque não havia nenhum motivo particular para não existirem. Isso corresponde a dizer que não havia motivo para supor que o sangue de quem quer que fosse pudesse parar no sangue de outra pessoa, logo, não existia motivo para evoluírem mecanismos que lidassem com esses problemas. Ao mesmo tempo, favorecendo certos antígenos em nosso sangue, podemos conseguir maior resistência contra doenças particulares — embora muitas vezes a um preço. Pessoas com sangue tipo O, por exemplo, são mais resistentes a malária, mas menos a cólera. Desenvolvendo uma variedade de tipos sanguíneos e espalhando-os entre as populações, beneficiamos a espécie, ainda que nem sempre os indivíduos em si.

A identificação dos tipos sanguíneos teve uma segunda vantagem imprevista: determinar a paternidade. Em um caso famoso em Chicago em 1930, dois casais, os Bamberger e os Watkins, tiveram filhos no mesmo hospital, na mesma hora. Quando voltaram para casa, descobriram para sua consternação que os bebês usavam etiquetas com o nome da outra família. A questão passou a ser se as mães haviam sido mandadas para casa com os bebês errados ou com os bebês certos identificados incorretamente. Semanas de incerteza se seguiram e nesse meio-tempo os dois casais fizeram o que jovens pais naturalmente fazem: apaixonaram-se pelos bebês. Finalmente, um especialista da Universidade de Northwestern com um nome que poderia ter saído de um filme dos irmãos Marx, o professor Hamilton Fishback, foi chamado e realizou exames de sangue nos quatro pais, algo que na época parecia o máximo da sofisticação técnica. Os exames mostraram que o sr. e a sra. Watkins tinham sangue tipo O e portanto só poderiam gerar um filho de tipo O, enquanto a criança que levaram era tipo AB. Assim, graças à ciência médica, os bebês foram devolvidos aos pais verdadeiros, mas não sem deixar corações partidos.

Transfusões de sangue salvam um monte de vidas todo ano, mas coletar e armazenar sangue é um negócio caro e até arriscado. "Sangue é um tecido vivo", afirma o dr. Allan Doctor, da Universidade de Washington em St. Louis.[47] "Está tão vivo quanto seu coração, seus pulmões ou qualquer outro órgão. No momento em que você o tira do corpo, ele começa a se degradar, e é aí que os problemas começam." Nós nos encontramos em Oxford, onde Doctor, um homem solene mas cordial, de barba branca aparada, comparecia a uma conferência da Nitric Oxide Society, grupo formado apenas em 1996 porque antes disso ninguém se dera conta de que o óxido nítrico fosse algo pelo qual valesse a pena se reunir. Sua importância para a biologia humana era quase inteiramente desconhecida. Na verdade, o óxido nítrico (não confundir com óxido nitroso, ou gás hilariante) é uma de nossas moléculas de sinalização primária e tem um papel central em todo tipo de processo — manter a pressão arterial, combater as infecções, potencializar a ereção peniana e regular o fluxo sanguíneo, que é onde Doctor entra. Seu sonho é fabricar sangue artificial, mas nesse meio-tempo ele gostaria de ajudar a tornar o sangue de verdade mais seguro para uso em transfusões. Pode ser um choque para a maioria de nós, mas uma transfusão de sangue pode ser fatal.

O problema é que ninguém sabe por quanto tempo o sangue permanece eficaz quando estocado. "Legalmente, nos Estados Unidos, o sangue pode ser mantido para transfusão por 42 dias", diz Doctor, "mas na verdade provavelmente continua bom apenas por cerca de duas semanas e meia. Depois disso, ninguém pode dizer até que ponto está funcionando ou não." A regra dos 42 dias, que vem da Food and Drug Administration (FDA), baseia-se em quanto tempo um glóbulo vermelho típico permanece em circulação. "Presumiu-se por longo tempo que se um glóbulo vermelho continua circulando, ele continua funcional, mas hoje sabemos que não é necessariamente o caso", ele diz.

Tradicionalmente, era uma prática-padrão entre os médicos completar o sangue perdido na lesão. "Se você tivesse perdido um litro de sangue, eles repunham um litro. Mas daí apareceram a aids e a hepatite C, e o sangue doado às vezes vinha contaminado, então começaram a recorrer menos às transfusões, e ficaram surpresos ao descobrir que os pacientes muitas vezes tinham resultados melhores quando *não* recebiam transfusão." Acontece que em alguns casos pode ser melhor deixar os pacientes ficarem anêmicos do que lhes dar o sangue de alguma outra pessoa, especialmente se esse sangue estiver armazenado há algum tempo, e esse quase sempre é o caso. Quando um banco de sangue recebe um pedido, normalmente despacha o sangue mais antigo primeiro, para usar o estoque antes de expirar, e como resultado praticamente todo mundo recebe sangue velho. Para piorar, descobriu-se que até a transfusão de sangue fresco na verdade atrapalha o desempenho do sangue existente no corpo do receptor. É aí que entra o óxido nítrico.

A maioria pensa no sangue como sendo distribuído de forma mais ou menos igual pelo corpo o tempo todo. A quantidade que houver no seu braço neste momento é o que está sempre aí. Na verdade, como Doctor me explicou, não é nada disso. "Quando você está sentado, não precisa de tanto sangue nas pernas, porque não existe muita exigência de oxigênio nos tecidos. Mas se você pula e começa a correr, vai precisar de muito mais sangue ali rapidamente. Os seus glóbulos vermelhos, usando óxido nítrico como molécula sinalizadora, determinam em grande parte para onde despachar o sangue, conforme as exigências do corpo mudam momento a momento. A transfusão confunde o sistema de sinalização. Atrapalha o funcionamento."

Fora isso, armazenar sangue tem problemas práticos. Para começar, ele precisa ser mantido em refrigeração. Isso dificulta seu uso em campos de batalha ou locais de acidente, o que é uma lástima, porque é em situações assim que se faz mais necessário. Vinte mil pessoas morrem todo ano nos Estados Unidos por perda de sangue antes de conseguir chegar ao hospital. No mundo todo, a quantidade de mortes por perda de sangue anual chega a 2,5 milhões. Muitas dessas vidas teriam sido salvas se pudessem receber uma transfusão rápida e segura — de onde o sonho de um produto artificial.

Na teoria, fabricar sangue artificial deveria ser razoavelmente simples, em particular porque ele não precisaria fazer a maior parte das inúmeras coisas que o sangue de verdade faz, a não ser carregar hemoglobina. "Na prática não se revelou tão fácil assim", afirma Doctor, com um ligeiro sorriso. Ele explica o problema comparando os glóbulos vermelhos a um ímã de erguer carros em um ferro-velho. O "ímã" precisa se prender a uma molécula de oxigênio nos pulmões e transportá-la à célula de destino. Para isso, tem de saber onde pegar o oxigênio e quando liberá-lo, e acima de tudo não deve largá-lo no caminho. Esse sempre foi o problema dos sangues artificiais. Mesmo os mais bem fabricados ocasionalmente perdem uma molécula de oxigênio e quando fazem isso liberam ferro na corrente sanguínea. O ferro é uma toxina. Devido ao grau extremo de atividade do sistema circulatório, mesmo uma taxa de acidente infinitesimal rapidamente desencadeará níveis tóxicos; assim, o sistema de distribuição deve ser impecável. Na natureza ele é.

Há mais de cinquenta anos os pesquisadores tentam produzir sangue artificial, mas, apesar dos milhões de dólares gastos, ainda não chegaram lá.[48] Na verdade, houve mais retrocessos do que avanços. Na década de 1990, alguns produtos chegaram a ser testados, mas então ficou evidente que os pacientes envolvidos nos ensaios clínicos estavam sofrendo números alarmantes de ataques cardíacos e AVCs. Em 2006, a FDA americana suspendeu temporariamente todos os testes devido aos péssimos resultados. Desde então, diversas companhias farmacêuticas abandonaram a corrida pelo sangue sintético. Por enquanto, o melhor a fazer é simplesmente reduzir o volume de transfusões. Em um experimento nos hospitais da Stanford na Califórnia, os médicos foram encorajados a diminuir os pedidos de transfusão de hemácias, a não ser quando absolutamente necessário. Em cinco anos, as transfusões no hospital caíram em um quarto. O resultado não representou apenas uma economia de 1,6 milhão de dólares, mas menor mortalidade, altas mais rápidas e redução nas complicações pós-operatórias.[49]

Hoje, porém, Doctor e seus colegas em St. Louis acham que estão perto de desvendar o problema. "Temos acesso à nanotecnologia agora, que antes era indisponível", ele afirma. A equipe de Doctor está desenvolvendo um sistema que carrega a hemoglobina dentro de uma cápsula de polímero. Essas cápsulas têm o formato de glóbulos vermelhos convencionais, mas são cerca de cinquenta vezes menores. Uma das grandes virtudes do produto é que pode ser congelado a vácuo e armazenado por até dois anos em temperatura ambiente. Quando nos encontramos, Doctor acreditava que estavam a três anos de testar em humanos e talvez a dez anos de usar clinicamente.

Nesse ínterim, não deixa de ser um exercício de humildade refletir que nossos corpos realizam cerca de 1 milhão de vezes por segundo algo que toda a ciência do mundo combinada até o momento não conseguiu.

8. O departamento de química

> *Espero não voltar a ser acometido por minha pedra, e que, pela graça divina, ela se vá com a urina; todavia consultarei meu médico.*
>
> Samuel Pepys

I

Diabetes é uma doença terrível, mas já foi até pior, porque não se podia fazer quase nada a respeito. Jovens com diabetes em geral morriam um ano após o início da doença, e era uma morte miserável. A única maneira de reduzir os níveis de açúcar no corpo, e estender vidas ainda que pouca coisa, era manter o paciente às portas da inanição. Um menino de doze anos passou tanta fome que foi pego comendo as sementes do canário na gaiola.[1] Acabou morrendo, como morriam todas as vítimas, faminto e esquelético. Pesava quinze quilos.

Então, no fim de 1920, em um dos episódios mais ditosos e improváveis da história do progresso científico, Ontário, um jovem clínico geral de Londres em começo de carreira, leu um artigo sobre o pâncreas num periódico médico e pensou numa maneira de obter uma cura para o diabetes. Seu nome era Frederick Banting e sabia tão pouco sobre a doença que grafava *diabetus* em suas anotações. Sua experiência com pesquisa médica era zero, mas estava convencido de que valia a pena tentar.

O desafio para alguém lidando com o diabetes é que o pâncreas humano exerce duas funções um tanto independentes. Na maior parte seu trabalho é produzir e segregar enzimas que auxiliam na digestão, mas ele também contém aglomerados celulares conhecidos como ilhotas de Langerhans, descobertas em 1868 por um estudante de medicina berlinense, Paul Langerhans, que admitiu com toda a franqueza que não fazia ideia de sua função. Foi o francês Édouard Laguesse, vinte anos depois, que deduziu que os aglomerados serviam para produzir uma substância química inicialmente batizada de isletina, que hoje chamamos de insulina química.

A insulina é uma pequena proteína vital para a manutenção do delicadíssimo equilíbrio do açúcar sanguíneo no corpo. Em excesso ou em falta, acarreta terríveis consequências. Usamos um bocado da substância. Cada molécula dura de cinco a quinze minutos, então a demanda por reabastecimento é incessante.

O papel da insulina no controle do diabetes era bem conhecido na época de Banting, mas o problema era separá-la dos sucos digestivos. Sua crença — sem base em evidência alguma — era de que se você amarrasse o ducto pancreático e impedisse os sucos digestivos de chegar aos intestinos, o pâncreas pararia de produzi-los. Não havia motivo algum para supor que isso pudesse acontecer, mas ele convenceu um professor da Universidade de Toronto, J. J. R. Macleod, a lhe ceder espaço de laboratório, um assistente e cães para realizar o experimento.

O assistente era um canadense-americano chamado Charles Herbert Best, crescido no Maine, onde seu pai era médico local. Best era um sujeito cioso e prestativo, mas, como Banting, não entendia praticamente nada de diabetes e menos ainda de métodos experimentais. Não obstante, puseram mãos à obra, amarrando o ducto pancreático dos cachorros, e, por incrível que pareça, conseguiram bons resultados. Fizeram quase tudo errado — nas palavras de um observador, seus experimentos eram "mal concebidos, mal conduzidos e mal interpretados" —[2] e contudo em semanas estavam produzindo insulina pura.

Quando ministrada a diabéticos, o efeito era quase milagroso. Pacientes lânguidos e esqueléticos que pareciam mais mortos que vivos rapidamente recobraram a vitalidade. Foi, para tomar emprestada a expressão de Michael Bliss, autor do definitivo *The Discovery of Insulin* [A descoberta da insulina], a coisa mais próxima de uma ressurreição que a medicina moderna já produziu. Outro pesquisador do laboratório, J. B. Collip, elaborou um método mais eficaz para extrair a insulina e em pouco tempo ela era produzida em quantidades vastas o bastante para salvar vidas em todo o planeta. "A descoberta da insulina", declarou o laureado com o Nobel Peter Medawar, "pode ser classificada como o primeiro grande triunfo da ciência médica."[3]

Era para ter sido uma história feliz para todos os envolvidos. Em 1923, Banting recebeu o prêmio Nobel de fisiologia ou medicina junto com Macleod, o chefe do laboratório. Banting ficou chocado. Além de não se envolver na realização do experimento, Macleod nem sequer estava no país quando a descoberta fora feita, e sim esticando suas férias anuais na Escócia natal. Banting claramente achava que Macleod não merecia a honra e anunciou que dividiria a premiação em dinheiro com seu fiel assistente, Best. Collip, nesse ínterim, recusou-se a compartilhar seu método de extração aperfeiçoado com o resto da equipe e anunciou que pretendia patentear o procedimento em seu nome, enfurecendo os demais. Em pelo menos uma ocasião, Banting, que parecia ter pavio curto, de todo modo, agrediu e teve de ser tirado de cima de Collip.

Best, por sua vez, não suportava Collip nem Macleod, e acabou se agastando também com Banting. Em resumo, terminaram todos mais ou menos se odiando. Mas pelo menos o mundo ganhou a insulina.

Existem duas variedades de diabetes. Na verdade, são duas doenças, com complicações e tratamento parecidos, mas patologias no geral diferentes. No diabetes do tipo 1, o corpo cessa de produzir insulina completamente. No diabetes tipo 2, a insulina é menos eficaz, em geral pelo efeito combinado de uma produção diminuída e porque as células nas quais a substância atua não respondem como fariam normalmente. Chamamos isso de resistência à insulina. O tipo 1 tende a ser herdado, o tipo 2 em geral é consequência do estilo de vida. Mas nada é tão simples assim. Embora o tipo 2 seja inequivocamente associado a uma vida pouco saudável, também tende a ocorrer em famílias, sugerindo um componente genético. Similarmente, embora o diabetes tipo 1 esteja associado a um defeito no antígeno leucocitário humano (HLA), apenas algumas pessoas com o problema ficam diabéticas, indicando que existe um gatilho adicional, desconhecido. Muitos pesquisadores suspeitam haver uma ligação com exposição a patógenos no início da vida. Outros sugerem um desequilíbrio na flora intestinal ou possivelmente até uma relação com o grau de conforto e nutrição quando a pessoa estava no útero.[4]

O que se pode afirmar é que as taxas por toda parte estão nas alturas. Entre 1980 e 2014, a quantidade de adultos no mundo com diabetes de um ou outro tipo passou de 100 milhões e alguma coisa para 400 milhões e muita coisa.[5] Noventa por cento tinham diabetes tipo 2. Este tem crescido com particular rapidez nos países em desenvolvimento que adotaram maus hábitos ocidentais de dieta pobre e estilo de vida sedentário. Mas o tipo 1 também cresce rápido. Na Finlândia, aumentou 550% desde 1950. E continua a crescer em quase toda parte à taxa aproximada de 3% a 5% ao ano, por motivos que ninguém compreende.

Embora a insulina tenha transformado a vida de milhões de diabéticos, não é uma solução perfeita. Para começar, não pode ser ministrada por via oral, pois é quebrada pelo sistema gastrintestinal antes de conseguir ser absorvida e utilizada, e tem de ser injetada, método tão aborrecido quanto grosseiro. Em um corpo equilibrado, os níveis de insulina são monitorados e ajustados de segundo a segundo. Em um diabético, são ajustados apenas periodicamente, quando o paciente se automedica. Isso significa que os níveis de insulina continuam não muito certos em grande parte do tempo, e o efeito negativo é cumulativo.[6]

A insulina é um hormônio. Os hormônios são os entregadores de bicicleta do corpo, levando mensagens químicas por toda a metrópole fervilhante que é você. São definidos como toda substância produzida em uma parte do corpo que provoca uma ação em alguma outra parte, mas, fora isso, não é fácil caracterizá-los. Eles vêm em diferentes tamanhos, têm químicas diferentes, são encaminhados para diferentes lugares, têm efeitos diferentes quando chegam lá. Uns são proteínas, outros são esteroides, e outros ainda pertencem a um grupo chamado aminas. Estão ligados pela finalidade, não pela química. Nosso entendimento está longe de ser completo, e grande parte do que sabemos é surpreendentemente recente.

John Wass, professor de endocrinologia na Universidade de Oxford, é um entusiasta do assunto. "Adoro hormônios", costuma dizer.[7] Quando nos encontramos em um café em Oxford ao final de um longo dia de trabalho, ele segurava uma pilha de papéis bagunçados e parecia surpreendentemente animado para alguém que voltara naquela manhã da ENDO 2018, a conferência anual da Sociedade Americana de Endocronologia.

"É uma loucura", me diz, num tom deliciado. "Você tem 8 mil ou 10 mil endocrinologistas do planeta todo. As reuniões começam às cinco e meia da manhã e podem ir até as nove da noite, então é muita coisa para absorver e você acaba com" — ele sacode os papéis — "*um monte* de coisa pra ler. É bem proveitoso, mas um pouco louco."

Wass é um defensor incansável de uma melhor apreciação dos hormônios e do que fazem por nós. "Eles foram o último grande sistema do corpo a ser descoberto", afirma. "E continuamos descobrindo mais o tempo todo. Sei que sou suspeito, mas com certeza é um campo incrivelmente empolgante."

Em 1958, apenas cerca de vinte hormônios eram conhecidos. Hoje, ninguém parece saber exatamente quantos existem. "Ah, acho que deve ser no mínimo oitenta", diz Wass, "mas pode chegar a cem. A gente não para de descobrir mais o tempo todo."

Até bem recentemente, acreditava-se que os hormônios fossem produzidos exclusivamente nas glândulas endócrinas (de onde endocrinologia, para esse ramo da medicina). Uma glândula endócrina segrega seus produtos diretamente na corrente sanguínea, ao contrário das exócrinas, que segregam em uma superfície (como glândulas sudoríparas na pele ou glândulas salivares na boca). As principais glândulas endócrinas — a tireoide, a paratireoide, a pituitária, a pineal, o hipotálamo, o timo, os testículos nos homens e os ovários nas mulheres, o pâncreas — estão espalhadas por todo o corpo, mas trabalham em estreita proximidade. São na maioria minúsculas e juntas não chegam a alguns gramas, mas têm uma importância para sua felicidade e bem-estar inteiramente desproporcional a dimensões tão modestas.

A glândula pituitária, por exemplo — que fica enterrada bem fundo no seu cérebro, atrás dos olhos —, é pouco maior que um grão de feijão, mas seus efeitos podem ser literalmente enormes. Robert Wadlow, de Alton, Illinois, o humano de maior estatura que já viveu, tinha um problema pituitário que o fazia crescer sem parar, devido a uma superprodução contínua do hormônio do crescimento. Um sujeito tímido e alegre, aos oito anos era mais alto que seu pai (de tamanho normal), aos doze tinha 2,10 metros de altura e quando terminou o ensino médio, em 1936, passara de 2,40 metros — tudo devido à hiperatividade desse feijão no meio da sua cabeça. Robert nunca parou de crescer e sua estatura máxima chegou a quase 2,75 metros. Embora não fosse gordo, pesava 230 quilos. Seus sapatos eram tamanho 40, nos Estados Unidos (mais de um metro). Aos vinte e poucos anos caminhava com grande dificuldade. Para se sustentar, usava aparelhos nas pernas, o que esfolava sua pele, e isso levou a uma grave infecção que se tornou generalizada e o matou durante o sono em 15 de julho de 1940. Estava com 22 anos. Sua altura quando morreu era 2,72 metros. Foi muito amado e ainda é uma celebridade em sua cidade natal.

É sem dúvida uma ironia que um corpo tão grande resultasse de uma disfunção numa glândula minúscula. A pituitária é muitas vezes chamada de glândula mestra, porque controla muita coisa. Ela produz (ou regula a produção de) hormônio do crescimento, cortisol, estrogênio e testosterona, oxitocina, adrenalina e muito mais. Quando você se exercita vigorosamente, a pituitária esguicha endorfinas em sua corrente sanguínea. Endorfinas são as mesmas substâncias químicas liberadas quando você come ou faz sexo. Elas têm uma estreita ligação com opiáceos. Por isso nos referimos a um *runner's high*, ou "barato de corredor". Não existe praticamente nenhum aspecto de sua vida que não seja afetado pela pituitária, no entanto suas funções não ficaram amplamente conhecidas senão na segunda metade do século xx.

A área da moderna endocrinologia conheceu um caminho acidentado no início, em boa parte devido aos esforços entusiasmados mas equivocados de um sujeito em tudo mais brilhante chamado Charles Edouard Brown-Séquard (1817-94). Brown-Séquard foi um homem literalmente internacional. Nasceu em Maurício, no oceano Índico, o que fazia dele também cidadão britânico, já que a ilha era uma colônia britânica, mas sua mãe era francesa e seu pai americano; assim, no momento em que vem ao mundo, já pode reivindicar quatro nacionalidades. Charles não conheceu seu pai, que era capitão de navio e desapareceu no mar antes de seu nascimento. Ele cresceu na França, onde estudou medicina, mas depois se revezou entre Europa e América, nunca ficando muito tempo em um mesmo lugar. Em um período de 25 anos, fez sessenta travessias transatlânticas — numa época em que viajar uma vez na vida era excepcional —, assumindo uma variedade de cargos, muitos de considerável importância, no Reino Unido, na França, na Suíça e nos Estados Unidos. Durante o mesmo período, escreveu nove livros e mais de quinhentos artigos, editou três periódicos científicos, lecionou em Harvard, na Universidade de Genebra e na Faculdade de Medicina da Universidade de Paris, deu palestras por toda parte e virou uma autoridade eminente em epilepsia, neurologia, rigor mortis e secreção de glândulas. Mas foi um experimento conduzido em Paris em 1889, com a idade respeitável de 72 anos, que assegurou sua permanente e, em certo sentido, risível fama.

Brown-Séquard moeu testículos de animais domésticos (cães e porcos são os mais frequentemente mencionados, mas não parecem existir duas fontes de acordo quanto aos animais utilizados), injetou o extrato em si mesmo e anotou que ficara animado como um homem de quarenta anos. Na verdade, qualquer melhora que possa ter sentido foi inteiramente psicológica. Testículos de mamíferos quase não contêm testosterona, porque o hormônio é enviado pelo corpo assim que produzido, e de um modo ou de outro fabricamos uma quantidade muito pequena dele, afinal. Se Brown-Séquard absorveu alguma testosterona, não foi mais que um vestígio. Ainda que ele estivesse completamente equivocado sobre os efeitos rejuvenescedores da testosterona, tinha razão em considerá-la uma substância potente — tanto que, quando sintetizada, é uma substância de uso controlado.

O entusiasmo de Brown-Séquard pela testosterona prejudicou seriamente sua credibilidade científica e, de todo modo, ele morreu pouco depois, mas ironicamente seus esforços motivaram outros a olhar com mais atenção e método para os processos químicos que controlam nossas vidas. Em 1905, uma década após a morte de Brown-Séquard, o fisiologista britânico E. H. Starling cunhou o termo "hormônio" (a sugestão veio de um professor de estudos clássicos da Universidade de Cambridge; deriva de uma palavra grega significando "pôr em movimento"), embora a ciência só viesse a pegar embalo realmente na década seguinte.[8] O primeiro periódico devotado à endocrinologia foi fundado apenas em 1917, e o termo guarda-chuva para glândulas sem ducto, sistema endócrino, veio ainda mais tarde, cunhado em 1927 pelo cientista britânico J. B. S. Haldane.

Mas podemos afirmar que o verdadeiro pai da endocrinologia viveu uma geração antes de Brown-Séquard. Thomas Addison (1793-1860) era membro de um trio de médicos renomados conhecidos como "Os Três Grandes", no Guy's Hospital, em Londres, na década de 1830. Os outros eram Richard Bright, descobridor da doença que leva seu nome (hoje chamada nefrite), e Thomas Hodgkin, que se especializou em distúrbios do sistema linfático e emprestou seu nome aos linfomas de Hodgkin e não Hodgkin. Provavelmente o mais brilhante dos três, e certamente o mais produtivo, foi Addison. Ele fez a primeira descrição precisa da apendicite e foi uma autoridade respeitada em todos os tipos de anemia. Pelo menos cinco condições médicas graves receberam seu nome, das quais a mais famosa (até hoje) é a doença de Addison, um distúrbio degenerativo das glândulas suprarrenais que ele descobriu em 1855, fazendo dela o primeiro distúrbio hormonal a ser identificado. Apesar da fama, Addison era acometido por crises de depressão e, em 1860, cinco anos após identificar a doença que leva seu nome, retirou-se para Brighton e se matou.

A doença de Addison é rara, mas continua sendo grave. Afeta cerca de um em 10 mil indivíduos. A vítima mais famosa da história foi John F. Kennedy, diagnosticado com a doença em 1947, embora ele e a família, de forma tão veemente quanto insincera, sempre negassem.[9] Na verdade, Kennedy não só sofria do problema, mas também teve sorte de sobreviver. Naqueles tempos, antes da introdução dos glicocorticoides, um tipo de esteroide, 80% das vítimas morriam um ano após o diagnóstico inicial.

John Wass, quando nos encontramos, estava particularmente preocupado com a doença de Addison. "A doença pode ser muito triste, porque os sintomas — principalmente perda de apetite e perda de peso — são facilmente mal diagnosticados", ele me contou. "Recentemente, lidei com o caso de uma jovem encantadora, 23 anos de idade apenas, com um futuro muito promissor pela frente, que morreu de doença de Addison porque o médico achou que sofria de anorexia e a encaminhou ao psiquiatra. A doença de Addison na verdade surge de um desequilíbrio nos níveis de cortisol — o cortisol é um hormônio do estresse que regula a pressão arterial. É uma tragédia, porque se você corrige o problema do cortisol, o paciente pode recuperar o equilíbrio normal em até meia hora. É uma morte desnecessária. Boa parte do que eu faço nas palestras é orientar os clínicos gerais, para tentar ajudá-los a investigar os distúrbios hormonais. Não é incomum que passem batido."

Em 1995, o ramo da endocrinologia sofreu um abalo sísmico quando Jeffrey Friedman, geneticista da Universidade Rockefeller, em Nova York, descobriu um hormônio que ninguém pensava que pudesse existir. Ele o batizou de leptina (de uma palavra grega para "magro"). A leptina era produzida não em uma glândula endócrina, mas em células adiposas. Foi uma descoberta extraordinária. Ninguém jamais suspeitara que os hormônios pudessem ser produzidos em outro lugar além de suas próprias glândulas especializadas. Na verdade, hoje sabemos, os hormônios são produzidos por todo o corpo — estômago, pulmões, rins, pâncreas, cérebro, ossos, todo lugar.

A leptina atraiu intenso e imediato interesse não só devido ao lugar surpreendente onde era produzida, mas sobretudo por sua função: ela ajuda a regular o apetite. Se pudéssemos controlar a leptina, presumivelmente poderíamos ajudar as pessoas a controlar o peso. Em estudos com ratos, os cientistas descobriram que manipulando os níveis de leptina conseguiam deixar os ratos obesos ou magros ao bel-prazer. Parecia ter o potencial para ser uma droga miraculosa.

Ensaios clínicos em humanos foram rapidamente realizados, em meio a considerável expectativa. Voluntários com problemas de peso receberam injeções diárias de leptina por um ano. Ao fim desse período, porém, pesavam tanto quanto no início. Os efeitos da leptina acabaram se revelando longe de diretos, como esperado. Hoje, cerca de um quarto de século após sua descoberta, ainda não desvendamos como funciona e nem chegamos perto de conseguir empregá-la como ajuda no controle de peso.

Uma parte central do problema é que nossos corpos evoluíram para lidar com o desafio da escassez de alimento, não com sua superabundância. Assim, a leptina não está programada para lhe dizer em que momento parar de comer. Nada químico em seu corpo está. Em boa parte por isso, tendemos a simplesmente ocupar os dentes quase o tempo todo. Estamos habituados a devorar alimentos avidamente a qualquer oportunidade, pressupondo que a abundância é uma situação ocasional. Na completa ausência de leptina, continuamos a comer sem parar, porque o corpo pensa que passamos fome. Mas quando ela é adicionada à dieta, em circunstâncias normais não há alteração discernível no apetite. O papel da leptina, essencialmente, é dizer ao cérebro se temos ou não reservas de energia suficientes para assumir desafios comparativamente exigentes, como engravidar ou iniciar a puberdade. Se seus hormônios pensam que você está morrendo de fome, esses processos não serão autorizados a começar. É por isso que a puberdade chega atrasada para muitas jovens anoréxicas. "Quase certamente é por isso que a puberdade agora começa bem mais cedo do que em tempos históricos", afirma Wass. "No reinado de Henrique VIII, a puberdade começava aos dezesseis ou dezessete anos. Hoje é mais comum aos onze. Isso acontece quase certamente por causa da nutrição melhor."

Para complicar as coisas um pouco mais, os processos corporais são quase sempre influenciados por muito mais que um único hormônio. Quatro anos após a descoberta da leptina, os cientistas descobriram outro hormônio envolvido na regulação do apetite. Batizado de grelina (as três primeiras letras de *ghrelin* correspondem a *"growth-hormone related"* [ligado ao hormônio do crescimento]), é produzido sobretudo no estômago, mas também em diversos outros órgãos. Quando ficamos com fome, nosso nível de grelina aumenta, mas não fica claro se a grelina causa fome ou se meramente a acompanha. O apetite também é influenciado pela glândula tireoide, por considerações genéticas e culturais, por nosso humor e pelo grau de disponibilidade (é difícil resistir a uma tigela de amendoins em cima da mesa), pela força de vontade, pela hora do dia, pela estação e por muito mais. Ninguém ainda encontrou uma maneira de embutir tudo isso num comprimido.

Como agravante, a maioria dos hormônios realiza uma multiplicidade de funções, dificultando ainda mais a decomposição química e aumentando o risco de sua manipulação. A grelina, por exemplo, não exerce um papel na fome, apenas, mas também ajuda a controlar os níveis de insulina e a liberação do hormônio do crescimento. Mexer em uma função poderia desestabilizar as demais.

A gama de funções reguladoras cumpridas por cada hormônio pode ser confusamente diversa. A oxitocina, para pegar um exemplo, é bem conhecida por seu papel em gerar sentimentos de ligação e afeto — ela às vezes é chamada de "hormônio do abraço" —, mas também desempenha um papel importante no reconhecimento facial, em direcionar as contrações do útero no parto, em interpretar o estado de espírito das pessoas e em iniciar a produção de leite na amamentação. Por que a oxitocina acumulou essa particular mistura de especializações é um mistério. Seu papel nas relações afetivas é claramente sua característica mais intrigante, mas também a menos compreendida. Quando ministrada em ratas, levou-as a construir ninhos e a cuidar de filhotes alheios. Contudo, em ensaios clínicos com humanos, a oxitocina mostrou pouco ou nenhum efeito.[10] Em alguns casos, ao contrário, tornou as pessoas mais agressivas e menos cooperativas. Os hormônios, em resumo, são moléculas complicadas. Alguns, como a oxitocina, são tanto hormônios como neurotransmissores — moléculas de sinalização para o sistema nervoso. Em resumo, fazem muita coisa, mas quase nada é simples.

Talvez ninguém tenha compreendido melhor a infindável complexidade dos hormônios do que o bioquímico alemão Adolf Butenandt (1903-95).[11] Natural de Bremerhaven, Butenandt estudou física, biologia e química nas universidades de Marburg e Göttingen, mas também encontrou tempo para atividades mais vigorosas. Era um entusiasta da esgrima — sem equipamento de proteção, como parece ter sido a convenção mais afeita à galhardia do que à prudência, entre os jovens alemães da época, ganhando uma cicatriz irregular na face esquerda da qual na verdade parecia se orgulhar. Sua paixão na vida foi a biologia — animal e humana — e, em particular, os hormônios, que destilou e sintetizou com paciência notável. Em 1931, obteve uma grande quantidade de urina doada pelos policiais de Göttingen — algumas fontes dizem 15 mil litros, outras, 25 mil, mas certamente mais do que a maioria de nós teria desejado manusear — e destilou quinze miligramas do hormônio androsterona. Com empenho similarmente obstinado, destilou diversos outros hormônios. Para isolar a progesterona, por exemplo, precisou dos ovários de 50 mil porcas. Isolar os primeiros feromônios — os hormônios da atração sexual — exigiram a extração das glândulas sexuais de 500 mil bichos-da-seda japoneses.

Graças a sua extraordinária persistência, suas descobertas possibilitaram todo tipo de produtos úteis, de esteroides sintéticos para uso medicinal a pílulas anticoncepcionais. Ele ganhou o prêmio Nobel de química em 1939, aos 36 anos de idade, mas sem poder aceitá-lo, pois Adolf Hitler proibia os alemães de receber o prêmio após ter sido conferido a um judeu. (Butenandt finalmente o recebeu em 1949, mas não o dinheiro. Segundo os termos do testamento de Alfred Nobel, a premiação em dinheiro expira após um ano, caso o ganhador não apareça para reclamá-lo.)

Por longo tempo, os endocrinologistas acharam que a testosterona era um hormônio exclusivamente masculino e que o estrogênio fosse exclusivamente feminino, mas na verdade homens e mulheres fabricam e usam ambos. Nos homens, a testosterona é produzida principalmente nos testículos, com uma pequena parte nas glândulas suprarrenais, e realiza três coisas: torna o homem fértil, confere-lhe atributos viris, como voz grossa e barba, e influencia profundamente seu comportamento, dando-lhe não apenas o impulso sexual, como também o pendor para o risco e a agressividade. Nas mulheres, a testosterona é produzida pelos ovários e pelas glândulas suprarrenais numa proporção meio a meio, mas em quantidades muito menores, e incrementa a libido, mas misericordiosamente mantém o bom senso inalterado.

Um aspecto no qual a testosterona não parece fazer bem algum aos homens é a longevidade. Muitos fatores determinam a duração de vida, claro, mas sabe-se que homens castrados vivem mais ou menos tanto quanto as mulheres. Como exatamente a testosterona pode abreviar a vida masculina não se sabe.[12] Os níveis de testosterona nos homens caem cerca de 1% ao ano, a começar dos quarenta, levando muitos a tomar suplementos para aumentar o impulso sexual e os níveis de energia. As evidências de que melhoram o desempenho sexual ou a virilidade geral são esparsas, quando muito; há evidência muito maior de que podem aumentar o risco de ataque cardíaco ou AVC.[13]

II

Nem todas as glândulas são minúsculas, claro. (Lembrando que glândula é qualquer órgão no corpo que segrega substâncias químicas.) O fígado é uma glândula e, comparado às demais, é gigante. Quando atinge a plenitude, pesa cerca de 1,5 quilo (quase tanto quanto o cérebro) e preenche a maior parte do abdômen central, abaixo do diafragma. É desproporcionalmente grande nas crianças, por isso suas barrigas são tão graciosamente arredondadas.

É também o órgão mais versátil do corpo, com funções tão vitais que se ele parar morremos em questão de horas. Entre seus muitos trabalhos, fabrica hormônios, proteínas e o suco digestivo conhecido como bile. Filtra toxinas, descarta glóbulos vermelhos obsoletos, armazena e absorve vitaminas, converte gorduras e proteínas em carboidratos e controla a glicose — processo tão vital para o corpo que o enfraquecimento de sua atividade por poucos minutos pode causar falência de órgãos e até danos cerebrais. (Especificamente, o fígado converte glicose em glicogênio — uma substância química mais compacta. É um pouco como embalar comida em filme plástico para caber mais no freezer. Quando a energia é necessária, o fígado torna a converter o glicogênio em glicose e o libera na corrente sanguínea.) No total, o fígado participa de cerca de quinhentos processos metabólicos. É, em essência, o laboratório do corpo. Neste exato momento, cerca de um quarto de todo o seu sangue está no fígado.

Talvez a característica mais maravilhosa dele seja a capacidade de se regenerar. Podemos remover dois terços de um fígado que o órgão volta a crescer até o tamanho normal em apenas algumas semanas. "O aspecto não é lá essas coisas", disse-me o geneticista holandês e professor Hans Clevers. "Parece um pouco danificado e grosseiro, comparado ao fígado original, mas funciona bem o bastante. O processo é algo como um mistério. Não sabemos como um fígado sabe crescer do tamanho exato e depois parar, mas para alguns é uma sorte que seja assim."

Só que a resiliência do fígado não é infinita. Ele está sujeito a mais de uma centena de enfermidades, muitas delas graves. A maioria das pessoas relaciona problemas no fígado ao abuso de bebida, mas na verdade o álcool está implicado em apenas um terço das doenças hepáticas crônicas. A esteatose hepática (ou gordura no fígado, tecnicamente chamada doença hepática gordurosa não alcoólica) é algo de que a maioria nunca ouviu falar, mas na verdade é mais comum do que a cirrose, e muito mais incompreensível.[14] Está, por exemplo, fortemente associada a sobrepeso ou obesidade, e contudo uma proporção significativa das vítimas é magra e esbelta. Ninguém sabe explicar por quê. No geral, acredita-se que cerca de um terço dos humanos passe pelos primeiros estágios da esteatose hepática, mas por sorte a maioria não progride além disso. Para uma infeliz minoria, porém, ela acaba significando a falência do fígado ou outras enfermidades graves. De novo, por que uns sofrem o duro golpe enquanto outros escapam é um mistério. Talvez o fato mais preocupante seja que as vítimas normalmente não apresentam sintomas até o mal ter sido feito. Ainda mais alarmante, a esteatose começa a ser encontrada em crianças pequenas — numa faixa etária nunca vista até pouco antes. Estima-se que 10,7% das crianças e adolescentes nos Estados Unidos e 7,6% no mundo sofram de gordura no fígado.

Outro risco de que muitos não têm plena ciência é a hepatite C. Segundo os Centros para Controle e Prevenção de Doenças dos Estados Unidos (CDCs), cerca de uma em trinta pessoas no país nascidas entre 1945 e 1965 — um total de 2 milhões — tem hepatite C sem saber. Pessoas nascidas nesse período correram maior risco em grande parte devido a transfusões de sangue contaminado e a agulhas compartilhadas entre usuários de drogas. A hepatite C pode viver dentro da vítima por quarenta anos ou mais, furtivamente arruinando seu fígado, sem que ela perceba algo. Os CDCs estimam que se todo mundo pudesse ser diagnosticado e tratado, 120 mil vidas seriam salvas só nos Estados Unidos.

Por longo tempo se acreditou que o fígado fosse a sede da coragem, de onde seu uso às vezes num sentido figurado. Ele também era tido como a fonte de dois dos quatro "humores" — a bile negra e a bile amarela —, respectivamente responsáveis pela melancolia e pela cólera, e desse modo considerados a origem tanto da tristeza como da raiva. (Os outros dois humores seriam o sangue e a fleuma.) Acreditava-se que os humores eram fluidos que circulavam dentro do corpo e mantinham tudo em equilíbrio. Por 2 mil anos, a crença nos humores foi usada para explicar a saúde, a aparência, as inclinações e a disposição — tudo — nas pessoas. Nesse contexto, como já dissemos, "humor" não tem nada a ver com comicidade. Vem do latim para "líquido", bem como está na raiz da palavra "úmido".

Acomodados junto ao fígado há dois outros órgãos, o pâncreas e o baço, que costumam ser comparados por ficarem lado a lado e terem tamanho parecido, mas que na verdade são muito dissimilares. O pâncreas é uma glândula, e o baço não. O pâncreas é essencial à vida; o baço é dispensável. O pâncreas é um órgão gelatinoso, com cerca de quinze centímetros de comprimento e no formato aproximado de uma banana, enterrado atrás do estômago, no abdômen superior. Além de produzir insulina, segrega o hormônio glicogênio, que também está envolvido na regulação do açúcar no sangue, bem como as enzimas digestivas tripsina, lipase e amilase, que ajudam a digerir colesterol e gorduras. No todo o pâncreas produz diariamente mais de um litro de suco pancreático, quantidade bastante prodigiosa para um órgão de seu tamanho. O pâncreas de um animal preparado para servir é conhecido como *sweetbread* [pão doce] (a palavra foi registrada pela primeira vez em inglês em 1565), mas ninguém sabe explicar por quê, já que não tem nada de doce nem parece um pão. A palavra *pancreas* só tem registro em inglês no fim da década seguinte, de modo que *sweetbread* é na verdade o termo mais antigo.

O baço é do tamanho aproximado de um punho, pesa 220 gramas e fica do lado esquerdo do abdômen superior, no alto. Ele realiza uma importante função no monitoramento da saúde das células sanguíneas em circulação e no despacho de glóbulos brancos para combater infecções. Também auxilia o sistema imune e atua como um reservatório para o sangue, de modo que quantidade maior possa ser fornecida aos músculos quando de repente se fizer necessário. Uma pessoa dita *splenetic* [*spleen*, "baço"] está irritada ou furiosa; dizemos *vent our spleen* [literalmente, "aliviar nosso baço"] quando damos vazão a nossa raiva. Os alunos de medicina ingleses aprendem a memorizar as características gerais do baço usando os seis primeiros números ímpares: 1, 3, 5, 7, 9, 11. Isso porque o baço tem 1 × 3 × 5 polegadas de tamanho, pesa cerca de 7 onças e fica entre a nona e a 11ª costelas — embora na verdade todos esses números, exceto os dois últimos, não passem de médias.

Logo abaixo do fígado e muito associada a ele fica a vesícula biliar. É um órgão curioso, pois muitos animais o possuem, enquanto outros não. As girafas, por mais estranho que pareça, podem ter ou podem não ter. Nos humanos, a vesícula biliar armazena a bile do fígado e a repassa aos intestinos. A química pode dar errado por uma variedade de motivos, resultando em cálculo (do latim "pedrinha") biliar. A pedra na vesícula é uma queixa comum e se costumava dizer que ocorria com maior frequência em mulheres "*fat, fair, fertile and forty*" [gordas, claras, férteis e aos quarenta], segundo uma mnemônica muito difundida entre os médicos, mas, ao que me consta, completamente equivocada. Até um quarto dos adultos têm cálculos biliares, mas em geral não ficam sabendo. Apenas ocasionalmente uma pedra bloqueia a saída da bexiga, levando à dor abdominal.

A cirurgia para retirada de cálculos biliares hoje é rotineira, mas antigamente o problema muitas vezes punha a vida da pessoa em perigo. Durante o século XIX, os cirurgiões conheciam a enfermidade, mas não ousavam abrir o abdômen superior devido ao risco de mexer no meio de todos os órgãos vitais e artérias ali perto. Um dos primeiros a tentar operar uma vesícula biliar foi o grande mas excêntrico cirurgião americano William Halsted (cuja história extraordinária contaremos com mais detalhes no capítulo 21). Em 1882, quando ainda era um jovem médico, Halsted conduziu uma das primeiras remoções cirúrgicas de uma vesícula biliar, em sua mãe, na mesa da cozinha, na casa onde moravam, no norte do estado de Nova York. O mais extraordinário disso tudo era não haver certeza na época de que alguém pudesse viver sem a vesícula biliar. Se a sra. Halsted tinha conhecimento disso quando o filho pressionou um lenço com clorofórmio em seu rosto, não se sabe. Em todo caso, recuperou-se totalmente. (Numa terrível ironia, o pioneiro Halsted morreria em decorrência de uma operação na vesícula biliar quarenta anos depois, quando essa cirurgia já se tornara comum.)

A operação de Halsted em sua mãe lembra um procedimento realizado alguns anos depois por um cirurgião alemão, Gustav Simon, que removeu o rim doente de uma paciente sem fazer muita ideia do que aconteceria e descobriu extasiado — assim como a paciente, presumivelmente — que o tratamento não a matou. Foi a primeira vez que alguém percebeu que os humanos podiam sobreviver com apenas um rim. Continua sendo algo como um mistério até hoje, por que temos dois rins. Ter um rim reserva é fantástico, sem dúvida, mas não dispomos de dois corações, dois fígados ou dois cérebros, então por que temos um rim a mais é um bendito mistério.

Os rins são invariavelmente considerados as bestas de carga do corpo. Eles processam diariamente cerca de 180 litros de água — uma banheira quase transbordando — e 1,5 quilo de sal.[15] São surpreendentemente pequenos para a quantidade de trabalho que realizam, pesando apenas 140 gramas cada. Não ficam na região lombar, como a maioria pensa, mas bem mais acima, perto do fundo da caixa torácica. O rim direito fica sempre mais baixo porque é pressionado pela assimetria do fígado. Filtrar os resíduos é sua função principal, mas eles também regulam a química sanguínea, ajudam a manter a pressão arterial, metabolizam vitamina D e mantêm o equilíbrio vital entre os níveis de sal e água dentro do corpo. Se comemos muito sal nossos rins filtram o excesso do sangue e o mandam para a bexiga, para ser expelido junto com a urina. Se comemos muito pouco, os rins retiram da urina antes que ele deixe o corpo. O problema é que se exigimos que nossos rins filtrem em excesso por um período excessivo, eles se cansam e param de funcionar perfeitamente. À medida que os rins perdem a eficiência, os níveis de sódio no sangue aumentam furtivamente, deixando sua pressão perigosamente alta.

Mais do que com a maioria dos outros órgãos, o funcionamento do rim piora conforme envelhecemos. Entre as idades de quarenta e setenta anos, sua capacidade de filtragem cai cerca de 50%. Pedras nos rins se tornam mais comuns, assim como doenças potencialmente fatais. A taxa de mortalidade da doença renal crônica saltou para mais de 70% desde 1990 nos Estados Unidos e para mais do que isso em alguns países do Terceiro Mundo. O diabetes é a causa mais comum de falência renal, e obesidade e pressão arterial elevada são importantes fatores de contribuição.

O que os rins não devolvem ao corpo por meio da corrente sanguínea repassam para nossa segunda vesícula mais conhecida, a bexiga, para eliminação. Cada rim é conectado à bexiga por um tubo chamado uretra. Diferentemente dos outros órgãos abordados aqui, a bexiga não produz hormônios (pelo menos, não que saibamos) nem possui um papel na química do corpo, mas ao menos tem algo de venerável. A palavra *bladder* [bexiga] é uma das mais antigas do corpo, datando dos tempos anglo-saxões e precedendo tanto *kidney* [rim] como *urine* em mais de seiscentos anos. A maioria das outras palavras em inglês antigo com o som *d* médio passou a um som de *th* mais suave, assim *feder* [pluma] se transformou em *feather*, e *fader* [pai] virou *father*, mas a bexiga por algum motivo resistiu à atração gravitacional do uso comum e permaneceu fiel à pronúncia original por bem mais de mil anos, algo que não aconteceu com outras partes do corpo.

A vesícula urinária ou bexiga foi projetada para inchar conforme enche. (Em um homem de tamanho médio, a capacidade é de cerca de meio litro; numa mulher, bem menos.) Conforme envelhecemos a bexiga perde a elasticidade e não consegue se expandir como fazia antes, parte do motivo para as pessoas de idade passarem boa parte da vida à espreita de banheiros, segundo Sherwin Nuland, em *How We Die* [Como morremos].[16] Até muito recentemente, acreditávamos que a urina e a bexiga fossem ambientes normalmente estéreis. Ocasionalmente, bactérias poderiam penetrar no aparelho urinário e causar uma infecção, mas não haveria colônias permanentes de bactéria ali. Por esse motivo, quando o Projeto Microbioma Humano foi lançado, em 2008, com o intuito de rastrear e catalogar todos os nossos micróbios, a bexiga foi excluída da investigação. Hoje sabemos que o trato urinário também é, ao menos em parte, um mundo microbial — sendo inclusive, ao que parece, igualmente vasto.[17]

Uma característica desafortunada que a bexiga guarda em comum com a vesícula biliar e os rins é a tendência a formar pedras — cálculos endurecidos de cálcio e sais. Por séculos, as pedras atormentaram as pessoas em um grau hoje quase inimaginável. Como eram muito difíceis de tratar, com frequência alcançavam um tamanho prodigioso antes de a vítima finalmente aceitar a necessidade — e o risco muito elevado — de uma operação. Era um procedimento horrível, combinando níveis intoleráveis de dor, risco e indignidade numa única cirurgia mortificante. O paciente era tranquilizado, na medida do possível, com infusões de opiáceos e mandrágora, depois deitado de costas na mesa com as pernas erguidas acima da cabeça, os joelhos encostados no peito e os braços atados à mesa. Normalmente quatro homens fortes eram chamados para segurar o paciente enquanto o cirurgião tentava extrair as pedras. Não causa surpresa que os profissionais desse procedimento fossem mais célebres pela rapidez do que por qualquer outra virtude.

A litotomia, ou remoção de cálculo, mais famosa da história provavelmente aconteceu com o escritor Samuel Pepys em 1658, quando estava com 25 anos de idade.[18] Isso foi dois anos antes de Pepys começar seu diário, assim não temos um relato em primeira mão da experiência, mas ele a mencionou com frequência e vividamente depois disso (inclusive na primeira página do diário, quando finalmente o começou) e viveu em um loquaz pavor de precisar passar por algo parecido novamente.

Não é difícil entender por quê. A pedra de Pepys era do tamanho de uma bola de tênis (embora uma bola de tênis do século XVII, ligeiramente menor do que uma bola de tênis moderna, ainda que a distinção possa com justiça ser chamada de irrelevante por alguém que sofra de pedra). Com quatro homens segurando o paciente, o cirurgião, Thomas Hollyer, inseriu um instrumento chamado *itinerarium* por seu pênis em sua bexiga para firmar a pedra no lugar. Então pegou o bisturi e com rapidez e destreza — de forma excruciante, porém — abriu uma incisão de quase oito centímetros em seu períneo (a área entre o escroto e o ânus). Afastando a pele na abertura, cortou cuidadosamente a bexiga trêmula e exposta, segurou a pedra e a extraiu. O procedimento todo, do início ao fim, levou apenas cinquenta segundos, mas deixou Pepys acamado por semanas, e traumatizado pelo resto da vida.*

---

* A queixa de Pepys é muitas vezes erroneamente descrita como pedras nos rins. Lamento informar que repeti o equívoco em meu livro *Em casa: Uma breve história da vida doméstica*. Pepys teve uma porção de cálculos renais também — ele expeliu pedras ao longo de toda a sua vida —, mas o dr. Hollyer (às vezes grafado Hollier em outros relatos) não teria conseguido

Hollyer cobrou 24 xelins pela operação, mas foi um dinheiro bem gasto. O médico era famoso não só pela celeridade, como também pelo fato de que seus pacientes muitas vezes sobreviviam. Em um ano, realizou quarenta litotomias e não perdeu um único indivíduo — um feito extraordinário. Muitos médicos de antanho estavam longe de ser tão perigosos e incompetentes quanto às vezes costumamos pintá-los. Podiam não saber coisa alguma sobre antissepsia, mas os melhores dentre eles não ficavam a dever nada em habilidade e inteligência.

Pepys, por sua vez, celebrou o aniversário de sua sobrevivência por anos com orações e um jantar especial.[19] Guardou a pedra numa caixa laqueada e pelo resto da vida a exibiu para as visitas admiradas sempre que teve oportunidade. E quem poderia condená-lo por isso?

---

extrair uma pedra tão grande dos rins sem matar o paciente. A experiência foi registrada de forma completa e memorável na respeitada biografia escrita por Claire Tomalin, *Samuel Pepys: The Unequalled Self.*

9. Na sala de dissecação: o esqueleto

Céu, leva minh'alma, Inglaterra, fica com meus ossos!
William Shakespeare, *A vida e a morte do rei João*

I

  A impressão mais poderosa que nos vem em uma sala de dissecação não é de que o corpo humano seja um exemplar magnífico de engenharia de precisão. Só carne. Não se parece em nada com os torsos didáticos de plástico perfilados nas prateleiras pela sala. Eles são coloridos e brilhantes, como brinquedos de criança. Um corpo humano de verdade numa sala de dissecação não tem nada de lúdico. Não passa de carne inerte, tendões e órgãos sem vida que perderam a cor. É ligeiramente mortificante perceber que a única carne exposta que normalmente vemos no dia a dia seja a carne de animais que preparamos para comer. A carne de um braço humano, assim que a pele de fora é removida, se parece surpreendentemente com frango ou peru. Só quando vemos que termina na mão, com seus dedos e unhas, percebemos que é humana. Nesse momento lhe ocorre que talvez você possa estar nauseado.

"Agora olha isso", me diz o dr. Ben Ollivere.[1] Estamos na sala de dissecação da Faculdade de Medicina da Universidade de Nottingham e ele chama minha atenção para um pedaço de tubo solto no alto da caixa torácica de um cadáver masculino. O tubo foi seccionado, evidentemente para fins de demonstração. Ben me instrui a enfiar o dedo enluvado ali dentro e tatear. É rígido, como massa antes de cozinhar — um caneloni sem recheio. Não faço ideia do que seja.

"A aorta", diz Ben, com leve orgulho, acho.

Estou francamente admirado. "Então aqui fica o coração?", pergunto, indicando a massa informe junto dela.

Ben balança a cabeça. "E o fígado, pâncreas, rins, baço", diz, apontando os outros órgãos do abdômen, às vezes afastando algum de lado para expor outro oculto atrás. Não são fixos e duros como os modelos de plástico, mas se movem com facilidade. Lembram vagamente balões cheios de água. Há um bocado de outras coisas também — vasos sanguíneos, nervos e tendões conectando tudo e um monte de intestinos, o negócio todo meio que socado ali dentro, como se aquela pobre ex-pessoa anônima tivesse tido de guardar tudo às pressas. Era impossível conceber de que maneira alguma parte daquele interior caótico podia um dia ter conduzido as tarefas que permitiram ao corpo absolutamente inerte diante de nós sentar, rir e viver.

"Uma pessoa morta, não tem erro", me diz Ben. "Gente viva parece viva — por dentro ainda mais do que por fora. Quando você abre a pessoa numa cirurgia, os órgãos palpitam, são reluzentes. Claramente coisas vivas. Mas quando você morre isso vai embora."

Ben é um velho amigo, além de acadêmico e cirurgião eminente. Ele é professor clínico associado de cirurgia de trauma na Universidade de Nottingham e consultor em cirurgia de trauma no Centro Médico do Queens, na cidade. Tudo no corpo humano o deixa fascinado. Ele me mostra esse um pouco apressadamente, tentando me explicar o que desperta seu interesse, que é quase tudo.

"Considere por um momento tudo que fazemos com a mão e o pulso", diz. Ele puxa delicadamente um tendão exposto no antebraço do cadáver, perto do cotovelo, e, para meu espanto, o mindinho se mexe. Ben sorri com minha surpresa e explica que temos tanta coisa espremida num espaço tão reduzido na mão que grande parte do trabalho precisa ser feita remotamente, como os fios de uma marionete. "Se você fecha o punho, sente o esforço no antebraço. Isso se deve aos músculos do braço, que estão realizando a maior parte do trabalho."

Usando luvas azuis, ele suavemente gira o pulso do cadáver, como se o examinasse. "O pulso é uma obra de arte", prossegue. "Tudo tem de passar por aqui — músculos, nervos, vasos sanguíneos, tudo — e mesmo assim ele não pode perder a mobilidade por um segundo. Pense em todas as coisas que seu pulso precisa fazer — abrir um pote de geleia, acenar, virar a chave na fechadura, mudar uma lâmpada. É uma magnífica peça de engenharia."

A área de Ben é a ortopedia, então ele aprecia ossos, tendões e cartilagem — a infraestrutura viva do corpo — do modo como outras pessoas apreciam carros de luxo ou vinhos finos. "Viu isto?", diz, cutucando uma coisa pequena, lisa e muito branca na base do polegar, que tomo por um pedaço de osso exposto. "Não, é cartilagem", me corrige ele. "A cartilagem também é incrível. É muito mais lisa que vidro: o coeficiente de atrito é cinco vezes menor que o do gelo. Imagine jogar hóquei numa superfície tão lisa que os esquis vão dezesseis vezes mais rápido. Isso é a cartilagem. Mas, ao contrário do gelo, ela não é quebradiça. Não racha sob pressão, como o gelo faria. E você mesmo produz. É uma coisa viva. Algo como isso jamais foi igualado pela engenharia ou pela ciência. Boa parte da melhor tecnologia existente na Terra está bem aqui, dentro de nós. E quase ninguém se dá conta."

Antes de prosseguirmos, Ben examina o pulso com mais atenção por um momento. "Se a pessoa quer se matar, não deveria tentar cortar os pulsos, aliás", continua ele. "Todas essas coisas passando por aqui estão embrulhadas numa bainha protetora chamada fáscia, que dificulta muito chegar às artérias. A maioria dos que tentam cortar os pulsos não consegue se matar, o que sem dúvida é uma boa coisa." Ele reflete por um momento. "Também é bem difícil se matar pulando de um lugar alto", acrescenta. "As pernas viram uma espécie de zona de deformação. Você pode causar um belo estrago em si mesmo, mas muito provavelmente vai sobreviver. Se matar, na verdade, é bem difícil. Fomos projetados para evitar a morte." Parece algo um pouco irônico de se dizer, numa sala cheia de cadáveres, mas sei do que está falando.

Normalmente, a sala de dissecação do Nottingham vive cheia de alunos de medicina, mas são férias de verão quando Ben Ollivere me mostra o lugar. Duas outras pessoas se juntam a nós de tempos em tempos — Siobhan Loughna, professora de anatomia na universidade, e Margaret "Margy" Pratten, chefe da seção de ensino de anatomia e professora associada de anatomia. A sala de dissecação é grande e bem iluminada, clinicamente limpa e ligeiramente fria, com uma dúzia de estações de trabalho de anatomia perfiladas. Um cheiro de fluido embalsamador, parecido com algum tipo de linimento, paira no ar. "Acabamos de mudar as fórmulas", explica Siobhan. "Esta preserva melhor, mas tem cheiro mais forte. O fluido embalsamador é feito principalmente de formaldeído e álcool."

A maioria dos corpos é cortada em pedaços — cortes transversais —, assim os alunos podem se concentrar numa área particular: a perna, o ombro ou o pescoço, digamos. A unidade examina cerca de cinquenta corpos por ano. Pergunto a Margy se é difícil obter corpos. "Não, muito pelo contrário", responde. "A doação é maior do que conseguimos aceitar. Alguns têm de ser recusados — se a pessoa teve doença de Creutzfeldt-Jacob, por exemplo, porque haveria o risco de infecção, ou se for morbidamente obesa." (É difícil manusear corpos muito grandes.)

Em Nottingham se observa uma política informal de ficar no máximo com um terço de um corpo esquartejado, acrescenta Margy. As partes retidas podem ser conservadas por anos. "O resto é devolvido à família, para realizarem o enterro." Corpos inteiros em geral são mantidos por não mais de três anos antes de serem enviados para cremação. Membros da equipe e alunos de medicina muitas vezes comparecem às cerimônias. Margy procura ir sempre que pode.

Parece algo um pouco estranho de se dizer quando falamos de cadáveres que foram cuidadosamente retalhados, depois entregues a alunos para serem ainda mais cortados e investigados, mas em Nottingham tratam os corpos com respeito. Nem toda instituição é assim tão rigorosa. Não muito tempo após minha visita a Nottingham, houve um breve escândalo nos Estados Unidos quando um professor assistente e alguns alunos da Universidade de Connecticut foram fotografados posando com duas cabeças decepadas em uma selfie tirada numa sala de dissecação em New Haven.[2] Pela lei britânica, é proibido tirar fotos em salas de dissecação. Em Nottingham, é proibido até entrar com celular.

"Aquelas eram pessoas de verdade, com esperanças, sonhos, famílias e tudo o que nos faz humanos. Elas doaram seus corpos para ajudar os outros, e isso é muito nobre, então tentamos ao máximo nunca perder essa atitude de vista", afirmou Margy.

Levou um tempo surpreendentemente longo para a ciência médica desenvolver um interesse efetivamente ativo no que preenche o espaço dentro de nós e como tudo ali funciona. Até a Renascença, a dissecação humana era amplamente proibida e, mesmo quando passou a ser tolerada, não muita gente tinha estômago. Algumas almas intrépidas — Leonardo da Vinci, a mais famosa delas — cortavam pessoas em nome do conhecimento, mas até Leonardo observou em suas anotações que um corpo em decomposição era uma coisa repulsiva.

Quase sempre era difícil obter um cadáver. Quando o grande anatomista Andreas Vesalius, na juventude, quis restos humanos para estudar, roubou o corpo de um assassino enforcado nos arredores de sua cidade natal, Lovaina, em Flandres, pouco a leste de Bruxelas.[3] William Harvey, na Inglaterra, estava tão desesperado por cadáveres para estudar que dissecou o próprio pai e a irmã.[4] Não menos bizarramente, o anatomista italiano Gabriele Falloppio (descobridor das tubas uterinas) recebeu um criminoso ainda vivo em suas mãos, com instruções de executá-lo da maneira que mais bem servisse aos seus propósitos. Parece que Gabriele e o homem juntos decidiram por uma overdose de opiáceos, algo comparativamente mais humano.[5]

No Reino Unido, criminosos enforcados por assassinato eram distribuídos entre as escolas médicas locais para dissecação, mas nunca havia corpos suficientes para satisfazer a demanda. Devido à escassez, surgiu um próspero mercado negro de corpos roubados em cemitérios. Muita gente temia seriamente que o próprio corpo pudesse ser desenterrado e violado após a morte. Um caso famoso foi o do célebre gigante irlandês Charles Byrne (1761-83). Com 2,31 metros de altura, Byrne era o homem mais alto da Europa. Seu esqueleto era cobiçado pelo anatomista e colecionador John Hunter. Aterrorizado com a ideia de uma dissecação, Byrne deixou instruções de que após sua morte o caixão fosse levado para alto-mar e atirado na água, mas Hunter subornou o capitão do navio com quem Byrne combinara o arranjo e o corpo acabou por ser levado a sua residência, em Earl's Court, Londres, onde foi dissecado ainda quente. Por décadas, os espichados ossos de Byrne ficaram em exposição no Museu Hunteriano, do Royal College of Surgeons, em Londres. Entrementes, em 2018 o museu foi fechado para uma reforma de três anos e hoje se pensa em permitir que Byrne seja sepultado no mar, em respeito a seu último desejo.

À medida que as faculdades médicas proliferavam, o problema da demanda se agravava. Em 1831, Londres tinha novecentos alunos de medicina, mas apenas onze criminosos executados para compartilhar entre si. No ano seguinte, o Parlamento aprovou a Lei de Anatomia, que tornava as punições contra violação de sepultura mais severas, mas também permitia às instituições que realizavam dissecação reclamar o corpo de qualquer indigente falecido nos asilos, para desgosto de muitos pobres, mas que aumentou consideravelmente a oferta.

O crescimento da dissecação para estudos coincidiu com uma melhora no padrão dos livros de referência médicos e anatômicos. A obra de anatomia mais influente do período — e com efeito desde então — era *Anatomy; Descriptive and Surgical* [Anatomia; descritiva e cirúrgica], publicada inicialmente em 1858 em Londres e conhecida desde então como *Anatomia de Gray*, do nome de seu autor, Henry Gray.

Henry Gray foi um jovem e promissor professor de anatomia no St. George's Hospital em Hyde Park Corner, Londres (o prédio ainda existe, mas é um hotel de luxo hoje), quando decidiu produzir um guia anatômico definitivo e moderno. Gray ainda nem entrara na casa dos trinta quando começou a trabalhar no livro, em 1855. Para as ilustrações, contratou um aluno de medicina do St. George's chamado Henry Vandyke Carter, pela remuneração de 150 libras durante o período de quinze meses. Carter era dolorosamente tímido, mas dono de um talento excepcional. Todas as ilustrações tinham de ser feitas ao contrário, para poderem ser impressas corretamente no papel, desafio que deve ter sido quase inimaginável.[6] Carter não só fez todos os 363 desenhos, como também trabalhou em todas as dissecações e preparativos. Embora houvesse muitos outros livros de anatomia disponíveis, a *Anatomia de Gray*, nas palavras de um biógrafo, "eclipsou todos os demais, em parte por seus detalhes meticulosos, em parte por sua ênfase na anatomia cirúrgica, mas, acima de tudo, provavelmente, pela excelência das ilustrações".

Como colaborador, Gray foi de uma mesquinhez impressionante. Nem sequer fica claro se chegou a pagar a Carter integralmente, ou se lhe pagou. Com certeza, nunca dividiu os direitos. Instruiu os impressores a reduzir o corpo do nome de Carter na página de rosto e a retirar a referência a suas qualificações médicas, de modo a sugerir um ilustrador freelance qualquer. Só o nome de Gray aparecia na lombada e é por isso que o livro ficou conhecido como *Anatomia de Gray*, e não de *Gray e Carter*, como deveria ter sido realmente.

O livro foi um sucesso imediato, mas Gray não chegou a desfrutar dele por muito tempo. Morreu em 1861, de varíola, três anos após a publicação. Estava com apenas 34 anos. Carter teve sorte um pouco melhor. No ano em que o livro foi publicado, mudou-se para a Índia, onde se tornou professor de anatomia e fisiologia (e mais tarde diretor) no Grant Medical College. Viveu trinta anos no país antes de se aposentar em Scarborough, no litoral norte de Yorkshire. Morreu em 1897, de tuberculose, duas semanas antes de seu 66º aniversário.

II

Exigimos muito do nosso arcabouço corporal. O esqueleto precisa ser rígido e no entanto maleável. Temos de ficar de pé com firmeza, mas também nos curvar e nos torcer. "Somos ao mesmo tempo moles e duros", como diz Ben Ollivere. Nossos joelhos precisam travar no lugar quando paramos, mas depois, imediatamente, soltar e se dobrar em até 140° para permitir que sentemos, ajoelhemos ou caminhemos por aí — e devemos fazer tudo isso com certa graça e fluência, dia após dia, por décadas. Pense em como são espasmódicos e artificiais, na maioria, os robôs que já vimos — como seu caminhar é trôpego, como são periclitantes para subir degraus ou andar em solo irregular, como ficariam irremediavelmente desconcertados se tentassem acompanhar um humano de três anos de idade em um parquinho — e isso lhe dará uma ideia da consumada criação que somos nós.

Normalmente, dizemos que o corpo humano tem 206 ossos, mas o número pode variar um pouco de pessoa para pessoa. Cerca de uma em cada oito tem um par de costelas extra, o 13º, enquanto vítimas da síndrome de Down frequentemente têm um par a menos. Assim, 206 é, para muitos, um número aproximado, e não inclui os (quase todos) minúsculos ossos sesamoides espalhados por todo o corpo em nossos tendões, principalmente nas mãos e nos pés. (Sesamoide quer dizer "semelhante ao sésamo", ou gergelim, o que é na maior parte das vezes uma descrição justa, mas nem sempre. A patela também é um osso sesamoide, mas sua forma é bem diferente.)

Os ossos estão longe de ser igualmente distribuídos. Só nos seus pés há 52 deles, e o dobro em sua coluna. As mãos e os pés juntos têm mais da metade dos ossos do corpo. Ter um monte de ossos em um lugar e não em outro não necessariamente significa que haja uma necessidade urgente deles aí, apenas que foi onde a evolução os deixou.

Os ossos fazem muito mais do que impedir que desmoronemos. Além de fornecerem sustentação, protegem nosso interior, fabricam células sanguíneas, armazenam substâncias químicas, transmitem som (no ouvido médio) e até, possivelmente, auxiliam a memória e elevam nosso estado de espírito, graças ao hormônio recém-descoberto osteocalcina. Até o início de 2000, ninguém fazia a mais remota ideia de que os ossos produzissem hormônios, mas então um geneticista do Centro Médico da Universidade Columbia, Gerard Karsenty, percebeu que a osteocalcina, que é produzida nos ossos, não é só um hormônio, mas parece estar envolvida em grande quantidade de importantes atividades reguladoras por todo o corpo, como auxiliar no controle dos níveis de glicose, aumentar a fertilidade masculina, influenciar nosso estado emocional e manter o funcionamento adequado da memória. À parte tudo isso, talvez ajude a explicar o perene mistério de como o exercício regular previne Alzheimer: os exercícios fortalecem os ossos e ossos mais fortes produzem mais osteocalcina.

Normalmente, cerca de 70% do osso é composto de material inorgânico e 30% de material orgânico. O elemento mais fundamental do osso é o colágeno. É a proteína mais abundante do corpo — 40% de todas as suas proteínas são colágenos — e é muito adaptável. O colágeno faz o branco do olho, mas também a córnea transparente. Nos músculos forma fibras que se comportam como uma corda, no sentido de que são fortes quando esticadas, mas maleáveis quando contraídas. Isso é ótimo para o músculo, mas nos seus dentes não seria ideal. Assim, quando a rigidez permanente é necessária, o colágeno muitas vezes se combina a um mineral chamado hidroxiapatita, que é forte sob compressão e desse modo permite ao corpo criar estruturas boas e sólidas como ossos e dentes.

Tendemos a pensar nos ossos como as peças inertes de um andaime, mas também são um tecido vivo. Da mesma maneira que os músculos, crescem com exercício e uso. "Um tenista profissional pode ter os ossos do braço do saque 30% mais grossos do que no outro braço", disse-me Margy Pratten, e citou Rafael Nadal como exemplo. Observe o osso por um microscópio e você verá, tanto quanto em qualquer outra coisa viva, uma cadeia intrincada de células produtivas. Devido ao modo como estão construídos, os ossos são, em grau extraordinário, tão fortes quanto leves.

"O osso é mais resistente que concreto reforçado", afirma Ben, "e mesmo assim leve o bastante para nos permitir correr em velocidade." Todos os seus ossos juntos não pesam mais do que nove quilos, contudo a maioria deles suporta uma tonelada de compressão. "O osso também é o único tecido no corpo que não deixa marca", acrescenta Ben. "Se você quebra a perna, depois que calcifica não dá para dizer onde quebrou. Não existe nenhum benefício prático nisso. Parece simplesmente que o osso quer ficar perfeito." Algo ainda mais extraordinário, o osso volta a crescer e preenche um vazio. "É possível tirar até trinta centímetros do osso de uma perna, e com uma armação externa e uma espécie de alongador ele cresce de volta", diz Ben. "Nenhuma outra coisa no corpo faz isso." O osso, em resumo, é espantosamente dinâmico.

Claro que o esqueleto é apenas uma parte da infraestrutura vital responsável por sua postura ereta e mobilidade. Precisamos também de um bocado de músculos e de uma variedade criteriosa de tendões, ligamentos e cartilagens. Acho seguro afirmar que a maioria não tem clareza absoluta sobre o que exatamente alguns deles fazem por nós ou qual exatamente é a diferença entre eles. Assim, eis uma breve recapitulação.

Tendões e ligamentos são tecidos conectivos. Tendões conectam os músculos ao osso; ligamentos conectam osso com osso. Os tendões têm elasticidade; os ligamentos, nem tanto. Os tendões são essencialmente extensões dos músculos. Se você quiser ver um tendão, é fácil. Vire a palma da mão para cima. Feche o punho e observe a saliência formada no lado inferior do pulso. Isso é um tendão.

Os tendões são fortes e normalmente não se rompem com facilidade, mas seu suprimento de sangue é pequeno e desse modo levam muito tempo para se recuperar. Pelo menos, estão em situação melhor que a cartilagem, que não tem suprimento de sangue algum e desse modo não tem capacidade de regeneração.

Mas a maior parte da sua massa, por mais modesta que seja sua constituição, é composta de músculo. No total, temos mais de seiscentos músculos. Tendemos a lembrar deles apenas quando doem, mas é claro que estão permanentemente a nosso dispor, de um milhão de maneiras não apreciadas — quando os lábios franzem, as pálpebras piscam, a comida se move pelo aparelho digestivo. São necessários cem músculos só para ficarmos de pé.[7] Você precisa de uma dúzia para passar os olhos pelas palavras que está lendo agora. O movimento mais simples da mão — uma contração do polegar, digamos — pode envolver dez músculos. Muitos músculos não são sequer lembrados como tais — a língua e o coração, por exemplo. Os anatomistas os categorizam de acordo com o que fazem. Os músculos flexores dobram as juntas, os extensores abrem-nas; há músculos elevadores e músculos depressores; abdutores, que afastam, e adutores, que aproximam; o esfíncter se contrai.

No todo, você é composto de cerca de 40% de músculos, se for um homem razoavelmente esbelto, um pouco menos, se for uma mulher similarmente bem-proporcionada, e só manter essa massa muscular consome até 40% de sua cota energética quando em repouso e muito mais quando está ativo. Como a manutenção dos músculos é tão dispendiosa, sacrificamos tônus muscular muito rapidamente quando não os utilizamos. Estudos realizados pela Nasa mostram que os astronautas — mesmo em missões breves, de cinco a onze dias — perdem até 20% da massa muscular.[8] (Perdem densidade óssea também.)

Todas essas coisas — músculos, ossos, tendões e assim por diante — trabalham juntas numa destra e magnífica coreografia. Em nenhum lugar isso é mais bem demonstrado do que nas suas mãos. Em cada uma, você tem 29 ossos, dezessete músculos (além de outros dezoito que ficam no antebraço, mas controlam a mão), duas artérias principais, três nervos grandes (um deles, o ulnar, é aquele que dá um choque quando batemos o cotovelo), além de 45 outros nervos e 123 ligamentos nomeados, cada um deles devendo coordenar toda ação que realizam com precisão e delicadeza. Sir Charles Bell, o grande cirurgião e anatomista do século XIX, considerava a mão humana a criação mais perfeita do corpo — mais até do que o olho.[9] Ele chamou seu texto clássico de *The Hand: Its Mechanism and Vital Endowments as Evincing Design* [A mão: seu mecanismo e dons vitais como desígnio demonstrável], com o que queria dizer que a mão era uma prova da criação divina.

A mão é uma criação maravilhosa, sem dúvida, mas nem todas as partes são iguais. Se você fechar os dedos formando um punho, depois tentar esticar um de cada vez, vai descobrir que os dois primeiros obedecem normalmente, mas o anelar parece não conseguir ir até o fim de modo algum. Sua posição na mão significa que não pode contribuir muito para os movimentos finos e desse modo desempenha um papel menor na musculatura discriminadora. Pode ser uma surpresa, mas nem todos temos mãos iguais. Cerca de 14% da população carece de um músculo chamado palmar longo, que ajuda a manter a palma tensionada. Esse músculo raramente inexiste em esportistas de ponta de ambos os sexos que dependem da preensão da mão, mas de resto é bastante dispensável. Na verdade, as extremidades em tendão do músculo são suficientemente desnecessárias para serem utilizadas pelos cirurgiões quando realizam enxertos de tendão.

Já virou um lugar-comum mencionar nosso polegar opositor (querendo dizer com isso que ele consegue tocar os demais dedos, proporcionando a aptidão para uma boa preensão), como se isso fosse um atributo humano único. Na verdade, a maioria dos primatas tem polegar opositor. Os nossos apenas têm um pouco mais de flexibilidade e mobilidade. O que há de diferente de fato em nossos polegares são três músculos pequenos mas de nomes latinos majestosos não encontrados em nenhum outro animal, incluindo chimpanzés: o extensor curto (*extensor pollicis brevis*), o flexor longo (*flexix pollicis longus*) e o primeiro interósseo palmar (*volar interosseus*) de Henle.*[10] Trabalhando em conjunto, permitem que seguremos e manuseemos instrumentos com segurança e delicadeza. Você pode nunca ter ouvido falar deles, mas esses três pequenos músculos são o coração da civilização humana. Elimine-os e nosso grande feito coletivo talvez fosse colher formigas com gravetos.

"O polegar não é apenas a forma atarracada dos outros dedos", contou-me Ben. "Na verdade, está ligado de maneira diferente. Quase nunca notamos, mas nossos polegares são virados de lado. A unha deles aponta numa direção diversa da dos demais. Em um teclado de computador, pressionamos

---

* O corpo humano é cheio de Henles. Temos criptas de Henle nos olhos, ampulheta de Henle no útero, ligamento de Henle no abdômen, túmulos de Henle nos rins e muitos mais. Tudo descoberto por um anatomista alemão muito curioso e curiosamente pouco lembrado chamado Jakob Henle (1809-95).

as teclas com a ponta dos dedos, mas usamos a lateral do polegar. É isso que significa polegar opositor. Que somos muito bons na preensão. O polegar, além disso, gira bem — ele percorre todo um arco amplo, comparado ao dos outros dedos."

Considerando sua importância, manifestamos surpreendente despreocupação com o nome deles. Pergunte quantos dedos temos nas mãos e a maioria responderá dez. Pergunte em seguida qual é o primeiro dedo e quase todo mundo mostrará o indicador, desse modo negligenciando o polegar adjacente e relegando-o a um status separado. Pergunte então qual dedo vem depois e a resposta será o dedo médio — mas ele só pode ser médio se houver cinco dedos, não quatro. No fim, nem os dicionários de língua inglesa conseguem decidir se temos oito ou dez dedos nas mãos. A maioria define *finger* como "um dos cinco membros terminais da mão ou um dos outros quatro que não o polegar". Devido à incerteza, nem a medicina enumerou os dedos, porque não há consenso sobre qual seria o número um. Os médicos usam termos técnicos latinos para praticamente todas as partes da mão, excetuando, estranhamente, os dedos, que chamam como todo mundo de polegar, indicador, médio, anelar e mindinho.

Muito do que sabemos sobre a força comparativa da mão e do pulso vem de uma série de experimentos improváveis empreendidos por um médico francês, Pierre Barbet, na década de 1930.[11] Barbet era cirurgião no Hospital Saint-Joseph em Paris e ficou obcecado com as exigências e limitações físicas da crucificação humana. Para testar como um ser humano se porta ao ser crucificado, pregou cadáveres a cruzes de madeira usando diferentes tipos de pregos, inseridos em diferentes partes das mãos e dos pulsos. Descobriu que a palma das mãos — método tradicionalmente retratado nas pinturas — não segura o peso de um corpo. As mãos literalmente se rasgariam. Mas se os pregos fossem fixados nos pulsos, o corpo permaneceria na posição indefinidamente, desse modo demonstrando que os pulsos são muito mais robustos que as mãos. E assim avança palmo a palmo o conhecimento humano.

Nossas outras extremidades desproporcionalmente ossudas, os pés, recebem muito menos elogios e atenção quando discutimos as características que nos tornam especiais, mas na verdade são igualmente maravilhosos. O pé tem de ser três coisas ao mesmo tempo: amortecedor, plataforma e trampolim. A cada passo — e no decorrer de uma vida você provavelmente terá dado algo em torno de 200 milhões deles — executamos as três funções nessa ordem. O formato curvo do pé, como o de um arco romano, é muito forte, mas também flexível, proporcionando um impulso renovado a cada passada. A combinação do arco com a elasticidade proporciona ao pé um mecanismo de recuo que ajuda a tornar nosso caminhar rítmico, gingado e eficiente, em comparação aos movimentos mais oscilantes dos outros grandes primatas. O humano médio caminha à velocidade de 103 centímetros por segundo, ou 120 passos por minuto,[12] embora obviamente isso varie muito, dependendo da idade, altura, urgência e tudo o mais.

Nossos pés foram projetados para serem preênseis, por isso temos essa abundância de ossos neles. Não foram feitos para sustentar muito peso, e é por isso que ficam doloridos ao final de um longo dia se o passamos caminhando ou de pé. Como Jeremy Taylor observa em *Body by Darwin* [O corpo segundo Darwin], o avestruz eliminou esse problema fundindo os ossos do pé e do tornozelo, mas a ave teve 250 milhões de anos para ajustar o andar ereto, mais ou menos quarenta vezes mais do que nós.[13]

Todo corpo é uma acomodação entre a força e a mobilidade. Quanto mais robusto o animal, mais massudos precisam ser seus ossos. Assim, um elefante é 13% osso, enquanto um pequenino musaranho necessita devotar apenas 4% de si mesmo ao esqueleto. Os humanos estão no meio-termo, com 8,5%. Se tivéssemos um arcabouço mais forte, seríamos menos ágeis. O preço que pagamos por sermos capazes de trotar ou correr é, para muitos de nós, dores nas costas e nos joelhos em idade avançada — ou, na verdade, nem tão avançada assim. A pressão sobre a coluna causada por nossa postura ereta é tão grande que alterações patológicas foram detectadas "até aos dezoito anos", conforme observou Peter Medawar.[14]

O problema, claro, é que descendemos de uma longa linhagem de criaturas cujo esqueleto foi projetado para sustentar o peso sobre quatro patas. Examinaremos os benefícios e consequências dessa mudança monumental em nossa anatomia em mais detalhes no capítulo seguinte, mas por ora basta ter em mente que a adoção da postura ereta significou uma redistribuição indiscriminada da nossa carga corporal e, com isso, muita dor que, de outro modo, nos teria sido poupada. Em nenhuma parte do corpo isso fica mais desconfortavelmente evidente no humano moderno do que em suas costas. A posição ereta põe pressão extra nos discos cartilaginosos que sustentam e amortecem a coluna e por causa disso eles às vezes se deslocam e sofremos uma hérnia de disco. Entre 1% e 3% dos adultos sofrem do problema. Dor nas costas é a queixa crônica mais comum quando envelhecemos. Estima-se que 60% dos adultos tenham tirado ao menos uma semana de licença do trabalho em algum momento da vida por dores nas costas.[15]

As juntas dos nossos membros inferiores também são altamente vulneráveis. Todo ano, nos Estados Unidos, os cirurgiões realizam mais de 800 mil substituições articulares, principalmente quadris e joelhos, a maioria por desgaste e lesão na cartilagem que reveste as juntas.[16] É bastante impressionante a cartilagem durar o que dura, sobretudo quando consideramos que não é capaz de se consertar ou voltar a crescer. Pense em quantos pares de calçados você já usou na vida e terá uma ideia de como a cartilagem é resistente.

Como a cartilagem não é nutrida pelo sangue, a melhor coisa que você pode fazer para conservá-la é se mover um bocado, ajudando a conservar a cartilagem coberta pelo fluido sinovial. O pior que pode fazer é ganhar um bocado de peso corporal extra. Passe o dia com duas bolas de boliche amarradas na cintura e imagine se não sentirá o quadril e os joelhos na hora do jantar. Bem, isso é essencialmente o que estamos fazendo, diariamente, se andamos por aí com uns doze quilos acima do peso. Não admira que muitos terminemos passando por cirurgia corretiva quando a idade chega.

Para muita gente, a parte mais problemática de sua própria infraestrutura são os quadris. Os quadris se desgastam porque têm de fazer duas coisas incompatíveis: prover mobilidade para os membros inferiores e sustentar o peso do corpo. Isso exerce um bocado de pressão abrasiva na cartilagem, tanto da cabeça do fêmur como da cavidade articular onde ele se encaixa. Assim, em vez de girarem suavemente, ambas podem começar a se friccionar dolorosamente, como um pilão sendo socado. Até mais ou menos o final da década de 1950, não havia muita coisa que a ciência médica podia fazer para aliviar o problema. As complicações de cirurgia no quadril eram tão grandes que o procedimento usual era "fundir" os ossos, operação que aliviava a dor, mas deixava a pessoa com a perna endurecida para o resto da vida.

O alívio cirúrgico sempre tinha vida curta, pois todo material sintético testado em pouco tempo se desgastava e os ossos voltavam a atritar horrivelmente. Em alguns casos, os plásticos utilizados na substituição do quadril faziam tanto barulho ao caminhar que a pessoa ficava constrangida de sair. Então, um obstinado cirurgião ortopédico em Manchester chamado John Charnley se devotou heroicamente a encontrar materiais e elaborar métodos que resolveriam todos os problemas. Essencialmente, ele percebeu que o desgaste era enormemente reduzido se o fêmur fosse substituído por uma cabeça de aço inoxidável e a cavidade — o acetábulo, para usar o termo anatômico — fosse revestida de plástico. Quase ninguém ouviu falar de Charnley fora do meio ortopédico (onde é venerado), mas poucos trouxeram alívio a um número tão grande de pessoas quanto ele.[17]

Nossos ossos perdem massa a uma taxa de cerca de 1% ao ano após a meia-idade, por isso gente idosa e fraturas infelizmente andam juntas. Fraturas no quadril são particularmente problemáticas para pessoas de idade. Cerca de 40% dos indivíduos com mais de 75 anos que quebram o quadril nunca mais conseguem cuidar de si mesmos. Para muitos, é a gota d'água. Dez por cento morrem dentro de trinta dias e quase 30% em até doze meses. Nas palavras espirituosas do cirurgião e anatomista britânico Sir Astley Cooper: "Entramos no mundo pela pelve e o deixamos pelo quadril".

Felizmente, Cooper estava exagerando. Três quartos dos homens e metade das mulheres não quebram nenhum osso na velhice, e três quartos da população geral nunca sofre um problema grave nos joelhos,[18] então nem tudo está perdido. Enfim, como estamos prestes a ver, quando você considera quantos milhões de anos de riscos e apuros nossos antepassados passaram para nos deixar à vontade na posição ereta, de fato não temos muito do que nos queixar.

10. Em movimento: bipedalismo e exercício

> *Não menos de duas horas por dia devem ser devotadas ao exercício, e levando o clima em pouca consideração. Se o corpo for fraco, a mente não será forte.*
>
> Thomas Jefferson

Ninguém sabe por que andamos. Das 250 espécies de primatas, somos os únicos que optamos por nos erguer e sair por aí exclusivamente em duas patas. Alguns especialistas acham o bipedalismo no mínimo tão importante enquanto característica definidora do ser humano quanto nosso cérebro altamente funcional.

Muitas teorias foram propostas para explicar por que nossos ancestrais distantes desceram das árvores e adotaram a postura ereta — para liberar as mãos e poder carregar bebês e outros objetos; obter uma linha de visão melhor em um descampado; arremessar coisas com mais precisão —, mas uma coisa é certa: andar sobre duas patas veio a um preço. Aventurar-se pelo solo deixou nossos ancestrais extremamente vulneráveis, pois que não eram criaturas formidáveis, para dizer o mínimo. A jovem e graciosa proto-humana conhecida como Lucy, que viveu onde hoje é a Etiópia há cerca de 3,2 milhões de anos e é com frequência usada como modelo para o bipedalismo primitivo, tinha apenas um metro de altura e pesava meros 27 quilos — presença longe de ameaçadora para um leão ou guepardo.

É provável que Lucy e sua família tribal tenham tido pouca escolha a não ser se arriscar no campo aberto. Quando a mudança climática encolheu seus habitats, eles muito provavelmente tiveram de procurar alimento por áreas cada vez mais amplas para sobreviver, mas quase sempre voltavam correndo para as árvores quando podiam. Até Lucy parece ter sido apenas parcialmente convertida à vida no solo. Em 2016, antropólogos na Universidade do Texas concluíram que Lucy morreu ao cair de uma árvore (ou de um "evento de desaceleração vertical", em suas palavras, apenas com leve sarcasmo),[1] o que significava que ela devia passar um bocado de tempo no dossel das árvores e provavelmente se sentia tão à vontade ali como no chão. Ou pelo menos até antes dos últimos três ou quatro segundos de sua vida.

Caminhar é um feito mais engenhoso do que costumamos pensar. Equilibrados em apenas dois suportes, nossa existência é um desafio constante à gravidade. Como crianças pequenas graciosamente demonstram, caminhar é em essência uma questão de projetar o corpo adiante e deixar que as pernas se virem para acompanhar. Um pedestre em movimento tem um ou outro pé fora do chão durante 90% do tempo e desse modo empreende constantes ajustes inconscientes de equilíbrio. Além do mais, nosso centro de gravidade é alto — pouco acima da nossa cintura —, o que contribui para a nossa tendência inata ao tropeço.

Para passarmos de primata arbóreo a humano moderno ereto tivemos de empreender algumas alterações bastante profundas em nossa anatomia. Como observado antes, nosso pescoço ficou mais longo e estreito e se uniu ao crânio de forma mais ou menos centralizada, e não atrás, como nos outros grandes símios. Temos um dorso flexível que se dobra, joelhos desproporcionais e ossos da coxa em ângulos engenhosos. Talvez você ache que suas pernas descem reto a partir da cintura — é assim, nos macacos —, mas na verdade o fêmur faz um ângulo para dentro, descendo da pelve ao joelho. Como resultado nossos membros inferiores se moverão para uma posição muito mais próxima, proporcionando-nos um andar mais suave e elegante. Nenhum macaco pode ser treinado para andar como humano. Sua estrutura óssea o força a um andar bamboleante, e a fazer isso da maneira mais ineficaz. Um chimpanzé utiliza quatro vezes mais energia para se locomover no chão do que um humano.[2]

Para impulsionar nosso movimento adiante, temos um músculo distintivamente gigantesco nas nádegas, o glúteo máximo, e um tendão de aquiles, coisa que nenhum grande macaco tem. Temos arcos em nossos pés (para impulsão elástica), uma coluna sinuosa (para redistribuir o peso) e rotas reconfiguradas para nossos nervos e vasos sanguíneos — tudo tornado necessário, ou ao menos aconselhável, pelo imperativo evolucionário de deixar nossa cabeça bem acima dos pés. Para impedir o superaquecimento quando nos extenuamos, tornamo-nos relativamente sem pelos e desenvolvemos glândulas sudoríparas abundantes.

Acima de tudo, evoluímos uma cabeça bem diferente da dos outros primatas. Nosso rosto é achatado e conspicuamente desprovido de focinho. Temos uma fronte alta para acomodar nosso cérebro deveras impressionante. O alimento cozido nos levou a dentes menores e a uma mandíbula mais delicada. Dentro, temos uma cavidade oral curta e portanto uma língua mais curta e arredondada e uma laringe mais baixa na garganta. As mudanças em nossa anatomia superior nos deixaram por um feliz acidente com aparelhos vocais singularmente aptos a produzir fala articulada. Caminhar e falar provavelmente andaram de mãos dadas. Se você é uma criatura pequena que caça criaturas grandes, ser capaz de se comunicar é obviamente uma vantagem.

No fundo da sua cabeça há um ligamento modesto, não encontrado em outros primatas, que revela uma diferença que nos permitiu prosperar como espécie. É o ligamento da nuca e ele tem uma única função: segurar a cabeça com firmeza quando corremos. E correr — a corrida séria, determinada, de longa distância — é uma coisa que fazemos com superlativa competência.

Não somos os seres mais velozes, como qualquer um que perseguiu um cachorro ou um gato, ou mesmo um hamster fujão, deve saber. Os humanos mais rápidos de todos conseguem correr a cerca de trinta quilômetros por hora, embora apenas em tiros curtos. Mas ponha-nos contra um antílope ou outro animal selvagem em um dia quente e deixe que trotemos em seu encalço para ver como o levamos à exaustão. Nós transpiramos para manter o corpo frio, mas mamíferos quadrúpedes perdem calor com a respiração — ofegando. Como não podem parar e recuperar o fôlego, superaquecem e é seu fim. A maioria dos grandes animais não consegue correr por mais de quinze quilômetros antes de cair prostrada. O fato de nossos ancestrais também conseguirem se organizar em grupos de caça, abatendo presas de diferentes tamanhos ou cercando-as em espaços confinados, aumentou ainda mais nossa eficiência.

Essas mudanças anatômicas foram tão monumentais que semearam todo um novo gênero (a categoria biológica acima da espécie, mas abaixo da família) chamada *Homo*. Daniel Lieberman, de Harvard, enfatiza que a transformação foi um processo em dois estágios. Primeiro, nos tornamos caminhantes e escaladores, mas não corredores. Depois, gradualmente, nos tornamos caminhantes e corredores, mas não mais escaladores. Correr não é apenas uma forma mais rápida de locomoção que caminhar, mas mecanicamente bem diferente. "Caminhar é como andar em pernas de pau, e envolve adaptações bem diferentes da corrida", ele diz. Lucy caminhava e escalava, mas não tinha constituição para correr. Isso veio muito mais tarde, após a mudança climática transformar grande parte da África em amplas regiões de vegetação esparsa e savanas relvadas, impelindo nossos ancestrais vegetarianos a ajustar suas dietas e virar carnívoros (ou, na verdade, onívoros).

Todas essas mudanças, no estilo de vida e na anatomia, aconteceram com incrível lentidão. A evidência fóssil sugere que os primeiros hominídeos caminharam há cerca de 6 milhões de anos, mas levaram mais 4 milhões de anos para adquirir a aptidão para correr por longas distâncias e caçar com persistência.[3] Depois mais 1,5 milhão de anos se passaram até que obtivessem o estímulo cerebral suficiente para fabricar lanças pontudas. Esse é um longo tempo para esperar por um kit completo de competências em um mundo hostil e faminto. A despeito dessas deficiências, nossos antigos ancestrais conseguiam caçar grandes animais há 1,9 milhão de anos.

Seu sucesso se deveu a um truque adicional no arsenal do *Homo*: arremessar coisas. Para isso, nosso corpo precisou mudar de três maneiras cruciais. O ato de arremessar exigiu uma cintura alta e móvel (para criar bastante torção), ombros flexíveis e manobráveis e um antebraço capaz de lançar fazendo um movimento de chicote. A articulação dos ombros humanos não consiste em uma bola numa cavidade, como em nossos quadris, mas é um arranjo mais solto e folgado. Isso proporciona agilidade para o ombro e lhe permite girar livremente — exatamente o necessário para um arremesso potente —, mas também significa que deslocamos os ombros com facilidade.

Arremessamos com o corpo todo. Tente arremessar um objeto com força, permanecendo parado, e mal conseguirá atirá-lo. Um bom lançamento envolve um passo à frente, uma rotação brusca da cintura e do torso, um pronunciado alongamento para trás do braço junto ao ombro e o forte arremesso. Quando bem executado, um humano pode jogar um objeto com precisão considerável a velocidades que excedem facilmente 150 quilômetros por hora, como demonstram repetidas vezes os jogadores de beisebol profissionais. A capacidade de ferir e atormentar uma presa exausta com pedras, de distância relativamente segura, deve ter sido uma habilidade incrivelmente útil entre os antigos caçadores.

O bipedalismo também teve consequências — consequências com as quais todos convivemos hoje, como qualquer pessoa com dor crônica nas costas ou nos joelhos pode atestar. Acima de tudo, a adoção de uma pelve mais estreita para acomodar nossa nova andadura trouxe uma quantidade imensa de dor e perigo à mulher no parto. Até tempos recentes, nenhum outro animal na Terra corria tanto risco de morrer no parto quanto um humano e talvez mesmo hoje nenhum outro sofra tanto.

Por muito mais tempo do que deveria, a importância crucial para a saúde humana de simplesmente se mover um pouco mal foi considerada. Mas no final da década de 1940, um médico do Conselho de Pesquisa Médica do Reino Unido, Jeremy Morris, ficou convencido de que a ocorrência cada vez maior de ataques cardíacos e doenças coronárias estava ligada aos níveis de atividade, e não apenas à idade ou ao estresse crônico, como era quase universalmente pensado na época.[4] Como o Reino Unido continuava se recuperando da guerra, a verba para pesquisa era escassa, e assim Morris teve de pensar numa maneira barata de conduzir um estudo em larga escala eficaz. Quando viajava para trabalhar certo dia, ocorreu-lhe que qualquer ônibus de dois andares londrino era um laboratório perfeito para seus propósitos, uma vez que todos tinham um motorista que passava todo o tempo em seu trabalho sentado e um cobrador que vivia de pé. Além de se moverem lateralmente, os cobradores também subiam uma média de seiscentos degraus por turno. Morris dificilmente teria idealizado dois grupos mais perfeitos para comparação. Ele acompanhou 35 mil motoristas e cobradores por dois anos e descobriu que, após controlar todas as demais variáveis, os motoristas — por mais saudáveis que fossem — tinham risco duas vezes maior que os cobradores de sofrer um ataque cardíaco. Foi a primeira vez que alguém demonstrou uma ligação direta e mensurável entre exercício e saúde.

Estudo após estudo desde então revelam que o exercício gera benefícios extraordinários. Caminhadas regulares reduzem o risco de ataque cardíaco ou AVC em 31%.[5] Uma análise de 665 mil pessoas em 2012 mostrou que permanecer ativo por apenas onze minutos diários após a idade de quarenta anos aumentava em 1,8 ano a expectativa de vida. Permanecer ativo por uma hora ou mais por dia melhorava a expectativa de vida em 4,2 anos.[6]

Além de robustecer os ossos, o exercício fortalece o sistema imune, estimula os hormônios, diminui o risco de diabetes e vários tipos de câncer (incluindo de mama e colorretal), melhora o humor e até previne a senilidade. Como já se observou muitas vezes, não há provavelmente um único órgão ou sistema no corpo que não se beneficiem do exercício. Se alguém inventasse uma pílula que pudesse fazer por nós tudo que uma quantidade moderada de exercício consegue, ela se tornaria instantaneamente a droga de maior sucesso da história.

E quanto exercício devemos fazer? Essa resposta não é fácil. A crença mais ou menos universal de que deveríamos todos caminhar 10 mil passos por dia — cerca de 8 quilômetros — não é má ideia, mas não tem nenhuma base científica. Claramente, qualquer caminhada provavelmente é benéfica, mas a ideia de que há um número mágico universal de passos que nos trará saúde e longevidade é um mito. A ideia dos 10 mil passos é muitas vezes atribuída a um estudo isolado feito no Japão na década de 1960 —[7] embora isso também pareça ser um mito. Do mesmo modo, as recomendações dos Centros para Controle de Doenças dos Estados Unidos sobre exercício, a saber, 150 minutos por semana de atividade moderada, estão baseadas não na quantidade ideal necessária para a saúde, uma vez que ninguém pode dizer o que isso é, mas no que os consultores dos CDCs acham que as pessoas perceberão como metas realistas.

O que se pode dizer do exercício é que a maioria não faz tanto quanto deve, longe disso. Apenas cerca de 20% das pessoas conseguem manter um nível até mesmo moderado de atividade regular.[8] Muitos praticamente não fazem exercício algum. Hoje, o americano caminha em média apenas cerca de meio quilômetro por dia — e isso inclui qualquer andada, seja pela casa ou no escritório.[9] Mesmo numa sociedade indolente pareceria quase impossível fazer menos. Segundo a *Economist*, algumas empresas americanas começaram a oferecer prêmios para funcionários que atingissem 1 milhão de passos em um ano num dispositivo de monitoramento de atividade física como o Fitbit. Isso parece um número bastante ambicioso, mas na verdade bastam 2740 passos por dia, ou pouco menos de dois quilômetros. Até isso, porém, parece além da capacidade de muita gente. "Alguns funcionários teriam prendido seu Fitbit no cachorro para aumentar a contagem", observou a *Economist*.[10] Caçadores-coletores modernos, por outro lado, caminhavam e trotavam uma média de 31 quilômetros diários para obter alimento e é razoável presumir que nossos antepassados fizessem o mesmo.[11]

Em resumo, nossos antigos ancestrais davam duro pelo que comiam e consequentemente acabaram tendo um corpo projetado para fazer duas coisas um pouco incompatíveis: permanecer ativo a maior parte do tempo, mas nunca ficar mais ativo do que absolutamente necessário. Como explica Daniel Lieberman: "Se você quer compreender o corpo humano, precisa entender que evoluímos para ser caçadores-coletores. Isso significa estar preparado para gastar muita energia obtendo alimento, mas não desperdiçá-la sem necessidade".[12] Então o exercício é importante, mas o resto também é vital. "Para começar", diz Lieberman, "não podemos digerir a comida enquanto estamos nos exercitando, porque o corpo desvia o sangue do sistema digestivo, de modo a atender o aumento da demanda para fornecimento de oxigênio aos músculos. Assim, você precisa repousar de vez em quando, só para fins metabólicos e para se recuperar do esforço do exercício."

Como nossos ancestrais tinham de sobreviver também em tempos de vacas magras, desenvolveram uma tendência a armazenar gordura como reserva de combustível — um reflexo de sobrevivência que hoje está, com frequência, nos matando. O resultado é que milhões de nós passam a vida lutando para manter um equilíbrio entre corpos projetados no Paleolítico e os excessos alimentares modernos. É uma batalha que muitos de nós estão perdendo.

Em nenhum outro lugar do mundo desenvolvido isso é mais verdadeiro do que nos Estados Unidos.[13] Segundo a Organização Mundial de Saúde, mais de 80% dos americanos e 77% das americanas estão com sobrepeso, e 35% deles todos são obesos — em 1988, a proporção era de 23%. Mais ou menos no mesmo período, a obesidade mais do que dobrou em crianças e quadruplicou entre adolescentes norte-americanos. Se todas as demais pessoas do mundo ficassem do tamanho dos americanos, seria o equivalente a acrescentar 1 bilhão de pessoas à população mundial.

O sobrepeso é definido como um índice de massa corporal (IMC) de 25 a trinta e a obesidade como qualquer coisa acima disso. O IMC é o peso da pessoa em quilos dividido pelo quadrado de sua altura em metros. Os CDCs têm uma calculadora de IMC que lhes permite determinar seu IMC instantaneamente. Entretanto, devemos dizer também que o IMC é uma medida grosseira da gordura corporal, porque não faz distinção entre uma pessoa particularmente musculosa ou simplesmente rechonchuda. Um halterofilista e um sedentário que não sai do sofá poderiam ter medições de IMC idênticas, e saúde completamente diferente.[14] Mas mesmo que o IMC não seja uma forma perfeita de medição, basta dar uma olhada por aí para perceber que estamos com carne de sobra.

Talvez nenhuma outra estatística sobre nossa massa corporal cada vez maior seja mais eloquente do que o fato de que a mulher média nos Estados Unidos hoje pesa tanto quanto o homem médio pesava em 1960.[15] Nesse meio século ou algo assim, o peso da americana média passou de 63,5 quilos para 75,3 quilos. O do americano, de 73,5 quilos para oitenta quilos. O custo anual da economia americana em cuidados de saúde extra para pessoas com sobrepeso foi calculado em 150 bilhões de dólares. Para piorar, calcula-se que mais da metade das crianças de hoje estarão obesas aos 35 anos, segundo um modelo recente da Universidade Harvard.[16] Está previsto que a atual geração de jovens será a primeira no registro histórico a não viver tanto quanto seus pais, por questões de saúde ligadas ao peso.[17]

O problema dificilmente se restringe aos Estados Unidos. As pessoas estão ficando gordas no mundo todo. Nos países ricos da Organização para Cooperação e Desenvolvimento Econômico, a taxa média de obesidade é de 19,5%, mas ela varia consideravelmente de país para país. Os britânicos estão entre os mais cheinhos, depois dos americanos, com cerca de dois terços dos adultos pesando mais do que deveriam e 27% classificados como obesos, comparados a 14% em 1990.[18] O Chile tem a maior proporção de cidadãos acima do peso, com 74,2%, seguido de perto pelo México, com 72,5%. Mesmo na comparativamente esbelta França, 49% dos adultos têm sobrepeso e 15,3%

são obesos, comparados com menos de 6% há apenas 25 anos. O número global da obesidade está em 13%.[19]

Não se discute que perder peso seja difícil. Segundo um cálculo, devemos caminhar cinquenta quilômetros ou correr de leve por sete horas para perder apenas meio quilo.[20] Um grande problema do exercício é que não o monitoramos muito escrupulosamente. Um estudo nos Estados Unidos revelou que as pessoas superestimavam a quantidade de calorias queimadas numa atividade como sendo quatro vezes maior do que na realidade.[21] Elas também consumiam, em média, cerca do dobro de calorias que haviam acabado de queimar. Como observou Daniel Lieberman em *The Story of the Human Body* [A história do corpo humano], o operário numa fábrica gasta cerca de 175 mil calorias mais que um funcionário de escritório —[22] o equivalente a mais de sessenta maratonas. Isso é bastante impressionante, mas eis uma pergunta razoável: quantos trabalhadores de fábrica parecem correr uma maratona a cada seis dias? Com o perdão da franqueza, não muitos. Isso acontece porque a maioria deles, como a maioria de nós, repõe todas essas calorias queimadas, e mais um pouco, quando não estão trabalhando. A verdade é que podemos rapidamente anular os resultados de bastante exercício comendo muita comida, e a maioria faz isso.

No mínimo — e é de fato o mínimo —, você deve se levantar e se mover um pouco. Segundo um estudo, hábitos muito sedentários (ficar sentado por seis horas ou mais durante o dia) aumentam o risco de mortalidade masculina em quase 20% e a feminina em quase o dobro disso. (Por que sentar demais é muito mais perigoso para mulheres não fica claro.) Pessoas que ficam muito sentadas têm o dobro de probabilidade de contrair diabetes, duas vezes mais probabilidade de ter um ataque cardíaco e duas vezes e meia de sofrer uma doença cardiovascular.[23] O que é surpreendente (e alarmante) é que parece não fazer diferença quanto exercício realizamos no resto do tempo — se você passa o fim do dia no acolchoamento sedutor de seu glúteo máximo, pode anular todos os benefícios obtidos durante um dia ativo.[24] Como o jornalista James Hamblin afirmou na *Atlantic*, "sentar, não dá pra desfazer". Na verdade, pessoas com ocupações e estilo de vida sedentários — ou seja, a maioria — podem facilmente permanecer sentadas por catorze ou quinze horas diárias, e desse modo completamente imóveis, de forma nada salutar, durante toda uma existência, com exceção de uma parte minúscula dela.

James Levine, um especialista em obesidade da Clínica Mayo e da Universidade Estadual do Arizona, cunhou o termo "termogênese de atividade que não seja exercício", ou NEAT, para descrever a energia gasta por nós em um dia normal de vida.[25] Na verdade, queimamos uma quantidade razoável de calorias só por existir. O coração, o cérebro e os rins podem queimar quatrocentas calorias por dia; o fígado, cerca de duzentas. Só o processo de comer e digerir alimento responde por cerca de um décimo das demandas energéticas diárias do corpo. Mas podemos fazer bem mais simplesmente levantando do sofá ou da cama. Simplesmente ficar de pé queima um extra de 107 calorias por hora. Caminhar queima cerca de 180. Em um estudo, voluntários foram instruídos a ver TV normalmente ao final de um dia, mas a se levantar e andar pela sala durante os intervalos comerciais. Só isso queimou 65 calorias extras por hora, cerca de 240 calorias toda noite.[26]

Levine descobriu que pessoas magras tendem a passar duas horas e meia de pé a mais por dia que pessoas gordas, não se exercitando conscientemente, mas apenas se mexendo, e foi isso que as impediu de acumular gordura. Porém outro estudo revelou que os japoneses e noruegueses são tão inativos quanto os americanos, mas têm probabilidade 50% menor de serem obesos; assim o exercício pode explicar a magreza apenas em parte.

Em todo caso, um pouco de peso extra talvez não seja tão ruim. Há alguns anos, o *Journal of the American Medical Association* causou sensação ao afirmar que pessoas com ligeiro sobrepeso, particularmente na meia-idade ou depois, poderiam sobreviver a algumas enfermidades graves melhor do que pessoas magras ou obesas. A ideia ficou conhecida como o paradoxo da obesidade e é ardentemente debatida por muitos cientistas. Walter Willett, pesquisador em Harvard, afirmou que o trabalho é "um monte de bobagem e ninguém deveria perder tempo lendo isso".[27]

Não há dúvida de que o exercício melhora a saúde, mas é difícil dizer quanto. Um estudo com 18 mil praticantes de corrida na Dinamarca concluiu que pessoas que correm regularmente podem esperar viver de cinco a seis anos mais em média do que os demais. Mas será porque a corrida é benéfica de verdade ou porque as pessoas que correm tendem a levar vidas saudáveis e moderadas de todo modo e necessariamente apresentarão probabilidades melhores em relação aos tipos mais preguiçosos, com ou sem calça de agasalho?

O certo é que daqui a algumas dezenas de anos no máximo você fechará os olhos para sempre e deixará de se mover de uma vez por todas. Assim, talvez não seja má ideia tirar proveito, em nome da saúde e do prazer, enquanto ainda pode.

11. Equilíbrio

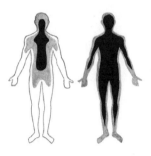

A vida é uma reação química sem fim.
Steve Jones

A Lei da Superfície não é algo que ocupe os pensamentos de muita gente, mas explica muito sobre você. Ela afirma simplesmente que à medida que o volume de um objeto cresce, sua área superficial relativa diminui. Pense em um balão. Quando o balão está vazio, não passa de uma borracha murcha com uma quantidade insignificante de ar. Mas quando o enchemos ele se torna na maior parte ar com uma quantidade comparativamente pequena de borracha do lado de fora. Quanto mais o enchemos, mais seu interior domina o todo.

O calor se dissipa na superfície; assim, quanto mais área superficial você tem em relação ao volume, mais dificuldade terá para permanecer aquecido. Isso significa que as criaturas pequenas precisam produzir calor mais depressa do que as grandes.[1] Devem portanto levar estilos de vida completamente diferentes. O coração de um elefante bate apenas trinta vezes por minuto, o de um humano, sessenta, o de uma vaca, entre cinquenta e oitenta, mas o coração de um rato bate seiscentas vezes por minuto — dez vezes por segundo.

Todo dia, apenas para sobreviver, o rato deve comer o equivalente a cerca de 50% do seu peso corporal. Nós, humanos, por outro lado, precisamos consumir apenas 2% do nosso peso corporal para suprir nossas exigências de energia. Algo que é curiosamente — quase misteriosamente — uniforme entre os animais é o número de pulsações durante a vida.[2] A despeito das vastas diferenças nos batimentos cardíacos, quase todos os mamíferos têm cerca de 800 milhões de batimentos cardíacos em média durante a vida. Os humanos são a exceção. Passamos dos 800 milhões após os 25 anos e apenas continuamos por mais cinquenta anos e 1,6 bilhão de batimentos ou algo assim. É tentador atribuir esse vigor excepcional a uma superioridade inata de nossa parte, mas na verdade foi apenas nas últimas dez ou doze gerações que nos desviamos do padrão comum dos mamíferos, em virtude do aumento da nossa expectativa de vida. Durante a maior parte da nossa história, 800 milhões de batimentos numa vida foi a média humana aproximada também.

Poderíamos reduzir nossas necessidades energéticas consideravelmente se tivéssemos sangue frio. Em geral, um mamífero usa cerca de trinta vezes mais energia diariamente do que um réptil, ou seja, precisamos comer todo dia o que um crocodilo necessita em um mês.[3] O que ganhamos com isso é a capacidade de pular depressa da cama de manhã, em vez de lagartear sobre uma rocha até o sol aquecer nosso corpo, e de nos locomover à noite ou no frio. De um modo geral, somos mais enérgicos e reativos do que nossos amigos répteis.

Existimos dentro de faixas de tolerância extraordinariamente estreitas. Embora nossa temperatura corporal varie pouco ao longo do dia (o ponto mais baixo é pela manhã e o mais alto no fim da tarde e começo da noite), ela permanece dentro de um limite bastante estreito de 36ºC a 38ºC. Alterar mais do que uns poucos graus em qualquer direção é abrir as portas para problemas.[4] Uma queda de apenas dois graus na temperatura normal, ou um aumento de quatro, pode provocar um desequilíbrio que levará o cérebro rapidamente a dano irreversível ou morte. Para evitar a catástrofe, o cérebro possui seu confiável centro de controle, o hipotálamo, que diz ao corpo para se resfriar com o suor ou para se aquecer tremendo e desviando o sangue da pele para os órgãos mais vulneráveis.

Essa pode não parecer uma forma terrivelmente sofisticada de lidar com uma questão tão crítica, mas o corpo faz isso muitíssimo bem. Em um famoso experimento citado pelo acadêmico britânico Steve Jones, um voluntário correu uma maratona numa esteira conforme a temperatura ambiente era gradualmente elevada de 45°C negativos para 55°C positivos — mais ou menos o limite da tolerância humana em ambos os extremos. A despeito dos esforços do indivíduo e da grande variação de temperatura, sua temperatura corporal desviou menos de um grau no decorrer do exercício.

O experimento lembrou bastante uma série de experiências realizadas mais de duzentos anos antes para a Real Sociedade em Londres pelo médico Charles Blagden.[5] Blagden construiu uma câmara aquecida — leia-se um forno onde coubessem pessoas — em que ele e alguns colegas ficariam por quanto tempo conseguissem suportar. Blagden aguentou dez minutos a uma temperatura de 92,2°C. Seu amigo, o botânico Joseph Banks, recém-regressado de uma volta ao mundo com o capitão James Cook e prestes a se tornar presidente da Real Sociedade, aguentou 98,9°C, mas apenas por três minutos. "Para provar que não houve falácia nos graus de calor mostrados pelo termômetro", escreveu Blagden, "pusemos alguns ovos e um bife sobre uma estrutura de lata, colocada perto do termômetro-padrão [...]. Em cerca de vinte minutos os ovos ficaram arruinados, duros de tão cozidos; e em 47 minutos o filé ficou mais do que passado, quase seco." Os experimentadores também mediram a temperatura de sua urina imediatamente antes e depois do teste e descobriram que ela permanecera inalterada, a despeito do calor. Blagden além disso deduziu que a transpiração tinha um papel central no resfriamento do corpo — seu insight mais importante e de fato sua única contribuição duradoura para o conhecimento científico.

Às vezes, como todos sabemos, nossa temperatura corporal se eleva além do normal na condição conhecida como febre. Curiosamente, ninguém sabe muito bem por que isso acontece — se febres são um mecanismo de defesa inato voltado a matar patógenos invasores ou apenas um subproduto do corpo enquanto trabalha duro para combater a infecção.[6] A questão é importante porque a febre é um mecanismo de defesa; assim qualquer tentativa de impedi-la ou eliminá-la pode ser contraproducente. Deixar que a febre cesse de forma natural (dentro de certos limites, é óbvio) talvez seja o mais aconselhável. Um aumento aproximado de apenas um grau na temperatura corporal mostrou reduzir duzentas vezes a taxa de replicação viral —[7] um ganho espantoso em autodefesa a partir de um aumento muito modesto no calor. O problema é que não compreendemos por completo o que acontece numa febre. Como o professor Mark S. Blumberg, da Universidade de Iowa, afirmou: "Se a febre é esse mecanismo tão antigo de reação à infecção, é de se imaginar que o mecanismo pelo qual beneficia o hospedeiro seria fácil de determinar. Na verdade, revelou-se difícil".

Se elevar a temperatura em um ou dois graus é tão útil para rechaçar os micróbios invasores, então por que não elevá-la permanentemente? A resposta é que isso seria dispendioso demais. Se elevássemos de vez nossa temperatura corporal em apenas 2ºC, nossas exigências energéticas subiriam cerca de 20%. Nossa temperatura é um meio-termo razoável entre a funcionalidade e o custo, como quase tudo, e na verdade até a temperatura normal é bastante boa em manter os micróbios sob controle. Pense apenas em como eles nos devoram depressa quando morremos. Afinal, a queda de temperatura em nosso corpo sem vida é um delicioso chamariz, como uma torta deixada no parapeito da janela.

A ideia, a propósito, de que perdemos a maior parte do calor pelo alto da cabeça é, ao que tudo indica, um mito.[8] Nosso cocuruto não representa mais do que uns 2% da área superficial do corpo e é, para a maioria das pessoas, muito bem isolado do calor pelos cabelos, então o topo da sua cabeça nunca daria um bom radiador. Por outro lado, se você estiver passando frio e sua cabeça for a única parte do corpo exposta, ela vai desempenhar um papel desproporcional na perda de calor, então lembre-se de escutar sua mãe quando ela lhe diz para agasalhar a cabeça antes de sair.

A manutenção do equilíbrio no interior do corpo é chamada de homeostase. O homem que cunhou o termo, muitas vezes mencionado como pai da disciplina, foi o fisiologista de Harvard Walter Bradford Cannon (1871-1945).[9] Um sujeito atarracado cuja expressão determinada e austera nas fotografias não correspondia a seus modos afetuosos e cordiais pessoalmente, Cannon era sem dúvida um gênio, e parte dessa genialidade parece ter sido a capacidade de convencer os outros a fazer coisas imprudentes e desconfortáveis em nome da ciência. Querendo descobrir por que nossa barriga ronca quando temos fome, convenceu um aluno chamado Arthur L. Washburn a treinar o controle do reflexo do engasgo, de modo a conseguir inserir um tubo que ia da garganta ao estômago e em cuja ponta havia um balão que seria inflado para medir as contrações quando o rapaz passasse um tempo sem comer. Washburn levava uma vida normal durante o dia — frequentava as aulas, trabalhava no laboratório, realizava tarefas —, enquanto o balão desconfortavelmente expandia e esvaziava, sob os olhares curiosos dos colegas pelos estranhos ruídos emitidos e pelo tubo saindo de sua boca.

Cannon convenceu outro aluno a comer enquanto fazia um raio X, assim podia observar o alimento sendo processado da boca para o esôfago e seguindo para o sistema digestivo. Com isso foi o primeiro a observar as ações do movimento peristáltico — as contrações musculares que empurram o alimento pelo aparelho digestivo. Esses e outros experimentos inéditos foram a base do texto clássico de Cannon, *Bodily Changes in Pain, Hunger, Fear, and Rage* [Alterações físicas na dor, fome, medo e raiva], a bíblia da fisiologia por anos.

Os interesses de Cannon pareciam não conhecer limites. Ele se tornou uma autoridade mundial no sistema nervoso autônomo — ou seja, tudo o que o corpo faz automaticamente, como respirar, bombear sangue e digerir comida — e em plasma sanguíneo. Conduziu uma pesquisa revolucionária na amígdala cerebelar e no hipotálamo, deduziu o papel da adrenalina na reação de sobrevivência (ele cunhou a expressão "lutar ou fugir"), desenvolveu os primeiros tratamentos efetivos para choque e até encontrou tempo para escrever um artigo científico abalizado e respeitoso sobre a prática do vodu.[10] Em seu tempo livre foi um entusiasta da natureza. Um pico em Montana, onde hoje é o Parque Nacional das Geleiras, foi batizado de monte Cannon em homenagem a ele e sua esposa, os primeiros a escalá-lo, em sua lua de mel, em 1901. No início da Primeira Guerra Mundial, ele se alistou como voluntário na Unidade Hospitalar de Harvard, mesmo com 45 anos de idade e sendo pai de cinco filhos. Passou dois anos na Europa como médico de campanha. Em 1932, Cannon destilou praticamente todo o seu conhecimento e anos de pesquisa em um livro popular, *The Wisdom of the Body* [A sabedoria do corpo], destacando a extraordinária capacidade que o corpo tem de regular a si mesmo. Um fisiologista sueco chamado Ulf von Euler deu prosseguimento aos estudos de Cannon sobre o impulso de lutar ou fugir em humanos e ganhou o prêmio Nobel de fisiologia ou medicina em 1970; o próprio Cannon já falecera havia muito tempo quando a importância de seu trabalho foi plenamente apreciada, embora hoje em dia, em retrospecto, ele seja bastante reverenciado.

Algo que escapou à atenção de Cannon — assim como de todo mundo até então — foi a assombrosa quantidade de energia exigida pelo corpo no nível celular para se manter. Isso demorou muito para ser compreendido, e quando a resposta veio, foi fornecida não por algum poderoso instituto de pesquisa, mas por um inglês excêntrico trabalhando praticamente por conta própria em sua agradável casa de campo no oeste da Inglaterra.

Hoje sabemos que dentro e fora da célula há partículas carregadas chamadas íons. Entre essas partículas na membrana celular há uma espécie de eclusa conhecida como canal de íons. Quando a passagem está aberta, os íons fluem por ela, o que produz uma pequena agitação elétrica — embora "pequena" seja uma questão puramente de perspectiva. Ainda que cada espasmo elétrico no nível celular produza apenas 100 milivolts de energia, isso se traduz em 30 milhões de volts por metro — mais ou menos o mesmo que um raio. Em outros termos, a quantidade de eletricidade dentro de suas células é mil vezes maior do que a eletricidade em sua casa. Você é, de uma maneira muito discreta, extremamente energético.

É tudo questão de escala. Imagine, para fins de demonstração, uma bala penetrando no abdômen de uma pessoa. Ela causa muita dor e muita destruição. Agora imagine disparar a mesma bala num gigante de cem quilômetros de altura. Não passará sequer pela pele. São a mesma bala e o mesmo revólver, só que numa escala diferente. É mais ou menos a situação da eletricidade em suas células.

A molécula responsável pela energia em nossas células é uma substância química chamada trifosfato de adenosina, ou ATP, que pode ser a coisa mais importante em seu corpo sobre a qual você nunca ouviu falar. Cada molécula de ATP é como uma minúscula bateria, que armazena energia e depois a libera para alimentar todas as atividades exigidas por suas células — bem como, na verdade, por qualquer célula, em plantas e animais. A química envolvida é magnificamente complexa. Eis o trecho de uma obra de referência explicando um pouco como funciona: "Sendo polianiônica e apresentando um grupo polifosfatado potencialmente quelatável, a ATP liga os cátions metálicos com alta afinidade". Para nosso propósito aqui, basta saber que somos bastante dependentes da ATP para manter nossas células operando com eficiência. Todos os dias você produz e usa todo o seu peso corporal em ATP — cerca de 200 trilhões de trilhões de moléculas.[11] Do ponto de vista da ATP, você na verdade não passa de uma máquina de produzir ATPs. Todo o resto que acontece em seu interior é um subproduto. Como a ATP é consumida mais ou menos instantaneamente, você tem apenas sessenta gramas dela no corpo a todo momento.[12]

Levou um longo tempo para sabermos disso e, quando aconteceu, no início quase ninguém acreditou. Seu descobridor foi um cientista excêntrico e autofinanciado chamado Peter Mitchell, que, no início da década de 1960, herdou uma fortuna da construtora de casas Wimpey e usou o dinheiro para criar um centro de pesquisa numa residência majestosa na Cornualha.[13] Mitchell deixava o cabelo na altura dos ombros e usava brinco numa época em que isso não era nada comum entre cientistas sérios. Também era famoso por ser muito esquecido. No casamento de sua filha, abordou uma convidada e confessou que a achava familiar, embora não soubesse dizer de onde a conhecia.

"Sou sua ex-esposa", ela respondeu.[14]

As ideias de Mitchell foram universalmente rejeitadas, o que não surpreende muito. Como observou um biógrafo, "na época em que Mitchell propôs sua hipótese, não havia a menor evidência para corroborá-la". Mas suas ideias acabaram vingando, e em 1978 ele ganhou o prêmio Nobel de química — feito extraordinário para alguém que trabalhava em um laboratório doméstico. O eminente bioquímico britânico Nick Lane sugeriu que Mitchell merecia ser tão famoso quanto Watson e Crick.

A Lei da Superfície também determina até onde podemos crescer. Como o cientista e escritor britânico J. B. S. Haldane observou há quase um século em um ensaio famoso, "On Being the Right Size" [Sobre ser do tamanho correto], um humano do tamanho dos gigantes de Brobdingnag, nas *Viagens de Gulliver*, com trinta metros de altura, pesaria 280 toneladas. Isso faria dele 4600 vezes mais pesado do que um humano de tamanho normal, mas seus ossos seriam apenas trezentas vezes mais grossos, muito longe da robustez suficiente para suportar tal carga. Resumindo, somos do tamanho que somos porque é mais ou menos desse único tamanho que podemos ser.

O tamanho corporal tem muito a ver com o modo como somos afetados pela gravidade. Decerto você já teve oportunidade de observar que ao cair da mesa um inseto aterrissa ileso e segue imperturbável seu caminho. Isso porque o tamanho reduzido (mais precisamente a razão entre sua área de superfície e seu volume) significa que quase não é afetado pela gravidade. O que a maioria não sabe é que a mesma coisa se aplica, embora numa escala diferente, a humanos pequenos. Uma criança com metade da sua altura que cai e bate a cabeça receberá apenas 1/32 da força do impacto que uma pessoa adulta sofreria,[15] o que é em parte o motivo para as crianças muitas vezes parecerem misericordiosamente indestrutíveis.

Adultos não têm tanta sorte. Poucos humanos crescidos conseguem sobreviver normalmente a uma queda muito acima de oito ou nove metros, embora haja exceções notáveis — nenhuma mais memorável talvez do que a de um aviador britânico da Segunda Guerra Mundial chamado Nicholas Alkemade.[16]

No fim do inverno de 1944, em missão na Alemanha, o sargento de voo Alkemade, em seu posto na metralhadora traseira de um bombardeiro Lancaster, viu-se em maus lençóis quando o avião foi atingido pelo fogo antiaéreo e rapidamente se encheu de fumaça e chamas. O artilheiro à cauda de um Lancaster não podia ficar de paraquedas ali dentro porque o espaço era confinado demais. Quando Alkemade conseguiu sair de sua torre e chegar ao paraquedas, descobriu que se queimara e ficara inutilizado. Decidiu que era melhor pular do avião do que perecer horrivelmente nas chamas, então abriu uma escotilha e mergulhou na noite.

Estava a 5 mil metros de altitude e caindo a 190 quilômetros por hora. "Foi muito silencioso", recordou Alkemade anos depois. "O único som era o zumbido dos motores dos aviões, ao longe, sem a menor sensação de queda. Eu me sentia suspenso no espaço." Para sua surpresa, estava calmo e em paz. Lamentava morrer, é claro, mas aceitou filosoficamente, como algo que acontecia com aviadores de vez em quando. A experiência foi tão surreal e onírica que Alkemade nunca teve certeza depois se não perdeu a consciência, mas com certeza voltou à realidade quando colidiu contra os galhos de altos pinheiros e aterrissou com um baque ressonante num monte de neve, sentado. De algum modo perdera as duas botas e estava com o joelho doendo, com escoriações aqui e ali, mas, de resto, intacto.

As aventuras de sobrevivência de Alkemade não pararam por aí. Depois da guerra, obteve emprego numa usina química em Loughborough, nas Midlands inglesas. Quando trabalhava com cloro, sua máscara escapou e ele foi exposto a níveis perigosamente elevados de gás. Ficou inconsciente por quinze minutos antes de seus colegas o arrastarem para um lugar seguro. Como que por milagre, sobreviveu. Certa vez depois disso, ajustava um tubo quando este rompeu e o borrifou dos pés à cabeça com ácido sulfúrico. Sofreu extensas queimaduras, mas de novo sobreviveu. Pouco após voltar ao trabalho, recuperado desse desastre, uma barra de metal de quase três metros caiu de certa altura e por muito pouco não o matou, mas recuperou-se disso também. Dessa feita, porém, decidiu não mais dar sopa para o azar. Arrumou um emprego mais seguro como vendedor de mobília e passou o resto da vida sem sofrer novos incidentes. Morreu em paz, na cama, aos 65 anos, em 1987.

Bem, não estou sugerindo que sobreviver a uma queda do céu seja algo com que possamos contar, mas acontece com mais frequência do que imaginamos. Em 1972, uma comissária de bordo chamada Vesna Vulović sobreviveu a uma queda de 10 mil metros quando o DC-9 das Linhas Aéreas Iugoslavas em que voava foi despedaçado por uma explosão em pleno ar, sobre a Tchecoslováquia. E, em 2007, um limpador de janelas equatoriano em Manhattan, Alcides Moreno, caiu de uma altura de 144 metros quando o andaime em que estava cedeu. O irmão, que trabalhava a seu lado, morreu com o impacto, mas Moreno sobreviveu por milagre. O corpo humano, em suma, pode ser uma coisa incrivelmente resiliente.

De fato, parece não haver desafio à resistência humana que não tenha sido superado. Considere o caso de Erika Nordby, uma criança pequena de Edmonton, Alberta, que acordou certa noite no auge do inverno e, só de fralda e leve camisola, saiu de casa por uma porta mal fechada nos fundos.[17] Quando a encontraram, horas depois, seu coração cessara de bater havia pelo menos duas horas, mas a menina foi aquecida com bastante cuidado em um hospital local e milagrosamente trazida de volta à vida. Ela se recuperou por completo e ficou conhecida, de forma provisória, como o "Bebê Milagroso". Por incrível que pareça, apenas duas semanas mais tarde um menino de dois anos em uma fazenda no Wisconsin fez quase exatamente a mesma coisa, também foi reanimado com sucesso e teve uma recuperação total. Morrer, para cunhar uma frase, é a última coisa que seu corpo quer fazer.

Crianças se saem muito melhor com frio extremo do que com calor extremo. Como as glândulas sudoríparas delas não estão desenvolvidas por completo, não suam tão profusamente quanto adultos. É por isso em grande parte que muitas crianças morrem com tanta facilidade se deixadas em um carro no calor. Num carro fechado, com a temperatura externa a 30°C, o interior pode chegar a 54°C, e nenhuma criança aguenta isso por muito tempo. Entre 1998 e agosto de 2018, cerca de oitocentas crianças nos Estados Unidos morreram ao serem deixadas no calor do carro.[18] Metade com menos de dois anos. É incrível — na verdade, chocante, eu diria —, mas existem mais estados americanos onde é considerado crime esquecer um animal dentro do carro do que esquecer uma criança. A margem de diferença é 29 para 21.

A fragilidade humana faz da maior parte do planeta algo proibitivo para nós. A Terra pode parecer um lugar no geral benigno e aprazível, mas boa parte dela é demasiado fria, quente, árida, elevada, e assim por diante, para conseguirmos viver adequadamente. Mesmo com vantagens como vestuário, abrigo e imensa engenhosidade, o ser humano só consegue habitar cerca de 12% da área terrestre do planeta e apenas 4% da área de superfície total, se incluirmos os oceanos.

O fato de a atmosfera ser tão estreita impõe um limite para a altura em que podemos viver. Os povoamentos mais elevados do mundo ficam nos Andes, no norte do Chile, no monte Aucanquilcha, onde mineiros vivem a 5340 metros de altitude,[19] mas ao que tudo indica esse é um limite extremo da tolerância humana. Os mineiros preferem subir diariamente 460 metros extras para seu local de trabalho a passar as noites a 5800 metros de altura. Para efeito de comparação, o monte Everest tem cerca de 8850 metros.

Em grandes altitudes, qualquer esforço se torna difícil e exaustivo. Por volta de 40% das pessoas sofrem de mal de altitude a cerca de 4 mil metros e é impossível prever quem serão as vítimas, uma vez que isso não tem relação com bom preparo físico. Em alturas extremas, qualquer um sofre. Frances Ashcroft, em *Life at the Extremes* [Vida nos extremos], observa como Tenzing Norgay e Raymond Lambert, numa escalada do South Col [passagem sul] do monte Everest em 1952, levaram cinco horas e meia para avançar apenas duzentos metros.[20]

No nível do mar, cerca de 40% de seu volume sanguíneo é ocupado por glóbulos vermelhos, mas isso pode aumentar em cerca de 50% com a aclimatação a altitudes maiores, embora haja um preço a ser pago.[21] O aumento de glóbulos vermelhos deixa o sangue mais espesso e vagaroso e põe pressão extra no batimento cardíaco, e isso pode se aplicar até a quem passou a vida toda em grandes altitudes. Moradores de cidades altas, como La Paz, na Bolívia (3500 metros), às vezes sofrem de uma doença conhecida como "mal de monge", que os deixa com lábios azulados e dedos inchados (baqueteamento digital), porque o sangue permanentemente espesso não flui como deve. O problema some se a pessoa se muda para um local com menos altitude. Muitas vítimas, desse modo, ficam exiladas para sempre nos vales, longe dos amigos e familiares.

Por motivos de economia, as linhas aéreas em geral mantêm as cabines pressurizadas a uma altitude de 1500 a 2400 metros, por isso o álcool costuma subir mais à cabeça quando estamos voando. Também explica por que nossos ouvidos entopem durante a descida com as alterações de pressão, à medida que a altura diminui. Em um avião comercial voando normalmente à altitude de cruzeiro de 11 mil metros, se a cabine de repente fosse despressurizada, passageiros e tripulação ficariam confusos e incapacitados em apenas oito ou dez segundos. Ashcroft comenta sobre o caso de um piloto que perdeu os sentidos porque demorou um instante para pôr os óculos antes de vestir a máscara de oxigênio.[22] Por sorte, o copiloto não ficou incapacitado e assumiu o controle do avião.

Um episódio muito famoso envolvendo privação de oxigênio — ou hipóxia, como é mais formalmente conhecida — aconteceu em outubro de 1999, em que o golfista profissional americano Payne Stewart, com três sócios de negócios e dois pilotos, voava em um Learjet fretado de Orlando a Dallas quando o avião perdeu a pressurização e todos a bordo apagaram. O último contato fora às 9h27, logo que o piloto recebera autorização para subir a 12 mil metros de altitude. Seis minutos depois, quando um controlador voltou a contatar o avião, ninguém respondeu. Em vez de virar a oeste para o Texas, o jato continuou no curso noroeste, no piloto automático, atravessando os Estados Unidos até finalmente ficar sem combustível e cair no campo, em Dakota do Sul. Todos os seis a bordo morreram.

É inquietante que grande parte do que sabemos sobre as capacidades de sobrevivência humana venha de experimentos realizados com prisioneiros de guerra, presos dos campos de concentração e civis durante a Segunda Guerra Mundial. Na Alemanha nazista, prisioneiros saudáveis eram sujeitos desnecessariamente a amputações, transplantes de membros e enxertos de ossos, na busca por encontrar tratamentos melhores para as baixas alemãs.[23] Prisioneiros de guerra russos eram mergulhados em água gelada a fim de determinar quanto tempo um piloto podia sobreviver a uma queda no mar. Outros eram deixados nus ao ar livre, no tempo frio, por até catorze horas, para fins similares. Alguns experimentos parecem ter sido motivados apenas pela curiosidade mórbida. Em um deles, injetavam tintura no olho da vítima para descobrir se era possível mudar a cor de forma permanente. Muitos outros foram submetidos a venenos e gases de todo tipo ou infectados com malária, febre amarela, tifo e varíola. "Contrariamente às justificativas do pós-guerra", escreve George J. Annas e Michael A. Grodin em *The Nazi Doctors and the Nuremberg Code* [Os médicos nazistas e o código de Nuremberg], "os médicos nunca foram forçados a realizar tais experimentos." Eles se voluntariavam.*

Por mais horripilantes que pudessem ser os experimentos alemães, foram superados, se não em crueldade, ao menos em escala, pelos japoneses. Sob a liderança do médico Shiro Ishii, os japoneses construíram um enorme complexo de mais de 150 prédios espalhados por mais de seis quilômetros quadrados em Harbin, na Manchúria, com o propósito declarado de determinar os limites fisiológicos humanos pelos meios que fossem necessários. O lugar ficou conhecido como Unidade 731.

Em um experimento típico, prisioneiros chineses foram amarrados a estacas a distâncias variadas de uma bomba de estilhaços.[24] A bomba era detonada e os cientistas então passavam entre eles anotando cuidadosamente a natureza e a extensão dos ferimentos causados e quanto tempo levava para os homens morrerem. Outros prisioneiros eram queimados com lança-chamas para propósitos similares, ou deixados a morrer de fome, ou congelados ou envenenados. Alguns, por motivos insondáveis, foram dissecados ainda conscientes.[25] A maioria das vítimas eram soldados chineses capturados, mas a Unidade 731 também conduziu experiências com prisioneiros de guerra aliados selecionados, para verificar se as toxinas e os agentes nervosos causavam nos ocidentais os mesmos efeitos que nos asiáticos. Quando mulheres grávidas ou crianças pequenas eram necessárias para os experimentos, eram alea-

---

* A insensibilidade na Alemanha nazista beirava o inacreditável. Em 1941, um hospital psiquiátrico em Hadamar, perto de Limburg, marcou a execução de seus 10 mil pacientes de deficiência cognitiva com uma comemoração oficial que incluiu discursos e cerveja para a equipe.

toriamente sequestradas nas ruas de Harbin.[26] Ninguém sabe quantas pessoas morreram na Unidade 731, mas uma estimativa chegou a 250 mil.

O resultado disso tudo foi que Japão e Alemanha chegaram ao fim da guerra muito à frente do resto do mundo na compreensão de microbiologia, nutrição, geladura, ferimentos por armas e, acima de tudo, efeitos de gases, toxinas e doenças infecciosas. Embora muitos alemães tenham sido capturados e julgados por esses crimes de guerra, os japoneses em sua quase totalidade nunca foram punidos. A maioria gozou de imunidade e escapou de processo judicial em troca de compartilhar o que aprenderam com seus captores americanos. Shiro Ishii, o médico que concebera e dirigira a Unidade 731, foi interrogado à exaustão e depois liberado para retomar a vida civil.

A existência da Unidade 731 foi um segredo bem guardado, tanto por oficiais japoneses como por americanos, mas sua confidencialidade terminou em 1984, quando um aluno da Universidade Keio, em Tóquio, encontrou uma caixa de documentos incriminadores em um sebo e os trouxe a público.[27] A essa altura, era tarde demais para levar Shiro Ishii à Justiça. Ele morrera em 1959, pacificamente, durante o sono, aos 67 anos, após quase uma década e meia de vida tranquila no pós-guerra.

12. O sistema imune

> *O sistema imune é o órgão mais interessante do corpo.*
> Michael Kinch

I

O sistema imune é grande, meio bagunçado e onipresente. Abrange uma porção de coisas que em geral não relacionamos à imunidade, como cera de ouvido, pele e lágrimas. Qualquer invasor que passe por essas defesas externas — e, comparativamente, poucos o fazem — irá topar com enxames das devidas células imunes, que vertem dos nódulos linfáticos, da medula óssea, do baço, do timo e outros cantos do corpo. Há um bocado de química envolvida. Se você sonha em compreender o sistema imune, precisa compreender os anticorpos, os linfócitos, as citocinas, as quemocinas, a histamina, os neutrófilos, as células B, as células T, as células NK, os macrófagos, os fagócitos, os granulócitos, os basófilos, os inferferons, as prostaglandinas, as células-tronco hematopoiéticas pluripotentes e muito mais — e estou falando de muito mais *mesmo*. Alguns deles se sobrepõem e outros realizam funções múltiplas.

A interleucina 1, por exemplo, não só ataca os patógenos, como também desempenha um papel no sono, o que em certa medida explica por que é tão comum sentirmos sonolência quando não estamos bem. Segundo um cálculo, temos cerca de trezentos tipos diferentes de células imunes trabalhando dentro de nós,[1] mas Daniel Davis, professor de imunologia da Universidade de Manchester, acha que o número é incalculável. "Uma célula dendrítica na pele será completamente diferente de uma em um nódulo linfático, digamos, e desse modo a definição de tipos específicos fica bastante confusa", afirma.[2]

E ainda por cima, o sistema imune de cada pessoa é único, dificultando ainda mais fazer generalizações sobre ele, compreendê-lo e tratar os casos em que algo nele dá errado. Além disso, o sistema imune não lida apenas com germes. Também reage a toxinas, medicações, câncer, objetos estranhos e até a seu estado de espírito. Se você está estressado ou exausto, tem risco muito maior de pegar uma infecção, por exemplo.[3]

Proteger-nos de invasão é um desafio tão ilimitado que o sistema imune às vezes comete erros e lança um ataque contra células inocentes. Tendo em vista a quantidade de inspeções que as células imunes realizam dia após dia, a taxa de erros é realmente baixa. É uma grande ironia não obstante que parte muito grande do sofrimento que causamos seja infligida contra nós mesmos por nossas próprias defesas, na forma de doenças autoimunes como esclerose múltipla, lúpus, artrite reumatoide, doença de Crohn e muitos outros males pouco convidativos. Cerca de 5% da população sofre de alguma forma de doença autoimune —[4] uma proporção muito elevada para um desagradável leque de aflições —, e a quantidade tem crescido mais depressa do que nossa capacidade de tratá-las de forma eficaz. "Você poderia investigar e concluir que é loucura o sistema imune atacar a si mesmo", diz Davis. "Por outro lado, quando pensamos em tudo que ele tem para fazer, é surpreendente que isso não aconteça o tempo todo. Seu sistema imune é bombardeado o tempo todo por coisas que nunca viu antes, coisas que mal podem ter sido trazidas à existência — como novos vírus de gripe, que estão constantemente passando por mutações e assumindo novas formas. Assim, seu sistema imune tem de ser capaz de identificar e combater uma quantidade mais ou menos infinita de coisas."

Davis é um grandalhão dócil na casa dos quarenta, dono de uma risada sonora e com o ar feliz de alguém que encontrou seu nicho na vida. Estudou física nas universidades de Manchester e Strathclyde, mas depois foi para Harvard, em meados dos anos 1990, e decidiu que a biologia era seu real interesse. Acabou por acaso indo trabalhar no laboratório de imunologia de lá e foi cativado pela elegante complexidade do sistema imune e pelo desafio de tentar desvendá-lo.

A despeito do caráter intrincado em seu nível molecular, todas as partes do sistema imune contribuem para uma única tarefa: identificar qualquer coisa no corpo que não deveria estar presente e, se necessário, matá-la. Mas o processo está longe de ser simples. Muitas coisas dentro de você são inofensivas ou até benéficas e seria uma estupidez ou um desperdício de energia e recursos matá-las. Assim, o sistema imune tem de operar um pouco como os seguranças de um aeroporto, observando coisas na esteira e impedindo apenas as que tenham intenção nefasta.

No coração do sistema há cinco tipos de glóbulos brancos: linfócitos, monócitos, basófilos, neutrófilos e eosinófilos. Todos têm importância, mas os linfócitos são os que mais empolgam os imunologistas. David Bainbridge considera os linfócitos, "provavelmente, as celulazinhas mais inteligentes no corpo todo",[5] devido a sua capacidade de reconhecer quase qualquer tipo de invasor indesejável e mobilizar uma reação imediata e dirigida.

Há dois tipos principais de linfócitos: células B e células T. As células B vêm, um pouco estranhamente, da "bolsa de Fabricius", um órgão semelhante a um apêndice nas aves onde as células B foram identificadas pela primeira vez.* Humanos e outros mamíferos não possuem bolsa de Fabricius. As cé-

---

* A bolsa de Fabricius deve seu nome a Hieronimus Fabricius (1537-1619), anatomista italiano que achou que estivesse ligada à produção de ovos. Fabricius se equivocou, mas o real propósito do órgão permaneceu um mistério até 1955, quando foi solucionado em um feliz acidente. Bruce Glick, na época aluno de graduação na Universidade Estadual de Ohio, removeu as bolsas de galinhas para observar as consequências, esperando resolver o mistério. Mas a operação não exerceu nenhum efeito discernível e então ele abandonou o problema. As galinhas foram então repassadas a outro aluno, Tony Chang, que estudava anticorpos. Chang descobriu que as aves sem bolsa não produziam anticorpos. Os dois pesquisadores perceberam assim que a bolsa de Fabricius era responsável pela produção de anticorpos — uma descoberta realmente importante na imunologia. Submeteram um artigo ao periódico *Science*, mas foi rejeitado por ser "desinteressante". No fim, conseguiram publicá-lo no *Poultry Science*. Desde então, tornou-se um dos artigos mais citados em imunologia, segundo a Sociedade Britânica de Imunologia. A palavra "bolsa" vem do latim *bursa* e é usada para descrever várias estruturas do corpo. Nos humanos, podem ser a causadoras de bursite, que é a inflamação das bolsas que ajudam a amortecer as articulações.

lulas B são produzidas na medula óssea. Já as células T, embora criadas na medula, emergem do timo, um pequeno órgão no peito pouco acima do coração e entre os pulmões. Por muito tempo, o papel do timo no corpo foi um completo mistério, pois apenas parecia cheio de células imunes mortas — "o lugar onde as células iam para morrer", como Daniel Davis afirma em sua obra superlativa, *The Compatibility Gene* [O gene da compatibilidade]. Em 1961, Jacques Miller, um jovem cientista pesquisador franco-australiano trabalhando em Londres, desvendou o mistério do timo e, ao fazê-lo, tornou-se, como o periódico médico *The Lancet* publicou, "a última pessoa a identificar a função de um órgão humano".[6] Muitas pessoas questionaram por que Miller nunca foi agraciado com um prêmio Nobel por sua descoberta.

Miller determinou que o timo é um berçário de células T.[7] Elas são uma espécie de esquadrão de elite do sistema imune e as células mortas encontradas no timo eram linfócitos que não estavam à altura da tarefa por não serem efetivos em identificar e atacar invasores de fora ou por atacarem ansiosamente células do corpo saudáveis. Em suma, não haviam passado no teste.

As células T se subdividem em duas outras categorias: células T auxiliares e células T exterminadoras. Células T exterminadoras, como o nome sugere, matam células que foram invadidas por patógenos. As células T auxiliares auxiliam outras células imunes, inclusive auxiliando as células B a produzir anticorpos. As células T de memória guardam detalhes de invasores anteriores e são desse modo capazes de coordenar uma resposta rápida se o mesmo patógeno volta a aparecer — algo conhecido como imunidade adaptativa.

As células T de memória são extraordinariamente vigilantes. Não pego mais caxumba porque em algum lugar dentro de mim há células T de memória que me protegem de um segundo ataque há mais de sessenta anos. Quando identificam um invasor, elas instruem as células B a produzir proteínas conhecidas como anticorpos, que atacam os organismos invasores. Os anticorpos são engenhosos, pois reconhecem e combatem invasores anteriores rapidamente, caso ousem voltar. É por isso que muitas doenças só o deixam doente uma vez. Também é o princípio por trás da vacinação. A vacina na verdade é uma maneira de induzir o corpo a produzir anticorpos úteis contra um flagelo particular sem termos de sofrer antes.

Os micróbios desenvolvem várias maneiras de enganar o sistema imune — enviando sinais químicos confusos, por exemplo, ou se disfarçando de bactérias benignas ou amigáveis. Alguns agentes infecciosos, como *E. coli* e salmonela, podem tapear o sistema imune para que ataque os organismos errados. Há um monte de patógenos humanos por aí e grande parte de sua existência é devotada a evoluir de maneiras inéditas e ardilosas para penetrar em nosso corpo. O fato extraordinário não é que fiquemos doentes de vez em quando, mas que isso não aconteça com mais frequência. Ademais, além de matar células invasoras, o sistema imune deve tentar matar nossas próprias células quando se comportam mal, como ao virar cancerígenas.

A inflamação representa essencialmente o calor da batalha, em que o corpo se defende contra os danos. Os vasos sanguíneos na imediação de um traumatismo se dilatam, permitindo que mais sangue flua para o local, trazendo consigo glóbulos brancos para rechaçar invasores. Isso leva o lugar a inchar, aumentando a pressão nos nervos circundantes e resultando em maciez. Ao contrário dos glóbulos vermelhos, os glóbulos brancos podem deixar o sistema circulatório e passar pelos tecidos circundantes, como um pelotão militar patrulhando uma selva. Quando encontram um invasor, disparam substâncias químicas chamadas citocinas, que são o que faz você se sentir febril e fraco quando seu corpo combate a infecção. Não é a infecção que o deixa em péssimo estado, mas seu corpo se defendendo. O pus que supura de um ferimento é simplesmente os glóbulos brancos que deram a vida para defendê-lo.

Inflamação é um negócio complicado. Em excesso, destrói os tecidos vizinhos e pode resultar em dor desnecessária, mas se é insuficiente, não impede a infecção. A inflamação defeituosa está ligada a todo tipo de enfermidades, de diabetes e Alzheimer a ataque cardíaco e AVC.[8] "Às vezes", explicou-me Michael Kinch, da Universidade de Washington em St. Louis, "o sistema imune fica tão exacerbado que aciona todas as suas defesas e dispara todos os seus mísseis, em algo que chamamos tempestade de citocina. É isso que te mata. As tempestades de citocina aparecem repetidamente em muitas doenças pandêmicas, mas também em coisas como reações alérgicas extremas a picada de abelha."[9]

Boa parte do que acontece no sistema imune em nível celular ainda não é muito bem compreendida. E muita coisa não é compreendida de forma alguma. Durante minha visita a Manchester, Davis me mostrou seu laboratório, onde uma equipe de pesquisa de pós-doutorado se debruçava sobre telas de computador, examinando imagens obtidas por microscópios de alta resolução. Um dos pesquisadores, chamado Jonathan Worboys, mostrou-me algo que haviam acabado de descobrir — anéis compostos de proteína espalhados pela superfície celular, como escotilhas. Ninguém fora de seu laboratório jamais vira antes aqueles anéis.

"Eles claramente são formados por algum motivo", disse Davis, "mas ainda não sabemos qual é. Parece importante, mas pode ser trivial. A gente simplesmente não sabe. Pode levar uns quatro ou cinco anos para descobrir de verdade. É o tipo de coisa que torna a ciência excitante e difícil ao mesmo tempo."

Se o sistema imune tivesse um santo padroeiro, este certamente seria Peter Medawar, que foi um dos maiores cientistas britânicos do século xx, além possivelmente do mais exótico. Filho de pai libanês e mãe inglesa, ele nasceu em 1915 no Brasil, onde seu pai tinha negócios, mas a família se mudou para a Inglaterra quando Medawar ainda era menino. Medawar era alto, bem-apessoado e atlético. Max Perutz, um contemporâneo, descreveu-o como "cheio de vida, sociável, elegante, uma conversa brilhante, acessível, incansável e intensamente ambicioso".[10] Stephen Jay Gould o chamou de "o homem mais inteligente que já conheci". Embora Medawar tivesse formação em zoologia, foi seu trabalho com humanos durante a Segunda Guerra Mundial que lhe trouxe fama perene.

No verão de 1940, Medawar estava com a esposa e a filha bebê em seu jardim em Oxford, desfrutando a tarde de sol, quando escutaram o ruído de um avião com os motores falhando passar acima de suas cabeças, um bombardeiro da Real Força Aérea. O avião caiu em chamas a apenas duzentos metros de sua casa. Um membro da tripulação sobreviveu, mas sofrera queimaduras terríveis. Cerca de um dia depois, Medawar deve ter ficado surpreso ao ver os médicos do Exército lhe pedindo que examinasse o jovem aviador. Afinal, era zoólogo, mas de todo modo estava envolvido na pesquisa de antibióticos e havia uma chance, quem sabe, de poder ajudar. E esse foi o início de uma relação maravilhosamente produtiva que um dia culminaria no prêmio Nobel.

Os médicos estavam particularmente preocupados com o problema de obter enxertos de pele para usar. Sempre que a pele era tirada de uma pessoa e transplantada para outra, era aceita no começo mas depois rapidamente murchava e morria. Medawar ficou imediatamente fascinado com o problema e não conseguia entender por que o corpo rejeitava algo tão claramente benéfico. "A despeito de toda a boa vontade clínica e talvez até da urgência mortal que acompanha seu transplante, os homoenxertos de pele são tratados como se fossem uma doença cuja destruição é a cura", escreveu.[11]

"As pessoas achavam que havia algum problema com a cirurgia, que, se os cirurgiões pudessem aperfeiçoar sua técnica, estaria tudo bem", afirma Daniel Davis. Mas Medawar percebeu que era algo além disso. Sempre que ele e seus colegas repetiam um transplante de pele, o enxerto era rejeitado ainda mais rapidamente na segunda vez. O que Medawar subsequentemente descobriu foi que o sistema imune aprende cedo a não atacar suas células normais, saudáveis. Como Davis me explicou: "Ele descobriu que se um rato era exposto à pele de outro quando muito jovem, ao crescer ele seria capaz de aceitar um transplante daquele segundo rato. Em outras palavras, descobriu que em tenra idade o corpo aprende o que é o eu — o que ele não deve atacar. Podemos realizar um transplante da pele de um rato para outro contanto que o rato receptor tenha sido treinado quando jovem a não reagir ao enxerto". Anos mais tarde, esse insight renderia a Medawar um prêmio Nobel. Como observou David Bainbridge: "Embora hoje em dia a gente veja como a coisa mais normal, essa súbita combinação entre transplante e sistema imune foi um ponto crucial na ciência médica. Ela nos mostrou o que a imunidade realmente é."

II

Dois dias antes do Natal de 1954, em Marlborough, Massachusetts, a insuficiência renal deixara Richard Herrick às portas da morte com a idade de apenas 23 anos, quando ele se tornou o primeiro receptor de um transplante de rim e teve sua vida salva.[12] Herrick foi extremamente sortudo, porque tinha um gêmeo idêntico, Ronald, portanto um doador com tecido compatível perfeito.

Mesmo assim, ninguém jamais tentara algo como aquilo antes e seus médicos não podiam ter a menor certeza de qual seria o resultado. Uma possibilidade à parte era que ambos os irmãos pudessem morrer. Como o dr. Joseph Murray, cirurgião-chefe, explicou anos depois: "Nenhum de nós jamais pedira a alguém saudável que aceitasse um risco dessa magnitude exclusivamente em benefício de outra pessoa". Felizmente, o desfecho foi melhor do que qualquer um teria ousado esperar — na verdade, teve qualquer coisa de um conto de fadas. Richard Herrick não só sobreviveu à operação e recobrou a saúde, como também se casou com sua enfermeira e tiveram dois filhos. Viveu mais oito anos antes que a doença original, glomerulonefrite, voltasse a se manifestar e o matasse. Seu irmão Ronald viveu mais 56 anos com o rim restante. O cirurgião de Herrick, dr. Joseph Murray, recebeu o prêmio Nobel de fisiologia ou medicina em 1990, embora principalmente por seu trabalho posterior com imunossupressão.

Problemas com rejeição, no entanto, levaram ao fracasso a maioria das outras tentativas de transplante. Durante a década seguinte, 211 pessoas passaram por transplantes de rim e a maioria não viveu mais do que algumas semanas, se tanto. Apenas seis sobreviveram por ao menos um ano — e na maior parte dos casos porque o doador era também gêmeo. Foi apenas com o desenvolvimento da droga milagrosa ciclosporina, de uma amostra de solo colhida ao acaso na Noruega (como deve se lembrar do capítulo 7), que os transplantes puderam se tornar rotineiros.

Os avanços em cirurgia de transplante ao longo das últimas décadas foram de tirar o fôlego. Hoje, nos Estados Unidos, por exemplo, das 30 mil pessoas que recebem um transplante de órgão todo ano, mais de 95% continuam vivas doze meses depois e 80% continuam vivas cinco anos depois. O lado negativo é que a procura por órgãos supera de longe a oferta. Em 2018, 114 mil pessoas aguardavam em listas de transplante nos Estados Unidos.[13] Um novo indivíduo entra na fila a cada dez minutos e vinte pessoas morrem por dia antes que um órgão doado possa ser encontrado. Pessoas em diálise vivem em média oito anos extras, mas eles sobem para 23 com um transplante.[14]

Cerca de um terço dos transplantes de rim vem de doadores vivos (normalmente um parente próximo), mas todos os outros órgãos transplantados são de doadores falecidos, o que constitui um grande desafio. Quem necessita um órgão tem de torcer para que alguém morra em circunstâncias que deixem um órgão saudável, reutilizável, do tamanho correto, que a vítima não esteja muito longe e que haja duas equipes de especialistas cirúrgicos de prontidão — uma para remover o órgão do doador e outra para reimplantá-lo no receptor. O tempo médio de espera hoje para um transplante de rim nos Estados Unidos é 3,6 anos, comparado a 2,9 anos em 2004, mas muita gente não pode esperar tanto assim. Nos Estados Unidos, 7 mil pessoas por ano em média morrem antes de conseguirem receber um transplante. Na Grã-Bretanha, são cerca de 1300 por ano. (Os dois países usam critérios ligeiramente diferentes de medição, assim os números não são diretamente comparáveis.)

Uma solução possível seria o uso de transplantes animais.[15] Órgãos tirados de porcos poderiam ser cultivados até chegar ao tamanho certo, depois colhidos à vontade. Cirurgias de transplante poderiam ser programadas, em vez de emergenciais. É uma solução maravilhosa em princípio, mas na prática apresenta dois problemas principais. Um é que órgãos de outras espécies provocam uma reação imune feroz — se tem uma coisa que seu sistema imune sabe é que não deveria haver um fígado de porco dentro de você — e o segundo é que o porco possui em grande quantidade algo chamado retrovírus endógenos suínos (ou PERV), capazes de infectar qualquer humano em que sejam introduzidos. Há esperança de que ambos os problemas possam ser superados num futuro próximo, o que mudaria as perspectivas para milhares de pessoas.

Um problema diferente e igualmente intratável é que drogas imunossupressoras não são ideais por vários motivos. Para começar, elas afetam o sistema imune inteiro, não só a parte transplantada, e assim o paciente fica permanentemente vulnerável a infecções e cânceres com os quais seu sistema imune normalmente lidaria. Os medicamentos também podem ser tóxicos.

Por sorte, a maioria de nós nunca vai precisar de um transplante, mas há um monte de outras coisas que o sistema imune pode fazer por nós. Os humanos são afligidos por cerca de cinquenta tipos de doença autoimune, e a quantidade está aumentando.[16] Veja a doença de Crohn, uma doença inflamatória intestinal cada vez mais comum. Antes de 1932, quando Burrill Crohn, um médico de Nova York, a descreveu em um artigo no *Journal of the American Medical Association*, ela ainda não era sequer uma enfermidade reconhecida.*[17] Na época, a doença de Crohn afetava um em 50 mil. Depois passou a um em 10 mil, depois, um em 5 mil. Hoje a proporção é um em 250, e segue crescendo. Por que isso aconteceu, ninguém sabe dizer. Daniel Lieber-

---

* O próprio Crohn nunca usou o termo, preferindo em vez disso chamá-la de ileíte regional, enterite regional ou enterocolite cicatrizante. Mais tarde se descobriu que Thomas Kennedy Dalziel, um cirurgião de Glasgow, descrevera a mesma doença quase vinte anos antes. Ele a chamou de enterite intersticial crônica.

man sugere que o abuso de antibióticos e a consequente depleção das nossas reservas microbianas pode ter nos deixado mais suscetíveis a todas as doenças autoimunes, mas admite que as "causas permanecem elusivas".[18]

Igualmente desconcertante é como as doenças autoimunes são brutalmente sexistas.[19] A mulher tem probabilidade duas vezes maior que a do homem de ter esclerose múltipla, dez vezes maior de ter lúpus, cinquenta vezes maior de sofrer de uma doença da tireoide conhecida como tireoidite de Hashimoto. No total, 80% das doenças autoimunes ocorrem em mulheres. Os hormônios são os supostos culpados, mas como exatamente só os hormônios femininos, e não os masculinos, atrapalham o sistema imune não fica nem um pouco claro.

A maior e, de muitas maneiras, mais incompreensível e intratável categoria de doença imune são as alergias. Uma alergia nada mais é que uma reação inadequada do corpo a um invasor normalmente inofensivo. Alergias são um conceito surpreendentemente recente, também. Na língua inglesa, a primeira ocorrência da palavra *allergy* (grafada *allergie*), no *Journal of the American Medical Association*, foi há pouco mais de um século.[20] No entanto, as alergias se tornaram um flagelo da vida moderna. Cerca de 50% das pessoas dizem ser alérgicas ao menos a uma coisa e muitas afirmam ter alergia a várias (problema conhecido da ciência médica como atopia).[21]

As taxas de alergia pelo mundo afora variam de 10% a 40%, sendo que as proporções acompanham de perto o desempenho econômico. Quanto mais rico o país, mas alérgicos são os cidadãos. Ninguém sabe por que a riqueza pode fazer tão mal a você. Talvez as pessoas das nações ricas e urbanizadas estejam mais expostas a poluentes — há evidência de que os óxidos de nitrogênio dos combustíveis a diesel estão relacionados à maior incidência de alergias — ou pode ser que o uso aumentado de antibióticos nos países ricos tenha direta ou indiretamente afetado nossa resposta imune. Outros fatores que contribuem podem ser a falta de exercício e o aumento da obesidade. Alergias não são especificamente genéticas, até onde sabemos dizer, mas seus genes podem deixá-lo mais suscetível a determinadas alergias. Se seu pai e sua mãe têm uma alergia particular, há 40% de probabilidade de você também ter. Então é uma probabilidade maior, mas não uma certeza.

A maioria das alergias apenas causa desconforto, mas algumas podem pôr a vida em risco. Cerca de cem pessoas por ano morrem nos Estados Unidos de anafilaxia, nome de uma reação alérgica extrema com frequência causadora de contrição das vias aéreas. A anafilaxia é provocada com mais frequência por antibióticos, alimentos, picadas de insetos e látex, nessa ordem. Algumas pessoas são extraordinariamente sensíveis a certos materiais. O dr. Charles A. Pasternak, em *The Molecules Within Us* [As moléculas dentro de nós], menciona uma criança em um avião que teve de ser hospitalizada por dois dias porque um passageiro a duas fileiras de distância comeu amendoins.[22] Em 1999, apenas 0,5% das crianças tinham alergia a amendoim; hoje, vinte anos depois, a taxa quadruplicou.

Em 2017, o Instituto Nacional de Alergia e Doenças Infecciosas dos Estados Unidos declarou que a melhor maneira de evitar ou minimizar a alergia a amendoim não era manter as crianças pequenas longe, como se acreditara por décadas, mas antes expô-las gradativamente, como forma de acostumá-las ao amendoim.[23] Outras autoridades sugerem que deixar que os pais, na prática, realizem um experimento em seus próprios filhos não é boa ideia, e que qualquer programa de habituação deveria ser feito apenas sob supervisão cuidadosa e qualificada.

A explicação mais comum para as taxas alarmantes de alergias é a conhecida "hipótese da higiene",[24] proposta pela primeira vez em 1989 em um breve artigo no *British Medical Journal* por um epidemiologista da Escola de Higiene e Medicina Tropical de Londres chamado David Strachan (embora ele nunca tenha usado o termo "hipótese da higiene" — isso veio depois). A ideia, muito por alto, é de que as crianças no mundo desenvolvido crescem em ambientes bem mais limpos do que as de antigamente, e assim não desenvolvem resistência a infecções tanto quanto as que tiveram um contato mais próximo com sujeira e parasitas.

Mas a hipótese da higiene tem alguns problemas. Um deles é o grande aumento nas alergias ter acontecido mais ou menos na década de 1980, muito tempo após iniciado nosso hábito de limpeza, de modo que só a higiene não explica as taxas em elevação. Uma versão mais ampla da hipótese da higiene, conhecida como "hipótese dos velhos amigos", hoje superou em grande medida a teoria original. Ela postula que nossas susceptibilidades não estão baseadas apenas em coisas com as quais temos contato na infância, mas também são resultado do acúmulo de mudanças no estilo de vida remontando ao período Neolítico.

A moral da história, num caso como no outro, é que não sabemos por que as alergias existem. Morrer por ingerir um amendoim não é algo que confira algum benefício evolucionário óbvio, afinal. Então por que essa sensibilidade extrema foi conservada em alguns humanos é, como tanta coisa mais, um enigma.

Deslindar os meandros do sistema imune é muito mais do que apenas um exercício intelectual. Encontrar maneiras de usar as defesas imunes do próprio corpo para combater doenças — o que é conhecido como imunoterapia — promete transformar áreas inteiras da medicina. Duas abordagens em particular atraíram bastante atenção em tempos recentes. Uma é a terapia de *checkpoint*. Essencialmente, baseia-se na ideia de que o sistema imune é programado para consertar um problema — matar uma infecção, digamos — e então se recolher. O sistema imune é um pouco parecido com o corpo de bombeiros, nesse aspecto. Depois que o fogo foi apagado, não faz sentido continuar jogando água nas cinzas, assim ele tem sinais embutidos que lhe dizem para guardar os equipamentos e voltar ao quartel, para esperar a crise seguinte. O câncer aprendeu a explorar isso enviando seus próprios sinais de parar, tapeando o sistema imune de modo a ser desativado antes da hora. A terapia de *checkpoint* simplesmente cancela os sinais de parar. A terapia funciona milagrosamente bem com alguns tipos de câncer — pessoas com melanomas avançados que estavam à beira da morte obtiveram uma recuperação completa —, mas, por motivos ainda não bem compreendidos, só funciona algumas vezes. E pode ter curiosos efeitos colaterais.

O segundo tipo de terapia é chamado de terapia de células T CAR. CAR é a sigla em inglês para receptor antígeno quimérico e o assunto é tão complicado e técnico quanto parece, mas essencialmente envolve alterar geneticamente as células T cancerígenas da vítima, depois devolvê-las ao corpo numa forma que lhes permita atacar e matar as células de câncer. O processo funciona muito bem contra algumas leucemias, mas mata os glóbulos brancos saudáveis junto com os cancerígenos e assim deixa o paciente vulnerável a infecções.

Mas o real problema dessas terapias pode ser o preço. A terapia de células T CAR, por exemplo, pode custar até meio milhão de dólares para o paciente. "O que vamos fazer?", pergunta Daniel Davis. "Curar uns poucos ricos e dizer aos demais que o tratamento não está disponível?" Mas esse é um problema completamente diferente, sem dúvida.

13. Inspire, expire: os pulmões e a respiração

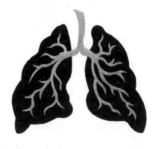

> *Tenho por hábito fazer-me ao mar sempre que a turvação se me começa a dominar os olhos e começo a ficar demasiado consciente dos pulmões.*
>
> Herman Melville, *Moby Dick*

I

De maneira silenciosa e rítmica, acordado ou dormindo, em geral sem pensar, todo dia você enche e esvazia os pulmões cerca de 20 mil vezes, processando regularmente cerca de 12 500 litros de ar, dependendo do seu tamanho e nível de atividade. São 7,3 milhões de respirações entre um aniversário e outro, cerca de 550 milhões no decorrer de uma vida.

Na respiração, como em tudo o mais na vida, os números dão vertigem — na verdade, soam irreais. Cada vez que respira, você exala cerca de 25 sextilhões ($2,5 \times 10^{22}$) de moléculas de oxigênio —[1] tantas que em um dia respirando é provável que tenha inalado pelo menos uma molécula das respirações de todas as pessoas que já viveram. E todas as pessoas que viverem de hoje até o momento em que o Sol se apagará irão respirar de tempos em tempos um pouquinho de você. No nível atômico, somos em certo sentido eternos.

Para a maioria de nós, essas moléculas entram livremente pelas aberturas no rosto conhecidas como narinas. A partir daí, o ar passa pelo espaço mais misterioso em sua cabeça, as fossas nasais. Proporcionalmente ao resto da cabeça, elas ocupam um vão enorme, e ninguém sabe dizer ao certo por quê.

"As fossas nasais são estranhas", contou-me Ben Ollivere, da Universidade de Nottingham e do Centro Médico do Queens. "São espaços cavernosos em sua cabeça. Teríamos lugar para muito mais matéria cinzenta se não precisássemos devotar parte tão grande da nossa cabeça às fossas nasais." O espaço não é um vazio completo, e sim permeado por uma rede complexa de ossos, que de algum modo ajudam na eficiência respiratória, acredita-se. Tenham ou não função efetiva, os seios da face são causa de muita infelicidade. Trinta e cinco milhões de americanos sofrem de sinusite todo ano, e cerca de 20% do total de prescrições de antibióticos destinam-se a pacientes com sinusite (ainda que o problema seja preponderantemente viral e desse modo imune a antibióticos).[2]

A propósito, nosso nariz escorre no frio pelo mesmo motivo que a água escorre das janelas em seu banheiro. No caso do nariz, o ar quente deixando os pulmões encontra o ar frio entrando pelas narinas e se condensa, resultando no pinga-pinga.

Os pulmões também são excelentes na limpeza. Segundo uma estimativa, o morador urbano médio inala cerca de 20 bilhões de partículas estranhas todo dia — pó, poluentes industriais, pólen, esporos de fungo, seja lá o que estiver flutuando pelo ar. Muitas dessas coisas podem deixá-lo bem doente, mas não deixam, em geral, porque em condições normais seu corpo é especializado em combater invasores. Se a partícula é grande ou muito irritante, você quase certamente a elimina tossindo ou espirrando (muitas vezes, no processo, passando o problema para outra pessoa). Se é pequena demais para provocar uma reação tão violenta, é muito provável que fique presa no muco que reveste suas passagens nasais ou nos brônquios e bronquíolos em seus pulmões. Essas vias aéreas minúsculas são forradas por milhões e milhões de epitélios ciliados que atuam como remos (remando furiosamente dezesseis vezes por segundo) e rechaçam os invasores de volta para a garganta, onde são desviados para o estômago e dissolvidos pelo ácido clorídrico. Se alguns invasores conseguem passar por essas hordas ondulantes, encontram pequenas máquinas vorazes chamadas macrófagos alveolares, que os devoram. A despeito disso tudo, ocasionalmente alguns patógenos passam e nos deixam doentes. A vida é assim, claro.

Só há pouco se descobriu que os espirros são uma experiência muito mais úmida do que se pensava. Uma equipe liderada pela professora Lydia Bourouiba, do Instituto de Tecnologia de Massachusetts, como publicado pela *Nature*, estudou o espirro em detalhes e descobriu que as gotículas podem viajar por oito metros e ficar em suspensão no ar por dez minutos antes de pousar suavemente em superfícies próximas.[3] Por meio de filmagens em câmera ultralenta, descobriram também que o espirro não é uma massa de gotículas, como sempre se achou, mas está mais para um lençol — uma espécie de filme de PVC líquido — que se estende sobre superfícies próximas, fornecendo evidência extra, se alguma ainda se fazia necessária, de que não convém estar por perto de uma pessoa espirrando. Uma teoria interessante é que o clima e a temperatura talvez influenciem o modo como as gotas de um espirro se juntam, o que poderia explicar por que a gripe e os resfriados são mais comuns no frio, mas ainda assim não explica por que as gotículas são mais contagiosas para nós pelo contato físico do que pela respiração (ou pelo beijo). O nome técnico do espirro, a propósito, é esternutação, embora alguns estudiosos, em seus momentos de leveza, gostem de se referir a ele como *autosomal dominant compelling helio-ophthalmic outburst*, ou "dominante autossômica compelindo a explosão hélio-oftálmica", ACHOO [atchim!], num acrônimo um pouco forçado.

Os pulmões pesam cerca de 1,1 quilo no total e tomam mais espaço em seu peito do que você imagina. No alto alcançam o pescoço e embaixo ficam perto do esterno. Tendemos a pensar que inflam e desinflam de forma independente, como foles, mas na verdade são bastante auxiliados por um dos músculos menos valorizados do corpo: o diafragma. O diafragma é uma tremenda invenção dos mamíferos. Ao puxar os pulmões por baixo, ele amplia sua potência. O aumento da eficiência respiratória nos possibilita obter mais oxigênio para os músculos, o que nos ajudou a ficar fortes, e para nossos cérebros, o que nos ajudou a ficar inteligentes. A eficiência também é acentuada por uma ligeira diferença na pressão do ar entre o mundo exterior e o espaço ao redor dos pulmões, a cavidade pleural. A pressão do ar no peito é inferior à pressão atmosférica, o que ajuda a manter os pulmões inflados. Se entra ar no peito, devido a um ferimento de perfuração, digamos, essa pequena diferença desaparece e os pulmões murcham para aproximadamente apenas um terço do tamanho normal.

Respirar é uma das poucas funções autônomas que podemos controlar intencionalmente, embora apenas até certo ponto. Fechamos os olhos quando queremos, mas não podemos prender o fôlego por muito tempo antes que o sistema autônomo entre em ação e nos obrigue a respirar outra vez. Um fato interessante é que o desconforto que sentimos quando prendemos demais a respiração é causado não pela depleção de oxigênio, mas pelo acúmulo de dióxido de carbono. Por isso a primeira coisa que fazemos após prender o fôlego é assoprar. Você talvez ache que a necessidade mais urgente seria obter ar fresco, e não soprar o gasto, mas não. O corpo abomina de tal forma o CO_2 que devemos expeli-lo antes de nos reabastecer.

Os humanos não são bons em prender o ar — na verdade, nossa respiração é das mais ineficazes. Nossos pulmões conseguem conter cerca de seis litros de ar,[4] mas normalmente respiramos apenas cerca de meio litro por vez; assim há margem imensa para aperfeiçoamento. O maior tempo que algum ser humano já prendeu a respiração voluntariamente foi 24 minutos e três segundos, proeza do espanhol Aleix Segura Vendrell, que a realizou em uma piscina em Barcelona, em fevereiro de 2016, mas só depois de respirar oxigênio puro por algum tempo e permanecer imóvel na água, reduzindo a demanda energética ao mínimo. Comparado à maioria dos mamíferos aquáticos, é muito pouco. Algumas focas conseguem permanecer sob a água por duas horas. A maioria dos humanos não vai muito além de um minuto. Mesmo as famosas pescadoras de pérolas do Japão, conhecidas como Ama, não ficam submersas por muito mais que dois minutos, normalmente (embora façam mais de cem mergulhos por dia).

Tudo somado, é preciso um bocado de pulmão para viver. Se você é um adulto de tamanho mediano, terá cerca de dois metros quadrados de pele, mas cem metros quadrados de tecido pulmonar, contendo mais de dois quilômetros de vias aéreas.[5] Acondicionar todo esse aparelho respiratório no espaço modesto de seu peito é uma solução elegante para o problema considerável de obter um monte de oxigênio para bilhões de células de forma eficiente. Sem esse intrincado acondicionamento, poderíamos ser como as algas laminariales — dezenas de metros de comprimento, mas com todas as células muito perto da superfície para facilitar a troca de oxigênio.

A respiração é uma operação tão complexa que não surpreende que os pulmões possam causar um monte de problemas. O que talvez surpreenda é como às vezes compreendemos pouco as causas desses problemas — e em nenhum outro caso isso é mais verdadeiro do que na asma.

II

Se tivéssemos de escolher alguém para garoto-propaganda da asma, o candidato quase imbatível seria o romancista francês Marcel Proust (1871--1922). Mas também poderíamos chamar Proust de garoto-propaganda de uma série de enfermidades, uma vez que as tinha em profusão. Ele sofria de insônia, indigestão, dores lombares, dor de cabeça, fadiga, tontura e de um tédio avassalador. Mais do que tudo, porém, estava à mercê da asma. Sua primeira crise veio aos nove anos e, a partir daí, Proust levou uma existência miserável. Com o sofrimento, sobreveio-lhe a germofobia aguda. Ele instruía um assistente a pôr sua correspondência em uma caixa lacrada e expô-la a vapores de formaldeído por duas horas.[6] Sempre que estava fora de casa, mandava para a mãe detalhados relatórios sobre seu sono, função pulmonar, serenidade mental e evacuação.[7] Como você já deve ter percebido, era um pouco preocupado com a saúde.

Embora algumas dessas inquietações pareçam hipocondria, a asma era bastante real. Desesperado por encontrar a cura, Proust se submeteu a incontáveis (e inúteis) enemas; tomou infusões de morfina, ópio, cafeína, amido, trional, valeriana e atropina; fumou cigarros medicados; inalou creosoto e clorofórmio; submeteu-se a mais de uma centena de dolorosas cauterizações nasais; adotou dieta à base de leite; mandou cortar o gás de sua casa; e viveu o máximo de tempo possível respirando o ar fresco em estâncias de vilarejos e montanhas. Nada funcionou. Morreu de pneumonia, os pulmões exaustos, no outono de 1922, com a idade de apenas 51 anos.

Nos tempos de Proust, a asma era uma doença rara e não muito compreendida. Hoje, é comum e continua não compreendida. A segunda metade do século xx presenciou um rápido crescimento das taxas de asma na maioria das nações avançadas e ninguém sabe por quê. Estima-se que 300 milhões de pessoas no mundo todo hoje tenham asma, aproximadamente 5% dos adultos e 15% das crianças nos países onde o levantamento é confiável, embora as proporções variem marcadamente de região para região e de país para país, até de cidade para cidade. Na China, a cidade de Guangzhou é altamente poluída, enquanto Hong Kong, a apenas uma hora de trem, é comparativamente limpa, por sua pouca indústria e por dispor de muito ar fresco, estando perto do mar. Contudo, em Hong Kong, as taxas de asma são de 15%, enquanto na pesadamente poluída Guangzhou, de apenas 3%, exatamente o oposto do que esperaríamos. Ninguém sabe o motivo.

Globalmente, a asma é mais comum entre meninos do que entre meninas, antes da puberdade, porém mais comum em meninas do que em meninos, após a puberdade. É mais comum entre negros do que entre brancos (em geral, mas não em toda parte) e mais entre habitantes urbanos do que entre rurais. Nas crianças, tem forte ligação tanto com obesidade como com peso abaixo do normal; crianças obesas sofrem do problema com mais frequência, mas crianças abaixo do peso têm crises piores. A taxa mais elevada do mundo pertence ao Reino Unido, onde 30% das crianças apresentaram sintomas de asma no ano passado. A taxa mais baixa fica com China, Grécia, Geórgia, Romênia e Rússia, apenas 3%. Todas as nações anglófonas têm taxas elevadas, assim como as latino-americanas. Não existe cura, embora em 75% dos jovens a asma desapareça quando chegam ao início da vida adulta. Ninguém sabe tampouco como ou por que isso acontece, ou por que, para uma infeliz minoria, nunca acontece. Na verdade, quando o assunto é asma, ninguém sabe muita coisa.

A asma (a palavra vem de um termo grego que significa "ofegar") tornou-se não só mais predominante, como também mais letal, e muitas vezes de modo súbito. Ela segue sendo a quarta causa principal de mortalidade infantil no Reino Unido.[8] Nos Estados Unidos, entre 1980 e 2000 as taxas de asma dobraram, mas as de hospitalização triplicaram, sugerindo que a doença ficou não só mais comum, como também mais severa. Aumentos similares foram encontrados em grande parte do mundo desenvolvido — Escandinávia, Austrália, Nova Zelândia, algumas das partes mais ricas da Ásia —, mas não, curiosamente, em toda parte. O Japão, por exemplo, não testemunhou um grande aumento de casos de asma.[9]

"Você provavelmente acha que a asma é causada por ácaros, gatos, produtos químicos, fumaça de cigarro ou poluição do ar", diz Neil Pearce, professor de epidemiologia e bioestatística na Escola de Higiene e Medicina Tropical de Londres.[10] "Passei trinta anos estudando asma e o melhor que consegui foi mostrar que praticamente nenhuma dessas coisas causa asma de fato. Elas podem provocar um ataque se você já tiver asma, mas não a causam. Temos muito pouca ideia de quais seriam as causas primárias. Não podemos fazer nada para prevenir a asma."

Pearce, que é neozelandês, é uma das principais autoridades na propagação da asma, mas foi parar na área por acidente, e bem tarde. "Tive brucelose" — uma infecção bacteriana que deixa a vítima com sensação de gripe permanente — "com vinte e poucos anos, e isso atrapalhou minha formação", afirma. "Sou de Wellington, e a brucelose não é comum em cidades, então levou três anos para os médicos diagnosticarem. Parece brincadeira, mas depois que descobriram o que era só precisei de duas semanas de antibióticos para me curar." Embora fosse formado em matemática a essa altura, perdera a chance de cursar medicina; então desistiu do ensino superior e trabalhou por dois anos como motorista de ônibus e numa fábrica.

Foi apenas por acaso, quando procurava algo mais interessante para fazer, que conseguiu emprego como bioestatístico na Escola de Medicina de Wellington. Dali, passou a diretor do Centro de Pesquisa em Saúde Pública da Universidade Massey, Wellington. Seu interesse em epidemiologia da asma seguiu-se a uma irrupção de mortes não explicadas entre jovens asmáticos. Pearce fez parte de uma equipe que acompanhou o surgimento de um inalante chamado fenoterol (sem relação com o notório opioide fentanil). Foi o início de uma relação duradoura com a asma, embora esse seja apenas um de seus muitos interesses atuais. Em 2010, mudou-se para a Inglaterra e assumiu um cargo na venerável Escola de Higiene e Medicina Tropical de Londres em Bloomsbury.

"Por muito tempo", contou-me quando nos encontramos, "vigorou o dogma de que a asma era uma doença neurológica — o sistema nervoso enviando sinais errados aos pulmões. Então, nas décadas de 1950 e 1960, surgiu a ideia de que é uma reação alérgica, e a coisa meio que pegou. Mesmo hoje, os livros de referência dizem que as pessoas ficam com asma expondo-se a alérgenos no começo da vida. Em resumo, está tudo errado com essa teoria. Já ficou claro hoje que é bem mais complicado que isso. Sabemos que metade dos casos mundiais envolve alergias, mas metade se deve a algo completamente diferente — a mecanismos não alérgicos. Não sabemos o que são."

Para muitos asmáticos, o gatilho pode ser ar gelado, estresse, exercício ou outros fatores que não têm nada a ver com alérgenos ou com o que está flutuando no ar. "De modo mais geral", acrescentou Pearce, "o dogma é que tanto as asmas alérgicas como as não alérgicas envolvem inflamação nos pulmões, mas no caso de alguns asmáticos, se a pessoa enfia os pés num balde de água gelada, começa a chiar imediatamente. Ora, isso não pode ser devido à inflamação, porque acontece rápido demais. Só pode ser neurológico. Assim, estamos fechando o cerco, pelo menos para parte da resposta."

A asma é bem diferente de outros problemas pulmonares, já que em geral não se manifesta o tempo todo. "Se você testar a função pulmonar de asmáticos, na maior parte do tempo, para a maioria deles, será completamente normal. É só quando sofrem um ataque que os problemas com a função pulmonar se tornam aparentes e detectáveis. Isso é muito atípico para uma doença. Mesmo quando não há sintomas presentes, a doença quase sempre aparece nos exames de sangue ou no escarro. Na asma, em alguns casos, a doença simplesmente some."

Em um ataque de asma, as vias aéreas ficam apertadas e a pessoa tem dificuldade de fazer o ar entrar ou sair, principalmente sair.[11] Em casos menos graves, esteroides quase sempre são eficazes para manter os ataques sob controle, mas em pessoas com formas mais graves do mal os esteroides raramente funcionam.

"A única coisa que podemos dizer de fato sobre a asma é que ela é principalmente uma doença ocidental", afirma Pearce. "Há algo em levar um estilo de vida ocidental que predispõe seu sistema imune a deixar você mais suscetível. Não sabemos o motivo de verdade." Uma sugestão é a "hipótese da higiene" — a ideia de que a exposição prévia a agentes infecciosos fortalece nossa resistência a asma e alergias mais tarde na vida. "É uma bela teoria", diz Pearce, "mas não serve. Há países como o Brasil onde as taxas de asma são elevadas, mas as de infecção também são."

O pico da asma começa aos treze anos, mas grande número de pessoas sofre da doença pela primeira vez na vida adulta. "Os médicos vão lhe dizer que os primeiros anos de vida são cruciais, mas isso não é bem verdade", diz Pearce. "São os primeiros poucos anos de exposição. Se você muda de trabalho ou de país, pode ter asma até depois de adulto."

Há alguns anos, Pearce fez uma descoberta curiosa — de que pessoas que tiveram gato quando criança pareciam obter proteção contra asma pelo resto da vida. "Costumo brincar que estudei asma por trinta anos e nunca consegui prevenir um único caso, mas salvei a vida de um monte de gatos", diz ele.

Não é fácil explicar como exatamente o estilo de vida ocidental pode provocar asma.[12] Ter se criado na fazenda parece uma proteção, e mudar para a cidade aumenta o risco, mas, de novo, não sabemos por quê. Uma teoria intrigante, sugerida por Thomas Platts-Mills, da Universidade da Virginia, liga o aumento da asma à menor exposição ao ar livre. Como Platts-Mills observa, as crianças costumavam brincar na rua depois da escola. Hoje, com mais frequência do que nunca, ficam em ambientes fechados. "Temos uma população infantil que não sai de casa e se movimenta pouco, de maneiras que nunca fizeram antes", afirmou ao periódico *Nature*.[13] Crianças que ficam sentadas diante da TV não apenas não exercitam os pulmões como fariam se estivessem brincando, como também respiram de modo diferente do de crianças que não estão hipnotizadas por uma tela. Mais especificamente, crianças lendo respiram mais fundo e suspiram com mais frequência que crianças assistindo à TV, e essa ligeira diferença na atividade respiratória pode ser suficiente para aumentar a suscetibilidade à asma, segundo essa teoria.

Outros pesquisadores aventaram a hipótese de que alguns vírus podem ser responsáveis pelo surgimento da asma. Um estudo na Universidade da Colúmbia Britânica em 2015 sugeriu que a ausência de quatro micróbios intestinais (a saber, *Lachnospira*, *Veillonella*, *Faecalibacterium* e *Rothia*) em bebês estava fortemente ligada ao desenvolvimento de asma nos primeiros anos de vida. Mas, até o momento, são só hipóteses. "Resumindo, a gente ainda não sabe", diz Pearce.

III

Outro problema pulmonar muito comum merece menção não tanto devido ao que faz conosco, mas pelo tempo extraordinariamente longo que levou para aceitarmos que uma coisa levava à outra. Refiro-me ao cigarro e ao câncer de pulmão.

Pareceria quase impossível ignorar a ligação entre ambos. Quem fuma regularmente (cerca de um maço por dia) tem probabilidade cinquenta vezes maior de ter câncer do que um não fumante.[14] Nos trinta anos decorridos entre 1920 e 1950, quando o tabagismo decolou no mundo para valer, a quantidade de casos de câncer pulmonar foi à estratosfera. Nos Estados Unidos, triplicou. Aumentos similares foram notados por toda parte. Porém, levou uma eternidade para se chegar ao consenso de que o cigarro causava câncer de pulmão.

Hoje parece loucura, mas não tanto para as pessoas da época. O problema era haver uma proporção imensa de fumantes — 80% dos homens no fim da década de 1940 — e contudo só alguns ficarem com câncer de pulmão. E não fumantes também tinham câncer de pulmão. Assim, não havia uma correlação direta clara entre o hábito de fumar e o câncer. Quando muita gente faz algo e só alguns morrem por isso, é difícil atribuir a culpa a uma única causa. Alguns especialistas culpavam a poluição do ar pelo aumento do câncer. Outros desconfiavam do uso crescente de asfalto e pavimentação.

Um dos estudiosos mais céticos quanto à ligação era Evarts Ambrose Graham (1883-1957), cirurgião torácico e professor da Universidade Washington em St. Louis. Graham fez a famosa afirmação (em tom de piada) de que poderíamos igualmente atribuir a culpa pelo câncer de pulmão ao nylon, uma vez que a meia-calça se popularizou ao mesmo tempo que o cigarro. Mas quando um aluno seu, o alemão de nascimento Ernst Wynder, no fim da década de 1940, pediu para estudar o assunto, Graham deu seu consentimento, na esperança principalmente de refutar de uma vez por todas a teoria de uma correlação entre o cigarro e o câncer. Na verdade, Wynder demonstrou de forma conclusiva que havia uma ligação — tanto que o professor foi obrigado a mudar de ideia diante das evidências. Em 1950, os dois publicaram um artigo conjunto no *Journal of the American Medical Association* sobre as descobertas de Wynder. Pouco depois, o *British Medical Journal* realizou um estudo com descobertas mais ou menos idênticas feitas por Richard Doll e A. Bradford Hill, da Escola de Higiene e Medicina Tropical de Londres.*

Embora dois dos periódicos médicos mais prestigiosos do mundo houvessem a essa altura demonstrado uma ligação clara entre fumar e câncer de pulmão, as descobertas quase não surtiram efeito. As pessoas gostavam

---

* Bradford Hill já contribuíra para a ciência médica. Dois anos antes ele havia inventado o ensaio de controle aleatório, em um estudo sobre os efeitos da estreptomicina.

demais do cigarro para largar. Richard Doll, em Londres, e Evarts Graham, em St. Louis, ambos fumantes a vida toda, largaram o cigarro, mas, no caso de Graham, tarde demais. Ele morreu de câncer do pulmão sete anos após seu próprio estudo. O tabagismo continuou a crescer. Nos Estados Unidos, aumentou em 20% nos anos 1950.

Incentivados pela indústria do tabaco, muitos especialistas zombaram das descobertas. Como Graham e Wynder dificilmente conseguiriam treinar ratos para fumar, desenvolveram uma máquina que extraía o alcatrão de cigarros fumados, que era então passado na pele de ratos de laboratório, provocando a erupção de tumores. Um artigo da *Forbes* fez o comentário ácido (e, com toda a franqueza, um tanto imbecil): quantos homens destilam o alcatrão de seu tabaco e o aplicam com um pincel nas costas? Os governos mostraram pouco interesse no problema. Quando o ministro da Saúde britânico Iain Macleod anunciou formalmente em uma coletiva de imprensa que havia uma ligação inequívoca entre o fumo e o câncer de pulmão, de certa forma sabotou a própria atitude ao fumar abertamente durante a declaração.[15]

O Comitê de Pesquisa da Indústria do Tabaco — uma equipe científica financiada por fabricantes de cigarro — rebateu dizendo que embora câncer causado por tabaco tivesse sido induzido em ratos de laboratório, nunca ficara demonstrado em humanos. "Ninguém determinou que a fumaça do cigarro, nem de qualquer um de seus componentes conhecidos, causa câncer no homem", escreveu o diretor científico do grupo em 1957, convenientemente ignorando que jamais poderia haver uma forma ética de experimento que induzisse câncer numa pessoa viva.[16]

Para dirimirem ainda mais as preocupações (e tornar o produto mais atraente para as mulheres), os fabricantes de cigarro introduziram o filtro no início de 1950. Com isso, puderam alegar que o cigarro ficara bem mais seguro. A maioria dos fabricantes cobrava mais por cigarros com filtro, ainda que o custo fosse inferior ao lucro obtido com a economia de tabaco. Além do mais, muitos não filtravam o alcatrão e a nicotina melhor do que o tabaco já fazia e, para compensar a possível perda do sabor, os fabricantes começaram a usar tabaco mais forte. O resultado foi que no fim da década de 1950 o fumante médio absorvia mais alcatrão e nicotina do que antes da invenção dos filtros. A essa altura, o adulto americano médio fumava 4 mil cigarros por ano.[17] Um fato interessante foi que boa parte da pesquisa de câncer relevante na década de 1950 foi realizada por cientistas financiados pela indústria do cigarro, urgentemente procurando outras causas de câncer que não seu produto. Contanto que o tabaco não estivesse diretamente implicado na pesquisa, o trabalho deles era normalmente impecável.

Em 1964, o diretor do serviço público de saúde dos Estados Unidos anunciou uma ligação inequívoca entre cigarro e câncer de pulmão, mas o anúncio teve pouco efeito. A quantidade de cigarros fumados pelo americano médio aos dezesseis anos caiu levemente, de 4340 por ano, antes do anúncio, para 4200 depois, mas então voltou a subir para cerca de 4500 e permaneceu nesse patamar por anos.[18] Por incrível que pareça, a Associação Médica Americana levou quinze anos para endossar a descoberta. Ao longo de todo esse período, um magnata da indústria do cigarro integrou a diretoria da Sociedade Americana do Câncer.[19] Ainda em 1973, um editorial da *Nature* defendia o cigarro na gravidez, alegando que ajudava a acalmar o estresse.[20]

Como as coisas mudaram. Hoje, apenas 18% dos americanos fumam, e é fácil pensar que resolvemos o problema. Mas não é tão simples assim. Quase um terço das pessoas abaixo da linha de pobreza ainda são fumantes, e o hábito continua contribuindo para um quinto da mortalidade geral. É um problema que estamos longe de corrigir.

Finalmente, vamos examinar uma aflição respiratória comum e bem menos alarmante (pelo menos para a maioria, na maior parte do tempo), ainda que não menos misteriosa: soluços.

O soluço é uma contração espasmódica súbita do diafragma que alarma a laringe, levando-a a se fechar abruptamente e emitir o famoso som. Ninguém sabe por que ele ocorre. O recorde mundial de soluços parece ter pertencido a um fazendeiro do noroeste do Iowa chamado Charles Osborne, que soluçou sem parar por 67 anos.[21] Os soluços começaram em 1922, quando Osborne tentou erguer um porco de 160 quilos para o abate, de algum modo disparando uma reação de soluços. No início, soluçou cerca de quarenta vezes por minuto. Depois, diminuiu para vinte. No total, calcula-se que tenha soluçado 430 milhões de vezes no decorrer de quase sete décadas. Nunca soluçava dormindo. No verão de 1990, um ano antes de morrer, os soluços de Osborne cessaram, abrupta e misteriosamente.*

Se você ficar com soluços e eles não forem embora espontaneamente após alguns minutos, a ciência médica não saberá ajudá-lo. O melhor alívio que um médico pode sugerir são os mesmos que você conhece desde criança: dar um susto na vítima (chegando de fininho por trás e gritando "Bu!", digamos), esfregar sua nuca, fazer com que morda um limão, beber um grande gole de água gelada, puxar sua língua e pelo menos mais uma dúzia de outros truques. Se algum desses antigos remédios funciona de fato não é algo verificado pela ciência médica. Um fato mais significativo é que ninguém parece dispor de dados sobre quantos sofrem de soluços crônicos ou incessantes, mas o problema pelo jeito não é trivial. Um cirurgião me contou que acontece com razoável frequência após cirurgias torácicas — "com mais frequência do que costumamos admitir", acrescentou.

* Osborne era de Anthon, Iowa. Embora a cidade tivesse apenas cerca de seiscentos habitantes, era também a casa da pessoa mais alta do mundo. Bernard Coyne tinha mais de dois metros e meio de altura quando morreu, aos 23 anos, em 1921, pouco antes de Osborne começar a maratona de soluços.

14. O glorioso alimento

Dize-me o que comes e te direi quem és.
Anthelme Brillat-Savarin, *A fisiologia do gosto*

Todo mundo sabe que, consumidos em excesso, cerveja, bolo, pizza, hambúrguer e todas as coisas que, sejamos sinceros, fazem a vida valer a pena contribuem para uns pneuzinhos extras porque nos fazem absorver calorias demais. Mas em que exatamente consistem essas pequenas unidades que adoram nos deixar arredondados e flácidos?

A caloria é uma estranha e complicada medida de energia dos alimentos. O correto é quilocaloria, definida como a quantidade de energia exigida para aquecer um quilo de água a 1°C, mas parece seguro dizer que ninguém pensa nisso nesses termos na hora de decidir o que vai comer. A quantidade exata de calorias que cada um de nós necessita é em larga medida uma questão pessoal. Até 1964, a orientação oficial nos Estados Unidos era de 3200 calorias por dia para um homem moderadamente ativo e 2300 para uma mulher na mesma condição. Hoje, esses valores foram baixados para cerca de 2600 calorias entre homens moderadamente ativos e 2 mil entre mulheres moderadamente ativas. É uma boa redução. No decorrer de um ano, para um homem, corresponde a quase um quarto de milhão de calorias a menos.

Os dados de ingestão de calorias apontam, claro, exatamente na outra direção. Os americanos hoje consomem cerca de 25% calorias a mais do que em 1970[1] (e, vamos ser francos, não estavam exatamente passando necessidade em 1970).

O pai da medição de calorias — na verdade, da moderna ciência alimentar — foi o acadêmico americano Wilbur Olin Atwater.[2] Homem devoto e bondoso, com bigode de morsa e um talhe corpulento que denunciava seu próprio pendor para a comilança, Atwater nasceu em 1844, no norte do estado de Nova York, filho de um pastor metodista itinerante, e cursou química agrícola na Universidade Wesleyan, em Connecticut. Numa viagem de estudos à Alemanha, foi apresentado ao empolgante conceito recente da caloria e quando regressou aos Estados Unidos empenhou-se de forma fervorosa em levar rigor científico à ciência recém-nascida da nutrição.* Como professor de química em sua alma mater, procedeu a uma série de experimentos para testar todos os aspectos da ciência alimentar. Alguns eram pouco ortodoxos, para não dizer arriscados. Em um deles, comeu peixe contaminado com ptomaína para estudar os efeitos. Por pouco não morreu.

O projeto mais célebre de Atwater foi a construção de um dispositivo que ele chamou de calorímetro respiratório. Era uma câmara lacrada, não muito maior do que um armário, em que voluntários ficavam confinados por até cinco dias enquanto ele e seus ajudantes mediam minuciosamente várias facetas de seus metabolismos — a absorção de alimentos e oxigênio e a produção de dióxido de carbono, ureia, amônia, fezes e assim por diante — e estimavam o consumo calórico. Um trabalho tão minucioso que eram necessárias dezesseis pessoas para ler os mostradores e fazer os cálculos. A maioria dos que se sujeitavam ao experimento eram alunos, embora o faxineiro do laboratório, Swede Osterberg, às vezes também participasse (se de forma vo-

---

* Há uma surpreendente falta de consenso sobre quem inventou a caloria relacionada à dieta. Alguns historiadores da alimentação dizem que o francês Nicolas Clément inventou o conceito já em 1819. Outros dizem que foi um alemão, Julius Mayer, em 1848, e outros ainda o creditam a dois franceses, P. A. Favre e J. T. Silbermann, em 1852. O que é certo é que era o principal assunto entre os nutricionistas europeus na década de 1860, quando Atwater entrou em contato pela primeira vez com o conceito.

luntária, não se sabe). O presidente da Wesleyan ficou confuso com o calorímetro de Atwater — a caloria era um conceito inteiramente novo, afinal — e particularmente abismado com os custos. Propôs cortar pela metade o salário de Atwater ou que ele contratasse um assistente do próprio bolso. Atwater optou pela segunda alternativa e, sem se deixar abater, determinou as calorias e os valores nutricionais de praticamente todos os alimentos — cerca de 4 mil no total. Em 1896, produziu sua obra máxima, *The Chemical Composition of American Food Materials* [A composição química dos materiais alimentares americanos], que permaneceu a última palavra em dieta e nutrição por uma geração. Durante algum tempo, Atwater foi um dos cientistas mais famosos dos Estados Unidos.

Grande parte do que Atwater concluiu estava errado, no fim das contas, mas não era sua culpa. Ninguém compreendia ainda o conceito de vitaminas e minerais ou mesmo a necessidade de uma dieta balanceada. Para Atwater e seus contemporâneos, tudo que tornava um alimento superior a outro era sua eficácia como combustível. Assim, ele acreditava que frutas e hortaliças forneciam comparativamente pouca energia e não precisavam fazer parte da dieta normal das pessoas. Em vez disso, sugeriu que comêssemos bastante carne — quase um quilo por dia, 330 quilos por ano.[3] O americano médio hoje ingere 122 quilos de carne por ano, cerca de um terço da quantidade recomendada por Atwater, e a maioria dos especialistas afirma que mesmo assim é demais. (O britânico médio, para fins de comparação, come 84 quilos de carne por ano, quase 70% a menos do que a quantidade recomendada por Atwater. Continua sendo muito.)

A descoberta mais preocupante de Atwater — não só para ele como também para o mundo em geral — foi de que o álcool era uma fonte particularmente rica de calorias, e desse modo um combustível eficiente. Como filho de pastor e abstêmio, ele ficou horrorizado ao publicar a informação, mas como cientista diligente sentia que seu dever era acima de tudo com a verdade, por mais constrangedora que fosse. Por consequência, foi repudiado por sua universidade, devotamente metodista, e seu presidente, que de todo modo já o desprezava. Antes do desfecho da controvérsia, o destino interveio. Em 1904, Atwater sofreu um AVC fulminante. Viveu por três anos sem recuperar as faculdades mentais e morreu aos 63 anos, mas seus prolongados esforços asseguraram o lugar da caloria no coração da ciência nutricional.

* * *

Como medida de consumo dietético, a caloria tem muitas limitações. Para começo de conversa, não indica de modo algum se determinado alimento é de fato bom para você. O conceito de calorias "vazias" era totalmente ignorado no início do século xx. A medição de calorias convencional tampouco explica como os alimentos são absorvidos ao passar pelo corpo. A digestão de inúmeras oleaginosas, por exemplo, é menos eficiente que a de outros alimentos, o que significa que nos deixam menos calorias ao serem consumidos. Você pode ingerir uma porção de 170 calorias de amêndoas, mas aproveitar apenas 130 delas.[4] As quarenta calorias restantes passam direto sem sequer tocar nas paredes, por assim dizer.

Por qualquer medida, somos muito bons em extrair energia dos alimentos, mas não porque tenhamos um metabolismo particularmente dinâmico, e sim devido a um truque que aprendemos há muito tempo: cozinhar. Ninguém faz ideia de quando mais ou menos os humanos começaram a cozinhar seu alimento. Temos evidências confiáveis de que nossos ancestrais utilizavam o fogo há 300 mil anos, mas Richard Wrangham, que devotou grande parte de sua carreira em Harvard a estudar o assunto, acredita que nossos ancestrais dominaram o fogo 1,5 milhão de anos antes disso — ou seja, muito antes de sermos completamente humanos.

Cozinhar o alimento proporciona benefícios de todo tipo. Mata toxinas, melhora o sabor, torna as coisas duras mastigáveis, amplia imensamente o leque do que podemos comer e, acima de tudo, incrementa vastamente a quantidade de calorias que os humanos conseguem extrair do que ingerem. É praticamente consenso científico hoje que o alimento cozido nos proporcionou a energia para desenvolver um cérebro grande e o tempo ocioso necessário para fazer uso dele.

Mas, para cozinhar o alimento, você também tem de ser capaz de obtê-lo e prepará-lo de forma eficiente, e é isso que Daniel Lieberman acredita estar no âmago da nossa passagem à condição de humano moderno. "Não dá para ter um cérebro grande a menos que você tenha energia para alimentá-lo", disse-me quando nos encontramos em Harvard.[5] "E para alimentar o cérebro, precisávamos dominar a caça e a coleta. É um desafio maior do que as pessoas imaginam. Não se trata apenas de colher frutas silvestres ou escavar tubérculos; é uma questão de processar os alimentos — deixá-los mais fáceis de comer e digerir, e mais seguros de comer — e isso envolve a fabricação de ferramentas, a comunicação e a cooperação. Em essência, foi o que impeliu a mudança do humano primitivo para o moderno."

Na natureza, é muito fácil passar fome. Somos incapazes de extrair nutrientes da maioria das partes da maioria das plantas. Em particular, não aproveitamos a celulose, o principal elemento de que as plantas são compostas. Chamamos os poucos vegetais que comemos de hortaliças. De resto, estamos limitados a alguns subprodutos botânicos, como sementes e frutas, e mesmo assim muitas são venenosas para nós. Mas pela cocção podemos extrair benefício de vários outros alimentos. Uma batata cozida, por exemplo, é cerca de vinte vezes mais digerível do que uma crua.

Cozinhar o alimento nos proporcionou tempo livre. Outros primatas passam até sete horas por dia apenas mastigando. Não precisamos comer constantemente para assegurar nossa sobrevivência. A tragédia, sem dúvida, é que comemos mais ou menos o tempo todo, de qualquer maneira.

Os componentes fundamentais da dieta humana — os macronutrientes: água, carboidratos, gordura e proteína — foram identificados quase duzentos anos atrás por um químico inglês chamado William Prout, mas mesmo na época estava claro que outros elementos, mais elusivos, eram necessários para produzir uma dieta inteiramente saudável. Por muito tempo ninguém soube quais seriam esses elementos, mas ficou evidente que em sua ausência as pessoas tendiam a sofrer deficiências alimentares como beribéri ou escorbuto.

Hoje os conhecemos, claro, como vitaminas e minerais. As vitaminas são substâncias orgânicas — ou seja, derivam de coisas que estão ou já estiveram vivas, como plantas e animais —, enquanto os minerais são inorgânicos, e vêm do solo ou da água. No total, há cerca de quarenta dessas partículas que devemos obter com nossa comida porque não somos capazes de produzi-las por nós mesmos.

As vitaminas são um conceito surpreendentemente recente. Cerca de quatro anos após a morte de Wilbur Atwater, um químico polonês radicado em Londres, Casimir Funk, concebeu a ideia, embora as chamasse de *vitamines* [não *vitamins*], a contração de *vital* com *amines* (aminas são um tipo de composto orgânico). Acontece que só algumas vitaminas são aminas, então o "e" foi removido. (Outros nomes também foram experimentados, entre eles "nutraminas", "hormônios alimentares" e "fatores alimentares suplementares", mas nenhum pegou.) Funk não descobriu as vitaminas; ele meramente especulou, corretamente, sobre sua existência. Mas como ninguém podia produzir esses estranhos elementos, muitos especialistas se recusavam a aceitar que fossem reais. Sir James Barr, presidente da Associação Médica Britânica, afirmou que não passavam de "produto da imaginação".[6]

A descoberta e os nomes das vitaminas só vieram quase na década de 1920 e o progresso foi hesitante, para dizer o mínimo. No começo, as vitaminas foram nomeadas mais ou menos em ordem alfabética — A, B, C, D e assim por diante —, mas o sistema começou a desmoronar. Descobriu-se que a vitamina B na verdade eram várias, e elas foram rebatizadas de B1, B2, B3 e assim por diante, até B12. Depois ficou decidido que as vitaminas B não eram tão diversas, afinal; então algumas foram eliminadas e outras reclassificadas, de modo que hoje restaram seis vitaminas B razoavelmente sequenciais: B1, B2, B3, B5, B6 e B12. Outras vitaminas surgiram e sumiram, e assim a literatura científica está repleta do que poderíamos chamar de vitaminas fantasmas — M, P, PP, S, U e várias outras. Em 1935, um pesquisador de Copenhague, Henrik Dam, descobriu uma vitamina crucial para a coagulação sanguínea e a chamou de vitamina K (do dinamarquês *koagulere*). No ano seguinte, outros pesquisadores vieram com a vitamina P (de "permeabilidade"). É um processo em andamento. A biotina, por exemplo, foi por um tempo chamada de vitamina H, mas depois virou B7. Hoje, é chamada de biotina, quase sempre.

Embora Funk tenha cunhado o termo "vitaminas" e desse modo receba o crédito pela descoberta, a maior parte do trabalho efetivo de determinar a natureza química das vitaminas foi feito por outros, em particular Sir Frederick Hopkins, que graças a isso ganhou o prêmio Nobel — um desgosto do qual Funk nunca se recuperou.

Mesmo hoje, as vitaminas são uma entidade mal definida. O termo descreve treze fragmentos químicos de que necessitamos para funcionar direito, mas que somos incapazes de produzir sozinhos. Embora tendamos a pensar neles como estreitamente ligados, na maior parte eles têm pouca coisa em comum, tirando serem úteis para nós. Às vezes são descritos como "hormônios produzidos fora do corpo", o que é uma boa definição, exceto pelo fato de ser apenas em parte verdade. A vitamina D, uma das mais vitais de todas, pode tanto ser produzida no corpo (onde na realidade é um hormônio) como ingerida (o que a torna uma vitamina, mais uma vez).

Um bocado do que sabemos sobre as vitaminas e suas primas minerais é surpreendentemente recente. A colina, por exemplo, é um micronutriente do qual você provavelmente nunca ouviu falar. Ela tem um papel central em fabricar neurotransmissores e manter seu cérebro operando normalmente, mas isso só foi descoberto em 1998. É abundante em alguns alimentos não muito consumidos — fígado, couve-de-bruxelas e feijão-de-lima, por exemplo —, o que sem dúvida explica as estimativas de que até 90% da população geral sofra de deficiência de colina no mínimo moderada.

No caso de muitos micronutrientes, os cientistas não sabem exatamente de quanto precisamos ou sequer o que fazem por nós quando os ingerimos. O bromo, por exemplo, é encontrado pelo corpo todo, mas ninguém tem certeza se está aí porque o corpo precisa ou se nada mais é que um passageiro acidental, por assim dizer. O arsênico é um microelemento essencial para alguns animais, mas não sabemos se isso inclui os humanos. O cromo é definitivamente necessário, mas em quantidades tão pequenas que se torna tóxico bem rapidamente. Os níveis de cromo caem progressivamente à medida que envelhecemos, mas ninguém sabe por que caem ou o que isso indica.

Com quase todas as vitaminas e minerais, o risco de ingerir demais é tão grande quanto o de absorver de menos. A vitamina A é necessária para a visão, a saúde da pele e o combate à infecção, então é vital que a tenhamos. Por sorte, é abundante em muitos alimentos comuns, como ovos e laticínios, assim é fácil obter de sobra. Mas eis a questão. O consumo diário recomendado é setecentos microgramas para mulheres e novecentos para homens; o limite máximo para ambos é cerca de 3 mil microgramas, e ultrapassar regularmente essa quantidade pode ser arriscado. Quantos de nós poderíamos conjecturar até mesmo por alto em que medida estamos próximos do equilíbrio certo? O ferro também é vital para os glóbulos vermelhos. Pouco ferro deixa você anêmico, mas ferro em excesso é tóxico, e alguns especialistas acreditam que um bom número de pessoas possa estar absorvendo ferro em excesso. Curiosamente, tanto ferro de mais como de menos causa o mesmo sintoma, letargia. "Ferro em excesso, na forma de suplementos, pode se acumular em nossos tecidos, fazendo os órgãos literalmente enferrujarem", declarou Leo Zacharski, do Centro Médico Darmouth-Hitchcock, em New Hampshire, à revista *New Scientist* em 2014. "É um fator de risco muito mais grave do que fumar, para todo tipo de problema clínico", acrescentou.

Em 2013, um editorial no altamente respeitado periódico americano *Annals of Internal Medicine*, baseado em um estudo conduzido por pesquisadores da Universidade Johns Hopkins, afirmou que quase todo mundo nos países de alta renda era suficientemente bem nutrido para não precisar de vitaminas nem de outros suplementos de saúde e que deveríamos parar de desperdiçar dinheiro com isso. Mas o relatório foi, de pronto, duramente criticado. O professor Meir Stampfer, da Escola de Medicina de Harvard, afirmou achar lamentável que "um artigo tão malfeito tenha sido publicado em um periódico tão proeminente".[7] Segundo os Centros para Controle de Doenças (CDCs), longe de haver abundância na dieta, cerca de 90% dos adultos americanos estão abaixo da dose diária recomendada de vitaminas D e E, e mais ou menos a metade, de vitamina A. Não menos de 97%, segundo os CDCs, não obtêm potássio suficiente, o que é particularmente alarmante, pois o potássio ajuda a manter o batimento cardíaco num ritmo suave e a pressão arterial dentro de limites toleráveis. Posto isso, porém, em geral há discordância quanto a nossas reais necessidades. Nos Estados Unidos, a dose diária recomendada de vitamina E é quinze miligramas, mas no Reino Unido é três a quatro miligramas — uma diferença bastante considerável.

É certo que muita gente deposita uma fé quase irracional nos suplementos alimentares. Os americanos têm a seu dispor assombrosos 87 mil suplementos dietéticos diferentes e gastam não menos impressionantes 40 bilhões de dólares por ano com eles.[8]

A maior controvérsia das vitaminas foi provocada pelo químico americano Linus Pauling (1901-94), que teve a distinção de receber não um, mas dois prêmios Nobel (de química em 1954 e da paz, oito anos depois). Pauling acreditava que doses maciças de vitamina C eram eficazes contra resfriados, gripe e até alguns cânceres. Ele ingeria até 40 mil miligramas diários da vitamina (a dose diária recomendada é sessenta miligramas) e afirmava que a suplementação de vitamina C mantivera seu câncer de próstata sob controle por vinte anos.[9] Pauling não possuía evidência para nenhuma dessas alegações e todas foram amplamente desabonadas por estudos subsequentes. Graças a ele, até hoje muita gente acha que tomar vitamina C ajuda a curar resfriado. Não ajuda.

Das muitas coisas que ingerimos com os alimentos (sais, água, minerais e assim por diante), apenas três podem ser alteradas conforme avançam pelo aparelho digestivo: as proteínas, os carboidratos e as gorduras. Vamos examinar uma de cada vez.

PROTEÍNAS

As proteínas são moléculas complicadas.[10] Cerca de um quinto do nosso peso corporal é formado por elas. Nos termos mais simples, uma proteína é uma cadeia de aminoácidos. Cerca de 1 milhão de diferentes proteínas foram identificadas até o momento, e ninguém sabe quantas mais restam por descobrir. Todas elas são compostas de somente vinte aminoácidos, ainda que haja na natureza centenas de aminoácidos capazes de realizar o trabalho igualmente bem. Por que a evolução nos casou a um número tão pequeno de aminoácidos é um dos grandes mistérios da biologia.[11] Apesar de sua tremenda importância, as proteínas são bastante mal definidas. Embora toda proteína seja composta de aminoácidos, não existe uma definição aceita de quantos aminoácidos são necessários numa cadeia para qualificá-la como proteína. O que se pode dizer é que uma quantidade pequena mas não especificada de aminoácidos encadeados é um peptídeo. Dez ou doze, um polipeptídio. Quando um polipeptídio começa a ficar maior do que isso ele se torna, em algum ponto inefável, uma proteína.

É curioso o fato de que quebramos todas as proteínas que consumimos para remontá-las em novas proteínas, como se fossem peças de Lego. Oito dos vinte aminoácidos não podem ser produzidos pelo corpo e devem ser ingeridos com a dieta.* Se estiverem ausentes dos alimentos que comemos, determinadas proteínas vitais não poderão ser produzidas. Deficiência de proteína quase nunca é problema para pessoas que comem carne, mas pode ser para vegetarianos, porque nem toda planta fornece todos os aminoácidos necessários. É interessante que a maior parte das dietas tradicionais do

---

* Os oito são: isoleucina, leucina, lisina, metionina, fenilalanina, triptofano, treonina e valina. A bactéria E. coli é incomum entre os seres vivos na sua capacidade de utilizar um 21º aminoácido, chamado selenocisteína.

mundo se baseie em combinações de produtos vegetais que fornecem todos os aminoácidos necessários.[12] Assim, as pessoas da Ásia comem muito arroz e soja, enquanto os indígenas americanos sempre combinaram milho com feijão-preto e feijão-carioca. Não é apenas uma questão de gosto, parece, mas o reconhecimento instintivo da necessidade de uma dieta balanceada.

CARBOIDRATOS

Os carboidratos são compostos de carbono, hidrogênio e oxigênio, que se ligam para formar uma variedade de açúcares — glicose, galactose, frutose, maltose, sacarose, desoxirribose (encontrada no DNA) e assim por diante. Alguns deles são quimicamente complexos e conhecidos como polissacarídeos, outros são simples e conhecidos como monossacarídeos, e outros estão entre uma coisa e outra e são conhecidos como dissacarídeos. Embora sejam todos açúcares, nem todos são doces. Alguns, como a goma encontrada em massas e batatas, são grandes demais para ativar os detectores de doçura da língua. Quase todos os carboidratos da dieta vêm das plantas, com uma notável exceção: a lactose, do leite.[13]

Ingerimos um bocado de carboidrato, mas ele é utilizado rapidamente, assim a quantidade total no corpo a todo momento é reduzida — em geral, menos de meio quilo. O principal a se ter em mente é que o carboidrato, ao ser digerido, é apenas mais açúcar — normalmente, muito mais. Isso significa que uma porção de 150 gramas de arroz branco ou uma pequena tigela de flocos de milho terá o mesmo efeito em seus níveis de glicose no sangue do que nove colheres de chá de açúcar.[14]

GORDURAS

O terceiro membro do trio, as gorduras, também é composto de carbono, hidrogênio e oxigênio, mas em diferentes proporções. Esse fato torna a gordura mais fácil de armazenar. Quando as gorduras são quebradas no corpo, elas trabalham junto com o colesterol e as proteínas numa nova molécula chamada lipoproteína, que viaja pelo corpo na corrente sanguínea. As lipoproteínas vêm em dois tipos principais: alta densidade e baixa densidade. As lipoproteínas de baixa densidade são o que frequentemente chamamos de "colesterol ruim", porque tendem a formar placas nas paredes dos vasos sanguíneos. O colesterol não é fundamentalmente mau, como se costuma pensar. Na verdade, é crucial para uma vida saudável. A maior parte do colesterol em seu corpo está preso nas células, onde realiza um trabalho útil. Apenas uma pequena parte — cerca de 7% — flutua pela corrente sanguínea. Desses 7%, um terço é o "bom" colesterol e dois terços é o "ruim".

Assim, o segredo não é eliminar o colesterol, mas mantê-lo em um nível saudável. Uma maneira de fazer isso é ingerir bastante fibra. A fibra é o material presente em frutas, legumes e outros vegetais que o corpo não consegue quebrar completamente. Ela não contém calorias nem vitaminas, mas ajuda a baixar o colesterol e reduz a taxa com que o açúcar penetra na corrente sanguínea e é transformado em gordura pelo fígado, entre muitos outros benefícios.

Carboidratos e gorduras são as principais reservas de combustível do corpo, mas ele as armazena e utiliza de diferentes maneiras. Quando precisa de combustível, tende a queimar os carboidratos disponíveis e a estocar a gordura de reserva. O principal a se ter em mente — e você sem dúvida fica ciente disso toda vez que se vê sem camisa — é que o corpo humano é muito apegado a sua gordura. Ele queima parte da gordura consumida para usar como energia, mas uma boa parte do resto é enviada para dezenas de bilhões de minúsculos terminais de armazenamento chamados adipócitos, que existem por todo o corpo. Assim, o corpo humano foi projetado para consumir o combustível, utilizar o que for necessário e armazenar o resto para aproveitar mais tarde, quando necessário. Isso possibilita permanecermos ativos por horas seguidas sem comer. Seu corpo abaixo do pescoço não perde tempo com raciocínios complicados e abraça com a maior boa vontade qualquer gordurinha extra que você lhe forneça. Ele até mesmo o recompensa por comer demais, proporcionando-lhe uma sensação reconfortante de bem-estar.

Dependendo de onde a gordura vai parar, ela é chamada de subcutânea (sob a pele) ou visceral (na cintura). Por motivos químicos complexos, a gordura visceral é muito pior para você do que a subcutânea.[15] A gordura vem em diversas variedades. "Gordura saturada" soa como algo seboso e pouco saudável, mas na verdade é uma descrição técnica de ligações de carbono-

-hidrogênio, não o que escorre por seu queixo quando você dá uma dentada. Via de regra, gorduras animais tendem a ser saturadas e gorduras vegetais, insaturadas, mas há muitas exceções e não dá para dizer só de olhar se um alimento tem conteúdo elevado de gordura saturada ou não. Quem imaginaria, por exemplo, que um abacate tem cinco vezes mais gordura saturada do que um pacote de batata frita?[16] Ou que um café com leite grande tem mais gordura do que a maioria dos doces de confeitaria? Ou que o óleo de coco é praticamente pura gordura saturada?

Ainda mais odiosas são as gorduras trans, uma forma artificial de gordura feita de óleos vegetais. Inventadas por um químico alemão chamado Wilhelm Normann em 1902, acreditou-se por muito tempo que fossem uma alternativa saudável para a manteiga ou a gordura animal, mas hoje sabemos que na verdade é o contrário. Conhecidas também como óleos hidrogenados, as gorduras trans são muito piores para o coração do que qualquer outro tipo de gordura. Elas elevam os níveis de colesterol ruim, diminuem os de colesterol bom e prejudicam o fígado. Como Daniel Lieberman afirma, um tanto funestamente: "As gorduras trans são essencialmente uma forma de veneno de ação lenta".

Já em meados da década de 1950, Fred A. Kummerow, bioquímico da Universidade de Illinois, relatou a clara evidência de uma ligação entre a ingestão elevada de gorduras trans e artérias coronárias entupidas, mas suas descobertas foram amplamente ignoradas, particularmente com a influência do lobby da indústria de alimentos processados. Foi somente em 2004 que a Associação Americana do Coração finalmente admitiu que Kummerow tinha razão, e apenas em 2015 — quase sessenta anos após Kummerow relatar os perigos da gordura trans pela primeira vez — a FDA americana finalmente decretou as gorduras trans como nocivas para a alimentação.[17] A despeito dos sabidos riscos, continuou legal adicioná-las aos produtos nos Estados Unidos até julho de 2018.

Finalmente, devemos fazer algumas considerações sobre o mais vital dos nossos macronutrientes: a água. Consumimos cerca de 2,5 litros de água por dia, embora em geral não tenhamos consciência disso, já que metade vem contida em nossos alimentos. A convicção de que devemos tomar oito copos de água por dia é o equívoco dietético mais duradouro que existe. A ideia remonta a um artigo de 1945 do Conselho de Alimentação e Nutrição do governo norte-americano, observando que essa era a quantidade consumida pela pessoa média em um dia.[18] "O que aconteceu", contou dr. Stanley Goldfarb, da Universidade da Pensilvânia, ao programa *More or Less* da rádio BBC 4, em 2017, "foi que as pessoas meio que confundiram isso com a ideia de que essa era a ingestão necessária. E a outra confusão foi que começaram a dizer que não é bem que precisamos tomar oito onças [30 ml] oito vezes por dia, mas que devemos consumir isso fora qualquer outro líquido que bebemos junto com nossa dieta e nossas refeições. E nunca houve evidência disso."

Outro mito persistente relativo à ingestão de água é a crença de que bebidas cafeinadas são diuréticas e fazem você urinar mais líquido do que ingeriu. Elas talvez não sejam a melhor opção de refresco, mas também contribuem para seu equilíbrio hídrico pessoal. A sede, curiosamente, não é um indicador confiável de quanta água você precisa. Mesmo que a pessoa beba toda a água que quiser após passar muita sede, em geral ela afirma se sentir saciada depois de tomar apenas um quinto da quantia perdida na transpiração.[19]

Beber água demais pode na verdade ser perigoso.[20] Em geral, seu corpo administra com perfeição o equilíbrio de líquidos, mas às vezes as pessoas tomam tanta água que os rins não conseguem eliminá-la com rapidez suficiente e acabam diluindo perigosamente os níveis de sódio no sangue, desencadeando um problema conhecido como hiponatremia. Em 2007, uma jovem californiana chamada Jennifer Strange morreu após tomar seis litros de água em três horas, numa competição claramente irresponsável promovida por uma rádio local. De modo parecido, em 2014, um jogador de futebol americano de uma escola na Georgia, queixando-se de cãibras após o treino, tomou 7,5 litros de água e 7,5 litros de Gatorade, e pouco depois entrou em coma e morreu.

Durante a vida, ingerimos cerca de sessenta toneladas de comida, o equivalente, observa Carl Zimmer em *Microcosm*, a comer sessenta carros populares.[21] Em 1915, o americano médio gastava metade da renda semanal com comida. Hoje, gasta apenas 6%. Vivemos uma situação paradoxal. Por séculos, as pessoas se alimentaram de forma pouco saudável por necessidade econômica. Hoje, fazemos isso por opção. Estamos na situação historicamente extraordinária de haver muito mais gente no planeta sofrendo de obesidade do que de fome.[22] Para ser justo, não é preciso muita coisa para ganhar peso.

Um cookie de chocolate por semana, na ausência de exercício extra para contrabalançar, resultará em cerca de um quilo extra por ano.[23]

Levamos um tempo bastante longo para perceber que um monte de coisas que comemos pode nos deixar gravemente doentes. O maior responsável por essa descoberta foi um nutricionista da Universidade de Minnesota chamado Ancel Keys.[24]

Keys nasceu em 1904, em uma família razoavelmente ilustre, na Califórnia (seu tio era o astro de cinema Lon Chaney, com quem guardava assombrosa semelhança). Ele foi uma criança brilhante, embora desmotivada. O professor Lewis Terman, de Stanford, que estudava inteligência em pessoas jovens (é por causa dele que o teste de QI de Stanford-Binet leva o nome da universidade), considerava Keys um gênio, mas o jovem Keys não parecia interessado em realizar seu potencial. Assim, largou a escola aos quinze anos e trabalhou numa variedade de empregos exóticos, de marujo na marinha mercante a escavador de guano no Arizona. Só embarcou na carreira acadêmica bem tarde, mas compensou o tempo perdido em grande estilo, conquistando rapidamente diplomas de biologia e economia na Universidade da Califórnia em Berkeley, um doutorado em oceanografia no Instituto Scripps, em La Jolla, Califórnia, e um segundo doutorado, em fisiologia, na Universidade de Cambridge. Após se estabelecer brevemente em Harvard, onde se tornou autoridade mundial em fisiologia de alta altitude, foi atraído pela Universidade de Minnesota e virou diretor fundador do Laboratório de Higiene Fisiológica. Aí ele escreveu o que seria seu texto clássico, *The Biology of Human Starvation* [A biologia da inanição humana]. Devido a seu conhecimento de dieta e sobrevivência, quando os Estados Unidos entraram na Segunda Guerra Mundial, o Departamento de Guerra o incumbiu de produzir rações nutritivas para paraquedistas. Disso resultou o alimento militar imperecível conhecido como rações K. A inicial é de Keys.

Em 1944, quando grande parte da Europa enfrentava a perspectiva da fome devido ao caos e às privações da guerra, Keys iniciou o que ficou conhecido como Experimento de Inanição de Minnesota.[25] Ele recrutou 36 voluntários saudáveis do sexo masculino — todos eles civis pacifistas — que durante seis meses puderam fazer apenas duas parcas refeições por dia (aos domingos, uma), para um consumo diário total de cerca de 1500 calorias. Nos seis meses, o peso médio dos homens caiu de 69 quilos para 52. A ideia do experimento era determinar como as pessoas lidavam com a experiência de fome crônica e como era a recuperação depois. Essencialmente, o experimento apenas confirmou o que qualquer um teria adivinhado desde o começo — que a fome crônica deixava os voluntários irritadiços, letárgicos e deprimidos, além de mais suscetíveis a doenças. Pelo lado positivo, quando a dieta normal foi retomada, recuperaram bem depressa o peso perdido e a vitalidade ausente. Com base no estudo, Keys produziu *The Biology of Human Starvation*, obra em dois volumes que foi bastante elogiada, embora pecasse pelo senso de oportunidade. Quando foi publicada, em 1950, quase todo mundo na Europa voltara a desfrutar de uma boa nutrição, e a fome deixara de ser um problema.

Pouco depois, Keys realizou o estudo que consolidaria sua fama. O Estudo de Sete Países comparava os hábitos alimentares e suas consequências para a saúde de 12 mil homens em sete nações — Itália, Grécia, Holanda, Iugoslávia, Finlândia, Japão e Estados Unidos. Keys encontrou uma correlação direta entre os níveis de gordura na dieta e as doenças cardiovasculares. Em 1950, com sua esposa, Margaret, produziu um livro popular chamado *Eat Well and Stay Well* [Coma bem e fique bem], promovendo o que hoje se conhece por dieta mediterrânea. O livro enfureceu as indústrias de laticínios e carnes, mas tornou Keys rico e famoso, e foi um marco na história da dietética. Antes de Keys, os estudos de nutrição haviam sido voltados quase inteiramente a combater doenças de deficiência alimentar. Agora, as pessoas se davam conta de que os efeitos da alimentação excessiva podiam ser tão perigosos quanto os da fome.

As descobertas de Key receberam pesadas críticas em anos recentes. Uma das mais frequentes é de que ele se concentrou em países que davam sustentação a sua tese e ignorou os demais. Os franceses, por exemplo, comem mais queijo e tomam mais vinho do que qualquer outro povo no mundo e no entanto exibem uma das taxas mais baixas de enfermidades cardiovasculares. Esse "paradoxo francês", como é conhecido, levou Keys a excluir a França do estudo porque ela não se encaixava em suas descobertas, alegaram os críticos. "Quando Keys não gostava dos dados", afirma Daniel Lieberman, "simplesmente os eliminava. Pelos padrões atuais, ele teria sido denunciado e exonerado por conduta científica imprópria."

Os defensores de Keys alegam, porém, que a anomalia dietética francesa só foi notada fora da França em 1981, de modo que Keys não poderia tê-la incluído porque não a conhecia. Seja qual for a conclusão, Keys certamente merece crédito por chamar a atenção para o papel da dieta em manter o coração saudável. E, diga-se de passagem, mal não fez. Keys foi adepto da dieta mediterrânea muito antes de qualquer um ter ouvido falar no termo e viveu até os cem anos. (Ele morreu em 2004.)

As descobertas de Keys exerceram um efeito duradouro nas recomendações dietéticas. A orientação oficial na maioria dos países é que gorduras não devem representar mais do que 30% da dieta diária de uma pessoa, e as gorduras saturadas não mais que 10%. A Associação Americana do Coração é ainda mais rigorosa, limitando estas a 7%.

Mas hoje não temos muita certeza sobre a solidez dessa recomendação. Em 2010, dois grandes estudos (no *American Journal of Clinical Nutrition* e nos *Annals of Internal Medicine*) envolvendo quase 1 milhão de pessoas em dezoito países concluiu que não havia evidência clara de que evitar gordura saturada reduzia o risco de enfermidade cardíaca. Um estudo similar no periódico médico britânico *The Lancet* em 2017 revelou que a gordura "não estava significativamente associada a doenças cardiovasculares, infarto do miocárdio ou mortalidade por doença cardiovascular" e que as orientações dietéticas consequentemente precisavam ser revistas. Ambas as conclusões foram acaloradamente debatidas por alguns acadêmicos.

O problema de todos os estudos dietéticos é que as pessoas ingerem alimentos que contêm uma combinação de óleos, gorduras, colesterol bom e ruim, açúcares, sais e substâncias químicas de todo tipo, tão misturados que é impossível atribuir um resultado particular a qualquer ingrediente — e isso para não mencionar todos os demais fatores que afetam a saúde: exercício, hábito de ingestão de bebidas alcoólicas, onde você acumula gordura no corpo, genética e por aí vai. Segundo outro estudo muito citado, um homem de quarenta anos que come um hambúrguer por dia abrevia sua expectativa de vida em um ano. O problema é que pessoas que costumam comer muito hambúrguer também tendem a fazer coisas como fumar, beber e deixar de se exercitar adequadamente, coisas que têm igual probabilidade de abreviar sua vida. Comer muito hambúrguer não é bom para você, mas ele sozinho não determina a sua data de validade.

Hoje em dia, o principal algoz das nossas ansiedades alimentares é o açúcar. Ele já foi ligado a uma porção de doenças horríveis, notadamente o diabetes, e não se questiona que a maioria de nós consumimos muito mais açúcar do que precisamos. O americano médio ingere 22 colheres de chá de açúcar extra por dia. Entre jovens americanos do sexo masculino, são quase quarenta. A OMS recomenda no máximo cinco.

Não é preciso muito para ultrapassar o limite. Uma latinha de refrigerante normal contém cerca de 50% mais açúcar do que o máximo diário recomendado para um adulto. Um quinto de todos os jovens americanos consome quinhentas ou mais calorias diárias por meio de refrigerantes,[26] o que é ainda mais impressionante quando lembramos que o açúcar não é tão rico assim em calorias — apenas dezesseis por colher de chá. É preciso consumir muito açúcar para obter muitas calorias. O problema é que de fato consumimos bastante — o tempo todo, por assim dizer.

Para começar, quase todos os alimentos processados incluem adição de açúcar. Segundo uma estimativa, cerca de metade do açúcar que consumimos está escondido onde menos imaginamos — pães, molhos de salada, molho de tomate, ketchup e outros produtos processados que em geral não associamos a coisas açucaradas. Quase um quarto do ketchup Heinz é açúcar. Tem mais açúcar por unidade de volume do que uma Coca-Cola.

Para complicar ainda mais, as coisas boas que comemos também contêm um bocado de açúcar. Seu fígado não sabe se o açúcar que você consome vem de uma maçã ou de uma barra de chocolate. Uma garrafa de Pepsi de meio litro tem cerca de treze colheres de chá de açúcar adicionado, e o valor nutritivo é zero. Três maçãs fornecem a mesma quantidade de açúcar, mas compensam contribuindo com vitaminas, minerais e fibras, para não mencionar uma sensação mais agradável de saciedade. Isso posto, até as maçãs são mais doces do que deveriam. Como observou Daniel Lieberman, as frutas modernas são seletivamente criadas para serem muitíssimo mais açucaradas do que já foram. É provável que as frutas que Shakespeare comia fossem tão doces quanto uma cenoura moderna.[27]

Muitos dos nossos frutos e legumes são tradicionalmente menos benéficos para nós do que foram até mesmo em um passado não muito remoto. Em 2011, Donald Davis, bioquímico da Universidade do Texas, comparou os valores nutritivos de vários alimentos em 1950 com os de nossa era e descobriu perdas substanciais em quase todos os tipos. As frutas modernas, por exemplo, são quase 50% mais pobres em ferro do que no início da década de 1950 e cerca de 12% inferiores em cálcio e 15% em vitamina A. As práticas agrícolas modernas, como sabemos, visam produção elevada e crescimento rápido, em detrimento da qualidade.

Nos Estados Unidos convivemos com a situação bizarra e paradoxal de ter os cidadãos mais superalimentados do mundo e ao mesmo tempo os de maior deficiência nutricional. As comparações com o passado são um pouco difíceis de fazer, porque em 1970 o Congresso cancelou o único levantamento nacional abrangente sobre nutrição jamais tentado porque os resultados preliminares se revelaram constrangedores. "Uma proporção significativa da população estudada sofre de desnutrição ou de risco elevado de desenvolver problemas nutricionais", informava o relatório, pouco antes de ser interrompido.

É difícil saber o que pensar disso tudo. Segundo dados do governo americano, a quantidade de produtos vegetais consumidos pelo americano médio anualmente entre 2000 e 2010 caiu em catorze quilos. Parece um declínio alarmante, até nos darmos conta de que a hortaliça mais popular nos Estados Unidos, por margem muito ampla, é a batata frita.[28] (Ela corresponde a um quarto da ingestão geral de vegetais.) Hoje em dia, uma redução de catorze quilos em nossa dieta "vegetariana" pode ser sinal de uma dieta melhorada.

Uma ilustração surpreendente de como a orientação nutricional pode ser confusa foi a descoberta de um comitê consultivo para a Associação Americana do Coração de que 37% dos nutricionistas americanos classificam o óleo de coco — que não passa de gordura saturada na forma líquida — como "alimento saudável". O óleo de coco pode ser gostoso, mas é tão benéfico quanto tomar colheres de manteiga derretida. É, como afirma Daniel Lieberman, "um reflexo de como a educação dietética pode ser deficitária. As pessoas simplesmente não entendem. O médico pode se formar sem nunca estudar nutrição. É loucura".

Talvez nada seja mais emblemático do estado incerto do conhecimento sobre a dieta moderna do que a longa e não resolvida controvérsia sobre o sal. O sal é vital para nós. Isso não se discute. Sem sal, morreríamos. Por isso temos papilas devotadas exclusivamente a ele. Pouco sal é quase tão perigoso para nós quanto pouca água. Como nosso corpo não o produz, precisamos consumi-lo na dieta. O problema está em determinar a quantidade adequada. A carência de sal nos deixa letárgicos e fracos e pode levar à morte. Sal demais faz a pressão arterial subir às alturas e aumenta o risco de insuficiência cardíaca e AVC.

O ingrediente problemático no sal é o sódio, mineral que responde por apenas 40% do seu volume (os outros 60% são cloretos) mas por quase todo o risco para a saúde a longo prazo. A OMS sugere que não devemos consumir mais do que 2 mil miligramas de sódio por dia, mas a maioria de nós ultrapassa esse limite. O cidadão inglês médio ingere aproximadamente 3200 miligramas de sódio por dia, o americano cerca de 3400 miligramas,[29] e o australiano não menos que 3600 miligramas. É difícil não exceder a recomendação. Uma refeição mais ou menos leve que inclua uma sopa e um sanduíche, nenhum dos dois mais salgado do que o normal, pode facilmente levá-lo a ultrapassar o limite diário. Agora, no entanto, as autoridades sugerem que tais limites estritos não são de fato necessários e podem, sim, ser prejudiciais.

O resultado é uma série de estudos contraditórios. Um estimou que 30 mil pessoas morrem anualmente no Reino Unido por consumir sal em excesso durante um período prolongado, mas outro concluiu que o sal só prejudica quem tem pressão arterial elevada, e no entanto outro ainda concluiu que pessoas que comiam muito sal na verdade viviam mais tempo. Uma meta-análise na Universidade McMaster, no Canadá, com 133 mil pessoas em quatro dúzias de países, descobriu uma ligação entre a ingestão elevada de sal e problemas cardíacos apenas entre os que sofriam de hipertensão, enquanto a baixa ingestão de sal (menos de 3 mil miligramas por dia) trazia risco aumentado de problemas cardíacos para pessoas de ambos os grupos.[30] Em outras palavras, segundo o estudo da McMaster, carência de sal é no mínimo tão arriscada quanto excesso.

Um motivo central para a falta de consenso, como se percebe, é que os dois lados incorrem no que os estatísticos chamam de viés de confirmação. Em termos simples, um não escuta o outro. Um estudo de 2016 no *International Journal of Epidemiology* revelou que pesquisadores dos dois lados da discussão citam em sua esmagadora maioria apenas os artigos que dão sustentação a seus pontos de vista e ignoram ou desprezam os demais. "Descobrimos que a literatura publicada tem pouco a acrescentar à presente controvérsia e apresenta antes duas linhas de estudos díspares e quase diversas", escreveram os autores do estudo.[31]

Buscando uma resposta, conversei com Christopher Gardner, diretor de estudos de nutrição e professor de medicina da Universidade Stanford em

Palo Alto, Califórnia. Christopher é um sujeito amável, de risada fácil e modos relaxados. Quase sexagenário, parece pelo menos quinze anos mais novo. (Ao que tudo indica isso é normal em Palo Alto.) Nós nos encontramos no restaurante de um shopping center próximo. Ele chegou, claro, de bicicleta.

Gardner é vegetariano. Perguntei se por motivos de saúde ou éticos. "Bem, na verdade, no começo, foi para impressionar uma garota", disse, sorrindo.[32] "Isso foi na década de 1980. Mas daí concluí que eu gostava." De fato, tanto gostou que decidiu abrir um restaurante vegetariano, mas sentiu necessidade de entender melhor a ciência, então se doutorou em nutrição e acabou enveredando para a carreira acadêmica. Seu bom senso sobre o que devemos ou não comer é um alento. "Em princípio, é muito simples", diz. "Comer menos açúcar, menos grãos refinados e mais produtos vegetais. É essencialmente uma questão de priorizar as coisas boas e evitar comer as ruins. Não precisa ser especialista pra isso."

Na prática, porém, não é tão simples assim. Estamos habituados, num nível quase subliminar, a optar pela porcaria. Os alunos de Gardner demonstraram isso com um experimento simples e elegante numa cafeteria da universidade. As cenouras cozidas recebiam um rótulo diferente a cada dia. Eram sempre as mesmas e os rótulos não faltavam com a verdade, mas simplesmente enfatizavam uma qualidade diferente. Assim, um dia, as cenouras eram vendidas como cenouras comuns, depois, no seguinte, como cenouras com baixo teor de sódio, depois, como cenouras com alto teor de fibra e, finalmente, como cenouras com um toque de caramelo. "A preferência dos alunos pelas cenouras de nome lembrando açúcar foi 25% maior", diz Gardner com outro sorriso largo. "E não são pessoas desinformadas. Estão cientes de todas as questões sobre peso, saúde etc. e mesmo assim acabam escolhendo a pior opção. É um reflexo. Tivemos os mesmos resultados com aspargo e brócolis. Não é fácil ignorar os ditames do subconsciente."

É uma fragilidade que os fabricantes de alimentos manipulam muito bem, afirma Gardner. "Muitos produtos alimentícios são apresentados como sendo de baixo teor de sal, gordura ou açúcar, mas quando o fabricante reduz um dos três, quase sempre aumenta os outros dois, para compensar. Ou põe um pouco de ômega 3 num brownie e enfatiza isso com letras enormes na embalagem, como se fosse um produto com benefícios para a saúde. Mas continua sendo um brownie! O problema da sociedade é que comemos muita porcaria. Mesmo as cestas básicas oferecem diversos alimentos processados. Precisamos mudar os hábitos das pessoas."

Gardner acha que isso está acontecendo, ainda que lentamente. "Tenho certeza de que houve progresso", diz. "Mas ninguém muda hábitos do dia para a noite."

É fácil fazer o risco soar assustador. Já li muitas vezes que uma porção diária de carne processada aumenta a probabilidade de câncer colorretal em 18%, coisa que sem dúvida é verdade. Mas, como observou Julia Belluz, do Vox: "O risco de ter câncer colorretal na vida é aproximadamente 5%, e comer carne processada todo dia parece elevar o risco absoluto de câncer em 1 ponto percentual, para 6% (isso representa 18% daquele risco de 5%)". Assim, em outras palavras, se cem pessoas comem um cachorro-quente ou um sanduíche com bacon todo dia, ao longo da vida uma delas terá câncer colorretal (além das cinco que já o teriam, de todo modo). Pode não ser um risco que você vai querer correr, mas também não é uma sentença de morte.

É importante distinguir entre probabilidade e destino. Só porque você é obeso, fumante ou sedentário não significa que está condenado a morrer antes da hora, ou que evitará o perigo caso decida seguir uma dieta mais regrada. Cerca de 40% das pessoas com diabetes, hipertensão crônica ou enfermidades cardiovasculares eram perfeitamente saudáveis antes de adoecer,[33] e cerca de 20% com muito sobrepeso viveram até idade avançada sem nunca fazer algo a respeito. Só porque você se exercita regularmente e come muita salada não quer dizer que já garantiu para si uma expectativa de vida melhor, apenas que aumentou as chances de isso acontecer.

Tantas variáveis já foram associadas à saúde do coração — exercício e estilo de vida, consumo de sal, álcool, açúcar, colesterol, gorduras trans, gorduras saturadas, gorduras não saturadas e assim por diante — que é um equívoco jogar toda a culpa num único componente. O ataque cardíaco, como afirma um médico, é "50% genética e 50% cheeseburger".[34] Claro que é um exagero, mas a ideia geral é válida.

A opção mais prudente, parece, é manter uma dieta equilibrada e moderada. Uma abordagem sensata é, em suma, a abordagem mais sensata.

15. Vísceras

Felicidade é uma boa conta bancária, um bom cozinheiro e uma boa digestão.

Jean-Jacques Rousseau

Por dentro, você é enorme. Seu canal alimentar tem cerca de doze metros se você for um homem de tamanho médio, um pouco menos se for mulher. A área superficial de toda essa tubulação é de cerca de 2 mil metros quadrados.[1]

O tempo de trânsito intestinal, como dizemos na medicina, é muito pessoal e varia bastante de indivíduo para indivíduo — e, na verdade, em um mesmo indivíduo, dependendo do grau de atividade em determinado dia e da quantidade de alimento ingerida. Homens e mulheres mostram diferenças surpreendentes nesse aspecto. Para o homem, o tempo de viagem médio da boca ao ânus é 55 horas. Para a mulher, normalmente, está mais próximo de 72. A comida permanece dentro da mulher por quase um dia inteiro a mais — quais as consequências disso, se é que há alguma, ninguém sabe.[2]

Em termos mais gerais, porém, cada refeição que fazemos passa cerca de quatro a seis horas no estômago, de seis a oito no intestino delgado — onde tudo que é nutritivo (ou engorda) é aproveitado e despachado para o resto do corpo para ser usado ou, ai de nós, armazenado — e até três dias no cólon, onde bilhões e bilhões de bactérias se encarregam daquilo que os intestinos não conseguiram processar — na maior parte, fibras. Por isso os especialistas vivem nos dizendo para comermos mais fibra: elas mantêm os micróbios intestinais felizes e, ao mesmo tempo, por motivos não muito bem compreendidos, reduzem o risco de doenças cardíacas, diabetes, câncer intestinal e mortalidades de todo tipo.[3]

Quase todo mundo acha que o estômago fica na barriga, mas na verdade seu lugar é bem mais acima, não muito centralizado, e mais para o lado esquerdo do torso. Ele tem cerca de 25 centímetros e o formato de uma luva de boxe. O punho da luva, por onde entra a comida, é chamado de piloro, e a extremidade oposta é chamada de fundo. O estômago é menos vital do que você poderia pensar. A imaginação popular lhe dá crédito demais. Contribui um pouco para a digestão, tanto química como fisicamente, espremendo o conteúdo com contrações musculares e impregnando-o com ácido clorídrico, mas essa contribuição é antes uma ajuda do que uma função essencial. Muitas pessoas tiram o estômago sem sofrer graves consequências. A real digestão e absorção — a nutrição do corpo — acontecem mais abaixo.

O volume do estômago é cerca de 1,4 litro, o que não é muito, em comparação com o de outros animais. O estômago de um cachorro grande é capaz de conter o dobro de comida que o seu. Quando o alimento atinge a consistência de uma sopa de ervilha, é chamado de quimo. Os roncos em sua barriga, aliás, vêm na maior parte do intestino grosso, não do estômago.[4] O termo técnico para os gorgolejos da barriga é "borborigmos".

Uma coisa que o estômago de fato faz é matar micróbios, mergulhando-os em ácido clorídrico. "Sem o estômago, um monte de coisas que comemos nos faria mal", disse-me Katie Rollins, cirurgiã geral e professora da Universidade de Nottingham.

É um milagre que micróbios adentrem em nós — mas, como todos sabemos, às vezes conseguem, para nosso pesar. Parte do problema é que bombardeamos o corpo com coisas estragadas. Uma investigação realizada pela FDA em 2016 revelou que 84% do peito de frango, quase 70% da carne moída e aproximadamente a metade dos cortes suínos continham a bactéria intestinal *E. coli*, uma péssima notícia (exceto para a bactéria).

As intoxicações alimentares nos Estados Unidos são uma epidemia silenciosa. Todo ano, 3 mil pessoas, o equivalente a uma pequena cidade, morrem de intoxicação alimentar, enquanto cerca de 130 mil são hospitalizadas.[5] Pode ser um modo decididamente horrível de morrer. Em dezembro de 1992, Lauren Beth Rudolph comeu um hambúrguer no Jack in the Box em Carlsbad, Califórnia. Cinco dias depois, foi parar no pronto-socorro, sofrendo de dores abdominais intensas e diarreia com sangue, e suas condições se agravaram bem depressa. No hospital, teve três paradas cardíacas fulminantes e morreu. Estava com seis anos de idade.

Ao longo das semanas seguintes, setecentos consumidores que haviam comido em 73 diferentes Jack in the Box em quatro estados ficaram doentes. Três morreram. Os outros sofreram falência permanente de órgão. A causa foi a *E. coli* na carne malpassada, "mas a rede decidira que grelhar os hambúrgueres a 68°C, como necessário, os endurecia demais".*[6]

Igualmente nociva é a salmonela, que já foi chamada de "o patógeno mais onipresente da natureza". Cerca de 40 mil casos de infecção por salmonela são registrados nos Estados Unidos todo ano, mas acredita-se que a quantidade real seja bem mais elevada. Segundo uma estimativa, para cada caso registrado, 28 não são informados. Isso resulta em 1,12 milhão de casos por ano. Segundo um estudo do Departamento de Agricultura dos Estados Unidos, cerca de um quarto de todas as partes de frango vendidas para o consumidor estão contaminadas com a bactéria.[7] Não existe tratamento para intoxicação por salmonela.

A salmonela não tem nada a ver com aquele peixe cor-de-rosa. O nome vem de Daniel Elmer Salmon, cientista do Departamento de Agricultura, embora na verdade a doença tenha sido descoberta por seu assistente, Theobald Smith, mais um herói esquecido da história da medicina. Smith, nascido em 1859, era filho de imigrantes alemães (o sobrenome da família era Schmitt) do norte do estado de Nova York e cresceu falando alemão, assim foi capaz de acompanhar e apreciar os experimentos de Robert Koch

---

* A *E. coli* é um organismo estranho. A maioria das cepas não nos faz mal e algumas são benéficas — desde que não acabem no lugar errado. A *E. coli* no cólon, por exemplo, produz vitamina K — e isso é muito bem-vindo. Refiro-me aqui a estirpes de *E. coli* que causam danos ou que vão parar onde não deviam.

mais rapidamente do que a maioria de seus contemporâneos americanos. Ele aprendeu sozinho os métodos de Koch para cultivar bactérias e desse modo conseguiu isolar a salmonela em 1885, muito antes de qualquer outro cientista no país. Daniel Salmon era chefe da Divisão de Indústria Animal do Departamento de Agricultura dos Estados Unidos e sua função principal era administrativa, mas na época era costume publicar o chefe da divisão como autor principal nos artigos do departamento, e foi esse nome que acabou ligado ao micróbio. Smith também foi passado para trás quando identificou o protozoário infeccioso *Babesia*, descoberta erroneamente atribuída a um bacteriologista romeno, Victor Babes. Em sua longa e distinta carreira, Smith também realizou trabalhos importantes sobre febre amarela, difteria, doença do sono africana e contaminação fecal da água potável, e mostrou que a tuberculose nos humanos e no gado era causada por diferentes microrganismos, provando que Robert Koch errara em duas questões cruciais. Koch ainda achava que a tuberculose não podia passar de animais para humanos, e Smith mostrou que isso também estava errado. Foi graças à sua descoberta que a pasteurização do leite virou uma prática-padrão. Smith foi, em suma, o bacteriologista americano mais importante no que é considerado a era de ouro da bacteriologia, contudo hoje está quase completamente esquecido.

Acontece que a maioria dos micróbios que induzem náusea precisa de tempo para se proliferar antes de nos deixar doentes. Alguns, como o *Staphylococcus aureus*, podem fazer isso em apenas uma hora, mas a maioria leva pelo menos 24 horas. Como a dra. Deborah Fisher, da Universidade Duke, disse ao *New York Times*: "As pessoas tendem a culpar a última coisa que comeram, mas provavelmente foi a coisa antes da última coisa que comeram".[8] De fato, muitos surtos demoram bem mais do que isso para se manifestar. A listeriose, que mata cerca de trezentas pessoas por ano nos Estados Unidos, pode levar até setenta dias para provocar sintomas, o que torna a localização da origem da infecção um pesadelo. Em 2011, 33 pessoas morreram de listeriose antes que a origem — melão cantaloupe do Colorado — fosse identificada.

A maior fonte de doenças trazida por alimento não são as carnes, os ovos ou a maionese, como pensa a maioria, mas as verduras cruas. São as vilãs de um em cada cinco casos.

* * *

Por muito tempo, quase tudo o que sabíamos sobre o estômago se deveu a um infeliz acidente ocorrido em 1822. No verão daquele ano, na ilha Mackinac, no lago Huron, no norte de Michigan, um homem examinava um rifle no armazém geral local quando a arma disparou de repente. Um jovem caçador de peles canadense chamado Alexis St. Martin teve o infortúnio de estar a um metro de distância, na linha de fogo. O tiro abriu um buraco em sua caixa torácica pouco abaixo do peito esquerdo, dando-lhe algo que nunca desejou: o estômago mais famoso da história da medicina. St. Martin sobreviveu por milagre, mas o ferimento nunca mais se curou por completo. Seu médico, um cirurgião do Exército americano chamado William Beaumont, percebeu que o buraco de mais de dois centímetros de diâmetro oferecia uma janela incomum para o interior do corpo, bem como um acesso direto ao estômago. Ele levou St. Martin para sua casa e cuidou dele, mas com o combinado (selado em um contrato formal) de poder realizar experimentos no paciente. Para Beaumont, era uma oportunidade ímpar. Em 1822, ninguém sabia muito bem o que acontecia com a comida após desaparecer pela garganta. St. Martin tinha o único estômago na Terra que podia ser diretamente estudado.

Os experimentos de Beaumont consistiam principalmente em baixar diferentes comidas em pedaços de fio de seda dentro do estômago de St. Martin e deixá-las ali por um período, depois puxar para ver o resultado. Às vezes, por interesse puramente científico, experimentava o conteúdo, avaliando a acrimônia e acidez, e com isso deduziu que o principal agente digestivo do estômago é o ácido clorídrico. A descoberta revolucionária causou comoção no circuito gástrico e fez Beaumont famoso.

St. Martin não foi uma cobaia das mais cooperativas. Com frequência sumia, certa vez por quatro anos até que Beaumont conseguisse localizá-lo. Apesar dessas interrupções, Beaumont acabou publicando uma obra seminal, *Experiments and Observations on the Gastric Juice and the Physiology of Digestion* [Experimentos e observações sobre o suco gástrico e a fisiologia da digestão]. Por cerca de um século, quase todo o conhecimento médico do processo digestivo veio do estômago de St. Martin.

Ironicamente, o paciente viveu 27 anos mais que o médico. Após vagar sem destino por alguns anos, St. Martin voltou a sua cidade natal de Saint-

-Thomas, Québec, casou, formou uma família de seis filhos e morreu aos 86 anos em 1880, quase sessenta anos após o acidente que o deixou famoso.*[9]

O coração do aparelho digestivo é o intestino delgado, quase oito metros de tubulação enrolada, onde acontece a maior parte da digestão. O intestino delgado é tradicionalmente dividido em três seções: o duodeno (de "doze", o número de dedos de largura que se considerava ter o homem médio na antiga Roma); o jejuno (de "jejum", porque essa parte costumava estar vazia nos cadáveres); e o íleo (significando "virilha", por causa da proximidade). Mas a verdade é que as divisões existem apenas por definição. Se você pegasse seu intestino e o esticasse no chão, não seria capaz de dizer onde começa uma parte e onde a outra termina.

O intestino delgado é forrado por minúsculas projeções semelhantes a pelos chamadas vilosidades, que aumentam imensamente sua área superficial. O alimento é submetido a um processo de contração conhecido como peristaltismo — uma espécie de ola de estádio nas suas entranhas. A onda avança ao ritmo de dois ou três centímetros por minuto. Uma pergunta natural é: por que todos esses ferozes sucos digestivos não corroem nosso revestimento intestinal? A resposta é que o canal alimentar é forrado por uma camada única de células protetoras chamadas epitélio. Essas células vigilantes e o muco viscoso que produzem são tudo que se interpõe entre você e a digestão de sua própria carne. Se esse tecido se rompe e o conteúdo dos intestinos vaza para outra parte do corpo, podemos esperar o pior, embora isso muito raramente ocorra. O bombardeio sobre essas células na linha de frente é tamanho que são todas substituídas a cada três ou quatro dias, a taxa de rotatividade mais elevada de todo o corpo.

Enrolada em torno do intestino delgado, como o muro de um jardim, fica a tubulação de quase dois metros do intestino grosso, com sua parte média que chamamos cólon. Onde os intestinos delgado e grosso se juntam (pouco acima da linha da cintura, do seu lado direito) há uma bolsa chamada ceco,

---

* St. Martin viveu durante algum tempo em Cavendish, Vermont, onde ocorreu o acidente que enfiou uma barra de ferro através do crânio de outro trabalhador infeliz, Phineas Gage. O local também é o berço de Nettie Stevens, descobridor do cromossoma Y. Nenhum dos três esteve em Cavendish ao mesmo tempo, no entanto.

que é importante nos herbívoros mas não tem função exata nos humanos, e projetando-se do ceco fica a protuberância parecida com um dedo conhecida como apêndice, que não possui uma finalidade certa, mas mata cerca de 80 mil pessoas no mundo anualmente, ao se romper ou infeccionar.

O apêndice também é chamado de vermiforme, por parecer uma minhoca. Durante muito tempo, a única coisa que sabíamos sobre o apêndice era que podia ser removido sem fazer falta, uma forte sugestão de que ele não tinha nenhuma finalidade. Hoje o pensamento mais moderno é de que serve de reservatório de bactérias intestinais.

Cerca de uma pessoa em cada dezesseis no mundo desenvolvido sofrerá de apendicite em algum momento, o suficiente para fazer do problema a causa mais comum de cirurgias emergenciais. Nos Estados Unidos, cerca de 250 mil pessoas são hospitalizadas com apendicite por ano e cerca de trezentas morrem, segundo o American College of Surgeons.[10] Sem cirurgia, muitas vítimas de apendicite morreriam. Antigamente era uma causa de morte bem comum. A incidência de apendicite aguda no mundo rico é mais ou menos a metade hoje do que foi na década de 1970, e ninguém sabe ao certo por quê.[11] Permanece mais comum nos países ricos do que nos países em desenvolvimento, embora as taxas nos países em desenvolvimento estejam subindo depressa, presumivelmente devido a mudanças nos hábitos alimentares, mas, também nesse caso, ninguém pode dizer com certeza.

O relato mais extraordinário de sobrevivência de uma apendicectomia, até onde sei, ocorreu a bordo do submarino americano *Seadragon* em águas controladas pelos japoneses no mar da China Meridional durante a Segunda Guerra Mundial, quando um marinheiro chamado Dean Rector, do Kansas, desenvolveu uma apendicite aguda. Sem nenhum pessoal médico qualificado a seu dispor, o comandante ordenou que o assistente de farmacêutico do submarino, um certo Wheeler Bryson Lipes (sem parentesco com este autor), realizasse a cirurgia. Lipes protestou que não tinha treinamento médico, não sabia como era um apêndice nem onde ficava, além de não ter equipamento cirúrgico para trabalhar. O comandante o instruiu a fazer o que pudesse, já que era a autoridade médica máxima a bordo.

As palavras de Lipes para tentar convencer Rector certamente não foram das mais reconfortantes: "Olha, Dean, nunca fiz nada parecido com isso, mas você não tem muita chance de sobreviver de qualquer jeito, então que tal?".[12]

Lipes conseguiu anestesiar Rector — em si um feito, uma vez que não tinha instruções sobre a dose a ser aplicada —; depois, usando um coador de chá com gaze como máscara cirúrgica e guiando-se por pouco mais que um manual de primeiros socorros, abriu Rector com uma faca de cozinha e de algum modo conseguiu encontrar e remover o apêndice inflamado e costurar o ferimento. Rector sobreviveu por milagre e recuperou completamente a saúde. Mas, por infelicidade, não viveu muito para usufruir. Três anos após sua apendicectomia, foi morto em ação em outro submarino, quase na mesma localização. Lipes serviu na Marinha até 1962 e viveu até a idade avançada de 84 anos, embora nunca tenha voltado a realizar uma cirurgia, o que sem dúvida fez muito bem.

O intestino delgado se descarrega no intestino grosso por uma conexão chamada esfíncter ileocecal. O intestino grosso na realidade é uma espécie de tanque de fermentação, abrigando fezes, flatulência e toda a nossa flora microbiana, e é um lugar onde tudo acontece sem grande pressa. No início do século xx, Sir William Arbuthnot Lane, um cirurgião britânico até então muito eminente, ficou convencido de que toda essa gosma morosa promovia um ajuntamento de toxinas mórbidas, levando ao mal que chamou de autointoxicação. Ele identificou uma anormalidade que ficou conhecida como "desvios de Lane" e começou a remover cirurgicamente pedaços do intestino grosso dos pacientes. Pouco a pouco expandiu a prática até realizar colectomias completas — procedimento absolutamente desnecessário. Pessoas afluíam do mundo todo para dar adeus às próprias tripas. Após sua morte, foi mostrado que os desvios de Lane eram puramente imaginários.[13]

Nos Estados Unidos, Henry Cotton, superintendente do Hospital Estadual de Trenton em Nova Jersey, também manifestou um desafortunado interesse pelo intestino grosso. Cotton acreditava que os distúrbios psiquiátricos não se deviam a problemas no cérebro, mas a uma malformação congênita do intestino, e iniciou um programa de cirurgias para o qual não tinha a menor competência. Matou 30% dos pacientes e não curou nenhum — afinal não havia doença alguma para ser curada. Cotton também virou um entusiasta da extração dentária, arrancando 6500 dentes (uma média de dez por paciente) num único ano, 1921, sem o uso de anestésicos.

O intestino grosso na verdade está envolvido em muitas funções importantes. Ele reabsorve grandes volumes de água, que devolve ao corpo. Também oferece um lugar aquecido para as vastas colônias de micróbios que degradam o que o intestino delgado ainda não absorveu, capturando no processo um monte de vitaminas úteis, como B1, B2, B6, B12 e K, que são também devolvidas ao corpo. O resto é despachado para evacuação, nas fezes.

O adulto ocidental produz cerca de duzentos gramas de fezes por dia — ou 73 quilos por ano. Isso representa 6,5 toneladas numa vida. Nossas evacuações consistem em grande parte em bactérias mortas, fibras não digeridas, células intestinais descartadas e resíduos de glóbulos vermelhos. Cada grama de fezes contém 40 bilhões de bactérias e 100 milhões de arqueas.[14] Análises de amostras de fezes também encontraram muitos fungos, amebas, bacteriófagos, alveolados, ascomicetos, basidiomicetos e um bocado de outras coisas, embora seja incerto quais são moradores permanentes e quais estão apenas de passagem. Até amostras colhidas em pontos opostos de uma mesma evacuação podem parecer vir de pessoas diferentes.[15]

O câncer, quando ocorre, é quase sempre no intestino grosso, dificilmente no delgado. Embora ninguém saiba ao certo, muitos pesquisadores acham que isso se deve à abundância de bactérias no primeiro. O professor Hans Clevers, da Universidade de Utrecht, na Holanda, acredita que o câncer esteja relacionado à dieta. "Os ratos têm câncer no intestino delgado, e não no cólon", diz. "Mas se você lhes oferece uma dieta em estilo ocidental, isso inverte. É a mesma coisa com japoneses que se mudam para o Ocidente e adotam nosso estilo de vida. Eles têm menos câncer de estômago, mas mais câncer de cólon."

Em tempos modernos, o primeiro a mostrar grande interesse científico por nossos excrementos foi Theodor Escherich (1857-1911), jovem pesquisador pediátrico de Munique que começou a examinar fezes de bebês ao microscópio no fim do século XIX. Ele descobriu dezenove tipos diferentes de microrganismos, bem mais do que esperava encontrar, uma vez que era óbvio que as únicas coisas consumidas eram o leite materno e o ar que respiravam. O mais abundante de todos, a *Escherichia coli*, foi batizado em sua homenagem. (O próprio Escherich a chamou de *Bacteria coli commune*.)

A *E. coli* tornou-se o micróbio mais estudado do planeta. Gerou literalmente centenas de milhares de artigos, segundo Carl Zimmer, cujo livro fascinante, *Microcosm*, gira em torno desse bacilo extraordinário. Duas cepas de *E. coli* exibem maior variabilidade genética do que todos os mamíferos da Terra juntos.[16] O pobre Theodor Escherich nunca soube de nada disso. A *E. coli* só foi rebatizada em sua homenagem em 1918, sete anos após sua morte, e o nome só foi oficialmente aceito em 1958.[17]

Por fim, uma palavrinha sobre a flatulência, termo mais educado para o pum. A flatulência consiste principalmente em dióxido de carbono (até 50%), hidrogênio (até 40%) e nitrogênio (até 20%), embora a proporção exata varie de pessoa para pessoa e até de um dia para outro. Cerca de um terço das pessoas produz metano, o famoso gás do efeito estufa, enquanto dois terços não produzem metano algum. (Ou ao menos nunca nas ocasiões em que amostras foram colhidas; o teste de flatulência não é uma atividade muito precisa.) O cheiro de pum é composto na maior parte de sulfeto de hidrogênio, ainda que o sulfeto de hidrogênio represente apenas de uma a três partes por milhão do que é expelido. O sulfeto de hidrogênio na forma concentrada — como gás de esgoto — pode ser altamente letal, mas nossa grande sensibilidade a ele em exposições vestigiais é uma questão que a ciência ainda está por explicar. É curioso, mas não captamos o menor odor quando sobe ao nível letal. Como Mary Roach afirmou em seu esplêndido estudo sobre a alimentação, *Gulp* [Ingestão], "os nervos olfativos ficam paralisados".[18]

Os gases que compõem a flatulência podem produzir uma combinação bastante explosiva, como ficou demonstrado em Nancy, França, em 1978, no trágico evento em que cirurgiões enfiaram um arame eletricamente aquecido no reto de um paciente de 69 anos para cauterizar um pólipo e provocaram uma explosão que rasgou o homem literalmente no meio. Segundo o periódico *Gastroenterology*, esse foi apenas um de "muitos exemplos documentados de explosão de gás do cólon durante cirurgia anal".[19] Hoje em dia, a maioria dos pacientes se submete a uma laparoscopia (cirurgia minimamente invasiva), que consiste em bombear dióxido de carbono para inflar a cavidade, e não só reduz o desconforto e as cicatrizes, como também elimina o risco de explosões acidentais.

16. Sono

> *Ó sono, ó sono gentil, suave ama da Natureza.*
> William Shakespeare, *Henrique IV*, parte 2

I

Dormir é a coisa mais misteriosa que fazemos. Sabemos que é vital; só não sabemos exatamente por quê. Não podemos dizer com certeza para que o sono serve, qual é a quantidade certa para a saúde e a felicidade máximas ou por que alguns pegam no sono com facilidade, enquanto outros penam para dormir. Passamos um terço da vida dormindo. Estou com 66 anos, no momento. Dormi, na prática, durante todo o século XXI.

Não existe parte do corpo que não se beneficie do sono nem sofra com sua falta. Se você ficar sem dormir por muito tempo, morre — embora o que exatamente haja de letal na privação de sono também é um mistério. Em 1989, num experimento que tem poucas chances de ser repetido por ser tão cruel, pesquisadores da Universidade de Chicago mantiveram dez ratos acordados até morrerem; levou entre onze e 32 dias para os animais serem fatalmente subjugados pela exaustão.[1] A autópsia não encontrou nenhuma anormalidade que pudesse explicar as mortes. Seus corpos apenas se entregaram.

O sono está relacionado a inúmeros processos biológicos — consolidar as memórias, restabelecer o equilíbrio hormonal, eliminar as neurotoxinas acumuladas no cérebro, restabelecer o sistema imune. Pessoas com sinais iniciais de hipertensão que dormiram uma hora a mais por noite do que costumavam dormir mostraram significativa melhora da pressão arterial.[2] Ele deve funcionar, em suma, como uma espécie de regulagem noturna do corpo. Como o professor Loren Frank, da Universidade da Califórnia em San Francisco, afirmou ao periódico *Nature* em 2013: "Vivem dizendo que o sono é importante por transferir memórias para o resto do cérebro. O problema é que não há basicamente nenhuma evidência direta dessa ideia". Mas por que devemos ficar inconscientes para que isso ocorra é uma questão ainda sem resposta. E não estamos apenas apartados do mundo exterior enquanto dormimos — durante grande parte do tempo ficamos paralisados.

O sono claramente é muito mais do que apenas repouso. Um fato curioso é que animais em hibernação também têm períodos de sono. É uma surpresa para a maioria, mas hibernar é bem diferente de dormir, pelo menos de uma perspectiva neurológica e metabólica. Entrar em hibernação está mais para uma concussão ou anestesia: a pessoa fica inconsciente, mas não adormecida de fato. Assim, um animal hibernando necessita ter algumas horas de sono convencional todo dia dentro da inconsciência mais ampla. Outro fato surpreendente é que os ursos, os mais famosos dorminhocos invernais, não hibernam de verdade. Hibernação de verdade envolve inconsciência profunda e uma queda dramática da temperatura corporal — muitas vezes para cerca de 0°C. Por essa definição, ursos não hibernam, pois sua temperatura corporal permanece próxima da normal e eles despertam com facilidade. Seu sono invernal pode ser chamado com mais precisão de um estado de torpor.

Seja lá o que o sono nos proporcione, é mais do que apenas um período de inatividade restauradora. A nossa necessidade de sono deve ser profunda, a ponto de permitir que fiquemos vulneráveis a ataques de inimigos ou predadores. Contudo, até onde se pode dizer, o sono não faz nada que não poderia ser feito quando estamos acordados e em repouso. Também não sabemos por que passamos grande parte da noite vivenciando as alucinações surreais e muitas vezes perturbadoras que chamamos de sonhos. Ser perseguido por zumbis ou ver-se inexplicavelmente nu no ponto de ônibus não parece uma maneira muito relaxante de passar as horas de escuridão.

No entanto, é um pressuposto universalmente aceito que dormir atende a algum tipo de necessidade elementar profunda. Como o eminente pesquisador Allan Rechtschaffen observou há muitos anos: "Se o sono não serve para uma função absolutamente vital, é o maior equívoco jamais cometido pelo processo evolucionário".[3] Não obstante, até onde sabemos, é o sono que (nas palavras de outro pesquisador) "nos torna aptos à vigília".

Todos os animais parecem dormir. Até criaturas muito simples como nematoides e moscas-das-frutas têm períodos de inatividade.[4] A quantidade de sono necessária varia bastante entre uns e outros. Elefantes e cavalos se viram com apenas duas ou três horas por noite. Ninguém sabe por que precisam de tão pouco. A maioria dos outros mamíferos exige bem mais. O animal que costumava ser o campeão da soneca entre os mamíferos, o bicho-preguiça, supostamente passava até vinte horas por dia dormindo, mas esse número vem do estudo de preguiças em cativeiro, livres de predadores e sem quase nada para fazer. Preguiças na natureza dormem pouco mais de dez horas por dia — não muito mais do que nós. Algumas aves e mamíferos marinhos são capazes de desligar apenas metade do cérebro, assim uma permanece alerta enquanto a outra cochila.

Podemos dizer que nosso entendimento moderno do sono remonta a certa noite de dezembro de 1951, quando um jovem pesquisador da Universidade de Chicago chamado Eugene Aserinsky testou a máquina de medir ondas cerebrais adquirida por seu laboratório. O voluntário de Aserinsky no experimento da primeira noite foi seu filho de oito anos, Armond.[5]

Noventa minutos após o jovem Armond se aquietar no quarto ao lado para desfrutar de uma pacífica noite de sono, Aserinsky observou com surpresa o rolo de papel no aparelho ganhar vida e produzir os rabiscos irregulares associados a uma mente ativa e desperta. Mas quando saiu para verificar, o menino continuava ferrado no sono. Seus olhos, porém, moviam-se visivelmente sob as pálpebras. Aserinsky acabara de descobrir o sono REM, a mais interessante e misteriosa das múltiplas fases em nosso ciclo de sono noturno. Ele não teve pressa em publicar a descoberta e quase dois anos se passaram até um pequeno artigo aparecer na revista *Science*.*

Hoje sabemos que uma noite de sono típica consiste em uma série de ciclos, cada um envolvendo quatro ou cinco fases (dependendo de qual método de categorização você escolhe). Primeiro, devemos abrir mão da consciência, o que para a maioria leva de cinco a quinze minutos. A isso se segue um período em que dormimos um sono leve mas restaurador, como num cochilo, por cerca de vinte minutos. O sono é tão superficial nesses dois primeiros estágios que você pode estar adormecido, mas achar que está acordado.[6] Então vem um sono mais profundo, durando cerca de uma hora, fase em que é mais difícil acordar a pessoa adormecida. (Alguns especialistas dividem esse período em dois estágios, dando ao ciclo do sono cinco períodos distintos, em vez de quatro.) Finalmente, vem a fase REM ("movimento rápido dos olhos"), em que ocorre a maior parte dos sonhos.

Durante a fase REM do ciclo, ficamos praticamente paralisados, mas os olhos trabalham sob as pálpebras como se presenciassem um melodrama urgente, e o cérebro fica tão ativo quanto em qualquer momento da vida desperta. Na verdade, algumas partes do prosencéfalo são mais ativas durante o sono REM do que em momentos em que estamos plenamente conscientes e em movimento. Não se sabe ao certo por que os olhos se movem durante o sono REM. Uma ideia óbvia é que "assistimos" a nossos sonhos.

Você não fica paralisado por completo durante a fase REM. Seu coração e pulmões continuam a funcionar, por motivos óbvios, e seus olhos claramente estão livres para girar, mas os músculos que controlam o movimento corporal ficam restritos. A explicação proposta com mais frequência é que a imobilização nos impede de causar mal a nós mesmos, agitando os braços ou tentando fugir de um ataque durante um pesadelo. Um número muito reduzido de pessoas sofre de um problema chamado distúrbio comportamental do sono REM,

---

* Aserinsky era um homem interessante, ainda que inquieto. Antes de ir para a Universidade de Chicago, em 1949, aos 27 anos de idade, ele havia frequentado duas faculdades e cursado sociologia, o curso básico de medicina, espanhol e odontologia sem completar seus estudos em nenhum deles. Em 1943, foi recrutado pelo Exército e, apesar de ser cego de um olho, atuou na guerra como especialista em descarte de bombas.

em que os membros não se paralisam e a pessoa acaba se machucando ou machucando quem está a seu lado. Para outras, a paralisia não cessa imediatamente ao acordar e a vítima se vê desperta, mas incapaz de se mover — uma experiência angustiante, ao que parece, mas que misericordiosamente tende a durar apenas alguns instantes.

Dormimos duas horas de sono REM toda noite, o que corresponde grosso modo a um quarto do total. Conforme a noite transcorre, os períodos de sono REM tendem a aumentar, de modo que a maioria dos momentos oníricos ocorre normalmente nas horas finais, antes do despertar.

Os ciclos de sono se repetem de quatro a cinco vezes por noite. Cada ciclo dura cerca de noventa minutos, mas eles podem variar. O sono REM aparentemente é importante para o desenvolvimento. Bebês recém-nascidos gastam pelo menos 50% de seu tempo dormindo (que é o que mais fazem, de todo modo) na fase REM. No caso de fetos, a proporção pode chegar a 80%. Por longo tempo se acreditou que sonhávamos apenas durante a fase do sono REM, mas um estudo de 2017 da Universidade de Wisconsin descobriu que 71% das pessoas sonhavam durante o sono não REM (enquanto 95%, durante o sono REM). A maioria dos homens tinha ereções durante o sono REM. As mulheres, similarmente, apresentavam influxo de sangue aumentado para os genitais. Ninguém sabe por quê, mas não parece estar abertamente associado a impulsos eróticos. O homem tem em geral duas horas de ereção por noite.[7]

Somos mais inquietos durante o sono do que nos damos conta. A pessoa se vira ou muda significativamente de posição em média de trinta a quarenta vezes no decorrer de uma noite.[8] Também acordamos bem mais do que você possa imaginar. Agitações e despertares breves na noite podem somar trinta minutos sem ser notados. Numa visita a uma clínica de sono como pesquisa para seu livro de 1995, *Noite*, o escritor A. Alvarez achou que passara uma noite de sono ininterrupto, mas descobriu, ao ver a análise de seus gráficos pela manhã, que acordara 23 vezes. Ele também atravessou cinco períodos de sonho de que não se lembrava.

Além do sono normal da noite, também incorremos, em geral sem nos darmos conta, em lapsos de sono acordado, num estado conhecido como hipnagogia, um mundo inferior entre a vigília e o inconsciente. Assustadoramente, um estudo feito por cientistas do sono com uma dúzia de pilotos comerciais em voos prolongados mostrou que quase todos aparentaram ter dormido, ou praticamente dormido, em vários momentos durante o voo, sem perceber.[9]

A relação entre a pessoa dormindo e o mundo exterior costuma ser curiosa. A maioria de nós já passou por essa sensação abrupta de estar caindo enquanto dorme, conhecida como espasmo hipnal ou mioclônico. Ninguém sabe por que isso acontece. Segundo uma teoria, remonta aos dias em que dormíamos em árvores e tínhamos de nos precaver para não cair. O espasmo talvez seja uma espécie de simulação de incêndio. Pode parecer forçado, mas é um fato curioso, se pararmos para pensar, que por mais profundamente inconscientes ou agitados que fiquemos, quase nunca caímos da cama, mesmo de uma cama pouco familiar, em um hotel ou em outras situações. Podemos estar mortos para o mundo, mas um sentinela dentro de nós permanece alerta para as beiradas e não permite que rolemos por elas (a não ser em caso de embriaguez excessiva ou estados febris). Uma parte de nós, parece, presta atenção no mundo exterior, mesmo quando dormimos pesado. Estudos na Universidade de Oxford, relatados por Paul Martin em seu livro *Counting Sheep* [Contando carneirinhos], revelaram que as leituras do eletroencefalograma mostravam um movimento brusco sempre que o nome da pessoa era dito em voz alta durante o sono, mas não havia reação quando nomes de outras pessoas eram pronunciados. Os experimentos revelaram ainda que as pessoas são muito boas em acordar sozinhas em um horário predeterminado sem um despertador, o que sugere que parte da mente adormecida deve monitorar o mundo real fora do crânio.

Sonhar pode ser apenas um subproduto dessa faxina cerebral noturna. Conforme o cérebro limpa o refugo e consolida as memórias, os circuitos neurais são disparados de forma aleatória, gerando breves imagens fragmentárias, como alguém mudando de canal na TV. Confrontado com esse fluxo incoerente de memórias, ansiedades, fantasias, emoções suprimidas e coisas do tipo, o cérebro tenta produzir uma narrativa sensata de tudo. Ou, por estar repousando, não faz tentativa alguma e simplesmente deixa que os sinais incoerentes sigam fluindo. Isso talvez explique por que em geral temos alguma dificuldade para lembrar dos sonhos, a despeito de sua intensidade — por que na verdade não têm significado nem importância.[10]

II

Em 1999, após dez anos de trabalho cuidadoso, um pesquisador do Imperial College em Londres chamado Russell Foster provou algo aparentemente tão improvável que a maioria das pessoas se recusou a acreditar. Foster descobriu que nossos olhos contêm um terceiro tipo de célula fotorreceptora, além dos famosos cones e bastonetes. Esses receptores adicionais, conhecidos como células ganglionares fotossensíveis da retina, não têm nada a ver com a visão, mas existem simplesmente para detectar o brilho — saber quando é dia e quando é noite. Eles passam essa informação adiante para dois minúsculos feixes de neurônios dentro do cérebro, do tamanho aproximado de uma cabeça de alfinete, encravados no hipotálamo e conhecidos como núcleos supraquiasmáticos. Esses dois feixes (um em cada hemisfério) controlam nossos ritmos circadianos. São os relógios despertadores do corpo. Eles nos avisam que é hora de pular da cama ou de dar o dia por encerrado.

Isso pode parecer muito sensato e relevante, mas quando Foster anunciou sua descoberta foi espinafrado pelo mundo oftalmológico. Quase ninguém conseguia acreditar que algo tão fundamental quanto um tipo de célula ocular pudesse ter passado despercebido por tanto tempo. Em uma palestra, um sujeito se levantou da plateia, exclamou "Besteira!" e saiu.[11]

"Foi difícil para eles aceitar que algo que vinham estudando por 150 anos, a saber, o olho humano, tinha um tipo de célula cuja função haviam subestimado completamente", diz.[12] O tempo mostrou que Foster estava com a razão. "São bem mais elegantes sobre isso agora", graceja. Hoje ele é professor de neurociência circadiana e chefe do Laboratório Nuffield de Oftalmologia na Universidade de Oxford.

"O mais interessante com esses terceiros receptores", contou-me quando nos encontramos em sua sala no Brasenose College, numa travessa da High Street, "é que funcionam de forma completamente independente da visão. Como uma espécie de experimento, pedimos a uma mulher totalmente cega — ela perdera os bastonetes e cones como resultado de doença genética — que nos avisasse quando achasse que as luzes na sala eram acesas ou apagadas. Sua reação foi achar a ideia ridícula, por causa da sua condição, mas insistimos que tentasse, de todo modo. Ela acertou todas as vezes. Mesmo sem visão — sem nenhum modo de 'ver' a luz —, seu cérebro detectou a mudança com perfeita fidelidade em um nível subliminar. Ela ficou besta. Todos ficamos."

Desde a descoberta de Foster, os cientistas constataram que temos relógios corporais não apenas no cérebro, mas por toda parte — pâncreas, fígado, coração, rins, tecido adiposo, músculos, praticamente em qualquer lugar —, e que eles operam segundo seus próprios horários, ditando quando os hormônios são liberados ou os órgãos ficam mais ocupados ou mais relaxados.* Seus reflexos, por exemplo, estão apurados ao máximo no meio da tarde, enquanto o pico da pressão arterial vem mais para o final do dia. Se um desses sistemas sai demais de sincronia, podem surgir problemas. Acredita-se que as perturbações dos ritmos diários do corpo contribuam para diabetes, doenças cardiovasculares, depressão e ganho severo de peso (e, em alguns casos, podem ser seus responsáveis diretos).

O núcleo supraquiasmático trabalha em conjunto com uma estrutura próxima e por muito tempo misteriosa, a glândula pineal, que fica mais ou menos no meio da cabeça. Por sua localização central e natureza solitária — as estruturas no cérebro no geral vêm aos pares, mas a glândula pineal é única —, o filósofo René Descartes concluiu que é onde a alma reside. Sua efetiva função, produzir melatonina, hormônio que ajuda o cérebro a monitorar a duração do dia, só foi descoberta na década de 1950, fazendo dela a última glândula endócrina a ser desvendada. Ainda não compreendemos como exatamente a melatonina se relaciona ao sono. Os níveis internos de melatonina se elevam à medida que a noite cai, e têm o pico no meio da noite. Pareceria lógico associá-la à sonolência, mas na verdade a produção de melatonina também sobe à noite nos animais noturnos, quando são mais ativos, de modo que não está induzindo a sonolência. A glândula pineal, em todo caso, monitora não só os ritmos do dia e da noite, mas também as mudanças de estação, muito importantes para animais que hibernam ou procriam sazonalmente. Eles são significativos também para os humanos, mas de maneiras que a maioria não nota. O cabelo cresce mais rápido no verão, por exemplo. Na boa sacada de David

---

* Mesmo os nossos dentes marcam a passagem do tempo, adquirindo acreções microscópicas diárias, como os anéis das árvores, até deixarem de crescer por volta dos vinte anos de idade. Os cientistas contam os anéis nos dentes antigos para calcular quanto tempo levava para as crianças crescerem no passado muito distante.

Bainbridge: "A glândula pineal não é nossa alma, é nosso calendário".[13] Mas é também um fato muito curioso que vários mamíferos como nós — elefantes e dugongos, para apontar apenas dois — não possuem glândula pineal e parecem não sofrer por isso.

Nos humanos, o papel sazonal da melatonina não está inteiramente claro. A melatonina é uma molécula mais ou menos universal; ela é encontrada em bactérias, águas-vivas, plantas e quase tudo o mais que está sujeito a ritmos circadianos. Nos seres humanos, a produção cai de forma significativa conforme envelhecemos. Uma pessoa de setenta anos produz apenas um quarto do que produzia aos vinte. Ainda não se sabe por que funcionamos assim e qual efeito isso exerce sobre nós.

O certo é que o sistema circadiano pode ficar bastante confuso se seus ritmos diários normais forem perturbados. Em um famoso experimento em 1962, um cientista francês chamado Michel Siffre se isolou por cerca de oito semanas nas profundezas de uma montanha nos Alpes. Sem a luz do dia, relógios ou outros marcadores da passagem do tempo, Siffre tinha de adivinhar quando 24 horas haviam se passado, e descobriu para seu espanto que seu cálculo de 37 dias eram na verdade 58. Ele foi incapaz de calcular até breves intervalos de tempo. Quando instruído a estimar a passagem de dois minutos, esperou mais de cinco.[14]

Em anos recentes, Foster e colegas perceberam que temos mais ritmos sazonais do que pensávamos. "Estamos encontrando ritmos", diz ele, "em um monte de áreas inesperadas — automutilação, suicídio, abuso infantil. Sabemos que não é apenas coincidência essas coisas terem picos e baixas sazonais, porque os padrões mostram um deslocamento de seis meses do hemisfério Norte para o Sul." O que as pessoas fazem na primavera do norte — como cometer suicídio aos montes — é feito seis meses depois na primavera do sul.

Os ritmos circadianos também podem fazer uma grande diferença para a eficácia das medicações que tomamos. Como observa Daniel Davis, imunologista da Universidade de Manchester, 56 das cem medicações mais vendidas hoje agem em partes do corpo sensíveis ao tempo. "Cerca de metade desses medicamentos de maior sucesso comercial permanecem ativos no corpo apenas por um breve tempo depois de tomados", escreveu ele em *The Beautiful Cure* [A bela cura].[15] Tome-os na hora errada e talvez se mostrem menos eficazes ou completamente ineficazes.

Estamos na verdade apenas começando a compreender a importância dos ritmos circadianos para os seres vivos, mas até onde sabemos todos os organismos, mesmo as bactérias, têm relógios internos. "Pode ser", como diz Russell Foster, "uma característica fundamental da vida."

Os núcleos supraquiasmáticos não são os únicos responsáveis pela sonolência e pela vontade de ir para a cama. Também estamos sujeitos a uma pressão natural do sono — uma necessidade profunda e às vezes irresistível de cochilar — governada por algo chamado homeostase do sono. A pressão do sono fica mais intensa quanto mais tempo permanecemos acordados. Isso é consequência em grande parte do acúmulo de substâncias químicas no cérebro no decorrer do dia, em particular da chamada adenosina, que é um subproduto da produção de ATP (adenosina trifosfato), a pequena molécula de intensa energia que alimenta nossas células. Quanto mais adenosina você acumula, mais sonolento fica. A cafeína compensa ligeiramente seus efeitos, por isso uma xícara de café nos reanima. Normalmente, os dois sistemas operam em sincronia, mas ocasionalmente se afastam, como quando cruzamos diversos fusos horários em um voo de longa distância e ficamos com jet lag.

A quantidade exata de sono de que precisamos parece ser uma questão pessoal, mas para quase todo mundo a exigência noturna fica em torno de sete a nove horas. Depende muito da idade, da saúde e do que você anda aprontando ultimamente. Dormimos menos quando envelhecemos. Recém-nascidos podem dormir por dezenove horas diárias; bebês, até catorze; crianças de onze a doze anos, adolescentes e jovens adultos, por cerca de dez horas — embora eles, como a maioria dos adultos, talvez não durmam tanto quanto necessitem por permanecer acordados até tarde e ter de levantar cedo. O problema é mais grave para adolescentes, porque seus ciclos circadianos podem divergir até duas horas dos mais velhos, fazendo deles verdadeiras corujas. Quando um adolescente tem dificuldade para acordar de manhã, não é preguiça, é biologia. A questão enfrenta um agravante nos Estados Unidos, algo que um editorial do *New York Times* chamou de "uma tradição perigosa: começar o ensino médio anormalmente cedo". Segundo o jornal, 86% das aulas do ensino médio começam antes das oito e meia da manhã e 10% antes das sete e meia. Começar as aulas mais tarde provou resultar em maior presença, melhores notas, menos acidentes de carro e até menos depressão e automutilação.[16]

Quase todos os especialistas concordam que dormimos menos do que costumávamos, em todas as faixas etárias. Segundo o periódico *Baylor University Medical Center Proceedings*, a quantidade média de sono obtida pelas pessoas na noite anterior a um dia de trabalho caiu de 8,5 horas, cinquenta anos atrás, para menos de sete, hoje. Outro estudo encontrou um declínio similar entre crianças em idade escolar. O custo para a economia americana de todas essas horas insones foi estimado em mais de 60 bilhões de dólares por absenteísmo e piora de desempenho.

Entre 10% e 20% dos adultos do mundo sofrem de insônia, segundo vários estudos. A insônia já foi ligada a diabetes, câncer, hipertensão, AVC, doenças cardiovasculares e (não é surpresa para ninguém) depressão.[17] Um estudo da Dinamarca, publicado na *Nature*, revelou que mulheres que cumpriam turnos noturnos regulares no trabalho aumentavam o risco de câncer de mama em 50%.[18]

"Também temos dados confiáveis hoje de que a privação de sono provoca elevação dos níveis de beta-amiloide [proteína associada à doença de Alzheimer]", disse-me Foster. "Não vou dizer que dormir mal causa Alzheimer, mas provavelmente é um fator que contribui, e pode muito bem acelerar o declínio."

Para muitos, a principal causa de insônia é o ronco do parceiro. É um problema muito comum. Cerca de metade das pessoas ronca no mínimo ocasionalmente. O ronco é uma vibração dos tecidos moles na faringe, quando estamos inconscientes e relaxados. Quanto maior o relaxamento, mais roncamos, e é por isso que pessoas embriagadas roncam tão forte. A melhor maneira de reduzir o ronco é perder peso, dormir de lado e não beber álcool antes de se deitar. Apneia do sono é quando as vias aéreas ficam obstruídas durante o ronco e as vítimas param de respirar ou quase param, durante o sono, e é mais comum do que a maioria calcula (apneia vem de uma palavra grega que significa "sem fôlego"). Cerca de 50% das pessoas que roncam sofrem de apneia do sono em algum grau.[19]

A forma mais extrema e aterrorizante de insônia é um distúrbio muito raro conhecido como insônia familiar fatal, descrita pela medicina apenas em 1986.[20] É um mal herdado (por isso familiar) que sabemos afetar somente cerca de três dúzias de famílias no mundo. As vítimas simplesmente perdem a capacidade de pegar no sono e têm uma morte lenta por exaustão e falência múltipla dos órgãos. A doença é sempre fatal. O agente destrutivo é um tipo de proteína corrompida chamada príon (abreviatura de partícula proteinácea infecciosa). Príons são proteínas rebeldes. São as partículas nocivas por trás da doença de Creutzfeldt-Jakob, a doença da vaca louca (encefalopatia espongiforme bovina), e de algumas outras horríveis enfermidades neurológicas, como a doença de Gerstmann-Sträussler-Scheinker, das quais a maioria nunca ouviu falar, por serem misericordiosamente raras (mas, sem exceção, são uma tragédia para a coordenação e a cognição). Alguns estudiosos acham que os príons devem ter ligação também com o Alzheimer e o Parkinson.[21] Na insônia familiar fatal, os príons atacam o tálamo, órgão do tamanho de uma noz nas profundezas do cérebro que controla nossa reação autônoma — pressão arterial, batimento cardíaco, liberação de hormônios e assim por diante. Não se sabe com precisão como a perturbação dos príons interfere no sono, mas é um modo horripilante de partir.*

Outro distúrbio do sono é a narcolepsia. É comumente associada a sonolência extrema em momentos inapropriados, mas muitos que sofrem do problema enfrentam tanta dificuldade para seguir dormindo quanto para ficar acordados. Ela é causada pela hipocretina, que existe em quantidades tão mínimas que só foi descoberta em 1998. As hipocretinas são neurotransmissores que nos mantêm despertos. Sem elas, a pessoa pode cochilar de repente no meio de uma conversa ou refeição, ou cair numa espécie de estado modorrento mais próximo da alucinação do que da consciência. Ou, pelo contrário, pode se sentir totalmente exausta e não conseguir dormir de jeito algum. O sofrimento pode ser intolerável e a doença não tem cura, mas por sorte é muito rara, afetando apenas um indivíduo em 2500 no mundo ocidental e 4 milhões no mundo todo.[22]

---

* Os príons foram descobertos pelo dr. Stanley Prusiner da Universidade da Califórnia em San Francisco. Em 1972, enquanto ainda estava se formando como neurologista, ele examinou uma mulher de sessenta anos que sofria de uma demência repentina tão grave que não conseguia realizar nem mesmo as tarefas mais simples e familiares, como colocar uma chave na porta. Prusiner ficou convencido de que a causa era uma proteína infecciosa deformada que ele chamou de príon. Sua teoria foi amplamente ridicularizada durante anos, mas a hipótese foi enfim confirmada e Prusiner agraciado com um prêmio Nobel em 1997. A morte dos neurônios deixa o cérebro cheio de cavidades, como uma esponja — daí espongiforme.

Distúrbios do sono mais comuns, conhecidos como parassonias, incluem sonambulismo, agitação confusa (quando a vítima parece desperta, mas profundamente desnorteada), pesadelos e terrores noturnos. Não é tão simples distinguir estes dois últimos, exceto pelo fato de os terrores noturnos serem mais intensos e tenderem a deixar a pessoa mais abalada, embora curiosamente as vítimas de terrores noturnos muitas vezes não tenham a menor recordação da experiência na manhã seguinte. Muitas das parassonias são bem mais comuns em crianças jovens do que em adultos e tendem a desaparecer na puberdade, quando não antes.

O máximo que alguém já passou intencionalmente sem dormir foi em dezembro de 1963, quando um aluno de ensino médio de dezessete anos em San Diego chamado Randy Gardner conseguiu ficar acordado por 264,4 horas (onze dias e 24 minutos), como parte de um projeto de ciências na escola.* Os primeiros dias foram de certa forma fáceis, mas pouco a pouco ele ficou irritadiço e confuso, até toda a sua existência se tornar vagamente alucinatória. Quando terminou o projeto, Gardner foi para a cama e dormiu por catorze horas. "Lembro que quando acordei estava grogue, mas não mais do que uma pessoa normal", contou ao entrevistador da rádio NPR em 2017.[23] Seus padrões de sono voltaram ao normal e não teve nenhuma sequela digna de nota. Porém, anos depois, passou a sofrer de uma terrível insônia, que acreditava ser um "troco cármico" por sua aventura juvenil.

Finalmente, uma palavrinha sobre esse misterioso mas universal arauto do cansaço, o bocejo. Ninguém sabe por que bocejamos. Bebês bocejam, no útero. (E soluçam, também.) Pessoas em coma bocejam. É uma parte onipresente da vida, e no entanto ninguém sabe muito bem o que ele faz por nós. Uma sugestão é que o bocejo está de algum modo conectado à liberação do dióxido de carbono excedente, embora ninguém tenha explicado de que maneira. Outra é que carrega uma lufada de ar fresco para dentro da cabeça, afastando de leve a sonolência, embora eu nunca tenha visto alguém se sentir revigorado e cheio de energia após bocejar. Mais precisamente, nenhum

---

* Surpreendentemente, o recorde foi pouco desafiado. Em 2004, no Reino Unido, dez pessoas competiram para ficar acordadas por mais tempo para uma série de televisão chamada *Shattered*. O vencedor, Clare Southern, ficou 178 horas, mais de três dias a menos que Randy Gardner.

estudo mostrou ainda haver uma ligação entre o bocejo e os níveis de vigor. O bocejo não guarda uma correlação confiável nem sequer com nosso cansaço.[24] Na verdade, muitas vezes o momento em que mais bocejamos são os primeiros minutos após acordar de uma boa noite de sono, quando estamos mais descansados.

Talvez o aspecto mais inexplicável do bocejo seja seu efeito extremamente contagiante. Não apenas somos praticamente forçados a bocejar quando vemos outros fazendo isso como também escutar ou pensar em bocejo nos leva a bocejar. Quase certamente você quer bocejar agora. E, francamente, não há nada errado nisso.

17. Nos países baixos

Na visita presidencial a uma fazenda, a sra. Coolidge perguntou ao guia quantas vezes por dia o galo copulava. "Dezenas", foi a resposta. "Por favor, diga isso ao presidente", pediu a sra. Coolidge. Quando o presidente visitou o galinheiro e lhe contaram sobre o galo, ele perguntou: "Sempre a mesma galinha?". "Oh, não, senhor presidente, cada vez uma galinha diferente." O presidente balançou a cabeça devagar e falou: "Diga isso à sra. Coolidge".[1]

London Review of Books, 25 jan. 1990

I

É um pouco surpreendente termos permanecido tanto tempo sem saber por que uns nascem machos e outros, fêmeas. Embora os cromossomos tenham sido descobertos na década de 1880 pelo anatomista alemão Heinrich Wilhelm Gottfried von Waldeyer-Hartz (1836-1921), sua importância ainda não era compreendida ou apreciada.* (Ele os chamou de cromossomos devido ao modo como absorviam tinturas químicas sob o microscópio.) Hoje sabemos, claro, que fêmeas têm dois cromossomos X, enquanto machos, um X e um Y, o que explica as diferenças sexuais, mas esse conhecimento ainda demoraria a chegar. Mesmo no fim do século XIX, os cientistas em geral achavam que o sexo era determinado não pela química, mas por fatores externos, como a dieta, a temperatura ambiente ou mesmo o humor da mulher nos primeiros estágios da gravidez.

O primeiro passo na resolução do problema veio em 1891, quando Hermann Henking, jovem zoólogo da Universidade de Göttingen, Alemanha, notou uma coisa estranha ao examinar os testículos de um gênero de inseto hemíptero chamado *Pyrrhocoris*. Em todos os espécimes estudados, sempre havia um cromossomo separado dos demais. Henking o chamou de "X" porque era misterioso, não devido à sua forma, como quase sempre se presumiu. A descoberta gerou uma onda de interesse entre outros biólogos, mas não parece ter cativado o próprio Henking. Ele trabalhou em seguida na Associação de Pesca Alemã, onde passou o resto de seus dias monitorando cardumes no mar do Norte e, até onde sabemos, nunca voltou a olhar para outro testículo de inseto.

Catorze anos após o achado acidental de Henking, do outro lado do Atlântico veio a verdadeira descoberta. Uma cientista chamada Nettie Stevens, do Bryn Mawr College, Pensilvânia, estudava o aparelho reprodutor de bichos-da-farinha quando descobriu outro cromossomo afastado e — esse foi seu insight crucial — percebeu que parecia influenciar a determinação do sexo. Ela o chamou de cromossomo Y, dando continuidade à sequência alfabética iniciada por Henking.

Nascida em 1861 em Cavendish, Vermont (onde Phineas Gage sofreu o acidente com a barra de ferro quando trabalhava na ferrovia, treze anos antes), Nettie Stevens cresceu em circunstâncias humildes e demorou muito para concretizar seu sonho de uma educação superior.[2] Ela trabalhou por muitos anos como professora e bibliotecária, antes de finalmente entrar para a Universidade Stanford, em 1896, com a idade tardia de 35 anos, e quando enfim

---

* Durante a maior parte da carreira ele foi apenas um simples Wilhelm Waldeyer. O nome mais efusivo veio em 1916, perto do fim da sua vida, quando recebeu o título de nobreza do Estado alemão.

fez o doutorado, estava com 42 e tragicamente perto do fim de sua breve vida. Como pesquisadora iniciante no Bryn Mawr, não só descobriu o cromossomo Y, como também teve uma produção fecunda, publicando 38 artigos.

Se a importância de sua descoberta tivesse sido mais apreciada, é muito provável que Stevens tivesse recebido um prêmio Nobel. Em vez disso, por muitos anos, os louros em geral couberam a Edmund Beecher Wilson, que fizera a mesma descoberta, de forma independente e quase ao mesmo tempo (quem foi realmente o primeiro permanece motivo de debate), mas sem perceber de fato sua significação. Stevens sem dúvida conseguiria conquistas ainda maiores, mas teve câncer de mama e morreu aos 50 anos, em 1912, com apenas sete anos de carreira científica.

Nas ilustrações, os cromossomos X e Y sempre são retratados com o formato aproximado das letras do alfabeto, mas, na verdade, na maior parte do tempo não se parecem com letra alguma. Durante a divisão celular, o cromossomo X de fato assume brevemente a forma de um X, mas o mesmo acontece com todos os cromossomos não sexuais. O cromossomo Y se parece apenas superficialmente com um Y. Não passa de uma coincidência extraordinária ambos guardarem uma semelhança fugaz ou ocasional com as letras que os nomeiam.[3]

Os cromossomos nunca foram muito fáceis de estudar, pois passam a maior parte de sua existência embolados numa massa indistinta no núcleo celular. A única maneira de contá-los era obter amostras frescas de células vivas no momento da divisão celular, e isso seria pedir demais. Biólogos celulares, segundo se conta, "literalmente esperavam ao pé do patíbulo para ficar com os testículos de um criminoso executado imediatamente após a morte, antes que os cromossomos pudessem se aglutinar".[4] Mesmo assim, os cromossomos tendiam a se sobrepor e ficar borrados, dificultando qualquer coisa além de uma contagem grosseira. Mas em 1921 um citologista da Universidade do Texas chamado Theophilus Painter anunciou ter obtido boas imagens e declarou com tranquila confiança que contara 24 pares de cromossomos. Esse número pegou, sem nunca ser questionado, por 35 anos, até que um exame mais detido em 1956 revelou que temos apenas 23 — fato evidenciado em fotografias por anos (incluindo pelo menos uma ilustração de um livro de referência popular), sem que alguém houvesse se dado ao trabalho de contá-los.[5]

Quanto ao que precisamente faz de uns machos e outros fêmeas, o conhecimento é ainda mais recente. Apenas em 1990, duas equipes em Londres, do Instituto Nacional de Pesquisa Médica e do Fundo Imperial de Pesquisa do Câncer, identificaram uma região determinante do sexo no cromossomo Y que chamaram de gene SRY (Região de Determinação do Sexo no Y, em inglês). Após incontáveis gerações produzindo meninos e meninas, os humanos finalmente descobriam como o faziam.[6]

O cromossomo Y é uma coisa curiosa e um pouco frágil. Possui apenas setenta genes; outros cromossomos chegam a ter 2 mil. O cromossomo Y vem encolhendo há 160 milhões de anos. Em sua atual taxa de deterioração, segundo se estimou, pode desaparecer por completo em 4,6 milhões de anos.*[7] Isso não significa, felizmente, que os machos deixarão de existir em 4,6 milhões de anos. É provável que os genes que determinam as características de gênero apenas passem para outro cromossomo. Além do mais, nossa capacidade de manipular o processo reprodutivo deverá estar ainda mais refinada daqui a 4,6 milhões de anos, então não convém perder o sono por causa disso.

Na verdade, sexo não é de fato necessário. Uma variedade de organismos o abandonou. As lagartixas, tão comumente encontradas nos trópicos, grudadas como brinquedos de ventosas nas paredes das casas, deram fim ao macho por completo. É um pensamento um pouco perturbador se você é homem, mas nossa contribuição para a procriação pode ser facilmente dispensada. Lagartixas põem ovos, que são clones da mãe, e estes produzem uma nova geração de lagartixas. Do ponto de vista materno, é um arranjo excelente, pois significa que 100% de seus genes são herdados. Com o sexo convencional, cada parceiro passa adiante apenas metade de seus genes — e esse número diminui sem parar a cada geração subsequente. Seus netos têm apenas um quarto dos seus genes, seus bisnetos, apenas um oitavo, seus tataranetos, meros dezesseis avos, e assim por diante, cada vez menos. Se você ambiciona a imortalidade genética, o sexo é uma maneira muito ruim de obtê-la. Como observou Siddhartha Mukherjee em *O gene: Uma história íntima*, humanos, na verdade, não se reproduzem.[8] Lagartixas se reproduzem; nós nos recombinamos.

O sexo talvez dilua nossa contribuição pessoal à posteridade, mas é ótimo para a espécie. Misturando e combinando genes, obtemos variação, e isso nos proporciona segurança e resiliência. Dificulta que doenças varram po-

---

* Outros geneticistas, vale ressaltar, sugeriram que a extinção poderia ocorrer em apenas 125 mil ou em 10 milhões de anos.

pulações inteiras. Também significa que podemos evoluir: conservar os genes benéficos e descartar os que atrapalham nosso bem-estar coletivo. Uma clonagem resulta na mesma coisa repetidamente. O sexo nos deu Einstein e Rembrandt — e um monte de idiotas também, sem dúvida.

Talvez nenhuma área da existência humana gere menos certezas ou iniba mais a discussão franca do que o sexo. Possivelmente nada representa mais nossos melindres com tudo que seja relacionado aos genitais do que a palavra *pudendum*, que em latim significa "sentir vergonha". É quase impossível obter dados confiáveis sobre quase qualquer coisa que tenha a ver com o sexo como passatempo. Quantas pessoas são infiéis em algum momento da relação?[9] Algo entre 20% e 70%, dependendo de qual dos inúmeros estudos você consultar.

Um dos problemas — algo que decerto não causará surpresa a ninguém — é que as pessoas tendem a embarcar numa realidade alternativa quando acreditam que suas respostas não podem ser verificadas. Em um estudo, a quantidade de parceiros sexuais que as mulheres se predispunham a recordar aumentava em 30% quando acreditavam estar ligadas a um detector de mentiras.[10] Por incrível que pareça, em um levantamento de 1995 chamado Organização Social da Sexualidade nos Estados Unidos, conduzido pela Universidade de Chicago em parceria com o Centro de Pesquisa de Opinião Nacional, as pessoas tinham permissão de estar acompanhadas por alguém no momento da entrevista, em geral um filho ou o parceiro, coisa que deve ter dificultado e muito a obtenção de respostas totalmente honestas. De fato, foi mostrado depois que a proporção de respondentes afirmando ter tido mais de um parceiro sexual no ano anterior caiu de 17% para 5% quando havia acompanhante presente.

O levantamento foi criticado por inúmeras outras deficiências. A falta de verba determinou que apenas 3432 pessoas fossem entrevistadas, não as 20 mil que originalmente se pretendera, e como todas tinham dezoito anos ou mais, ele não oferecia nenhuma conclusão sobre gravidez na adolescência ou práticas de controle de natalidade, nem nada de alguma relevância para as políticas públicas.[11] Além do mais, o estudo se concentrou somente nos domicílios, então excluiu pessoas em instituições — universitários, presidiários e, em especial, militares. Tudo isso tornou os resultados questionáveis, quando não inúteis por completo.

Outro problema com a pesquisa do sexo — e não existe modo educado de dizer isso — é que as pessoas, muitas vezes, são simplesmente estúpidas. Em outra análise, publicada por David Spiegelhalter, da Universidade de Cambridge, no maravilhoso *Sex by Numbers: The Statistics of Sexual Behaviour* [O sexo em números: estatísticas de comportamento sexual], quando questionados sobre o que em sua opinião constituía sexo consumado, cerca de 2% dos homens afirmaram que sexo com penetração não contava, deixando Spiegelhalter a se perguntar o que exatamente esperavam para "sentir que tinham ido até o fim".[12]

Devido a dificuldades como essas, os estudos sexuais exibem um longo histórico de estatísticas duvidosas. Em seu livro de 1948 *Sexual Behavior in the Human Male* [O comportamento sexual masculino], Alfred Kinsey, da Universidade de Indiana, relatou que quase 40% dos homens haviam tido experiência homossexual resultando em orgasmo e que quase um quinto dos rapazes criados em fazendas fizera sexo com animais domésticos. Ambos os números são altamente improváveis. Ainda mais duvidosos foram o Relatório Hite sobre a sexualidade feminina e seu par, o Relatório Hite sobre a sexualidade masculina, publicados pouco depois. A autora, Shere Hite, utilizou questionários e obteve um índice de respostas muito baixo, não randomizado e altamente seletivo. Não obstante, declarou com segurança que 84% das mulheres estavam insatisfeitas com seus parceiros e que 70% das mulheres casadas por mais de cinco anos viviam uma relação adúltera. Os resultados foram duramente criticados na época, mas os livros se tornaram imensos best-sellers. (O Levantamento da Saúde Nacional e da Vida Social nos Estados Unidos, mais científico e recente, revelou que 15% das mulheres casadas e 25% dos homens casados declararam ter sido infiéis em algum momento.)

Para coroar tudo isso, sexo é um assunto cheio de afirmações e estatísticas que vivem sendo repetidas, mas que não têm fundamento. Duas das mais batidas são: "o homem pensa em sexo a cada sete segundos" e "a quantidade média de tempo que passamos beijando na vida é de 20160 minutos" (ou seja, 336 horas). Na verdade, segundo estudos genuínos, universitários pensam em sexo dezenove vezes por dia, no geral uma vez para cada hora acordado, o que representa a mesma frequência com que pensamos em comida. Universitárias pensam em comida com mais frequência do que em sexo, mas não pensam numa coisa nem outra com muita frequência. Ninguém faz nada de sete em sete segundos a não ser talvez respirar e piscar. Da mesma forma, ninguém sabe a quantidade de tempo que a pessoa média passa beijando ou de onde saiu esse número esquisitamente preciso e duradouro de 20160 minutos.

Numa chave mais positiva, podemos dizer com alguma confiança que o tempo médio do ato sexual (no Reino Unido, ao menos) é de nove minutos,[13] embora o ato completo, incluindo preliminares e tirar a roupa, esteja mais para 25 minutos. Segundo David Spiegelhalter, a energia consumida por sessão sexual é de cerca de cem calorias para o homem e setenta para a mulher, em média. Uma meta-análise com pessoas mais velhas mostrou que o risco de ataque cardíaco ficava elevado por até três horas após o sexo, mas o mesmo resultado foi obtido quando limpavam neve da calçada, coisa que aliás é bem menos divertida.

II

Costuma-se dizer que há mais diferenças genéticas entre homens e mulheres do que entre humanos e chimpanzés. Bom, talvez. Tudo depende de como as medimos. Mas a afirmação em todo caso é claramente destituída de qualquer sentido prático. Um chimpanzé e um humano podem ter até 98,8% dos genes em comum (dependendo da forma como os medimos),[14] mas isso não significa que ambos sejam apenas 1,2% diferentes enquanto seres vivos. Chimpanzés não conversam, não preparam o jantar nem são mais inteligentes que um humano de quatro anos de idade. Claramente, isso não diz respeito aos genes que você tem, mas à expressão deles — o modo como são empregados.

Isso posto, é inquestionável que homens e mulheres são diferentes de muitos modos importantes. Mulheres (e estamos falando aqui de mulheres saudáveis e esbeltas) possuem cerca de 50% mais gordura no corpo que homens na mesma condição. Isso não só torna a mulher mais agradavelmente macia e escultural para os pretendentes como também cria reservas de gordura que ela pode utilizar para a produção de leite em tempos de penúria. Os ossos femininos também se desgastam mais cedo, em especial após a menopausa, de modo que elas sofrem mais fraturas em idade avançada. Mulheres têm duas vezes mais Alzheimer (em parte também porque vivem mais) e apresentam taxas mais elevadas de doenças autoimunes. Elas metabolizam álcool diferentemente, o que significa que se embriagam com mais facilidade e sucumbem a doenças relacionadas ao álcool, como cirrose, mais rápido que os homens.

A mulher e o homem até mesmo tendem a carregar sacolas de maneira diferente. Acredita-se que o quadril feminino mais amplo necessite de um ângulo menos perpendicular para o antebraço, de modo que os braços balançando não batam o tempo todo contra as pernas. É por isso que elas em geral carregam sacolas com a palma da mão virada para a frente (permitindo que os braços fiquem ligeiramente afastados), enquanto os homens viram as mãos para trás. Fato bem mais significativo, um ataque cardíaco também é muito diferente para homens e mulheres. Nelas, o risco de náuseas e dores abdominais é maior, o que por sua vez aumenta o risco de ser mal diagnosticado.

Homens têm suas próprias desvantagens. Desenvolvem mal de Parkinson com mais frequência e cometem mais suicídio, embora sofram menos de depressão clínica. São mais vulneráveis a infecções (assim como os machos de quase todas as espécies).[15] Isso talvez aponte para uma diferença hormonal ou cromossômica ainda não identificada, ou pode ser apenas que os machos em geral levem vidas mais arriscadas e desse modo fiquem mais propensos a infecções. Também temos maior probabilidade de morrer por infecções e lesões, embora ainda estejamos por constatar se isso é apenas um prejuízo hormonal masculino ou se somos todos simplesmente orgulhosos ou tolos demais (ou ambos) para procurar cuidados médicos de imediato.

Tudo isso é importante porque até há pouco tempo os ensaios clínicos muitas vezes excluíam as mulheres, em boa parte porque se temia que seus ciclos menstruais pudessem distorcer os resultados. Como Judith Mank, do University College London, afirmou ao programa *Inside Science* da Radio BBC 4 em 2017: "As pessoas sempre presumiram que a mulher é uns 20% menor do que o homem e que, de resto, os dois são praticamente iguais". Sabemos hoje que é bem mais complicado. Em 2007, o periódico *Pain* revisou todas as suas descobertas publicadas ao longo da década anterior e descobriu que quase 80% vieram de experimentos exclusivamente masculinos. Um viés de gênero semelhante, baseado em centenas de ensaios clínicos, foi relatado pelo periódico *Cancer* em 2009. Essas descobertas têm graves consequências, pois mulheres e homens podem reagir aos medicamentos de maneiras muito diferentes — com frequência negligenciadas nos ensaios. A droga fenilpropanolamina foi vendida sem prescrição para resfriados e tosses por anos, até que se descobriu que aumentava bastante o risco de hemorragia cerebral em mulheres. Casos parecidos são os de um anti-histamínico chamado Hismanal e de um inibidor de apetite chamado Pondimin, que foram retirados das prateleiras quando se constatou que ofereciam sérios riscos para a mulher, mas só depois de o primeiro permanecer no mercado por onze anos e o segundo, por 24 anos. A dose recomendada para mulheres do Ambien, um calmante popular nos Estados Unidos, foi cortada pela metade em 2013, quando se revelou a elevada incidência de problemas para dirigir que o medicamento causava apenas entre elas.

A anatomia da mulher é diferente ainda em outro sentido muito importante: ela é a guardiã sagrada das mitocôndrias humanas — as pequenas usinas vitais de nossas células. O esperma não passa adiante nenhuma mitocôndria na concepção, assim toda a informação mitocondrial é transferida de geração em geração apenas por meio da mãe. Esse sistema significa que haverá muitas extinções ao longo do caminho. A mulher transmite suas mitocôndrias para todos os filhos, mas só as filhas possuem o mecanismo para passá-las adiante às futuras gerações. Assim, se a mulher tem apenas filhos homens, ou nunca teve filhos — o que acontece com bastante frequência, sem dúvida —, sua linhagem mitocondrial pessoal vai morrer com ela. Todos os seus descendentes terão mitocôndrias mesmo assim, mas provenientes de outras mães, em outras linhagens genéticas. Em consequência, o estoque mitocondrial humano encolhe um pouco a cada geração, devido a essas extinções localizadas. Com o tempo, o estoque mitocondrial dos humanos tem encolhido tanto que, de forma quase inacreditável mas também maravilhosa, hoje descendemos todos de um único ancestral mitocondrial — uma mulher que viveu na África há cerca de 200 mil anos. Você já deve ter ouvido falar dela como a Eva Mitocondrial. Ela é, em certo sentido, a mãe de todos nós.

É chocante como, durante grande parte da história, soubemos tão pouco sobre as mulheres e como elas funcionam. Como observa Mary Roach em *Bonk: The Curious Coupling of Science and Sex* [Bimbada: a curiosa união entre ciência e sexo], seu livro deliciosamente irreverente, "secreções vaginais [eram] o único fluido corporal sobre o qual não se sabia quase nada",[16] a despeito de sua importância para a concepção e para a percepção geral de bem-estar da mulher.

Questões específicas femininas — menstruação, acima de tudo — constituíam um mistério quase completo para a ciência médica. A menopausa, outro evento marcante na vida da mulher, oficialmente só foi observada em 1858, quando a palavra é registrada em inglês pela primeira vez no *Virginia Medical Journal*. Exames do abdômen quase nunca eram conduzidos, exames vaginais, menos ainda, e quaisquer investigações do pescoço para baixo eram feitas com o médico tateando às cegas sob um lençol, com os olhos fixos no teto. Muitos médicos usavam um manequim para que a mulher pudesse apontar a parte afetada sem precisar mostrá-la ou mesmo mencioná-la pelo nome. Quando René Laënnec inventou o estetoscópio, em 1816, em Paris, o maior benefício não era que melhorava a transmissão do som (um ouvido colado ao peito funcionava tão bem quanto), mas permitir ao médico checar o coração da mulher, e outras coisas no interior de seu corpo, sem tocar nela diretamente.

Mesmo hoje há uma quantidade imensa de coisas sobre a anatomia feminina que nos deixam na dúvida. Por exemplo, o ponto G. Seu nome vem de Ernst Gräfenberg, ginecologista e cientista alemão que fugiu da Alemanha nazista para a América, onde desenvolveu o dispositivo contraceptivo intrauterino, ou DIU, originalmente chamado de anel de Gräfenberg.[17] Em 1944, ele escreveu um artigo para o *Western Journal of Surgery* em que identificava um ponto erógeno na parede da vagina. O *Western Journal of Surgery* não costumava atrair muita atenção, mas o artigo circulou bastante. Graças a seu autor, a zona erógena recém-identificada ficou conhecida como ponto de Gräfenberg, mais tarde abreviada para ponto G. Mas se a mulher possui de fato um ponto G permanece tema de debate, com frequência acalorado, até hoje. Imagine a quantidade de verba para pesquisa que choveria se alguém sugerisse que o homem tem um ponto erógeno nunca devidamente utilizado. Em 2001, o *American Journal of Obstetrics and Gynecology* sentenciou que o ponto G era um "mito ginecológico moderno", mas outros estudos mostraram que a maioria das mulheres, nos Estados Unidos pelo menos, acredita ter um.

A ignorância masculina sobre a anatomia feminina muitas vezes impressiona, em especial quando consideramos como os homens são afoitos em conhecê-la em alguns outros aspectos. Uma pesquisa entre mil homens, conduzida em conjunto com uma campanha chamada Mês de Conscientização do Câncer Ginecológico, revelou que a maioria era incapaz de definir ou identificar com segurança as partes pudendas femininas — vulva, clitóris, lábios e assim por diante. Metade não conseguiu nem sequer encontrar a vagina em um diagrama. Então talvez uma breve revisão da matéria se faça necessária aqui.

A vulva é o pacote genital completo — abertura vaginal, lábios, clitóris etc. A elevação carnuda acima da vulva é chamada de monte pubiano. No topo da vulva fica o clitóris (provavelmente de uma palavra grega para "montículo", mas há outras candidatas), que abriga 8 mil terminações nervosas — mais por unidade de área do que qualquer outra parte da anatomia feminina — e existe, até onde podemos dizer, apenas para proporcionar prazer. A maioria, inclusive as mulheres, não se dá conta de que a parte visível do clitóris, chamada glande, é apenas a ponta do órgão. O resto do clitóris mergulha no interior e se estende por ambos os lados da vagina por cerca de doze centímetros.

A vagina (latim para "bainha") é o canal conectando a vulva ao cérvix e depois ao útero. O cérvix é uma válvula em forma de rosquinha que fica entre a vagina e o útero. Cérvix em latim significa "pescoço do ventre", uma descrição precisa. Ele funciona como um porteiro, decidindo quando permitir que algumas coisas entrem (como esperma) e outras saiam (como sangue menstrual e o bebê, no parto). Dependendo do tamanho do órgão masculino, o cérvix às vezes é tocado durante o sexo, o que algumas mulheres julgam agradável, enquanto outras, desconfortável ou doloroso.

O útero é onde os bebês se formam. O órgão em geral pesa cinquenta gramas, mas no fim de uma gravidez pode pesar um quilo. Margeando o útero há os ovários, onde os óvulos são armazenados, mas também é onde hormônios como estrogênio e testosterona são produzidos. (As mulheres também produzem testosterona, apenas não tanto quanto os homens.) Os ovários estão ligados ao útero pelas tubas uterinas (ou mais propriamente ovidutos), também chamadas trompas de falópio, descritas pela primeira vez em 1561 pelo anatomista italiano Gabriele Fallopio. Os óvulos são em geral fertilizados nas tubas uterinas e então expelidos para o útero.

E eis, muito sucintamente, as principais partes da anatomia sexual que são exclusividade feminina.

* * *

A anatomia reprodutiva masculina é muito mais simples. Ela consiste em três partes externas — pênis, testículos e escroto —, com as quais quase todo mundo está familiarizado, ao menos conceitualmente. Só para constar, no entanto, deixarei observado que os testículos são fábricas de produzir esperma e alguns hormônios; que o saco onde ficam abrigados se chama escroto; e que o pênis é o mecanismo de injetar esperma (a parte ativa do sêmen), bem como da saída da urina. Mas, nos bastidores, dando suporte, há outras estruturas, conhecidas como órgãos sexuais acessórios, que soam bem menos familiares, mas são, não obstante, vitais. A maioria dos homens, me atrevo a dizer, nunca ouviu falar de seu epidídimo, e eles ficariam um pouco surpresos em saber que possuem doze metros dele delicadamente enrolados em sua bolsa escrotal. Epidídimo é o duto fino enovelado onde o esperma amadurece. A palavra, do grego, quer dizer "por cima dos testículos", e é surpreendente constatar que ela foi utilizada em inglês pela primeira vez por Ben Jonson, em sua peça de 1610 *O alquimista*. Presume-se que por puro exibicionismo, uma vez que dificilmente alguém na plateia saberia o que queria dizer com isso.

Tão obscuros quanto mas não menos importantes são os demais órgãos sexuais acessórios: as glândulas bulbouretrais, que produzem um líquido lubrificante e às vezes são chamadas também de glândulas de Cowper, que as descobriu no século XVII; as vesículas seminais, onde o sêmen é em grande parte produzido; e a próstata, da qual todo mundo pelo menos já ouviu falar, embora eu ainda esteja por conhecer um leigo com menos de cinquenta anos que saiba exatamente o que ela faz. A próstata, podemos dizer, produz líquido seminal durante a vida adulta de um homem e ansiedade em seus anos finais. Discutiremos esse segundo aspecto em um capítulo adiante.

Um mistério perene da anatomia reprodutiva masculina é por que os testículos ficam do lado de fora, onde estão expostos a acidentes. Em geral se diz que é porque os testículos funcionam melhor no ar fresco, mas isso despreza o fato de que muitos mamíferos se dão perfeitamente bem com seus testículos do lado de dentro: elefantes, tamanduás, baleias, preguiças e leões-marinhos, para falar só de alguns.[18] A regulação da temperatura deve de fato ser um fator da eficiência testicular, mas o corpo humano é perfeitamente capaz de lidar com isso sem deixar os testículos tão vulneráveis a danos. Os ovários, afinal, ficam a salvo em seu refúgio.

Há também grande incerteza do que seja normal em termos de tamanho peniano.[19] Na década de 1950, o Instituto Kinsey para Pesquisa do Sexo registrou o tamanho médio do pênis ereto em cerca de treze a dezoito centímetros. Em 1997, uma amostra de mais de mil homens determinou algo entre 11,5 e 14,5 centímetros, diminuição considerável. Ou os homens estão encolhendo ou existe muito mais variabilidade no tamanho do pênis do que tradicionalmente se admitiu. A verdade é que não sabemos.

O esperma parece ter gozado (com o perdão da palavra) de estudo clínico mais cuidadoso, quase certamente devido ao interesse pela fertilidade. É mais ou menos unanimidade entre os especialistas que a quantidade média de sêmen liberada no orgasmo é de três a 3,5 mililitros (cerca de uma colher de chá), com uma distância média de esguicho de dezoito a vinte centímetros, embora, segundo Desmond Morris, exista um caso documentado pela ciência de esperma expelido a um metro de distância. (Ele não especifica as circunstâncias.)[20]

É muito provável que o experimento mais interessante envolvendo esperma tenha sido o realizado por Robert Klark Graham (1906-97), empresário californiano que fez fortuna fabricando lentes de óculos inquebráveis e em 1980 fundou o Repositório de Opção Germinal, um banco de esperma que prometia armazenar material apenas de laureados com o Nobel e outros de estatura intelectual excepcional. (Graham modestamente se incluiu entre os selecionados insignes.) A ideia era ajudar as mulheres a produzir bebês geniais oferecendo-lhes o melhor esperma que a ciência moderna conseguisse obter. Cerca de duzentas crianças nasceram com a criação do banco, embora nenhuma delas, ao que tudo indica, tenha se revelado um gênio notável ou mesmo um engenheiro de lentes de óculos de sucesso. O banco fechou em 1999, dois anos após a morte do fundador, e, de modo geral, parece que não deixou saudade.

18. No início: a concepção e o parto

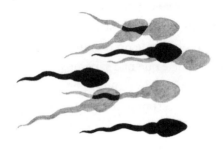

> *Para começar minha vida com o começo de minha vida, registro que nasci.*
>
> Charles Dickens, *David Copperfield*

Não sabemos muito bem o que pensar do esperma.* Por um lado, os espermatozoides são heróis: os astronautas da biologia humana, as únicas células projetadas para deixar nosso corpo e explorar outros mundos.

Mas, por outro, não passam de uns idiotas desastrados. Introduza-os em um útero e parecem curiosamente mal preparados para a única tarefa de que a evolução os incumbiu. São péssimos nadadores e não parecem ter nenhum senso de direção. Sem auxílio, o espermatozoide poderia levar dez minutos para cruzar um espaço da largura de uma palavra nesta página. De onde todo o fervor do orgasmo masculino. O que para o homem parece uma simples

---

* Do grego "semear", "esperma" é registado pela primeira vez em inglês nos *Contos de Canterbury*, de Chaucer. Nessa época, e pelo menos até a época de Shakespeare, era geralmente pronunciado *sparm*. Os espermatozoides, designação mais formal, aparecem apenas em 1836, num guia anatômico britânico.

explosão de prazer, na verdade é como um lançamento de foguete. Uma vez expelidos, ninguém sabe se os espermatozoides se movem ao acaso até tirarem a sorte grande ou se são atraídos para o óvulo por um sinal químico. De qualquer modo, em sua esmagadora maioria, fracassam. As chances de fertilização bem-sucedida em um único ato sexual aleatoriamente escolhido foram calculadas em não mais que 3%.[1] E a situação parece ir de mal a pior no mundo ocidental. Atualmente, cerca de um em cada sete casais procura ajuda para conceber.

Diversos estudos em anos recentes relataram acentuada queda na produção de espermatozoides. Uma meta-análise no periódico *Human Reproduction Update*, baseada em 185 estudos ao longo de quarenta anos, concluiu que as contagens de esperma nas nações ocidentais caíram mais de 50% entre 1973 e 2011.[2]

Entre as causas sugeridas estão dieta, estilo de vida, fatores ambientais, frequência da ejaculação e até (sério) uso de cuecas apertadas. Mas ninguém sabe. Em um artigo no *New York Times* intitulado "Seus espermatozoides estão em apuros?", o colunista Nicholas Kristof concluiu que sim, provavelmente estão, e atribui o problema a "uma classe comum de disruptores endócrinos encontrados em plásticos, cosméticos, sofás, pesticidas e incontáveis outros produtos".[3] Ele sugeriu que o espermatozoide do jovem nos Estados Unidos é cerca de 90% defeituoso, em média. Estudos na Dinamarca, Lituânia, Finlândia, Alemanha e outros lugares também apontam queda acentuada nas contagens de espermatozoides.

Richard Bribiescas, professor de antropologia, ecologia e biologia evolucionária em Yale, acredita que muitas contagens são duvidosas e que, mesmo se estiverem corretas, não há motivo para supor que tenha ocorrido um declínio na fertilidade geral. Dieta e estilo de vida, temperatura corporal no momento do exame e frequência da ejaculação: tudo isso influencia a contagem de esperma e os totais podem variar amplamente com o tempo para uma mesma pessoa. "Ainda que modestos declínios na contagem de espermatozoides tenham de fato ocorrido, nada leva a crer que a fecundidade masculina esteja comprometida", escreveu Bribiescas em *Men: Evolutionary and Life History* [Homens: história evolucionária e de vida].

Seja como for, dada a imensa variabilidade na produção espermática de homens saudáveis, o fato é que é bem difícil dizer se está de fato comprometida. A quantidade de espermatozoides produzidos pelo homem médio no auge da vida varia de 1 milhão para 120 milhões por mililitro, com uma média de cerca de 25 milhões por mililitro.[4] A ejaculação média é de cerca de 3 mililitros, o que significa que um ato sexual típico produz esperma suficiente para repovoar um país mediano, no mínimo. Por que há um leque tão amplo e variado de potenciais e, na verdade, por que tamanha exorbitância mesmo no início da cadeia produtiva, quando um simples espermatozoide é suficiente para a concepção, são questões que a ciência ainda está por responder.

As mulheres também são dotadas de um enorme excedente de potencial reprodutivo. É um fato curioso que toda mulher já nasce com o suprimento de óvulos para a vida inteira. Eles são formados quando ela ainda está no útero e permanecem nos ovários por muitos anos antes de serem convocados para entrar em ação. Como vimos, a ideia de que a mulher nascia com a carga completa de óvulos foi sugerida pela primeira vez por Von Waldeyer-Hartz, mas até ele teria ficado espantado com a rapidez e abundância da formação de óvulos na criança em desenvolvimento. Um feto de vinte semanas não pesa mais que uns cem gramas, mas já terá dentro de si 6 milhões de óvulos. Essa quantidade cai para 1 milhão no momento do parto e continua a cair, embora a uma taxa mais lenta, ao longo da vida. Quando entra em idade fértil, a mulher terá cerca de 180 mil óvulos prontos para a ação. Por que perde tantos óvulos ao longo do caminho e ainda assim entra em sua idade fértil com quantidade de óvulos vastamente maior do que jamais precisará são mais dois dos inúmeros imponderáveis da vida.

O mais importante é que, à medida que a mulher envelhece, a quantidade e a qualidade de seus óvulos diminuem, e isso pode ser um problema para quem adia a maternidade para os últimos estágios dos anos reprodutivos, exatamente o que está acontecendo em todo o mundo desenvolvido. Em seis nações — Itália, Irlanda, Japão, Luxemburgo, Cingapura e Suíça — a média de idade das mulheres em seu primeiro parto atualmente está acima dos trinta anos e em seis outras — Dinamarca, Alemanha, Grécia, Hong Kong, Holanda e Suécia —, pouco abaixo. (Os Estados Unidos são um ponto fora da curva. A média de idade da mulher no primeiro parto é 26,4 anos, a mais precoce dentre as nações ricas.) Embutidas nessas médias nacionais estão variações ainda maiores dentro dos agrupamentos sociais ou econômicos. No Reino Unido, por exemplo, a média de idade das mulheres no primeiro parto é 28,5 anos, mas entre mulheres com ensino superior é 35. Como Carl Djerassi, pai da pílula anticoncepcional, observou em um ensaio no *New York Review of Books*, com a idade de 35 anos o estoque de óvulos da mulher está 95% esgotado, e os óvulos restantes apresentam maior risco de gerar erros ou surpresas — como bebês múltiplos, por exemplo.[5] Depois que a mulher passa dos trinta, a probabilidade de ter gêmeos é muito maior. A única certeza da procriação é que à medida que ambas as partes envelhecem, provavelmente enfrentarão mais dificuldades em conceber e, possivelmente, mais problemas, se de fato conceberem.

Um paradoxo intrigante da reprodução é que as mulheres andam tendo bebês mais tarde, mas se preparando para isso mais cedo. Em média, a idade da primeira menstruação caiu de quinze anos no final do século xix para apenas doze anos e meio hoje, ao menos no Ocidente. Isso quase certamente se deve à melhor nutrição. Mas o que não se explica é que a taxa acelerou ainda mais em anos recentes. Desde 1980, a idade púbere caiu nos Estados Unidos em dezoito meses. Cerca de 15% das meninas hoje iniciam a puberdade aos sete anos. Isso pode ser motivo para alarme. Segundo o *Baylor University Medical Center Proceedings*, as evidências sugerem que a exposição prolongada ao estrogênio aumenta substancialmente o risco de câncer mamário e uterino mais tarde na vida.

Mas vamos supor, em nome de uma narrativa feliz, que um espermatozoide incansável ou sortudo chegou ao óvulo. A célula sexual feminina é cem vezes maior que a masculina. Felizmente, o espermatozoide não precisa abrir caminho à força e é acolhido como um longamente aguardado, ainda que curiosamente diminuto, amigo. O espermatozoide passa por uma barreira externa chamada zona pelúcida e, se tudo der certo, funde-se com o óvulo, que ativa imediatamente uma espécie de campo de força em torno de si para impedir a passagem de outros espermatozoides. O DNA do espermatozoide e o do óvulo se combinam em outra entidade chamada zigoto. Uma nova vida começa.

O sucesso desse ponto em diante não está de modo algum assegurado. Talvez metade de todas as concepções fracassa sem percebermos. Sem isso, a taxa de doenças congênitas seria de 12%, e não 2%.[6] Cerca de 1% dos óvulos fertilizados acabam implantados nas tubas uterinas, ou em alguma outra parte que não o útero, no que é chamado de gravidez ectópica (de uma palavra grega significando "lugar errado"). Mesmo hoje em dia isso pode ser muito perigoso. No passado, era uma sentença de morte.

Mas, tudo correndo bem, dentro de uma semana o zigoto terá produzido dez ou mais células conhecidas como células-tronco pluripotentes. Elas são as células mestras do corpo e constituem um dos grandes milagres da biologia. Determinam a natureza e organização de todos os bilhões de células que transformam uma pequena bola de possibilidade (conhecida formalmente como blastócito) em um pequeno humano funcional e adorável (conhecido como bebê). Esse momento de transição, quando as células começam a se diferenciar, é chamado de gastrulação e já foi descrito inúmeras vezes como o evento mais importante da sua vida.

O sistema não é perfeito, contudo, e às vezes um óvulo fertilizado se divide para formar gêmeos idênticos (ou monozigóticos). Gêmeos idênticos são clones: eles compartilham os mesmos genes e normalmente são muito parecidos. Contrapõem-se aos gêmeos fraternos (ou dizigóticos), algo que acontece quando dois óvulos são produzidos na mesma ovulação e ambos são fertilizados por espermatozoides separados.* Nesse caso, os dois bebês se desenvolvem lado a lado no útero e nascem juntos, mas não são mais parecidos do que dois irmãos normais. Cerca de um em cada cem partos naturais resulta em gêmeos fraternos; um em 250, em gêmeos idênticos; um em 6 mil, em trigêmeos; e um em 500 mil, em quadrigêmeos, mas os tratamentos de fertilidade aumentam enormemente a probabilidade de nascimentos múltiplos. Gêmeos e outros múltiplos são duas vezes mais comuns hoje do que em 1980. A mulher que já teve gêmeos tem uma probabilidade dez vezes maior de gerar gêmeos outra vez.

Agora as coisas se aceleram bastante. Após três semanas, o embrião em botão tem um coração palpitante. Após 102 dias, seus olhos já podem piscar. Em 280 dias, uma nova criança se forma. Ao longo do caminho, em cerca de oito semanas, o bebê em desenvolvimento deixa de ser chamado de embrião

---

* Os médicos também usam os termos "binovular" para gêmeos fraternos e "uniovular" para gêmeos idênticos.

(de uma palavra grega e depois latina significando "inchado") e começa a ser um feto (do latim para "fecundo"). No todo, são necessários apenas 41 ciclos de divisões celulares para ir da concepção a um pequeno humano plenamente formado.

Durante grande parte desse período inicial, a mãe tende a sofrer de enjoo matinal, que, como qualquer mulher pode lhe dizer, não acontece apenas pela manhã. Cerca de 80% das futuras mães sofrem de náusea, especialmente durante os três primeiros meses, embora para umas poucas azaradas o problema possa durar por toda a gravidez.[7] Às vezes, o enjoo é tão forte que recebe um nome médico: *hyperemesis gravidarum*. Em tais casos, pode exigir hospitalização. A teoria mais comum para o sofrimento matinal das mulheres é que a náusea as leva a comer com cautela durante os primeiros estágios da gravidez, embora isso não explique por que o enjoo matinal normalmente cessa após algumas semanas, quando provavelmente ainda se mostram conservadoras em suas escolhas alimentares, ou por que mulheres que fazem uma dieta segura e insípida ficam enjoadas, de qualquer jeito. Grande parte do motivo para não haver cura para o enjoo matinal é que a trágica experiência da talidomida na década de 1960, criada para combater o enjoo matinal, deixou a indústria farmacêutica permanentemente relutante em tentar produzir medicamentos de qualquer tipo para grávidas.

Esse negócio de gravidez e nascimento nunca foi fácil. Por mais aborrecido e doloroso que possa ser hoje, o parto era muito pior no passado. Até a era moderna, os níveis de cuidados e conhecimentos médicos costumavam ser deprimentes. Meramente determinar se a mulher estava grávida era um desafio constante para os profissionais. "Observamos um médico com trinta anos de experiência aplicar vesicatório ao abdômen no nono mês, sob a suposição de que tratava um crescimento mórbido", relatou um estudioso em 1873. O único teste verdadeiramente confiável, observou secamente um médico, era esperar nove meses e ver se um bebê saía.[8] Até 1886, na Inglaterra, o estudante de medicina não precisava aprender absolutamente nada de obstetrícia.[9]

Mulheres que sofriam de enjoo matinal e cometessem a temeridade de se queixar provavelmente seriam tratadas com sangrias, enemas ou opiáceos. As sangrias às vezes eram realizadas sem nenhum sintoma, só por precaução.[10]

A mulher também era encorajada a afrouxar o espartilho e a renunciar aos "prazeres conjugais".

Quase qualquer coisa ligada à reprodução era considerada suspeita — o prazer acima de tudo. Em um livro popular de 1899, *What a Young Woman Ought to Know* [O que uma jovem deve saber], Mary Wood-Allen, médica e reformista social americana, dizia às mulheres que elas podiam ter relações conjugais dentro do casamento contanto que fossem feitas "sem um pingo de desejo sexual". No mesmo período, os cirurgiões desenvolveram um novo procedimento chamado ooforectomia — a remoção cirúrgica dos ovários. Por uma década ou algo assim, foi a cirurgia da moda entre mulheres ricas com cólicas menstruais, dores nas costas, vômitos, dores de cabeça, até tosse crônica. Em 1906, estima-se que 150 mil americanas tenham se submetido a uma ooforectomia.[11] Creio ser desnecessário dizer que o procedimento não fazia o menor sentido.

Mesmo com os melhores cuidados médicos, o processo prolongado de gerar vida e parir era agonizante e perigoso. A dor era considerada mais ou menos uma implicação necessária do processo, graças ao preceito bíblico de que "com sofrimento darás teus filhos à luz". A morte da mãe ou do bebê, ou de ambos, não era incomum. "Maternidade é outra palavra para eternidade", costumava-se dizer.

Por 250 anos, o grande temor foi a febre puerperal. Como tantas outras doenças, pareceu surgir do nada para espalhar o terror. Foi documentada inicialmente em Leipzig, Alemanha, em 1652, e depois varreu a Europa. Vinha de repente, muitas vezes após um parto bem-sucedido, quando a jovem mãe se sentia perfeitamente bem, e deixava as vítimas febris e delirantes e, com muita frequência, levava à morte. Em alguns surtos, 90% das mulheres infectadas morriam. Era comum, na hora do parto, elas pedirem que não fossem levadas ao hospital.

Em 1847, um professor de medicina em Viena chamado Ignaz Semmelweis percebeu que se os médicos lavassem as mãos antes de realizar um exame íntimo a doença praticamente deixava de existir. "Só Deus sabe quantas mulheres mandei prematuramente para a cova", escreveu, consternado, quando se deu conta de que tudo não passava de uma questão de higiene.[12] Infelizmente, ninguém lhe deu ouvidos. Semmelweis, um sujeito não dos mais estáveis mesmo em seus melhores dias, perdeu o emprego e depois a sanidade mental e terminou nas ruas de Viena, discursando exaltadamente para ninguém. No fim, internaram-no em um asilo, onde foi maltratado até a morte pelos guardas. Ruas e hospitais deveriam ser batizados com o nome do pobre homem.

As medidas profiláticas pegaram pouco a pouco, embora fosse uma luta inglória. No Reino Unido, o cirurgião Joseph Lister (1827-1912) introduziu o uso do fenol (ou ácido carbólico), um extrato do alcatrão de hulha, nas salas de operações. Ele acreditava que era necessário esterilizar o ar em torno dos pacientes, então construiu um aparelho que borrifava névoa de fenol sobre a mesa de cirurgia (algo que devia ser horrível, principalmente para quem usasse óculos).[13] O fenol na verdade é um péssimo antisséptico. E podia ser absorvido pela pele dos pacientes e da equipe médica, além de causar danos renais. Em todo caso, a prática de Lister nunca foi muito além.

Consequentemente, a febre puerperal continuou a ser um problema por tempo muito maior do que o necessário. Na década de 1930, foi responsável por quatro em cada dez óbitos maternos hospitalares na Europa e nos Estados Unidos. Em 1932, uma mãe em cada 238 morria no (ou do) parto.[14] (Para fins de comparação, hoje no Reino Unido a proporção é uma em 12 200; nos Estados Unidos, uma em 6 mil.) Em parte por isso, as mulheres continuaram a evitar hospitais muito após o início da era moderna. Na década de 1930, menos da metade das americanas deram à luz em hospitais. No Reino Unido, foi perto de um quinto. Hoje a porcentagem em ambos os países é de 99%. Foi o surgimento da penicilina, não a melhora da higiene, que finalmente derrotou a febre puerperal.[15]

Ainda hoje, porém, as taxas de mortalidade no mundo desenvolvido variam imensamente de país para país. Na Itália, o número de óbitos maternos no parto é 3,9 por 100 mil; na Suécia, 4,6; na Austrália, 5,1; na Irlanda, 5,7; no Canadá, 6,6. O Reino Unido aparece na 23ª posição da lista, com 8,2 mortes para cada 100 mil nascimentos, ficando abaixo de Hungria, Polônia e Albânia. Mostrando um desempenho surpreendentemente pobre, porém, estão Dinamarca (9,4 em 100 mil) e França (dez em 100 mil). Entre as nações desenvolvidas, os Estados Unidos são um caso à parte, com taxa de mortalidade materna de 16,7 em 100 mil, ocupando o 39º lugar entre as nações.

A boa notícia é que para a maioria das mulheres no mundo todo o parto ficou imensamente mais seguro. Na primeira década do século XXI, apenas oito países viram aumentar suas taxas de morte no parto. A má notícia para as americanas é que elas estão entre esses oito. "A despeito dos generosos gastos, os Estados Unidos exibem uma das taxas de mortalidade mais elevadas entre os países industrializados, tanto do bebê como da mãe", segundo o *New York Times*. O custo médio do parto nos Estados Unidos é cerca de 30 mil dólares por parto convencional e 50 mil por cesárea, cerca do triplo do que custam na Holanda. E contudo a mulher americana tem probabilidade 70% maior de morrer dando à luz do que a europeia, e um risco aproximadamente três vezes maior de sofrer fatalidade ligada à gravidez do que no Reino Unido, Alemanha, Japão ou República Tcheca.[16] Seus bebês não correm menos risco. Nos Estados Unidos, morre um a cada 233 recém-nascidos, enquanto na França, um a cada 450, e, no Japão, um a cada 909. Mesmo países como Cuba (um em 345) e Lituânia (um em 385) apresentam indicadores melhores.

As causas nos Estados Unidos incluem elevação da taxa de obesidade materna, maior uso de tratamentos para fertilidade (que geram mais resultados malsucedidos) e incidência aumentada da doença um tanto misteriosa conhecida como pré-eclampsia. Antes chamada de toxemia, a pré-eclampsia é uma complicação na gravidez que leva à elevação da pressão arterial da mãe, algo perigoso tanto para ela como para o bebê. Cerca de 3,4% das grávidas sofrem do problema, então não é incomum. Acredita-se ser resultante de deformidades estruturais na placenta, mas a real causa permanece em grande medida ignorada. Sem prevenção, a pré-eclampsia pode evoluir para uma eclampsia, afecção mais grave em que a mulher sofre convulsões, coma ou morte.

Se não sabemos tanto quanto gostaríamos sobre pré-eclampsia e eclampsia, é em grande medida porque não sabemos tanto quanto deveríamos sobre a placenta. A placenta já foi chamada de "o órgão menos compreendido do corpo humano".[17] Por anos, o foco da pesquisa médica sobre o parto recaiu quase exclusivamente no bebê em desenvolvimento. A placenta era vista apenas como um acessório no processo, útil e necessária, mas não muito interessante. Os pesquisadores demoraram a perceber que ela faz muito mais do que apenas filtrar sujeiras e passar oxigênio adiante. A placenta assume um papel ativo no desenvolvimento da criança: impede a transmissão de toxinas da mãe para o feto, mata parasitas e patógenos, distribui hormônios e faz tudo que pode para compensar as deficiências maternas — se, digamos, a mãe fuma, bebe ou dorme tarde. É em certo sentido uma espécie de protomãe para o bebê em desenvolvimento. A placenta não pode fazer milagre se a mãe for muito carente ou negligente, mas pode fazer diferença.

Em todo caso, hoje sabemos, a maioria dos abortos espontâneos e outros reveses na gravidez se devem a problemas com a placenta, não com o feto. Grande parte disso não é bem compreendida. A placenta atua como uma barreira para os patógenos, mas apenas para alguns. O conhecido vírus da zika consegue atravessar a barreira placentária e provocar terríveis defeitos congênitos, mas o vírus da dengue, muito similar, não passa. Ninguém sabe por que a placenta impede um mas não o outro.

Um pré-natal inteligente e criterioso, porém, melhora muito os índices para todo tipo de enfermidade. A Califórnia criou um programa de combate à pré-eclampsia e às outras principais causas de morte materna no parto chamado Maternal Quality Care Collaborative e reduziu a taxa de mortalidade de dezessete para apenas 7,3 por 100 mil, entre 2006 e 2013. Durante o mesmo período, infelizmente, a taxa nacional subiu de 13,3 para 22 mortes por 100 mil.

O parto, momento em que uma nova vida se inicia, é de fato algo milagroso. No útero, os pulmões do feto estão cheios de fluido amniótico, mas, com precisa sincronia, no nascimento o líquido escoa, os pulmões se inflam e o minúsculo coração palpitante envia o sangue em sua primeira ronda pelo corpo. O que até um instante antes na prática nada mais era que um parasita, agora está a caminho de se tornar uma entidade plenamente independente e autossustentável.

Não sabemos o que aciona o parto. Alguma coisa deve fazer a contagem regressiva de 280 dias da gestação humana, mas ninguém conseguiu descobrir onde fica nem o que é esse mecanismo, tampouco o que faz seu alarme disparar. Sabemos apenas que o corpo da mãe começa a produzir os hormônios chamados prostaglandinas, normalmente envolvidos em lidar com danos a tecidos, mas que agora ativam o útero, dando início a uma série de contrações cada vez mais dolorosas para mover o bebê e deixá-lo na posição correta. Esse primeiro estágio prosseguirá em média por cerca de doze horas durante o primeiro parto da mulher, mas com frequência é mais rápido em partos subsequentes.

O problema do nascimento humano é a desproporção cefalopélvica. Em termos simples, a cabeça do bebê é grande demais para passar com suavidade pelo canal de parto, como qualquer mãe muito prontamente lhe dirá. Na média, o canal de parto é quase três centímetros mais estreito que a cabeça do bebê, uma pequena diferença que causa muita dor à mulher. Para passar por esse espaço apertado o bebê precisa executar um giro quase impossível de noventa graus conforme avança pela pelve. Se já houve um evento que desafiasse o conceito de design inteligente, é o ato do nascimento. Ainda estamos por ver mulher tão devota a ponto de dizer ao parir: "Obrigado por pensar em tudo, Senhor!".

A natureza dá sua mãozinha fazendo a cabeça do bebê ser um pouco maleável, já que os ossos cranianos ainda não se fundiram numa placa única. O motivo para tanto contorcionismo é que a pelve teve de passar por uma série de ajustes de projeto para possibilitar o caminhar ereto, e isso fez do nascimento humano um acontecimento muito mais árduo e prolongado. Alguns primatas conseguem parir em minutos. Uma fêmea humana pode apenas sonhar com isso.

Fizemos surpreendentemente pouco progresso em tornar o processo mais tolerável. Como observou a revista *Nature* em 2016, "mulheres em trabalho de parto têm praticamente as mesmas opções analgésicas de suas bisavós — a saber, o gás Entonox, uma injeção de petidina (um opioide) ou uma anestesia peridural".[18] Segundo diversos estudos, as mulheres têm memória fraca para o grau da dor; muito possivelmente uma espécie de mecanismo de defesa mental que as prepara para futuros partos.

Você deixa o útero estéril, ou assim se pensava, mas é prodigamente lambuzado com o complemento pessoal materno de micróbios conforme se move pelo canal de parto. Mal começamos a compreender a importância e a natureza do microbioma vaginal feminino. Bebês nascidos de cesárea perdem esse banho inaugural. As consequências podem ser profundas. Vários estudos mostraram que pessoas nascidas de cesárea apresentavam risco substancialmente aumentado para diabetes tipo 1, asma, doença celíaca e até obesidade, e risco oito vezes maior de desenvolver alergias.[19] Bebês de cesariana acabam por adquirir uma combinação de micróbios igual à dos nascidos em parto normal — após um ano, a microbiota de ambos em geral é indistinguível —, mas existe algo naquele batismo vaginal que faz diferença a longo prazo. Ninguém conseguiu descobrir exatamente o que é.

Médicos e hospitais faturam mais por cesárea do que por parto normal,

Walter Bradford Cannon, "pai da homeostase" (a capacidade de manter o equilíbrio interno do corpo), em 1934: um gênio cuja expressão austera não revela o homem caloroso que era e sua extraordinária habilidade de persuadir os outros a se sujeitar a grandes desconfortos em nome da ciência.

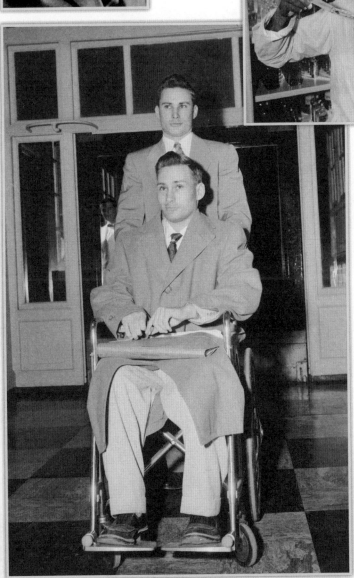

O zoólogo britânico Peter Medawar em seu laboratório no University College London, após receber o prêmio Nobel de 1960 por estudos pioneiros do sistema imune.

Richard Herrick deixa o hospital empurrado por seu gêmeo idêntico, Ronald, após o primeiro transplante de rim do mundo, em 1954.

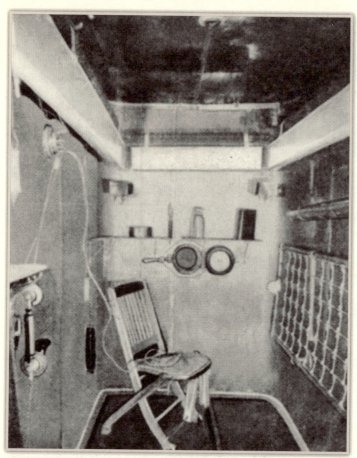

Interior do calorímetro respiratório de Wilbur Atwater, em que os voluntários ficavam confinados por cinco dias enquanto o cientista e seus assistentes anotavam tudo o que comiam, respiravam e excretavam.

Um dos 36 pacifistas que, perto do fim da Segunda Guerra Mundial, se sujeitaram a passar fome em nome da ciência para o nutricionista Ancel Key, da Universidade de Minnesota.

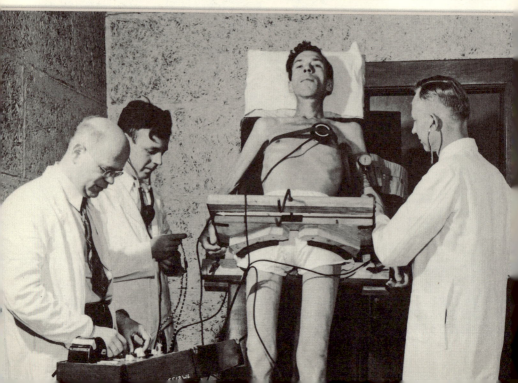

Retrato de William Beaumont pintado na cena de um dos 238 experimentos conduzidos em Alexis St. Martin durante a década de 1820. Beaumont segura parte do cordão de seda que inseria pelo ferimento aberto na barriga de St. Martin para examinar os efeitos de seus sucos gástricos.

O cientista francês Michel Siffre sendo puxado de uma caverna nas profundezas de uma montanha nos Alpes, em 1962, após oito semanas de isolamento autoimposto, sem contato com a luz do dia e sem nenhum outro modo de acompanhar a passagem do tempo.

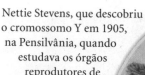

Nettie Stevens, que descobriu o cromossomo Y em 1905, na Pensilvânia, quando estudava os órgãos reprodutores de bichos-da-farinha.

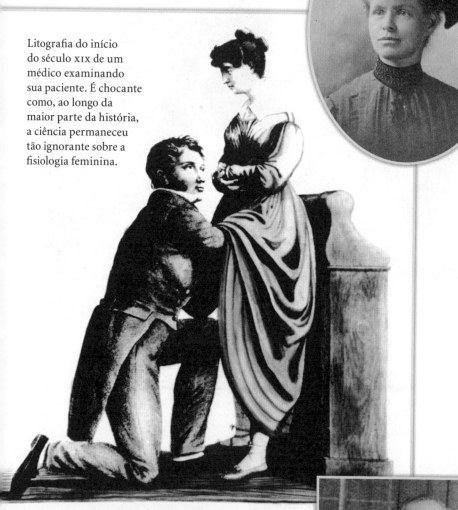

Litografia do início do século XIX de um médico examinando sua paciente. É chocante como, ao longo da maior parte da história, a ciência permaneceu tão ignorante sobre a fisiologia feminina.

Ernst Gräfenberg, ginecologista alemão que fugiu da Alemanha nazista para a América, onde desenvolveu o dispositivo intrauterino, de início conhecido como anel de Gräfenberg, e em 1944 identificou uma zona erógena na parede da vagina, posteriormente conhecida como ponto G.

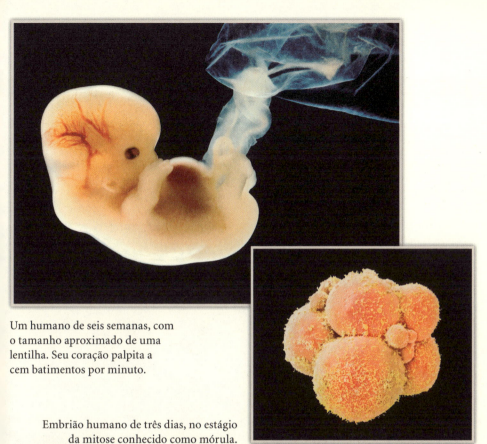

Um humano de seis semanas, com o tamanho aproximado de uma lentilha. Seu coração palpita a cem batimentos por minuto.

Embrião humano de três dias, no estágio da mitose conhecido como mórula.

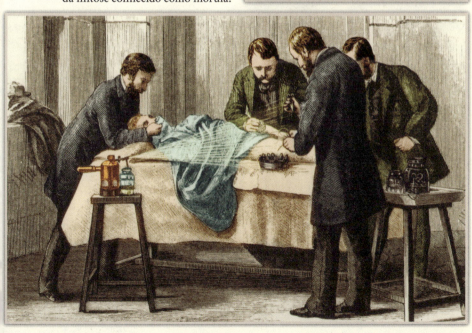

Joseph Lister, pioneiro da antissepsia cirúrgica, borrifando fenol durante cirurgia na Glasgow Royal Infirmary.

Ilustração holandesa de uma mastectomia ao estilo do século XVIII: o seio é removido com um *tenaculum helvetianum*, um tipo de fórceps. Sobre um braseiro à esquerda estão os ferros para cauterização.

O brilhante cientista britânico e aventureiro Charles Scott Sherrington (à dir.), a quem devemos grande parte da nossa compreensão do sistema nervoso central. Aqui ele foi fotografado em 1938 com seu ex-aluno Harvey Cushing.

Telefonistas londrinas enxáguam a boca com antisséptico bucal para combater a epidemia de gripe, c. 1920.

A enfermeira de um sanatório na década de 1920 lê para pacientes de tuberculose que respiram ar fresco embrulhados em cobertores.

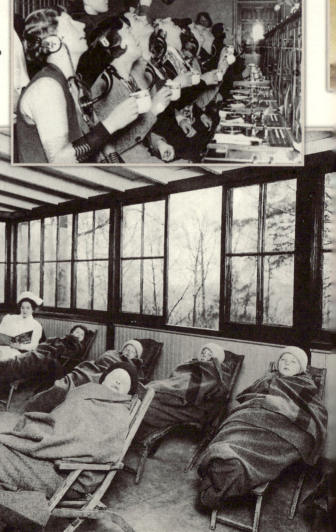

O brilhante físico americano Ernest Lawrence (abaixo) com um cíclotron, o acelerador de partículas inventado por ele para energizar prótons e que funcionou como a arma de raios que curou o câncer de sua mãe.

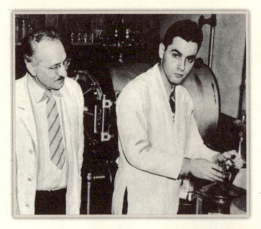

Albert Schatz, descobridor dos micróbios de solo que resultaram em outro antibiótico além da penicilina, observado por seu supervisor, Selman Waksman, que roubou todo o crédito pela descoberta.

Alois Alzheimer, patologista e psiquiatra bávaro que acabou permanentemente associado à doença de mesmo nome graças ao artigo e às palestras de 1906 sobre a demência pré-senil da paciente Auguste Deter.

Auguste Deter procurou Alois Alzheimer em 1901, aos 51 anos, queixando-se de problemas de memória. Quando morreu cinco anos depois, Alzheimer examinou seu cérebro e viu que estava coberto de células destruídas. Ela foi a primeira pessoa diagnosticada com o mal de Alzheimer.

e a mulher com frequência prefere saber com certeza o momento do parto, o que é compreensível. Um terço das americanas hoje dá à luz por cesariana, e mais de 60% dos procedimentos são realizados por conveniência, não por necessidade médica.[20] No Brasil, quase 60% dos partos são cesarianas; no Reino Unido, 23%; na Holanda, 13%. Se realizada apenas por motivos médicos, sua taxa ficaria em algo entre 5% e 10%.

Micróbios úteis também são obtidos no contato com a pele da mãe. Martin Blaser, médico e professor da Universidade de Nova York, sugere que a presteza em limpar os bebês assim que nascem na verdade pode privá-los de microrganismos protetores.[21]

Para piorar, quase quatro em cada dez mulheres recebe antibióticos durante o parto, o que significa que os médicos declaram guerra contra os micróbios do bebê assim que ele os adquire. Não sabemos as consequências disso para a saúde a longo prazo, mas é pouco provável que sejam boas. Há o temor de que certas bactérias benéficas estejam ameaçadas. A *Bifidobacterium infantis*, um importante micróbio do leite materno, é encontrada em mais de 90% das crianças nos países em desenvolvimento, mas em apenas 30% no mundo desenvolvido.[22]

Nascido ou não de cesárea, com um ano de idade o bebê acumulou em média cerca de 100 trilhões de micróbios, segundo algumas estimativas.[23] Porém, a essa altura, por motivos que ignoramos, parece ser tarde demais para reverter a predisposição a contrair determinadas doenças.

Uma das características mais extraordinárias desse estágio é que mães lactantes fabricam no leite mais de duzentos tipos de açúcares complexos — chamados oligossacarídeos — que os bebês não conseguem digerir, pois o ser humano carece das enzimas necessárias. Os oligossacarídeos são produzidos exclusivamente em prol da flora intestinal do bebê — um agradinho extra, basicamente. Além de nutrir bactérias simbiontes, o leite do peito também é cheio de anticorpos. Existe evidência de que ao dar de mamar a mãe absorve parte da saliva do bebê pelos dutos mamários, e isso é analisado pelo sistema imune, que ajusta a quantidade e os tipos de anticorpos que ela fornece ao bebê segundo as necessidades dele.[24] A vida é ou não é maravilhosa?

Em 1962, apenas 20% das americanas davam de mamar ao bebê. Em 1977, isso aumentou para 40%, ainda claramente uma minoria. Hoje, quase 80% das americanas amamentam após o parto, embora o número caia para

49% após seis meses e 27% após um ano. No Reino Unido, a proporção começa em 81%, mas despenca para 34% após seis meses e mero 0,5% após um ano, a pior taxa do mundo desenvolvido. Nas nações mais pobres, muitas mulheres foram por longo tempo levadas pela publicidade a pensar que o leite em pó era melhor para o bebê que seu próprio leite. Mas o leite em pó era caro, então com frequência o diluíam excessivamente para fazê-lo durar, e às vezes a única água disponível era menos limpa que o leite materno. O resultado em alguns lugares foi o aumento da mortalidade infantil.

Embora o leite em pó tenha melhorado bastante ao longo dos anos, nenhum produto pode reproduzir por completo os benefícios imunológicos do leite materno. No verão de 2018, o governo Trump deixou inúmeros especialistas em saúde horrorizados ao se opor a uma resolução internacional para encorajar a amamentação, e conta-se que teria ameaçado o Equador, patrono da iniciativa, com sanções comerciais, caso não mudasse de posição. Os cínicos comentaram que a indústria do leite em pó, no valor de 70 bilhões de dólares anuais, talvez tivesse um dedinho nessa posição americana. Um porta-voz do Departamento de Saúde e Serviços Humanos dos Estados Unidos negou qualquer relação e afirmou que o país estava meramente "lutando por proteger a capacidade da mulher de fazer as melhores escolhas para a nutrição de seus bebês" e assegurar que não fossem privadas de seu direito ao leite em pó — algo que a resolução não teria feito, de todo modo.

Em 1986, o professor David Barker, da Universidade de Southampton, propôs o que ficou conhecido como a Hipótese Barker, ou, de forma talvez menos impactante, Teoria das Origens Fetais das Doenças Humanas. Barker, um epidemiologista, sugeriu que o que acontece no útero pode ser determinante para a saúde pelo resto da vida. "Para cada órgão, há um período crítico, muitas vezes bastante breve, durante o desenvolvimento", afirmou não muito antes de falecer, em 2013. "Acontece com diferentes órgãos em diferentes momentos. Após o nascimento, apenas o fígado, o cérebro e o sistema imune permanecem plásticos. Tudo o mais está completo."

A maioria dos especialistas hoje considera que esse período de vulnerabilidade crucial vai da concepção até o segundo aniversário — fenômeno conhecido como os primeiros mil dias. Significa que o que acontece nesse período comparativamente breve e formativo de sua vida pode influenciar fortemente seu bem-estar em décadas posteriores.

Um exemplo famoso dessa tendência ficou demonstrado por estudos feitos na Holanda com pessoas que passaram pela terrível fome do inverno de 1944, quando a Alemanha nazista impediu a chegada de alimentos às partes do país que continuavam sob seu controle. Os bebês concebidos durante a fome tinham peso milagrosamente normal ao nascer, supostamente porque suas mães instintivamente desviaram a nutrição para o feto em desenvolvimento. E como a fome terminou após a queda da Alemanha, no ano seguinte, as crianças seguiram se alimentando de forma tão saudável e farta quanto qualquer criança normal. Para grata surpresa dos envolvidos, pareciam escapar aos efeitos da Grande Fome e se tornaram indistinguíveis de indivíduos nascidos em outros lugares em circunstâncias menos estressantes. Mas então aconteceu algo perturbador. Ao adentrarem a casa dos cinquenta e dos sessenta, desenvolveram duas vezes mais doenças cardiovasculares e apresentaram taxas aumentadas de câncer, diabetes e outras doenças possivelmente fatais do que crianças nascidas em outros lugares na mesma época.

Hoje em dia, o legado dos recém-nascidos não é a desnutrição, muito pelo contrário. De tal forma que não só chegam ao mundo no seio de uma família em que se come de mais e se exercita de menos, como também sofrem de uma vulnerabilidade inata e acentuada de sucumbir a doenças ocasionadas pelo estilo de vida ruim.

Já foi sugerido que as crianças de hoje serão as primeiras na história moderna a ter vida mais breve e a gozar de menos saúde que seus pais. Ao que parece, não contentes em nos empanturrarmos rumo à morte precoce, criamos filhos para nos acompanharem.

19. Nervos e dor

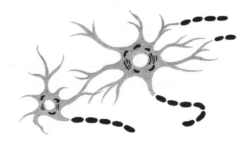

> A dor — tem um elemento em branco.
> Desde quando dói
> Não se recorda, nem se houve
> Tempo em que ela não foi.
>
> Emily Dickinson

A dor é uma coisa estranha e incômoda. Nada na vida é mais necessário e menos bem-vindo. É um dos motivos de maior preocupação e perplexidade para o ser humano e um dos problemas mais desafiadores da ciência médica.

De vez em quando, ela protege, como nos vem vivamente à lembrança sempre que levamos um choque ou pisamos na areia quente. Somos tão sensíveis a estímulos ameaçadores que nosso corpo foi programado para reagir e evitar eventos dolorosos antes mesmo de o cérebro ser informado. Tudo isso é sem dúvida uma coisa boa. Mas muitas vezes — para mais de 40% das pessoas, segundo um cálculo — a dor simplesmente continua, sem nenhum propósito aparente.

A dor é cheia de paradoxos. Sua característica mais óbvia é doer — é para isso que existe, afinal —, mas às vezes a sensação pode ser extremamente agradável: quando ficamos com a musculatura dolorida após uma longa corrida, digamos, ou ao entrar numa banheira insuportavelmente quente e ao mesmo tempo, de algum modo, deliciosamente ideal. Por vezes, ela é inexplicável. Uma das aflições mais severas que existem é a chamada dor do membro fantasma, quando a pessoa sente latejar a parte do corpo perdida em um acidente ou amputação. É uma ironia óbvia que uma das piores dores enfrentadas pelo ser humano possa ocorrer em uma parte de nós que não está mais lá. Para completar, ao contrário da dor normal, que diminui conforme nos recuperamos de sua causa, a dor fantasma pode continuar por toda a vida. Ninguém sabe por quê. Segundo uma teoria, a ausência de sinais das fibras nervosas na parte do corpo mutilada é interpretada pelo cérebro como um traumatismo tão grave que teria matado as células, assim ele dispara um sinal incessante de perigo, como um alarme contra ladrão que não desliga. Hoje em dia, quando é preciso realizar uma amputação, o cirurgião muitas vezes anestesia os nervos do membro afetado alguns dias antes, preparando o cérebro para a iminente perda de sensação. A prática mostrou reduzir muito os sintomas.

Se há uma dor que rivaliza com a do membro fantasma é a nevralgia do trigêmeo, principal nervo craniano, historicamente conhecida como *tic douloureux* (o francês dispensa tradução). O problema está associado a uma dor abrupta e lancinante no rosto — "como um choque elétrico", nas palavras de um especialista. Com frequência há uma causa clara — quando, por exemplo, um tumor pressiona o nervo —, mas nem sempre. As vítimas sofrem episódios periódicos, que começam e terminam de repente, sem aviso. As pontadas costumam ser excruciantes, mas costumam cessar por dias ou semanas antes de voltar. Com o tempo, podem passar para outra parte do rosto. Nada explica por que mudam de lugar ou o que as leva a ir e vir.

De que maneira exatamente a dor funciona, como o leitor já terá deduzido, permanece um mistério. Não há um centro de dor no cérebro, um lugar onde os sinais se juntam. O pensamento precisa passar pelo hipocampo para se tornar memória, mas a dor pode aflorar em praticamente qualquer parte do cérebro. Dê uma topada no dedão e a sensação se manifestará em um conjunto de regiões cerebrais; dê uma martelada nele e outras se acenderão. Repita as duas experiências e os padrões possivelmente tornarão a mudar.[1]

Talvez a ironia mais estranha de todas seja que o cérebro em si não possui receptores de dor, mas é nele que a sentimos. "A dor só acontece quando o cérebro a percebe", diz Irene Tracey, chefe do Departamento Nuffield de Neurociências Clínicas na Universidade de Oxford e uma das principais autoridades mundiais sobre o assunto.[2] "A dor pode ter começado no dedão, mas o ai é produzido no cérebro. Até lá, não é dor."

Toda dor é privada e intensamente pessoal. Uma definição significativa é impossível. A Associação Internacional para Estudo da Dor resume o fenômeno como "uma experiência sensorial e emocional desagradável associada a dano tecidual efetivo ou potencial, ou descrita nos termos desse dano", ou seja, tudo que dói, ou pode doer, ou parece que vai doer, de um modo ou de outro, tanto literal como metaforicamente. Isso cobre quase todas as experiências ruins, de levar um tiro a ficar com o coração partido.

Uma das formas mais conhecidas de medir o grau de desconforto é o chamado questionário McGill, elaborado em 1971 por Ronald Melzack e Warren S. Torgerson, da Universidade McGill, em Montreal. É simplesmente um questionário detalhado que oferece aos entrevistados uma lista de 78 palavras descrevendo diferentes níveis de dor — "pontada", "aguda", "surda", "sensível" e assim por diante. Muitos termos são vagos e indistinguíveis. Quem saberia diferenciar entre "irritante" e "incômoda" ou "terrível" e "horrível"? Em parte por esse motivo, a maioria dos pesquisadores hoje utiliza uma simples escala de um a dez.

A experiência da dor é obviamente subjetiva. "Tive três filhos e, pode acreditar, isso mudou minha perspectiva de onde fica o limite máximo", afirma Irene Tracey, sorrindo com conhecimento de causa, quando nos encontramos em sua sala no Hospital John Radcliffe, em Oxford. Tracey deve ser a pessoa mais atarefada em Oxford. Além de seus amplos deveres departamentais e acadêmicos, na época da minha visita, no fim de 2018, acabara de se mudar de casa e de voltar de duas viagens para o exterior e estava prestes a assumir a função de diretora do Merton College.

O trabalho de Tracey é devotado a compreender como percebemos a dor e como podemos aliviá-la. Entender o fenômeno é a parte difícil. "Ainda não sabemos exatamente como o cérebro constrói a experiência da dor", diz ela. "Mas estamos fazendo um bocado de progresso e acho que o panorama da nossa compreensão vai mudar drasticamente nos próximos anos."

Tracey leva vantagem sobre as gerações anteriores de pesquisadores porque conta com uma máquina de ressonância magnética realmente poderosa. No laboratório, ela e sua equipe delicadamente atormentam as pessoas pelo bem da ciência, espetando-as com agulhas ou pincelando-as com capsaicina (a substância química por trás da escala de Scoville e do ardor da pimenta, como vimos no capítulo 6). Infligir dor em voluntários é um problema delicado — a dor precisa ser genuinamente sentida, embora, por motivos éticos óbvios, não deva causar nenhum dano sério ou duradouro —, mas permite a Tracey e seus colegas observar em tempo real como o cérebro reage quando a dor é clinicamente provocada.

Como podemos imaginar, muita gente adoraria, por motivações puramente financeiras, ser capaz de espiar o cérebro de outros para saber quando estão sentindo dor, mentindo ou talvez até reagindo favoravelmente a uma jogada de marketing. Advogados de defesa especializados em lesões corporais ficariam em êxtase se tivessem o perfil da dor de seu cliente para apresentar como prova no tribunal. "Ainda não chegamos a esse ponto", diz Tracey, com o que parece ser um ligeiro ar de alívio, "mas estamos progredindo rapidamente em aprender a administrar e limitar a dor, e isso tem ajudado muita gente."

A experiência da dor começa pouco abaixo da pele, em terminações nervosas conhecidas como nociceptores (do latim "noci", ou seja, "nocivo"). Os nociceptores reagem a três tipos de estímulos dolorosos: termal, químico e mecânico, ou pelo menos assim se convencionou dividi-los. Por incrível que pareça, os cientistas ainda não descobriram o nociceptor que reage à dor mecânica. Parece algo extraordinário, sem dúvida, não sabermos o que de fato acontece sob a superfície quando esmagamos o dedo com um martelo ou nos espetamos com uma agulha. Podemos afirmar apenas que os sinais para todo tipo de dor são transmitidos à medula espinhal e ao cérebro por dois tipos diferentes de fibra — fibras A-delta de condução rápida (revestidas por mielina e desse modo mais lisas, por assim dizer) e fibras C de condução lenta. As rápidas fibras A-delta proporcionam o ai agudo de uma martelada; as fibras C mais vagarosas nos dão a dor latejante que vem em seguida. Nociceptores reagem apenas a sensações desagradáveis (ou potencialmente desagradáveis). Sinais normais do tato — a sola dos pés contra o chão, a mão em uma maçaneta, o rosto num travesseiro de cetim — são transmitidos por diferentes receptores em um conjunto separado de nervos A-beta.

Sinais nervosos não são particularmente céleres. A luz viaja a 300 mil quilômetros por segundo, enquanto os sinais nervosos se movem a bem mais comedidos 120 metros por segundo — algo como 2,5 milhões de vezes mais devagar. De toda forma, 120 metros por segundo corresponde a 432 quilômetros por hora, veloz o bastante, no espaço de um corpo humano, para na prática ser o mesmo que instantâneo, na maioria das circunstâncias. Mesmo assim, para nos ajudarem a reagir rapidamente temos os reflexos, fazendo com que o sistema nervoso central possa interceptar um sinal e entrar em ação antes de enviá-lo ao cérebro. É por isso que, se você encosta em algo indesejável, sua mão recua antes que o cérebro saiba o que está acontecendo. A medula espinhal, assim, não é apenas uma extensão de cabeamento inerte transmitindo mensagens entre o corpo e o cérebro, mas uma parte ativa e literalmente decisiva de seu aparelhamento sensorial.

Vários nociceptores são polimodais, ou seja, são acionados por diferentes estímulos. Por isso comidas apimentadas parecem queimar, por exemplo. Elas ativam quimicamente os mesmos nociceptores em sua boca que reagem termicamente ao calor real. Sua língua não sabe a diferença. Até seu cérebro fica um pouco confuso. Ele percebe, no nível racional, que a língua não está literalmente pegando fogo, mas sem dúvida a sensação é parecida. O mais esquisito de tudo é que os nociceptores de algum modo lhe permitem perceber um estímulo não só como prazeroso (um delicioso prato picante), mas também como indutor de ai (uma cabeça de fósforo quente), ainda que ambas as coisas (sejam quais forem) ativem os mesmos nervos.

O primeiro a identificar os nociceptores — merecendo com justiça ser chamado de patriarca do sistema nervoso central — foi Charles Scott Sherrington (1857-1952), um dos maiores e mais inexplicavelmente esquecidos cientistas britânicos da era moderna.[3] A vida de Sherrington parece saída de um romance de aventuras juvenis do século XIX. Atleta talentoso, jogou futebol por Ipswich Town e se destacou como remador na Universidade de Cambridge. Foi acima de tudo um aluno brilhante, recebendo inúmeras distinções, ao mesmo tempo deixando todos que o conheciam impressionados com seus modos modestos e intelecto aguçado.

Após se formar, em 1885, Sherrington estudou bacteriologia com o grande cientista alemão Robert Koch, depois conheceu uma carreira incrivelmente variada e produtiva em que realizou trabalhos seminais sobre tétano, fadiga industrial, difteria, cólera, bacteriologia e hematologia. Propôs a lei da inervação recíproca para os músculos, a qual afirma que, quando um músculo se contrai, um músculo associado deve relaxar — em essência, explicando como os músculos funcionam.

Quando estudava o cérebro, desenvolveu o conceito de "sinapse" e cunhou o termo. Isso por sua vez levou à ideia de "propriocepção" — também de sua lavra —, que é a capacidade do corpo de saber sua orientação no espaço. (Mesmo com os olhos fechados, você sabe se está deitado ou se os seus braços estão abertos, e assim por diante.) E isso, em um desdobramento posterior, levou à descoberta em 1906 dos nociceptores, as terminações nervosas que nos alertam para a dor. O livro revolucionário de Sherrington, *The Integrative Action of the Nervous System* [A ação integrativa do sistema nervoso], já foi comparado aos *Princípios* de Newton e a *De Motu Cordis* [Sobre o movimento do coração], de Harvey, em termos de importância para seu campo.

Mas as qualidades admiráveis de Sherrington não param por aí. Segundo todos diziam, era um sujeito maravilhoso: marido devotado, excelente anfitrião, companhia agradabilíssima, professor adorado. Entre seus alunos estavam Wilder Penfield, uma autoridade na memória (que conhecemos no capítulo 4), Howard Florey, ganhador de um prêmio Nobel por seu papel no desenvolvimento da penicilina, e Harvey Cushing, que se tornaria um dos principais neurocirurgiões americanos. Em 1924, Sherrington deixou até seus amigos mais íntimos pasmos ao publicar um livro de poesia, que foi amplamente elogiado. Oito anos depois, ganhou o Nobel por seu trabalho com reflexos. Foi presidente eminente da Real Sociedade, benfeitor de museus e bibliotecas e bibliófilo dedicado com uma coleção de livros raros. Aos 83 anos, em 1940, escreveu um best-seller, *Man On His Nature* [O homem em sua natureza], que teve diversas reedições e foi eleito um dos cem melhores livros britânicos modernos, no Festival da Grã-Bretanha, em 1951. Nele, cunhou a expressão "o tear encantado" como metáfora para a mente. E hoje, inexplicavelmente, fora da área, foi quase esquecido por completo e, mesmo dentro dela, não costuma ser muito lembrado.

O sistema nervoso é dividido de maneiras variadas, dependendo se consideramos sua estrutura ou função. Anatomicamente, tem duas divisões. O cérebro e a medula espinhal constituem o sistema nervoso central. Os nervos que se irradiam desse centro vital — para chegar a outras partes do corpo — são o sistema nervoso periférico. Funcionalmente, o sistema nervoso se divide em somático, que é a parte que controla as ações voluntárias (como coçar a cabeça), e autônomo, que controla todas essas coisas (como o batimento cardíaco) sobre as quais você não precisa pensar a respeito porque são automáticas. O sistema nervoso autônomo se divide por sua vez em simpático e parassimpático. É o sistema simpático que responde quando o corpo exige uma ação súbita — em geral conhecida como reação de lutar ou fugir. Às vezes nos referimos ao sistema parassimpático como de "repouso e digestão" ou "alimentação e procriação", e ele cuida de uma miscelânea de outras questões em geral menos urgentes, como digestão e remoção de resíduos, produção de saliva e lágrimas e excitação sexual (que pode ser intensa, mas não urgente, no sentido de lutar ou fugir).

Uma peculiaridade dos nervos humanos é que os do sistema nervoso periférico podem se curar e voltar a crescer quando danificados, ao passo que os mais vitais, no cérebro e na medula espinhal, não. Se você corta o dedo, os nervos podem crescer outra vez, mas danos à medula espinhal são irreversíveis. Lesões na medula espinhal são desanimadoramente comuns. Mais de 1 milhão de norte-americanos sofrem de paralisia por esse motivo. Mais da metade das lesões de medula espinhal nos Estados Unidos resultam de acidentes de carro ou ferimentos com arma de fogo; assim, como já podemos imaginar, o risco masculino de lesão na medula espinhal é quatro vezes maior.[4] O homem é particularmente suscetível entre os dezesseis e os trinta anos — ou seja, quando está em idade de ter armas e carros e é tolo o bastante para fazer mau uso deles.

A dor, como o sistema nervoso em si, é classificada de múltiplas maneiras e varia em tipo e número segundo o especialista consultado.[5] A categoria mais comum é a dor nociceptiva, que corresponde simplesmente à dor estimulada. É a dor que sentimos quando damos uma topada no dedão ou quebramos o ombro numa queda. Às vezes é chamada de dor "boa", no sentido de que é o tipo de dor que nos avisa para descansar a parte afetada e lhe dar oportunidade de sarar. Um segundo tipo é a dor inflamatória, quando o tecido fica inchado e vermelho. Uma terceira categoria é a dor disfuncional, sem estímulos externos e que não causa lesão ou inflamação nos nervos. É uma dor sem propósito evidente. Um quarto tipo de dor é a neuropática, em que os nervos estão lesionados ou ficam cada vez mais sensíveis, às vezes como resultado de trauma, às vezes sem nenhum motivo aparente.

Quando a dor não vai embora, passa de aguda a crônica. Cerca de vinte anos atrás, Patrick Wall, importante neurocientista britânico, em um livro influente chamado *Pain: The Science of Suffering* [Dor: a ciência do sofrimento], afirmou que a dor acima de certo nível e duração é praticamente inútil. Ele comenta que quase todo livro didático que observou continha a ilustração de uma mão recuando do fogo ou de uma superfície quente, para demonstrar a utilidade da dor como reflexo de proteção. "A trivialidade desse esquema me deixa doente", escreveu com paixão um pouco surpreendente. "Calculo que passamos uns poucos segundos a vida inteira recuando com sucesso de um estímulo ameaçador. Infelizmente, passamos dias, meses, com dor, a vida toda, nada disso explicado por esse esquema ridículo."

Para Wall, a dor do câncer é o "cúmulo do absurdo". Na maior parte dos casos, o câncer não causa dor nos estágios iniciais, quando seria útil para nos alertar e fazer procurar cuidados médicos. Pelo contrário, com demasiada frequência a dor do câncer se evidencia apenas quando é tarde demais para ser de alguma utilidade. Wall falava por experiência própria. Estava morrendo de câncer de próstata, na época. O livro foi publicado em 1999; Wall morreu dois anos depois. Da perspectiva da pesquisa sobre a dor, os dois eventos marcaram o fim de uma era.

Irene Tracey estuda o assunto há vinte anos — começou por coincidência na época em que Wall morreu — e assistiu a uma completa transformação no modo como a dor passou a ser encarada clinicamente.

"No tempo do Patrick Wall, as pessoas queriam sugerir um propósito para a dor crônica", afirma. "A dor aguda tem um motivo óbvio: ela informa que algo está errado e precisa de atenção. Esperavam que a dor crônica tivesse esse tipo de finalidade também — que ela existisse com um propósito. Mas a dor crônica não tem finalidade alguma. É só um sistema funcionando mal, da mesma maneira que o câncer. Hoje acreditamos que diversos tipos de dor crônica são doenças por direito próprio, não sintomas, causadas e mantidas por uma biologia diferente da dor aguda."

A dor tem um elemento paradoxal que dificulta particularmente seu tratamento. "Normalmente, quando alguma parte do corpo fica lesionada, ela para de trabalhar — desliga", explica Tracey. "Mas quando os nervos estão lesionados, fazem o contrário — eles ligam. Só que, às vezes, simplesmente não desligam mais, e daí sentimos a dor crônica." Nos piores casos, compara Tracey, é como se o botão de volume da dor fosse girado ao máximo. Descobrir como abaixar o volume se revelou uma das maiores frustrações da ciência médica.

Em geral, não sentimos dor na maioria dos órgãos internos. Qualquer desconforto que surja neles é conhecido como dor referida, porque "se refere" a outra parte do corpo. Assim, a dor da doença arterial coronariana, por exemplo, pode ser sentida nos braços ou no pescoço, às vezes no maxilar. O cérebro também não tem sensações, o que nos leva naturalmente a perguntar de onde vêm as dores de cabeça. A resposta é que o couro cabeludo, o rosto e outras partes da cabeça possuem um monte de terminações nervosas — mais do que suficientes para explicar a maioria dessas dores. Mesmo que você sinta como se viesse lá do fundo, uma dor de cabeça rotineira quase certamente é algo superficial. Dentro do crânio, as meninges — a cobertura protetora do cérebro — também têm nociceptores e a pressão nelas causa a dor dos tumores cerebrais, mas por sorte a maioria de nós nunca vai passar por isso.

Talvez você imagine que a dor de cabeça (tecnicamente conhecida como cefaleia) seja uma aflição universal, mas 4% das pessoas afirmam não saber o que é ter uma. A Classificação Internacional de Distúrbios da Cabeça reconhece catorze categorias de cefaleia — enxaqueca, induzida por trauma, induzida por infecção, perturbação da homeostase etc. Mas a maioria dos especialistas divide a dor de cabeça simplesmente em duas categorias mais amplas: as primárias, como a enxaqueca e a cefaleia tensional, sem causa direta e identificável, e as secundárias, precipitadas por algum outro evento, como infecção ou tumor.

Entre as mais desconcertantes estão as enxaquecas. Elas afetam 15% da população geral, mas são três vezes mais comuns em mulheres do que em homens. Enxaquecas são um mistério quase completo. São sumamente individuais. Em seu livro sobre o mal, Oliver Sacks descreve quase cem variedades. Algumas pessoas, antes de sofrer uma, se sentem surpreendentemente maravilhosas. A escritora George Eliot disse que sempre se sentia "perigosamente bem" antes do início de uma enxaqueca. Outros ficam indispostos por dias e ao sair da crise são dominados por pensamentos suicidas.

* * *

A dor é curiosamente mutável. Pode ser acentuada, atenuada ou mesmo ignorada pelo cérebro, dependendo da situação. Em circunstâncias extremas, nem se manifesta. Um caso famoso aconteceu na Batalha de Aspern-Essling, durante as Guerras Napoleônicas, quando o coronel austríaco no comando das operações, montado em seu cavalo, foi informado pelo ajudante de ordens de que sua perna esquerda havia sido alvejada.

"*Donnerwetter*, é mesmo", respondeu o coronel, fleumaticamente, e continuou a combater.[6]

Depressão e preocupação quase sempre aumentam a percepção da dor. Mas, por outro lado, a dor pode ser abrandada por aromas agradáveis, imagens reconfortantes, música tranquila, boa comida e sexo.[7] Bastam a solidariedade e o carinho de um parceiro para diminuir pela metade a queixa da dor da angina, segundo um estudo.[8] As expectativas também têm importância imensa. Em um experimento realizado por Tracey e sua equipe, quando indivíduos com dor recebiam morfina sem ser informados, os efeitos analgésicos eram bastante diminuídos.[9] De muitas formas, sentimos a dor que esperamos sentir.

Para milhões de pessoas, a dor é um pesadelo do qual não conseguem despertar. Segundo o Instituto de Medicina dos Estados Unidos, parte da Academia Nacional de Ciências, cerca de 40% dos adultos americanos — 100 milhões de pessoas — sofrem de dor crônica.[10] Um quinto disso, por mais de vinte anos. No total, a dor crônica afeta mais pessoas do que o câncer, as doenças cardiovasculares e o diabetes combinados.[11] Ela pode ser imensamente debilitante. Como o romancista francês Alphonse Daudet escreveu em seu clássico *La Doulou* [A dor], há quase um século, a dor que o atormentou quando era lentamente devastado pelos efeitos da sífilis deixou-o "surdo e cego para as outras pessoas, para a vida, para tudo que não fosse meu corpo arruinado".[12]

A ciência médica oferecia bem pouco a título de paliativos seguros e efetivos, à época. E não avançamos muito. Como Andrew Rice, pesquisador do Imperial College em Londres, disse à *Nature* em 2016: "Os medicamentos disponíveis aliviam a dor em 50% para algo entre um em quatro e um em sete pacientes tratados. Isso no caso dos melhores medicamentos."[13] Em outras palavras, entre 75% e 85% não extraem o menor benefício dos melhores analgésicos ou, quando o fazem, é muito pouco. O mercado do alívio da dor, segundo Irene Tracey, virou "um cemitério farmacológico". As companhias farmacêuticas despejaram bilhões e bilhões no desenvolvimento de remédios, mas não encontraram nenhum que controlasse a dor efetivamente sem causar dependência.

Um triste resultado é a notória crise dos opioides americana. Os opioides, como sem dúvida todo mundo sabe, são analgésicos que atuam de maneira muito parecida com a heroína e derivam da mesma fonte viciante: os opiáceos. Por longo tempo, foram usados quase sempre com parcimônia, principalmente para alívio de curto prazo no pós-cirúrgico ou no tratamento de câncer. Mas, no fim da década de 1990, a indústria farmacêutica passou a comercializá-los como uma solução de longo prazo para a dor. Um vídeo promocional feito pela Purdue Pharma, fabricante do opioide OxyContin, mostrava um médico especializado em tratamento da dor olhando diretamente para a câmera e afirmando com evidente sinceridade que os opioides eram perfeitamente seguros e dificilmente criavam dependência. "Nós, médicos, estamos errados em pensar que os opioides não podem ser utilizados a longo prazo. Podem e devem", acrescentou.

A realidade era bem outra. Pessoas por todo o país desenvolveram dependência rapidamente, muitas vezes terminando em morte. Entre 1999 e 2014, segundo uma estimativa, 250 mil americanos morreram de overdose.[14] O abuso de opioides permanece em larga medida um problema tipicamente americano. Os Estados Unidos compreendem 4% da população mundial, mas consomem 80% dos opioides produzidos mundialmente. Acredita-se haver 2 milhões de americanos viciados. Outros 10 milhões seriam apenas usuários. O custo para a economia já foi calculado em 500 bilhões de dólares anuais em perdas salariais, tratamentos médicos e processos criminais. O uso de opioides virou um negócio tão imenso que chegamos à situação surreal em que as companhias farmacêuticas produzem drogas para aliviar os efeitos colaterais do abuso de opioides. Após ajudar a criar milhões de dependentes, a indústria agora lucra com remédios criados para tornar a dependência um pouco mais confortável. Até o momento, a crise não dá sinais de arrefecer. Todo ano, os opioides (legais e ilegais) custam a vida de cerca de 45 mil americanos, bem mais do que as vítimas de acidentes automobilísticos.

O único lado positivo a tirar dessa crise é que as fatalidades por opioides aumentaram a oferta de órgãos.[15] Em 2000, segundo o *Washington Post*, menos de 150 doadores eram dependentes de opioides; hoje, o número subiu para mais de 3500.

Na ausência de perfeição farmacêutica, Irene Tracey põe ênfase no que chama de "analgesia gratuita", percebendo que as pessoas podem administrar a própria dor por meio de terapias cognitivo-comportamentais e exercícios. "Para mim, tem sido extremamente interessante", diz ela, "como a neuroimagem é útil para convencer as pessoas a ter uma interação com o cérebro e perceber que ele de fato parece exercer um papel importante em ajudar a suportar a dor. Só com isso já dá pra conseguir muita coisa."

Uma das grandes vantagens no manejo da dor é que somos maravilhosamente sugestionáveis — sem dúvida a explicação para o conhecido efeito placebo. O conceito de efeito placebo existe há muito tempo. No sentido médico moderno, de algo feito para benefício psicológico, o primeiro registro em um texto médico britânico data de 1811, mas a palavra "placebo" existe em inglês desde a Idade Média. Durante a maior parte da história, significou bajulador ou puxa-saco. (Chaucer a usou nesse sentido, nos *Contos de Canterbury*.) Vem de um termo latino que significa "agradar".

A neuroimagem oferece alguns insights intrigantes sobre como o placebo funciona, embora o fenômeno continue em grande parte um mistério. Num experimento, pessoas que extraíram um dente do siso foram massageadas no rosto com um aparelho de ultrassom e a imensa maioria relatou se sentir melhor. O mais interessante é que o tratamento funcionou igualmente bem com a máquina ligada ou desligada. Em outro estudo, pastilhas coloridas com ângulos salientes foram consideradas pelos participantes mais eficazes que pastilhas brancas comuns. Comprimidos vermelhos são tidos como de ação mais rápida que a de brancos. Comprimidos verdes e azuis provocam maior efeito calmante. Patrick Wall, em seu livro sobre a dor, relatou como um médico obteve bons resultados ao ministrar os comprimidos aos pacientes com um fórceps, alegando que eram potentes demais para segurar com os dedos desprotegidos.[16] Por incrível que pareça, placebos são efetivos até quando as pessoas sabem que são placebos. Ted Kaptchuk, da Escola de Medicina de

Harvard, dava pílulas de açúcar para pacientes de síndrome do intestino irritável, avisando que não passavam disso. Mesmo assim, 59% dos indivíduos declararam sentir alívio dos sintomas.[17]

O único problema dos placebos é que embora sejam com frequência eficazes em situações sobre as quais nossa mente tem algum controle, não podem nos ajudar com problemas que residem sob o nível consciente. Placebos não encolhem tumores nem eliminam placas de artérias entupidas.[18] Se bem que, aliás, analgésicos agressivos também não fazem nada disso, e os placebos ao menos nunca causaram a morte precoce de ninguém.

20. Quando as coisas dão errado: doenças

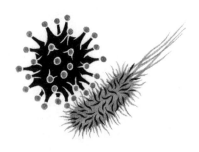

> *Abri em febre tifoide — li os sintomas — descobri que tinha febre tifoide, devia ter tido por meses sem saber — fiquei pensando, o que mais eu tenho; olhei a dança de são vito — descobri, como já imaginava, que tinha isso também — comecei a me interessar por meu caso e fiquei determinado a ir a fundo, e assim comecei pela ordem alfabética — li sobre a malária [ague] e descobri que estava com os primeiros sintomas e que a fase aguda começaria em cerca de duas semanas. Quanto ao mal de Bright, constatei com alívio que sofria apenas de uma forma modificada da doença e, no que dependesse disso, poderia viver ainda por muitos anos.*
>
> Jerome K. Jerome, sobre a leitura de um manual de medicina

I

No outono de 1948, os moradores da pequena cidade de Akureyri, no litoral norte da Islândia, começaram a adoecer do que inicialmente se pensou ser poliomielite, mas que depois provou não ser.[1] Entre outubro de 1948 e abril de 1949, quase quinhentas pessoas, de uma população de 9600, pioraram. Os sintomas eram extraordinariamente diversos — dores musculares, dores de cabeça, nervosismo, agitação, depressão, constipação, sono ruim, perda de memória e, de um modo geral, uma profunda sensação de mal-estar. A doença não matou ninguém, mas praticamente todas as suas vítimas ficavam em péssimo estado, às vezes por meses. A causa da epidemia era um mistério. Testes para patógenos davam sempre negativos. A enfermidade era tão peculiarmente específica da região que ficou conhecida como doença de Akureyri.

Durante cerca de um ano, nada mais aconteceu. Então os surtos começaram a ocorrer em plagas curiosamente distantes — Louisville, Kentucky; Seward, Alasca; Pittsfield e Williamstown, Massachusetts; em uma pequena comunidade de fazendeiros no extremo norte da Inglaterra, chamada Dalston. No todo, ao longo da década de 1950, cinquenta surtos foram registrados nos Estados Unidos e três na Europa. Os sintomas por toda parte eram amplamente similares, mas muitas vezes com peculiaridades locais. Em alguns lugares as pessoas afirmavam se sentir atipicamente deprimidas ou sonolentas, ou sofrer de uma lassidão muscular muito específica. À medida que a doença proliferava, ganhava outros nomes: síndrome pós-viral, poliomielite atípica e neuromiastenia epidêmica, pelo qual até hoje é mais conhecida.* Por que as epidemias não se irradiavam para comunidades vizinhas, mas na verdade saltavam por vastas distâncias geográficas, era apenas um dos inúmeros aspectos desconcertantes da doença.

Todos os surtos atraíram pouco mais que atenção local, mas em 1970, após vários anos inativa, a epidemia reapareceu na Base da Força Aérea Lackland, no Texas, e então finalmente os médicos começaram a investigá-la mais de perto — embora, vale dizer, sem grandes resultados.[2] O surto de Lackland deixou 221 pacientes acamados, a maioria por uma semana, alguns por mais de um ano. Às vezes, só uma pessoa em um departamento adoecia; em outras, quase todas. A maioria das vítimas se recuperava completamente,

---

* Por causa da semelhança dos sintomas e da dificuldade de diagnóstico, às vezes é agrupada com a síndrome da fadiga crônica (SFC), mas é realmente muito diferente. A SFC (formalmente encefalomielite miálgica) tende a afetar indivíduos, enquanto a neuromiastenia epidêmica atinge populações.

mas algumas sofriam recaídas semanas ou meses mais tarde. Como de costume, nada no episódio se encaixava em um padrão lógico e todos os exames para agentes bacterianos ou virais davam negativo. Muitas vítimas eram crianças pequenas demais para serem sugestionáveis, o que descartava um fenômeno de histeria — a explicação mais comum para grandes surtos inexplicáveis. A epidemia durou pouco mais de dois meses, depois cessou (à parte as recaídas) para não voltar mais. Um artigo no *Journal of the American Medical Association* concluiu que as vítimas sofriam de "uma enfermidade sutil mas não obstante primordialmente orgânica, cujas consequências podem incluir exacerbação da enfermidade psicogênica subjacente". O que é outra maneira de dizer que não fazem a menor ideia.

As doenças infecciosas, como percebemos, são curiosas. Umas pipocam aqui e ali, como a doença de Akureyri, emergindo aparentemente ao acaso e então ficando na moita por algum tempo antes de brotar em novos lugares. Outras avançam pela paisagem como um exército conquistador. O vírus do Nilo ocidental surgiu em Nova York em 1999 e quatro anos depois assolava o país inteiro.[3] Certas doenças espalham a devastação para então se recolher, às vezes por anos, ocasionalmente para sempre. Entre 1485 e 1551, o Reino Unido foi repetidamente castigado por um mal aterrorizante chamado doença do suor, que matou milhares. Então, de repente, ela sumiu para nunca mais ser vista. Duzentos anos depois, outra doença muito similar apareceu na França, onde foi chamada de suores da Picardia.[4] E sumiu também. Não fazemos ideia de onde ou como foi incubada, por que desapareceu quando o fez ou onde pode estar hoje.

Esses surtos incompreensíveis, particularmente os menores, são mais comuns do que você pensa. Todo ano nos Estados Unidos, cerca de meia dúzia de pessoas, preponderantemente no norte de Minnesota, contraem o vírus de Powassan. Algumas manifestam apenas sintomas leves, parecidos com gripe, mas outras sofrem dano neurológico permanente. Cerca de 10% morrem. Não há cura ou tratamento. No Wisconsin, no inverno de 2015-6, 54 indivíduos de doze condados diferentes contraíram uma infecção bacteriana pouco conhecida chamada elizabethkingia. Quinze vítimas morreram. A bactéria é um micróbio comum do solo, só que muito raramente contamina as pessoas. Por que de repente deu para se alastrar por uma ampla área do estado e depois parou, só Deus sabe. A tularemia, uma doença infecciosa transmitida por carrapatos, mata cerca de 150 americanos todo ano, mas com variabilidade inexplicável. Nos onze anos transcorridos de 2006 a 2016, a enfermidade matou 232 pessoas no Arkansas, mas apenas uma no vizinho Alabama, a despeito das pródigas semelhanças de clima, cobertura do solo e população de carrapatos. A lista é enorme.

Talvez nenhum outro caso desafie mais a explicação do que o vírus de Bourbon, cidade do Kansas onde surgiu pela primeira vez, em 2014. Na primavera desse ano, John Seested, um sujeito de meia-idade perfeitamente saudável de Fort Scott, cerca de 150 quilômetros ao sul de Kansas City, trabalhava em sua propriedade quando foi picado por um carrapato. Após algum tempo, sentiu febre e dores no corpo. Como os sintomas não melhorassem, foi ao pronto-socorro, onde o trataram com o antibacteriano doxiciclina, que não surtiu efeito. Nos dias que se seguiram, o quadro continuou a piorar. Então seus órgãos começaram a falhar. No 11º dia, estava morto.

O vírus de Bourbon, como ficou conhecido, representava toda uma nova categoria viral.[5] Ele provém de um grupo chamado togotovírus, que são endêmicos em algumas regiões da África, Ásia e Europa oriental, mas essa cepa em particular era uma completa novidade. Por que surgiu de repente em pleno coração dos Estados Unidos é um mistério. Ninguém mais teve a doença em Fort Scott nem em qualquer outra parte do Kansas, mas, um ano depois, um homem a quatrocentos quilômetros dali, em Oklahoma, contraiu o vírus. Pelo menos cinco outros casos foram relatados desde então. Os Centros para Controle de Doenças (CDCs) são curiosamente reticentes quanto aos números. Informam apenas que, "em referência a junho de 2018, quantidade limitada de casos de infecção por vírus de Bourbon foi identificada no Meio-Oeste e no sul dos Estados Unidos", um jeito um pouco peculiar de dizê-lo, já que claramente não existe limite para a quantidade de infecções que uma doença pode causar. O caso confirmado mais recente, no momento em que escrevo, é o de uma mulher de 58 anos que foi picada por um carrapato quando trabalhava no Parque Estadual Meramec, no leste do Missouri, e morreu pouco depois.

Pode ser que todas essas doenças elusivas contaminem bem mais gente, mas sem gravidade suficiente para que as notemos. "A menos que o médico esteja fazendo exames laboratoriais específicos para essa infecção, não vai descobrir", um cientista dos CDCs disse a um repórter da rádio NPR, em 2015, em referência ao vírus de Heartland, mais um patógeno misterioso.[6] (Há um bocado deles por aí, pode apostar.) Mais recentemente, em 2018, o vírus de Heartland infectou cerca de vinte pessoas e matou quantidade ignorada após um primeiro caso perto de St. Joseph, Missouri, em 2009. Mas até o momento a única coisa que podemos afirmar com certeza é que essas doenças são contraídas por pouquíssimos azarados vivendo muito longe uns dos outros e sem nenhuma ligação entre si.

Às vezes, o que parece uma nova doença não tem nada de novo. Foi assim em 1976, quando os membros de uma convenção da Legião Americana no Bellevue-Stratford Hotel, em Filadélfia, Pensilvânia, padeceram de um mal que nenhum especialista conseguiu identificar. Os delegados logo começaram a morrer. Em poucos dias, havia 34 mortos e outros cento e noventa e tantos doentes, alguns em estado grave.[7] Um enigma adicional era que cerca de um quinto das vítimas não pusera o pé no hotel, apenas passara perto. Os epidemiologistas dos CDCs levaram dois anos para identificar o culpado, uma bactéria inédita de um gênero batizado de *Legionella*. Ela se espalhara pelos dutos do ar-condicionado do hotel. Os desafortunados transeuntes contraíram a doença ao passar pelas saídas da exaustão.

Só muito mais tarde se percebeu que a *Legionella* quase certamente era responsável por surtos similarmente inexplicáveis em Washington, DC, em 1965, e em Pontiac, Michigan, três anos mais tarde. Descobriu-se que na verdade o Bellevue-Stratford Hotel sofrera uma série menor de casos menos letais de pneumonia dois anos antes durante uma convenção da Independent Order of Odd Fellows, mas que o episódio chamara pouca atenção porque ninguém morrera. Hoje sabemos que a *Legionella* está amplamente distribuída pelo solo e pela água doce, e a doença de *Legionella* tornou-se mais comum do que a maioria supõe.[8] Cerca de uma dúzia de surtos é relatada todo ano nos Estados Unidos, e cerca de 18 mil pessoas adoecem o suficiente para necessitar hospitalização, mas os CDCs acham que esse número provavelmente está aquém da realidade.

Mais ou menos a mesma coisa aconteceu com a doença de Akureyri, em que as investigações mostraram que houvera surtos similares na Suíça em 1937 e 1939 e provavelmente em Los Angeles em 1934 (onde foi tomada por uma forma branda de pólio).[9] Onde estava antes disso, se é que em algum lugar, ninguém sabe.

A transformação de uma doença em epidemia depende de quatro fatores: letalidade, eficácia em encontrar novas vítimas, dificuldade em ser contida e susceptibilidade a vacinas.[10] A maioria das doenças realmente assustadoras não é grande coisa em nenhuma das quatro condições; na verdade, as qualidades que as tornam assustadoras muitas vezes inviabilizam a disseminação. O ebola, por exemplo, é tão aterrorizante que todo mundo tenta fugir da área de contágio. Além disso, a doença incapacita as vítimas rapidamente, de modo que a maioria é colocada em isolamento antes de poder espalhá-la ainda mais. O ebola é quase absurdamente infeccioso — uma mera gota de sangue do tamanho deste "o" pode conter 100 milhões de partículas, cada uma delas tão letal quanto uma granada de mão —, mas refreado por sua inépcia proliferativa.

Para prosperar, o vírus não pode ser bom demais em matar e precisa conseguir circular amplamente.[11] É o que faz da gripe uma ameaça tão perene. Uma gripe típica torna a vítima infecciosa por cerca de um dia antes de manifestar os sintomas e por cerca de uma semana após a recuperação, fazendo de cada uma delas um vetor. A gripe espanhola de 1918 deixou 10 milhões de mortos pelo mundo afora — alguns cálculos mencionam 100 milhões —, não por ser especialmente letal, mas por ser persistente e altamente transmissível. Ela matou apenas cerca de 2,5% de suas vítimas, calcula-se. O ebola seria muito mais eficiente — e, a longo prazo, mais perigoso — se por mutação passasse a uma versão mais branda que não levasse tamanho pânico às comunidades onde surge e permitisse assim às vítimas se misturar a outros pobres incautos.

Isso, claro, não é motivo para sermos complacentes. O ebola só foi formalmente identificado na década de 1970 e até recentemente todos os seus surtos foram isolados e de vida curta, mas em 2013 ele se espalhou por três países — Guiné, Libéria e Serra Leoa —, onde contaminou 28 mil pessoas e matou 11 mil. É uma grande epidemia. Em diversas ocasiões, graças às viagens aéreas, escapou para outros países, embora felizmente tenha sido contido em cada um deles. Nossa sorte pode não durar para sempre. A hipervirulência diminui a probabilidade de disseminação das doenças, mas não é garantia de que não se espalharão.*

---

* Quando se fala de doenças, as pessoas muitas vezes usam contagioso e infeccioso de forma intercambiável, mas há uma diferença. Uma doença infecciosa é causada por um micróbio; uma doença contagiosa é transmitida por contato.

Admira que coisas ruins não aconteçam com mais frequência. Segundo estimativa relatada por Ed Yong na *Atlantic*, o número de vírus em aves e mamíferos com potencial para pular a barreira entre espécies e nos infectar pode chegar a 800 mil. É bastante.[12]

II

Alguns costumam dizer, apenas em parte como piada, que a pior iniciativa de saúde da história foi a invenção da agricultura. Jared Diamond se refere a ela como "uma catástrofe da qual nunca nos recuperamos".[13]

A lavoura, contrariamente ao que se imagina, não melhorou a dieta humana, mas, quase por toda parte, empobreceu-a. O foco numa variedade mais restrita de alimentos básicos resultou em maior número de gente sofrendo de pelo menos algumas deficiências dietéticas sem necessariamente estar ciente disso. Além do mais, a vida na proximidade de animais domésticos fez das doenças deles nossas doenças. Lepra, peste bubônica, tuberculose, tifo, difteria, sarampo, gripes — todas saltando de cabras, porcos, vacas e assim por diante para nós. Segundo uma estimativa, cerca de 60% de todas as doenças infecciosas são zoonóticas (ou seja, de origem animal). A agricultura levou ao crescimento do comércio e da alfabetização e aos frutos da civilização, mas também nos proporcionou milênios de dentes estragados, desenvolvimento atrofiado e saúde deteriorada.

Esquecemos como muitas doenças foram devastadoras em tempos bem recentes. A difteria, por exemplo. Na década de 1920, antes da introdução da vacina, ela infectou em média mais de 200 mil indivíduos por ano nos Estados Unidos, matando por volta de 15 mil deles. Crianças eram particularmente suscetíveis. Em geral, começava com um leve aumento da temperatura e garganta inflamada; assim no início era facilmente confundida com um resfriado, mas o quadro logo se agravava, à medida que células mortas se acumulavam na garganta, formando placas coriáceas (e de fato difteria vem do grego para "couro") que dificultavam cada vez mais a respiração, e a doença então se espalhava pelo corpo, levando os órgãos à falência, um a um. A morte em geral sobrevinha rápido. Houve inúmeros casos de pais que perderam todos os filhos num único surto. Hoje, a difteria se tornou tão rara — apenas cinco casos nos Estados Unidos, na última década verificada — que muitos médicos demorariam a reconhecê-la.

A febre tifoide não era menos amedrontadora e causou no mínimo tanto sofrimento quanto a difteria. O eminente microbiologista francês Louis Pasteur compreendia os patógenos melhor do que qualquer um em seu tempo; mesmo assim perdeu três dos cinco filhos para a doença. A febre tifoide e o tifo têm nome e sintomas parecidos, mas são enfermidades distintas. Ambas são de origem bacteriana e provocam forte dor abdominal, languidez e confusão mental gradual. O tifo é causado por um bacilo do gênero *Rickettsia*; a febre tifoide, por um bacilo da salmonela, é a mais grave das duas. Uma pequena proporção das pessoas contaminadas com febre tifoide — entre 2% e 5% — pode passar a doença, mas sem manifestar os sintomas, o que as torna vetores altamente eficazes, ainda que, com raras exceções, involuntários. O caso mais famoso é o de uma cozinheira e governanta obscura chamada Mary Mallon, que ganhou notoriedade nos primeiros anos do século xx como Maria Tifoide.[14]

Quase nada se sabe sobre as origens de Mary Mallon. Em seu tempo, fontes diferentes afirmavam que era da Irlanda, da Inglaterra ou dos Estados Unidos. Só o que se pode dizer com certeza é que, quando moça, Mary começou a trabalhar em diversas residências ricas, a maioria perto de Nova York, e por onde passava duas coisas sempre aconteciam: a família pegava febre tifoide e Mary desaparecia. Em 1907, após um surto particularmente cruel, descobriram seu paradeiro e a capturaram, e depois de examinada entrou para a história da ciência como a primeira portadora assintomática confirmada. Mary representava um perigo tão grande que o governo a manteve sob custódia por três anos. Devolveram-lhe a liberdade quando jurou nunca mais trabalhar manuseando comida. Mas, infelizmente, Mary não era uma alma confiável. Quase de imediato voltou a cozinhar para os outros, espalhando a doença por muitos lugares. Conseguiu evadir-se às autoridades até 1915, quando 25 pessoas no Hospital Feminino Sloane, em Manhattan, onde Mary havia trabalhado como cozinheira sob um nome falso, ficaram com febre tifoide. Duas morreram. Mary fugira, mas foi recapturada e passou os últimos 23 anos de sua vida em prisão domiciliar, em North Brother Island, no East River, até falecer, em 1938. Foi pessoalmente responsável por no mínimo 53 casos de febre tifoide e três mortes confirmadas, mas possivelmente muito mais. A tragédia particular disso tudo é que poderia ter poupado suas desafortunadas vítimas se simplesmente lavasse as mãos antes de preparar a comida.

A febre tifoide pode não tirar nosso sono tanto quanto antigamente, mas ainda infecta mais de 20 milhões de pessoas por ano no mundo e mata entre 200 mil e 600 mil, dependendo da estimativa. Calcula-se que nos Estados Unidos ocorram 5750 casos por ano, cerca de dois terços oriundos de fora, mas quase 2 mil contraídos no país.[15]

Se você quer imaginar o que uma doença poderia fazer caso piorasse em todos os aspectos possíveis, a melhor ilustração é a varíola. A varíola é quase certamente a doença mais devastadora da história humana. Infectou praticamente todo mundo que se expôs a ela e matou cerca de 30% das vítimas. Acredita-se que só no século XX tenha levado 500 milhões de vidas.[16] Seu caráter assombrosamente contagioso ficou nitidamente demonstrado na Alemanha em 1970, depois que um jovem turista teve varíola ao voltar do Paquistão. Puseram-no em quarentena no hospital, mas o rapaz um dia abriu a janela para fumar um cigarro escondido. Bastou para infectar mais dezessete pessoas, algumas dois andares abaixo, segundo se noticiou.[17]

A varíola só afeta humanos e isso se revelou uma fraqueza fatal do vírus. Outras doenças infecciosas — a gripe, particularmente — podem desaparecer de populações humanas, mas adormecer, por assim dizer, entre aves, porcos ou outros animais. A varíola não possuía um reservatório onde se recolher à medida que os humanos a cercavam em áreas cada vez menores do planeta. Em algum ponto no passado distante, perdeu a capacidade de contaminar outros animais para se concentrar exclusivamente em humanos. No final das contas, escolheu o inimigo errado.

Hoje a única maneira de seres humanos pegarem varíola é infligindo o mal a si próprios. Infelizmente, foi o que aconteceu. No fim do verão de 1978, na Universidade de Birmingham, uma fotógrafa chamada Janet Parker deixou o trabalho mais cedo e voltou para casa se queixando de terríveis dores de cabeça. Não demorou a cair doente de fato — ela ficou febril, delirante e coberta de pústulas. Contraíra varíola, de sua sala, pelo duto de ar de um laboratório no andar de baixo. Um virologista, Henry Bedson, estava estudando uma das últimas amostras de varíola do mundo ainda permitidas à pesquisa. Ele trabalhava freneticamente contra o prazo de destruição do estoque e sem dúvida acabou se descuidando da segurança. A pobre Janet Parker morreu cerca de duas semanas depois e desse modo se tornou a última pessoa na Terra a ser morta pelo vírus. A vacina que tomara contra a doença doze anos antes já não surtia mais efeito. Ao saber que a varíola escapara de seu laboratório e matara uma pessoa inocente, Bedson cometeu suicídio em seu barracão no jardim; assim, em certo sentido, foi ele a última vítima da varíola. A ala do hospital onde Parker ficou internada permaneceu interditada por cinco anos.

Dois anos após sua terrível morte, em 8 de maio de 1980, a OMS anunciou que a varíola fora erradicada, a primeira e até então única doença humana considerada extinta. Oficialmente, existem apenas dois estoques de varíola no mundo — em congeladores do governo, nos CDCs em Atlanta, Georgia, e em um instituto de virologia russo perto de Novosibirsk, na Sibéria. Os dois países fizeram reiteradas promessas de destruir os estoques remanescentes, mas nunca as cumpriram. Em 2002, a CIA afirmou que provavelmente havia estoques também na França, Iraque e Coreia do Norte. Ninguém sabe dizer se, e quantas, amostras podem ter sobrevivido também por acidente. Em 2014, vasculhando um depósito da Food and Drug Administration em Bethesda, Maryland, um funcionário encontrou frascos de varíola da década de 1950, ainda viáveis.[18] Os frascos foram destruídos, mas foi um lembrete preocupante de como algumas amostras podiam ter passado facilmente despercebidas.

Com o fim da varíola, a tuberculose é hoje a doença mais infecciosa do planeta. Entre 1,5 milhão e 2 milhões de pessoas morrem todo ano. É outra doença em grande parte esquecida, mas apenas duas gerações atrás foi devastadora. Lewis Thomas, escrevendo no *New York Review of Books* em 1978, relembrava como todos os tratamentos para a tuberculose eram inúteis nos anos 1930, quando era aluno de medicina. Qualquer um podia contraí-la, observou, e não havia realmente nada que se pudesse fazer para ficar a salvo da infecção. Se você pegasse, já era. "A pior parte da doença, tanto para o paciente como para a família, era o enorme tempo que levava para a pessoa morrer", escreveu Thomas. "O único consolo era um curioso fenômeno perto do fim conhecido como *spes phthisica*, quando o paciente subitamente ficava otimista e esperançoso, até razoavelmente exultante. Esse era o pior dos sinais; a *spes phthisica* significava que a morte era iminente."

Como um flagelo, a tuberculose efetivamente piorou com o passar do tempo. Até o fim do século XIX, era conhecida como consumpção, e acreditava-se que fosse herdada, mas quando o microbiologista Robert Koch descobriu o bacilo, em 1882, a comunidade médica percebeu que sem dúvida era infecciosa — revelação tanto mais preocupante para as vítimas quanto para os que cuidavam delas — e passou a ser mais amplamente conhecida como tuberculose. Antes, os pacientes eram internados em sanatórios para seu próprio bem; agora, pairava no ar uma sensação mais urgente de exílio.

Quase por toda parte os doentes foram submetidos a tratamentos cruéis. Em algumas instituições, cirurgiões reduziam a capacidade pulmonar da pessoa cortando nervos ligados ao diafragma (procedimento conhecido como esmagamento frênico) ou injetando gás em sua cavidade torácica, de modo que os pulmões não pudessem se inflar por completo. No sanatório Frimley, na Inglaterra, os médicos tentaram abordagem bem diversa. Forneciam picaretas para os pacientes e os sujeitavam a trabalhos forçados inúteis, na crença de que o esforço fortaleceria seus pulmões enfraquecidos.[19] Nada disso fez, nem poderia ter feito, o menor bem. Na maioria dos lugares, porém, os cuidados se resumiam a manter a pessoa bem quieta para tentar impedir a doença de se espalhar de seus pulmões para outras partes do corpo. Os pacientes eram proibidos de conversar, escrever cartas ou mesmo ler livros ou jornais, com o que poderiam ficar desnecessariamente excitados. Betty MacDonald, em seu popular e ainda muito aprazível livro de 1948, *The Plague and I* [A peste e eu], sobre suas experiências em um sanatório no estado de Washington, relatou que podiam receber a visita dos filhos apenas uma vez por mês por dez minutos, e de cônjuges e outros adultos por duas horas às quintas e aos domingos.[20] Os pacientes não tinham permissão de conversar ou rir, a menos que fosse inevitável, nem de cantar. Eram forçados a ficar perfeitamente imóveis durante a maior parte do dia e não podiam se curvar nem tentar pegar coisas.

Se a tuberculose está fora do radar para a maioria de nós, é porque 95% dos mais de 1,5 milhão de mortos que deixa todo ano vivem em países de baixa ou média renda. Cerca de uma em três pessoas no planeta é portadora da bactéria, mas apenas uma pequena proporção delas contrairá a doença. Que continua por aí. Cerca de setecentas pessoas por ano morrem de tuberculose nos Estados Unidos. Alguns burgos de Londres hoje apresentam taxas de infecção praticamente comparáveis às da Nigéria ou do Brasil.[21] Não menos alarmantes, cepas de tuberculose resistentes a medicação hoje estão por trás de 10%

dos novos casos. É bem possível, num futuro não muito distante, nos vermos diante de uma epidemia de tuberculose que a medicina não consegue tratar.

Há um monte de doenças historicamente formidáveis ainda por aí, não completamente superadas. Até a peste bubônica ainda existe, acredite se quiser. Nos Estados Unidos, a média é de sete casos por ano. Na maioria dos anos, há uma ou duas fatalidades. E há inúmeras doenças pelo mundo afora das quais nós nos países desenvolvidos somos poupados — doenças como leishmaniose, tracoma e bouba, das quais muitos nunca ouviram falar. Essas três, e quinze outras, conhecidas coletivamente como "doenças tropicais negligenciadas", afetam mais de 1 bilhão de pessoas no mundo inteiro. Mais de 120 milhões, para ficar só num exemplo, sofrem de filariose linfática (ou elefantíase), uma infecção parasitária deformante. O mais triste é que um simples composto adicionado ao sal de cozinha poderia eliminar a filariose. Muitas outras doenças tropicais negligenciadas são um filme de terror. O verme-da-guiné cresce até um metro dentro do corpo da vítima, depois escapa abrindo um buraco na pele. O único tratamento, até hoje, é acelerar o processo enrolando o parasita em um palito, conforme sai.[22]

Dizer que grande parte do nosso progresso contra essas doenças foi conquistado a duras penas não faz jus à verdade. Considere a contribuição do grande parasitologista alemão Theodor Bilharz (1825-62), com frequência chamado de pai da medicina tropical. Ele devotou toda a carreira, sob constante risco pessoal, a tentar compreender e dominar algumas das piores doenças infecciosas do mundo. Querendo entender melhor a horrível doença da esquistossomose — também chamada bilharziose, em sua homenagem —, Bilharz, usando faixas, prendeu pupas de cercárias (a forma larvar do verme) em sua barriga e nos dias subsequentes procedeu a anotações cuidadosas, conforme penetravam em sua pele e invadiam seu fígado.[23] Sobreviveu a essa experiência, mas morreu logo em seguida, com 37 anos, vítima do tifo, combatendo uma epidemia no Cairo. Similarmente, Howard Taylor Ricketts (1871-1910), descobridor americano das bactérias que levam seu nome, foi para o México estudar o tifo, mas contraiu a doença e morreu. Outro americano, Jesse Lazear (1866-1900), da Escola Médica Johns Hopkins, viajou a Cuba em 1900 para tentar provar que a febre amarela era transmitida por mosquitos, pegou a doença — provavelmente de propósito — e morreu. Stanislaus von Prowazek (1875-1915), da Boêmia, viajou pelo mundo estudando doenças infecciosas e descobriu o agente por trás do tracoma antes de sucumbir ao tifo, em 1915, quando combatia um surto numa prisão alemã. Há muitos outros exemplos. A ciência médica nunca produziu grupo mais nobre e abnegado de investigadores do que os patologistas e parasitologistas que arriscaram e com muita frequência perderam a vida tentando dominar as doenças mais fatais do mundo no fim do século XIX e início do XX. Deveria haver um monumento a eles em algum lugar.

III

Já não morremos com tanta frequência de doenças transmissíveis, mas inúmeras outras enfermidades vieram ocupar a lacuna. Há dois males em particular mais visíveis hoje do que em tempos passados, em parte porque não estamos sendo mortos por outras coisas antes.

Um deles são as doenças genéticas. Há vinte anos, conhecíamos cerca de 5 mil doenças genéticas. Hoje, já são 7 mil. A quantidade de doenças genéticas é constante. O que mudou foi nossa capacidade de identificá-las. Às vezes, um gene rebelde pode causar uma falha, como no caso da doença de Huntington, no passado conhecida como coreia (do grego para "dança", uma referência estranha e decididamente insensível aos movimentos espasmódicos das vítimas). É uma doença terrível, que afeta cerca de uma pessoa em 10 mil. Os sintomas em geral aparecem quando a vítima está na casa dos trinta ou quarenta anos e progridem ineluctavelmente rumo à senilidade e à morte prematura. Isso se deve a uma mutação do gene HTT, que produz uma proteína chamada huntingtina, uma das maiores e mais complexas proteínas do corpo humano. Não fazemos ideia de sua função.[24]

O mais comum é que haja múltiplos genes em ação, de uma maneira complicada demais para ser inteiramente compreendida. Há mais de cem genes envolvidos na doença inflamatória intestinal, por exemplo. Pelo menos quarenta foram ligados ao diabetes tipo 2 — e isso antes de começarmos a computar outros fatores determinantes como saúde e estilo de vida.[25]

A maioria das doenças tem um conjunto complexo de gatilhos. Assim, muitas vezes é impossível apontar uma causa específica. Veja a esclerose múltipla, uma doença do sistema nervoso central em que a pessoa sofre paralisia gradual e perda do controle motor, que quase sempre começa antes dos quarenta anos. É sem dúvida genética, mas também há um elemento geográfico que ninguém sabe explicar inteiramente. Na Europa, a incidência em regiões setentrionais é muito maior do que nos climas mais quentes. Como David Bainbridge observou: "Por que o clima temperado levaria alguém a atacar a própria medula não fica muito claro. No entanto, o fenômeno é óbvio, e já ficou demonstrado que se você for do norte pode reduzir seu risco mudando para o sul antes da puberdade".[26] A doença também é desproporcional entre mulheres, mais uma vez, por nenhum motivo identificado.

Para nossa sorte, a maioria das doenças genéticas é bastante rara e com frequência tende a desaparecer na população. Uma das vítimas mais famosas foi o pintor Henri de Toulouse-Lautrec, que se acredita que sofresse de picnodisostose. Suas proporções eram normais até a puberdade, mas depois as pernas de Toulouse-Lautrec pararam de crescer e seu tronco continuou se desenvolvendo até o tamanho adulto normal. Quando ficava de pé, era como se estivesse de joelhos. Apenas cerca de duzentos casos da doença foram registrados.[27] Doenças são definidas como raras se não atingem mais que um indivíduo em 2 mil, e em sua essência há um elemento paradoxal: apesar de restritas, coletivamente afetam muita gente. No total existem cerca de 7 mil doenças raras — são tantas que vitimam cerca de uma em cada dezessete pessoas no mundo desenvolvido, proporção longe de rara. Mas, lamentavelmente, quando a doença se restringe a pequeno número de vítimas, dificilmente atrai muita pesquisa. Para 90% das doenças raras, não existe tratamento eficaz.[28]

Uma segunda categoria de enfermidades que se tornaram mais comuns nos tempos modernos e representam um risco muito maior para a maioria são o que Daniel Lieberman chama de "doenças incompatíveis" — ou seja, doenças ocasionadas por nosso estilo de vida indolente e superindulgente. Em poucas palavras, é a ideia de que nascemos com corpo de caçadores-coletores, mas passamos a vida sentados. Se esperamos ser saudáveis, devemos nos alimentar e movimentar de forma um pouco mais próxima à de nossos ancestrais. Não quer dizer que precisamos comer tubérculos e caçar animais selvagens. E sim que devemos consumir muito menos alimentos processados e adoçados, em quantidades menores, e fazer mais exercício. Na falta disso, porém, estamos adoecendo de coisas como diabetes tipo 2 e enfermidades cardiovasculares, que matam em grande número. Com efeito, observa o professor de Harvard, o sistema médico na verdade tem agravado o problema ao tratar os sintomas das doenças incompatíveis com tamanha eficiência que, "involuntariamente, perpetuamos suas causas". Como Lieberman afirma, com brutal franqueza: "Muito provavelmente você vai morrer de uma doença incompatível".[29] De forma ainda mais desencorajadora, ele acredita que 70% das doenças que nos matam poderiam facilmente ser prevenidas se vivêssemos de forma mais equilibrada.

Perguntei a Michael Kinch, da Universidade de Washington em St. Louis, qual é o maior risco à saúde enfrentado hoje. "Gripe", ele respondeu, sem hesitar. "A gripe é bem mais perigosa do que as pessoas pensam. Para começar, já mata muita gente — entre 30 mil e 40 mil pessoas todo ano nos Estados Unidos —, e isso num assim chamado 'ano bom'. Mas ela também evolui muito rápido e é o que a torna particularmente perigosa."

Todo mês de fevereiro, a OMS e os CDCs se reúnem e decidem de que será feita a nova vacina contra gripe, em geral com base no que acontece na Ásia Oriental. O problema é que as cepas de gripe são extremamente variáveis e muito difíceis de prever. Você provavelmente já sabe que todas as gripes têm nomes como H5N1 e H3N2. Isso acontece porque todo vírus de gripe tem dois tipos de proteínas na superfície — a hemaglutinina e a neuraminidase — e é a isso que se referem o H e o N em seus nomes. H5N1 significa que o vírus combina a quinta iteração conhecida da hemaglutinina com a primeira iteração conhecida da neuraminidase e por algum motivo essa é uma combinação particularmente nociva. "H5N1 é a versão comumente conhecida como 'gripe aviária' e ela mata entre 50% a 90% das vítimas", diz Kinch. "Por sorte, não é prontamente transmissível entre humanos. Até o momento, neste século, matou cerca de quatrocentas pessoas — aproximadamente 60% dos infectados. Mas se o vírus passar por mutação, é bom ficar de olho aberto."

Com base na informação disponível, a OMS e os CDCs anunciam sua decisão no dia 28 de fevereiro e os fabricantes mundiais de vacina contra gripe começam a trabalhar numa mesma cepa. Kinch diz: "De fevereiro a outubro, eles produzem a nova vacina, torcendo para estarem preparados para a próxima grande temporada de gripe. Mas, quando uma gripe nova e realmente devastadora surge, não há garantia de que teremos efetivamente atacado o vírus certo".

Na temporada da gripe de 2017-8, para ficar só num exemplo, a probabilidade de pegar a doença entre a população vacinada era apenas 36% menor.[30] Consequentemente, foi um ano ruim para o combate à gripe nos Estados Unidos, com fatalidades estimadas em 80 mil. No caso de uma epidemia realmente catastrófica — que matasse crianças ou jovens a mancheias, digamos —, Kinch acredita que não conseguiríamos produzir vacina com rapidez suficiente para imunizar todo mundo, mesmo se a vacina fosse eficaz.

Como ele diz: "O fato é que na verdade não estamos mais bem preparados para uma epidemia grave hoje do que quando a gripe espanhola matou dezenas de milhões de pessoas, há cem anos. Se a gente ainda não enfrentou outra situação como essa, não é porque ficamos mais atentos. Foi pura sorte".

21. Quando as coisas dão muito errado: câncer

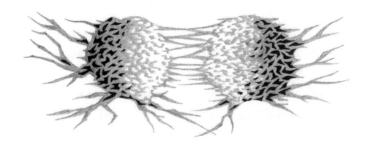

> *Somos corpos. Eles dão defeito.*
> Tom Lubbock, *Until Further Notice, I Am Alive*
> [Até aviso em contrário, estou vivo]

I

Abominamos mais o câncer do que de qualquer outra doença, porém grande parte desse medo é razoavelmente recente. Em 1896, quando o recém-fundado *American Journal of Psychology* pesquisou as enfermidades mais temidas, o câncer foi pouco lembrado. Difteria, varíola e tuberculose constituíam preocupações maiores, mas até mesmo trismo, afogamento, ser mordido por um animal raivoso ou surpreendido por um terremoto aterrorizavam mais o cidadão médio do que o câncer.[1]

Isso acontecia em parte porque a maioria das pessoas dificilmente vivia tempo suficiente para ter a doença. Como um colega afirmou a Siddhartha Mukherjee, autor de *O imperador de todos os males*: "A história do câncer no começo é que no começo o câncer tem muito pouca história".[2] Não que o câncer não existisse; simplesmente não parecia algo provável e assustador. Nesse sentido, era mais como a pneumonia é hoje. A pneumonia continua sendo a nona causa de morte mais comum, e contudo pouca gente teme a doença de verdade, pois tendemos a associá-la a pessoas idosas e frágeis, que já estão com o pé na cova, de um modo ou de outro. Assim foi por muito tempo com o câncer.*

Tudo mudou no século xx. Entre 1900 e 1940, ele saltou do oitavo para o segundo lugar (atrás apenas das doenças cardiovasculares) como causa de morte e desde então lançou uma longa sombra em nossas percepções da mortalidade. Hoje, cerca de 40% das pessoas descobrem ter câncer em algum ponto da vida. Muitos o terão sem saber e morrerão de alguma outra coisa antes. Para metade dos homens com mais de sessenta anos e para três quartos acima dos setenta, por exemplo, o câncer de próstata só é descoberto após o óbito.³ Já foi sugerido, na verdade, que se todo homem vivesse o suficiente, todos teriam câncer de próstata.

O câncer no século xx virou não apenas o grande medo, mas o grande estigma. Um levantamento feito entre médicos nos Estados Unidos em 1961 revelou que nove em dez profissionais não informavam seus pacientes devido à vergonha e ao horror envolvidos na doença.⁴ No Reino Unido, nessa época, as pesquisas mostraram que cerca de 85% dos pacientes de câncer queriam saber se estavam morrendo, mas que entre 70% e 90% dos médicos se recusavam a dizer.⁵

Tendemos a pensar no câncer como algo que pegamos, como uma infecção bacteriana. Na verdade, ele é totalmente interno, um processo em que o corpo se volta contra si mesmo. Em 2000, um artigo seminal no periódico *Cell* listou seis atributos em particular de toda célula cancerígena, a saber:

Divide-se sem parar.
Cresce sem direção ou influência de agentes externos, como hormônios.

---

* Originalmente, "câncer" descrevia qualquer ferida não cicatrizada, daí a relação com "cancro". No seu sentido mais específico e moderno, data do século xvi. A palavra vem do latim para "caranguejo" (e é por isso que a constelação celestial e o signo do zodíaco são chamados de Câncer). Diz-se que Hipócrates, o médico grego, usou o termo para tumores porque a sua forma lhe lembrava caranguejos.

Realiza angiogênese, tapeando o corpo para receber um suprimento sanguíneo.
Ignora sinais para deter o crescimento.
Não sucumbe à apoptose, ou morte celular programada.
Faz metástase, isto é, se espalha para outras partes do corpo.

Em suma, o câncer é, por mais chocante que seja, seu corpo fazendo o melhor que pode para te matar. Um suicídio não autorizado.
"Por isso o câncer não é contagioso", diz o dr. Josef Vormoor, fundador e diretor clínico da hemato-oncologia pediátrica do novo Centro de Cânceres Infantis Princesa Máxima, em Utretch, Holanda.[6] "É você que ele está atacando." Vormoor é um velho amigo, que conheci em sua atribuição anterior como diretor do Instituto Setentrional para Pesquisa do Câncer, na Universidade de Newcastle. Ele se juntou ao Princesa Máxima pouco após a inauguração, no verão de 2018.

Células cancerígenas se parecem com células comuns, exceto pela proliferação descontrolada. Por serem aparentemente normais, o corpo às vezes deixa de detectá-las e não invoca uma resposta inflamatória, como faria com um agente externo. Isso significa que a maioria dos tipos de câncer em estágio inicial é indolor e invisível. Só quando o tumor cresce o suficiente para pressionar os nervos ou formar um caroço percebemos que há alguma coisa errada. Alguns cânceres podem crescer silenciosamente por décadas antes de se manifestar. Outros nunca se manifestam.

O câncer é muito diferente das demais enfermidades. Seu ataque normalmente é implacável. A vitória contra a doença quase sempre é obtida com grande sofrimento e a um alto custo para a saúde geral da vítima. O câncer costuma bater em retirada ao ser atacado, reagrupar-se e voltar numa forma mais potente. Mesmo quando aparentemente derrotado, pode deixar em seu rastro células que permanecem "dormentes" por anos para então voltar à vida. Acima de tudo, uma célula cancerígena é egoísta. Normalmente, as células humanas fazem seu trabalho e morrem em seguida, sob ordens de outras células, para o bem do corpo. Células de câncer não. Proliferam-se inteiramente em benefício próprio.

"Elas evoluíram para se tornar capazes de evitar detecção", diz Vormoor. "Conseguem se esconder de medicações. Conseguem desenvolver resistência.

Conseguem recrutar outras células para ajudá-las. Conseguem entrar em hibernação e esperar condições melhores. Conseguem fazer uma série de coisas para dificultar nosso trabalho de aniquilá-las."

Uma coisa que só recentemente descobrimos foi que, antes da metástase, o câncer é capaz de preparar o terreno para a invasão, provavelmente mediante alguma forma de sinalização química. "Isso significa", diz Vormoor, "que quando as células de câncer se espalham para outros órgãos, não chegam simplesmente e ficam esperando para ver o que acontece. Já existe um acampamento-base montado no órgão de destino. Por que certos cânceres vão para certos órgãos, muitas vezes em partes afastadas do corpo, sempre foi um mistério."

Precisamos ser lembrados de tempos em tempos de que estamos falando de células desprovidas de inteligência. Não são más porque querem. Não conspiram para nos matar. Estão fazendo apenas o que toda célula tenta fazer — sobreviver. "O mundo é um lugar desafiador", diz Vormoor. "As células evoluíram um repertório de programas que usam para ajudar a se proteger de danos ao DNA. Estão fazendo somente o que foram programadas para fazer."

Ou, como um dos colegas de Vormoor, Olaf Heidenreich, me explicou: "O câncer é o preço que pagamos pela evolução. Se as células não pudessem passar por mutação, não teríamos câncer, mas também não poderíamos evoluir. Seríamos eternamente fixos. Significa na prática que embora a evolução às vezes seja desagradável para o indivíduo, no todo ela é benéfica para a espécie".

O câncer na verdade não é uma única doença, mas um grupo de mais de duzentas, com uma variedade de causas e prognósticos. Oitenta por cento dos cânceres, conhecidos como carcinomas, surgem nas células epiteliais — as células que compõem a pele e o revestimento dos órgãos. Os cânceres de mama, por exemplo, não crescem aleatoriamente dentro do seio, mas geralmente começam nos dutos mamários. Acredita-se que as células epiteliais sejam particularmente sensíveis ao câncer porque se dividem rápido e com frequência. Apenas cerca de 1% dos cânceres são encontrados no tecido conectivo; eles são conhecidos como sarcomas.

O câncer é, em primeiro lugar, coisa da idade. Do nascimento aos quarenta anos, a probabilidade de ter câncer entre os homens é de 1 em 71 e entre as mulheres, de 1 em 51, mas, depois dos sessenta, as chances passam para 1 em 3 entre homens e 1 em 4 entre mulheres.[7] A probabilidade de ter câncer aos oitenta anos é mil vezes maior do que na adolescência.

O estilo de vida influencia muito. Mais da metade dos casos, segundo alguns cálculos, são causados por hábitos que podemos evitar — fumar, beber em excesso e comer demais, principalmente.[8] A Sociedade Americana do Câncer encontrou uma "ligação significativa" entre sobrepeso e incidência de câncer de fígado, mama, esôfago, próstata, cólon, pâncreas, rim, cérvix, tireoide e estômago — em suma, quase qualquer lugar. Como exatamente o peso predispõe ao câncer está longe de ser compreendido, mas sem dúvida parece fazê-lo.[9]

A exposição a toxinas no ambiente de trabalho também é uma causa importante — mais talvez do que a maioria pensa. O primeiro a perceber uma ligação entre câncer e ambiente foi o cirurgião britânico Percivall Pott, em 1775, ao observar que o câncer de testículo era desproporcionalmente predominante entre limpadores de chaminés — de fato, tão peculiar ao ofício que foi chamado de "câncer de limpador de chaminé".[10] A investigação de Pott, numa obra intitulada *Chirurgical Observations Relative to the Cataract, the Polypus of the Nose, the Cancer of the Scrotum etc.* [Observações cirúrgicas relativas à catarata, ao pólipo do nariz, ao câncer do escroto etc.], era notável não só por identificar uma fonte ambiental de câncer, mas por mostrar compaixão pelos pobres limpadores, um grupo desamparado até para os padrões daqueles tempos austeros e negligentes. Desde a mais tenra infância, Pott recordou, os limpadores eram "frequentemente tratados com grande brutalidade e quase morriam de frio e fome; são enfiados em chaminés estreitas e por vezes quentes, onde sofrem arranhões e queimaduras e quase sufocam; e ao chegar à puberdade, tornam-se particularmente propensos a uma doença deveras perniciosa, dolorosa e fatal". A causa do câncer, descobriu Pott, era o acúmulo de fuligem nas pregas da bolsa escrotal. Uma boa higiene uma vez por semana podia impedir seu surgimento, mas a maioria não tinha acesso sequer a isso, e o câncer testicular permaneceu um problema até o fim do século xix.

Ninguém sabe atualmente em que medida os fatores ambientais influenciam o câncer, algo em essência impossível de determinar. Mais de 80 mil substâncias químicas são produzidas comercialmente no mundo e, segundo um cálculo, 86% nunca tiveram seus efeitos testados em humanos.[11] Não sabemos muito sequer sobre os produtos químicos bons ou neutros usados em nosso dia a dia. Como Pieter Dorrestein, da Universidade da Califórnia em San Diego, afirmou a um jornalista da revista *Chemistry World* em 2016: "Se alguém perguntar quais as dez moléculas mais abundantes do habitat humano, ninguém sabe responder". Das coisas que podem nos causar mal, apenas radônio, monóxido de carbono, fumaça de tabaco e amianto foram estudados realmente a fundo. De resto, quase sempre não passa de especulação. Inalamos um bocado de formaldeído, que é usado em retardantes de chamas e cola de mobília. Também produzimos e respiramos um bocado de dióxido de nitrogênio, hidrocarbonos policíclicos, compostos semiorgânicos e partículas variadas. Mesmo cozinhar ou acender velas pode produzir partículas eventualmente nocivas. Embora ninguém possa dizer com segurança até que ponto os poluentes no ar e na água contribuem para o câncer, estima-se que seja algo em torno de 20%.[12]

Vírus e bactérias também causam câncer. A OMS estimou em 2011 que 6% dos casos no mundo desenvolvido e 22% nos países de baixa e média renda tinham origens exclusivamente virais. Era uma ideia bastante radical. Em 1911, quando Peyton Rous, um inexperiente pesquisador do Instituto Rockefeller em Nova York, constatou que um vírus causava câncer em galinhas, sua descoberta foi universalmente desprezada. Diante da contestação e até do ridículo, Rous abandonou a ideia e dedicou-se a outras pesquisas.[13] Só em 1966, mais de meio século após sua descoberta, o mundo lhe fez justiça com um Nobel. Hoje sabemos que patógenos causam câncer cervical (o papilomavírus humano), alguns tipos de linfoma de Burkitt e de câncer de fígado, além de vários outros. No total, segundo se estimou, os patógenos podem ser responsáveis por um quarto de todos os cânceres globalmente.[14]

E, às vezes, o câncer apenas parece cruelmente aleatório. Cerca de 10% dos homens e 15% das mulheres que sofrem de câncer pulmonar não são fumantes e não foram expostos a toxinas ambientais, nem enfrentaram algum outro risco, até onde sabem informar.[15] Ao que tudo indica, seu problema é uma tremenda falta de sorte — mas se são azarados num sentido fatalista ou genético, normalmente é impossível dizer.*

Uma coisa, porém, todo câncer tem em comum: o tratamento brutal.

---

* O leitor atento notará que todas essas porcentagens somam mais de 100%. Isso se deve, em parte, ao fato de serem estimativas — em alguns casos pouco mais do que suposições — provenientes de fontes diferentes, e, em parte, devido à dupla ou tripla contagem. O câncer fatal do pulmão de um mineiro de carvão aposentado pode, por exemplo, ser atribuído ao seu ambiente de trabalho ou ao fato de ter fumado durante quarenta anos, ou a ambos. Na maioria das vezes, a causa de um câncer é mera suposição.

II

Em 1810, a romancista inglesa Fanny Burney, quando vivia na França, teve câncer de mama aos 58 anos. É quase impossível imaginar como deve ter sido aterrorizante. Há duzentos anos, toda forma de câncer era horrível, mas o câncer mamário principalmente. A maioria das vítimas sofria anos de martírio, com frequência passando por um constrangimento inominável, conforme o tumor lentamente devorava o seio e abria um buraco pelo qual vazavam líquidos que impossibilitavam a vida em sociedade, às vezes até mesmo a convivência familiar. A cirurgia era o único tratamento possível, mas, numa época sem anestesia, o procedimento era no mínimo tão doloroso e consternador quanto o câncer em si e, quase sempre, letal.

Burney foi informada de que sua única esperança era uma mastectomia. Ela relatou sua provação — "um horror que supera toda descrição" — numa carta a sua irmã, Esther. Mesmo hoje, é uma leitura difícil. Numa tarde de setembro, o cirurgião de Burney, Antoine Dubois, chegou a sua residência com seis assistentes — quatro outros médicos e dois alunos. Havia uma cama no meio da sala e o espaço em volta fora liberado para a equipe trabalhar.

"Monsieur Dubois deitou-me no colchão e pôs um lenço de cambraia sobre meu rosto", contou Burney a sua irmã. "Mas era transparente e percebi o leito ser imediatamente cercado por sete homens e minha enfermeira. Rejeitei que me segurassem; mas quando, através da cambraia, vi nitidamente o brilho do aço polido — fechei os olhos [...]. Quando o apavorante metal foi cravado no seio — cortando veias — artérias — carne — nervos —, não necessitei de apelos para conter meus gritos. Emiti um gemido agudo que perdurou de modo intermitente durante todo o tempo da incisão — e chego quase a me admirar de que não siga soando em meus ouvidos até agora, tão excruciante foi a agonia [...]. Senti o instrumento — descrevendo a curva — cortando contra a fibra, por assim dizer, enquanto a carne se opunha de maneira tão vigorosa que fatigava a mão do cirurgião, desse modo forçado a alternar entre a direita e a esquerda — então, de fato, pensei que devia ter morrido. Não tentei mais abrir os olhos."

Ela achou que a cirurgia acabara, mas Dubois descobriu que o seio continuava comprometido pelo tumor, assim as excisões recomeçaram. "Oh, céus! Então senti a faca matraquear no osso do peito — raspando!" Por alguns minutos, o cirurgião cortou músculo e tecido doente até sentir confiança de que extirpara o máximo possível. Burney aguentou essa parte final em silêncio — "numa tortura absolutamente emudecida".

O procedimento todo levou dezessete minutos e meio, embora deva ter parecido uma vida para a pobre Fanny Burney. Por incrível que pareça, funcionou. Burney viveu outros 29 anos.

Embora o desenvolvimento da anestesia em meados do século XIX tenha contribuído para eliminar a dor e o horror imediatos da cirurgia, o tratamento para o câncer mamário ficou, no mínimo, ainda mais brutal conforme chegamos a tempos mais recentes. E o responsável quase exclusivo por isso foi uma das figuras mais singulares da história da cirurgia moderna, William Stewart Halsted (1852-1922). Filho de um rico empresário de Nova York, Halsted estudou medicina na Universidade Columbia e, recém-formado, logo se destacou como um cirurgião hábil e inovador. Ele é mencionado no capítulo 8, onde vimos que foi um dos primeiros a realizar uma cirurgia da vesícula biliar — em sua mãe, na mesa da cozinha onde moravam. Também tentou a primeira apendicectomia (o paciente morreu) e realizou uma das primeiras transfusões bem-sucedidas dos Estados Unidos — em sua irmã Minnie, após sofrer uma grave hemorragia no parto. Quando ela estava às portas da morte, Halsted transferiu um litro de seu próprio sangue para a irmã e salvou sua vida. Isso foi antes de alguém saber qualquer coisa sobre compatibilidade de tipos sanguíneos, mas por sorte os irmãos eram compatíveis.

Halsted foi o primeiro professor de cirurgia da nova Escola Médica Johns Hopkins em Baltimore após sua fundação, em 1893. Ali treinou uma geração de proeminentes cirurgiões e realizou muitos progressos importantes em técnicas cirúrgicas. Entre muitas outras coisas, inventou a luva cirúrgica. Ficou famoso por instilar nos alunos a necessidade dos padrões mais rigorosos de cuidados cirúrgicos e higiene — abordagem tão influente que logo passou a ser universalmente conhecida como "técnica halstediana". Era comum se referir a ele como pai da cirurgia americana.

O que torna as conquistas de Halsted ainda mais extraordinárias é que durante grande parte de sua carreira ele foi dependente químico. Quando investigava métodos de alívio para a dor, experimentou cocaína, e em pouco tempo se viciou. Com a vida tomada pelo vício, seus modos ficaram cada vez mais reservados — a maioria dos colegas achava que simplesmente se tornara uma pessoa mais fechada e pensativa —, mas sua escrita ficou positivamente maníaca. Eis o começo de um artigo que escreveu em 1885, apenas quatro anos após operar sua mãe: "Não indiferente a quais das muitas possibilidades pode explicar melhor, nem ainda incapaz de compreender, por que os cirurgiões, e tantos deles, sem descrédito algum, poderiam ter manifestado mínimo interesse no que, como um anestésico local, havia sido considerado, quando não declarado, pela maioria assaz correta em se provar, especialmente para eles, atraente, e contudo creio que essa circunstância, ou um certo senso de obrigação..." — e assim vai, por linhas e linhas, sem um único raciocínio coerente à vista.

Querendo fugir da tentação e romper com o hábito, Halsted viajou em um cruzeiro pelo Caribe, mas tentou arrombar o armário de remédios do navio. Em seguida foi internado em uma instituição em Rhode Island, onde os infelizes médicos tentaram curá-lo do vício em cocaína dando-lhe morfina. Terminou dependente de ambas. Passou a vida sem que praticamente ninguém, exceto um ou dois superiores imediatos, soubesse de seu problema com drogas. Há alguma evidência de que sua esposa também se viciou.[16]

Em 1894, em uma conferência em Maryland, no auge da dependência, Halsted apresentou sua inovação mais revolucionária — o conceito da mastectomia radical.[17] Halsted acreditava, equivocadamente, que o câncer de mama crescia numa irradiação, como vinho entornado na toalha de mesa, e que o único tratamento efetivo era cortar não só o tumor, como também o tecido das beiradas, o máximo que o médico ousasse. A mastectomia radical estava mais para uma escavação do que para uma cirurgia. Envolvia a remoção do seio inteiro e dos músculos peitorais circundantes, dos nódulos linfáticos e, às vezes, de costelas — tudo que pudesse ser tirado sem causar morte imediata. A excisão era tão extensa que a única maneira de fechar o ferimento era realizar um grande enxerto de pele da coxa, provocando ainda mais dor e uma nova deformidade para a já sofrida paciente. Mas os resultados eram bons. Cerca de um terço das pacientes de Halsted sobreviveu por ao menos três anos, algo que deixou pasmos outros especialistas em câncer. Muitas outras pacientes obtiveram ao menos alguns meses de vida razoavelmente confortável sem os constrangedores mau cheiro e supuração que levaram antes tantas outras à reclusão.

Nem todos estavam convencidos de que a abordagem de Halsted fosse a correta. No Reino Unido, um cirurgião chamado Stephen Paget (1855-1926) examinou 735 casos de câncer e descobriu que a doença não se esparramava como uma mancha na toalha, mas brotava em pontos distantes. Na maioria das vezes, o câncer mamário migrava para o fígado — e, além disso, para locais específicos no fígado. Embora as descobertas de Paget fossem incontestáveis, ninguém prestou atenção nelas por cerca de cem anos, período em que dezenas de milhares de mulheres foram mutiladas em um grau muito maior do que o necessário.

Entrementes, no mundo da medicina, os pesquisadores desenvolviam outros tratamentos de câncer que em geral se revelaram igualmente duros para os pacientes — e, às vezes, para quem os tratava. Uma das descobertas mais empolgantes do início do século xx foi o rádio, descoberto por Marie e Pierre Curie, na França, em 1898. Muito cedo se percebeu que o elemento se acumulava nos ossos de pessoas expostas, mas acreditava-se que isso fosse algo benéfico, graças a uma fé absoluta nos poderes da radiação. Como resultado, produtos radioativos foram prodigamente acrescentados a inúmeras medicações, às vezes com consequências devastadoras. Um popular analgésico vendido sem receita chamado Radithor era composto de rádio diluído. Um industrial de Pittsburgh chamado Eben M. Byers o usava como tônico e tomou um frasco por dia durante três anos até descobrir que os ossos em sua cabeça estavam amolecendo e se desmanchando vagarosamente, como um pedaço de giz deixado na chuva. Ele perdeu a maior parte do maxilar e partes do crânio antes de padecer de uma morte lenta e horrível.[18]

Para muitos outros, o rádio era um acidente de trabalho. Em 1920, foram vendidos nos Estados Unidos 4 milhões de relógios de pulso contendo rádio e a indústria relojoeira empregava 2 mil mulheres para pintar os mostradores.[19] Era um trabalho delicado e elas levavam o pincel constantemente aos lábios para manter a ponta afinada. Como Timothy J. Jorgensen conta em seu soberbo *Strange Glow: The Story of Radiation* [Brilho estranho: a história da radiação], calculou-se posteriormente que para pintar o mostrador a operária ingeria cerca de uma colher de chá de material radioativo semanalmente. Havia tanto pó de rádio no ar que as mulheres perceberam que estavam brilhando no escuro. Como não poderia ser diferente, algumas logo adoeceram e morreram. Outras desenvolveram estranhas fragilidades: uma jovem quebrou a perna sem motivo aparente numa pista de dança.

Um dos primeiros a se interessar pela terapia de radiação foi um aluno do Hahnemann College of Medicine em Chicago chamado Emil H. Grubbe (1875-1960). Em 1896, apenas um mês depois de Wilhelm Röntgen anunciar sua descoberta dos raios X, Grubbe decidiu testar o aparelho nos pacientes de câncer, mesmo não sendo qualificado para isso. Os primeiros morreram rapidamente — estavam todos à beira da morte, de qualquer maneira, então provavelmente seriam caso perdido até para os tratamentos atuais, e Grubbe calculava as doses a olho —, mas o jovem estudante de medicina perseverou e obteve mais sucesso à medida que ganhou experiência. Infelizmente, não percebeu a necessidade de limitar a própria exposição. Na década de 1920, começaram a surgir tumores por seu corpo, principalmente no rosto. A cirurgia de remoção o deixou grotescamente desfigurado. Ele parou de clinicar quando os pacientes o abandonaram. "Em 1951", escreve Timothy J. Jorgensen, "estava tão gravemente deformado pelas múltiplas cirurgias que seu senhorio lhe pediu que deixasse o apartamento, pois sua aparência grotesca assustava os outros inquilinos."[20]

Também houve casos com final mais feliz. Em 1937, os médicos da Mayo Clinic em Minnesota deram três meses de vida a Gunda Lawrence, uma professora de Dakota do Sul com câncer no abdômen. Por sorte, a sra. Lawrence era mãe de um médico talentoso, John, e de um dos físicos mais excepcionais do século XX, Ernest. O segundo era chefe do novo Laboratório de Radiação na Universidade da Califórnia em Berkeley e acabara de inventar o cíclotron, um acelerador de partículas que gerava quantidades imensas de radioatividade (um efeito colateral da energização de prótons). Os irmãos tinham a sua disposição a máquina de raios X mais poderosa do país, capaz de gerar 1 milhão de volts de energia. Sem fazerem ideia das consequências — ninguém jamais tentara nada remotamente parecido com isso em um ser humano antes —, apontaram os raios de dêuteron para a barriga da mãe. A experiência foi tão dolorosa e aflitiva que a pobre sra. Lawrence suplicou aos filhos que a deixassem morrer. "Por vezes, achei crueldade não ceder", recordou John mais tarde. Felizmente, após algumas sessões, o câncer da sra. Lawrence entrou em remissão e ela viveu mais 22 anos.[21] Não menos importante, um novo campo de tratamento nascera.

Foi nesse mesmo Laboratório de Radiação em Berkeley que os pesquisadores enfim atinaram com os perigos da radiação, quando o corpo de um rato foi encontrado junto à máquina após uma série de experimentos. Só então Ernest Lawrence se deu conta de que as enormes quantidades de radioatividade geradas pela máquina podiam ser perigosas para quem a operava. Assim, foram instaladas proteções e as pessoas se retiravam para outra sala quando o aparelho era ligado. Posteriormente se descobriu que o rato morrera asfixiado, não de radiação, mas, para ventura de todos, ficou decidido que as medidas de segurança continuariam em vigor.[22]

A quimioterapia, que forma o trio de combate ao câncer com a cirurgia e a radiação, surgiu de maneira similarmente improvável. Embora as armas químicas estivessem proibidas pelo tratado internacional firmado após a Primeira Guerra Mundial, diversas nações continuaram a produzi-las, nem que fosse como precaução, caso as demais estivessem fazendo o mesmo. Os Estados Unidos eram uma delas. Por motivos óbvios, isso era segredo militar, mas em 1943 um navio de suprimentos da Marinha americana, o ss *John Harvey*, transportando bombas de gás mostarda em sua carga, foi surpreendido por um ataque aéreo alemão no porto italiano de Bari. O navio explodiu, liberando uma nuvem de gás mostarda que se esparramou, matando uma quantidade ignorada de gente. Vendo nisso um teste excelente, ainda que acidental, da eficácia do gás mostarda como agente químico, a Marinha despachou um cientista, o tenente-coronel Stewart Francis Alexander, para estudar os efeitos do gás na tripulação e nos civis. Para sorte da ciência, Alexander era um investigador brilhante e cuidadoso, pois notou algo que podia ter passado despercebido: o gás mostarda retardava drasticamente a produção de glóbulos brancos. Com isso, percebeu-se que algum derivado do gás poderia ser útil no tratamento de alguns tipos de câncer. E assim nasceu a quimioterapia.[23]

"O mais incrível", disse-me um oncologista, "é que continuamos basicamente a usar gás mostarda. Mais refinado, claro, mas no fundo não muito diferente do que os exércitos jogavam uns nos outros na Primeira Guerra Mundial."

III

Se você quer descobrir até onde avançaram as terapias de câncer em anos recentes, um dos locais mais indicados para isso é o novo Centro Princesa Máxima em Utrecht. Maior centro de câncer infantil da Europa, ele foi criado pela fusão das unidades de oncologia infantil de sete hospitais universitários holandeses para manter todos os tratamentos e pesquisas no país sob um mesmo teto. É um lugar de gente brilhante, abundância de recursos e surpreendente animação. Quando Josef Vormoor me mostrava o prédio, tínhamos de desviar de tempos em tempos de crianças pedalando karts a mil por hora — pequenos pilotos carecas com um tubo de plástico no nariz. "A gente deixa elas fazerem o que quiserem, até certo ponto", desculpou-se Josef, rindo.

O câncer na verdade é raro entre crianças. Dos 14 milhões de casos diagnosticados no mundo anualmente, apenas cerca de 2% ocorrem em indivíduos com dezenove anos ou menos. A principal causa de câncer infantil, responsável por 80% das leucemias, é a leucemia linfoblástica aguda. Há cinquenta anos, era uma sentença de morte. Os medicamentos podiam trazer remissão por algum tempo, mas a doença logo voltava. A taxa de sobrevivência por cinco anos era inferior a 0,1%. Hoje, a taxa de sobrevivência é de cerca de 90%.

A grande inovação veio em 1968, quando Donald Pinkel, do Hospital de Pesquisa Infantil St. Jude, em Memphis, Tennessee, tentou uma nova abordagem.[24] Pinkel estava convencido de que ministrar drogas em doses moderadas, na época a prática-padrão, permitia a algumas células leucêmicas escapar, para voltarem a atacar quando o tratamento cessava. Por isso as remissões sempre eram temporárias. Pinkel bombardeou as células leucêmicas com o leque completo de drogas disponíveis, frequentemente combinando-as, sempre nas doses mais elevadas possíveis, ao mesmo tempo que realizava sessões de radiação. Era um regime opressivo, demorando até dois anos, mas funcionou. As taxas de sobrevivência aumentaram drasticamente.

"Continuamos em essência seguindo a abordagem dos pioneiros da terapia de leucemia", diz Josef. "Tudo que fizemos depois dessa época foi ajuste fino. Temos meios melhores de lidar com os efeitos colaterais da quimioterapia e de combater as infecções, mas basicamente continuamos fazendo o que Pinkel fazia."

E o corpo humano paga o preço, sobretudo quando novo e ainda em formação. Parcela significativa da mortalidade por câncer infantil resulta não do câncer em si, mas do tratamento.[25] "Há muitos danos colaterais", conta-me Josef. "Os tratamentos não afetam apenas as células cancerígenas, mas muitas células saudáveis também." A manifestação mais visível disso é a destruição das células capilares, que faz o cabelo do paciente cair. Mas os danos de longo prazo ao coração e outros órgãos são ainda mais críticos. Meninas que fazem quimioterapia têm probabilidade maior de menopausa precoce e correm maior risco de sofrer insuficiências ovarianas na vida adulta. Para ambos os sexos, a fertilidade pode ficar comprometida. Muita coisa depende do tipo de câncer e da forma de tratamento.

Mesmo assim, há mais prós do que contras, e não só nos casos de câncer na infância, como também em qualquer idade. No mundo desenvolvido, a mortalidade por câncer de pulmão, cólon, próstata, linfoma de Hodgkin, testículo e mama caiu abruptamente — entre 25% e 90% — em cerca de 25 anos. Só nos Estados Unidos, a queda da mortalidade por câncer foi de 2,4 milhões de pessoas nos últimos trinta anos.[26]

Muitos pesquisadores almejam encontrar uma forma de detectar minúsculas mudanças na química do sangue, da urina ou talvez da saliva capazes de revelar o câncer incipiente, quando o tratamento é mais fácil. "O problema", diz Josef, "é que mesmo quando a gente consegue detectar o câncer no início, não sabe dizer se é agressivo ou benigno. Na esmagadora maioria dos casos, o foco está em tentar curar o câncer quando ocorre, não em tomar precauções para que não ocorra." No mundo inteiro, segundo um cálculo, não mais do que 2% a 3% do dinheiro de pesquisa é gasto com prevenção.[27]

"Você nem imagina quanta coisa melhorou numa geração", refletiu Josef quando chegamos ao fim de minha visita. "É a coisa mais gratificante do mundo saber que a maioria dessas crianças vai ficar curada, voltar para casa e seguir com sua vida. Mas não seria ainda mais maravilhoso se não precisassem nem ter vindo, para começo de conversa? O sonho é esse."

22. Medicina boa e medicina ruim

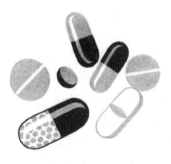

> *Médico: A troco de que você operou o Jones?*
> *Cirurgião: Cem libras.*
> *Médico: Não é isso; o que ele tinha?*
> *Cirurgião: Cem libras.*
> Tirinha da revista *Punch*, 1925

Gostaria de dizer uma palavrinha sobre Albert Schatz (1920-2005), pois dificilmente houve pesquisador menos reconhecido do que ele. Schatz vinha de uma família de fazendeiros pobres de Connecticut e estudou biologia do solo na Universidade Rutgers, em Nova Jersey, não por ser apaixonado pelo assunto, mas por falta de opção — a lei permitia apenas uma determinada proporção de judeus em cada universidade. Mas, no seu entender, qualquer coisa que aprendesse sobre fertilidade do solo ao menos seria de alguma utilidade na fazenda da família.[1]

Há males que vêm para bem, pois, em 1943, ainda aluno de graduação, Schatz conjecturou que micróbios do solo poderiam fornecer um antibiótico a ser combinado à nova droga, penicilina — que, por mais valiosa que fosse, não funcionava contra as bactérias chamadas Gram-negativas, como o germe causador da tuberculose. Schatz testou pacientemente centenas e centenas de amostras e em menos de um ano descobriu a estreptomicina, primeiro medicamento a combater esse tipo de bactérias. Foi um dos maiores avanços da microbiologia no século xx.*

O supervisor de Schatz, Selman Waksman, percebeu na mesma hora o potencial da nova droga. Incumbiu-se dos ensaios clínicos e, ao mesmo tempo, fez Schatz assinar um contrato cedendo seus direitos de patente para a universidade. Posteriormente, assumiu todo o crédito pela descoberta e impediu que o jovem pesquisador fosse convidado para reuniões e conferências, onde poderia receber o devido reconhecimento. Com o tempo, Schatz veio a saber também que Waksman não cedera sua parte na patente e embolsava uma generosa participação nos lucros, que logo chegavam à casa dos milhões de dólares anuais.

Como ninguém lhe desse a menor satisfação, Schatz por fim processou Waksman e a Universidade Rutgers. No acordo obtido, recebeu parte dos direitos e o crédito como codescobridor, mas a disputa legal foi sua ruína: na época, processar um superior no mundo acadêmico era muito malvisto. Por anos, o único lugar onde Schatz conseguiu trabalho foi numa pequena faculdade agrícola da Pensilvânia. Seus artigos eram recorrentemente rejeitados pelos principais periódicos científicos. Quando escreveu sobre a história real da descoberta da estreptomicina, a única publicação que aceitou publicar seu relato foi a *Pakistan Dental Review*.

Em 1952, numa das supremas injustiças da ciência moderna, Selman Waksman recebeu o prêmio Nobel de fisiologia ou medicina.[2] Albert Schatz ficou a ver navios. Waksman continuou levando o crédito pela descoberta durante o resto da vida. Não mencionou Schatz em seu discurso de aceitação do Nobel nem em sua autobiografia de 1958, em que meramente comenta de passagem que recebera a assistência de um aluno de graduação. Quando

---

* "Gram" não tem nada a ver com pesos e medidas. Leva o nome de um bacteriologista dinamarquês, Hans Christian Gram (1853-1938), que em 1884 desenvolveu uma técnica para distinguir os dois principais tipos de bactérias pela cor que assumiam quando coloridas numa lâmina microscópica. A diferença entre os dois tipos está relacionada à espessura das suas paredes celulares e à facilidade ou dificuldade com que são penetradas.

Waksman morreu, em 1973, muitos obituários o descreveram como o pai dos antibióticos, coisa que certamente nunca foi.

Vinte anos após a morte de Waksman, a Sociedade Americana de Microbiologia fez uma tentativa um tanto tardia de pôr panos quentes convidando Schatz a falar por ocasião do 15º aniversário da descoberta da estreptomicina. Em reconhecimento por seus feitos, e sem perder muito tempo com elucubrações, concederam-lhe a mais elevada honraria: a medalha Selman A. Waksman. A vida às vezes pode ser bem injusta.

Se há uma moral na história, é de que a ciência médica progride, de um jeito ou de outro. Graças a milhares e milhares de heróis em grande parte esquecidos como Albert Schatz, nosso arsenal contra os ataques da natureza fica mais forte a cada geração — fato auspiciosamente refletido no dramático aumento da expectativa de vida por todo o planeta.

Segundo uma estimativa, o aumento da expectativa de vida no século XX equivale ao dos 8 mil anos precedentes.[3] Nos Estados Unidos, entre os homens, foi de 46 anos, em 1900, para 74, no final do século. Para as mulheres, ficou ainda melhor — de 48 para oitenta. Por toda parte as conquistas são de tirar o fôlego. Uma mulher nascida em Cingapura hoje pode esperar viver 87,6 anos, mais do que o dobro do que sua bisavó. No mundo como um todo, a expectativa de vida masculina subiu de 48,1 anos em 1950 (a confiabilidade dos registros históricos vai só até aí) para 70,5 atualmente; no caso das mulheres, foi de 52,9 para 75,6. Em mais de duas dúzias de países a expectativa de vida hoje é superior a oitenta anos. No topo está Hong Kong, com 84,3 anos, seguido de perto pelo Japão, com 83,8, e Itália, com 83,5. O Reino Unido não faz feio, com 81,6 anos, enquanto os Estados Unidos, por motivos que serão discutidos adiante, possuem a expectativa de vida medíocre de 78,6 anos. Globalmente, porém, é uma história de sucesso, com a maioria dos países, mesmo no mundo em desenvolvimento, registrando melhoras de 40% a 50% no intervalo de apenas uma ou duas gerações.

Também não continuamos a morrer tanto quanto antes. Considere as listas das principais causas de mortalidade em 1900 e hoje. (Os números indicam mortes por 100 mil indivíduos em cada categoria.)

1900	Hoje
Pneumonia e gripe, 202,2	Doenças cardiovasculares, 192,9
Tuberculose, 194,4	Câncer, 185,9
Diarreia, 142,7	Doenças respiratórias, 44,6
Doenças cardiovasculares, 137,4	AVC, 41,8
AVC, 106,9	Acidentes, 38,2
Doença renal, 88,6	Alzheimer, 27,0
Acidentes, 72,3	Diabetes, 22,3
Câncer, 64,0	Doença renal, 16,3
Senilidade, 50,2	Pneumonia e gripe, 16,2
Difteria, 40,3	Suicídio, 12,2

A diferença mais notável entre as duas épocas é que quase metade das mortes em 1900 foi por doenças infecciosas, contra apenas 3% hoje. A tuberculose e a difteria desapareceram do *top ten* moderno, mas foram substituídas por câncer e diabetes. Acidentes pularam do sétimo para o quinto lugar, não porque estamos cada vez mais desastrados, mas porque outras causas foram eliminadas da camada superior. Da mesma maneira, as doenças cardiovasculares em 1900 matavam 137,4 pessoas por 100 mil anualmente, enquanto hoje matam 192,9, um crescimento de 40%, mas isso se deve quase inteiramente ao fato de que outras coisas costumavam dar cabo das pessoas primeiro. O mesmo vale para o câncer.

Estimativas sobre a expectativa de vida são problemáticas. Qualquer lista como essa é em certa medida arbitrária, particularmente em relação aos idosos, que podem sofrer uma porção de enfermidades debilitantes, cada uma delas capaz de provocar a morte e todas inevitavelmente contribuindo para isso. Em 1993, dois epidemiologistas americanos, William Foege e Michael McGinnis, escreveram um famoso artigo para o *Journal of the American Medical Association*, argumentando que as principais causas mostradas nas tabelas de mortalidade — ataques cardíacos, diabetes, câncer e assim por diante — eram com frequência resultantes de outros problemas, e que as causas reais eram fatores como tabagismo, má alimentação, uso ilícito de medicações e outros comportamentos negligenciados nos atestados de óbito.

Um problema diferente é que as mortes no passado eram muitas vezes descritas em termos incrivelmente vagos e imaginativos. Quando o escritor e viajante George Borrow morreu na Inglaterra, em 1881, por exemplo, a causa foi registrada como "dissolução da natureza". Quem pode dizer o que seria isso? Outros, segundo os documentos, foram levados por "febres nervosas", "estagnação dos fluidos", "dentes doloridos" e "pavor", entre muitas outras expressões de caráter obscuro. Termos tão ambíguos tornam quase impossível produzir comparações confiáveis entre as causas de morte atuais e do passado. Mesmo para as duas listas acima, não há como dizer quanta correspondência pode existir entre a senilidade em 1900 e o Alzheimer hoje.

Também é importante ter em mente que os números da expectativa de vida sempre foram distorcidos pela mortalidade infantil. Quando lemos que a expectativa de vida era de 46 anos para o americano em 1900, não significa que a maioria dos homens chegava aos 46 e batia as botas. As expectativas de vida eram baixas porque muitas crianças morriam na infância e isso puxava a média de todo mundo para baixo. Se a pessoa passasse da infância, as chances de viver até uma idade razoavelmente avançada não eram ruins. Muita gente morria mais cedo, mas não era motivo de espanto viver até idade mais provecta. Nas palavras da acadêmica americana Marlene Zuk: "A velhice não é uma invenção recente, mas sua trivialidade, sim". A conquista mais animadora dos tempos modernos, porém, é a notável melhora nas taxas de mortalidade dos mais jovens. Em 1950, 216 crianças em cada mil — quase um quarto — morriam antes de chegar aos cinco anos. Hoje, a quantidade caiu para 38,9 mortes infantis em mil — um quinto do que era há setenta anos.

Mesmo admitindo todas as incertezas, não se questiona que no início do século XX as pessoas começaram a usufruir da possibilidade de viver mais e com saúde. Nas famosas palavras de Lawrence Henderson, fisiologista de Harvard: "Em algum lugar entre 1900 e 1912, um paciente aleatório com uma doença aleatória, consultando um médico escolhido aleatoriamente, teve pela primeira vez na história uma chance melhor do que 50% de se beneficiar do encontro".[4] O consenso mais ou menos universal entre historiadores e acadêmicos era de que a ciência médica de algum modo pegara embalo no limiar do século XX e simplesmente continuava a ficar cada vez melhor à medida que o século progredia.

Diversos motivos foram propostos para esse avanço. A chegada da penicilina e de outros antibióticos, como a estreptomicina de Albert Schatz, tiveram um impacto óbvio e significativo nas doenças infecciosas, mas outras medicações também inundaram o mercado. Em 1950, metade dos remédios de prescrição disponíveis havia sido inventada ou descoberta apenas nos dez anos precedentes. Outro grande empurrão pode ser atribuído às vacinas. Em 1921, os Estados Unidos tiveram cerca de 200 mil casos de difteria; no início da década de 1980, o número diminuiu para apenas três. Mais ou menos no mesmo período, a coqueluche e o sarampo caíram de cerca de 1,1 milhão de casos por ano para apenas 1500. Antes da vacina, 20 mil americanos por ano tinham pólio. Na década de 1980, anualmente foram apenas sete. Segundo Max Perutz, biólogo molecular britânico laureado com o Nobel, as vacinas talvez tenham salvado até mais vidas do que os antibióticos, no século xx. A única coisa de que ninguém duvidava era que o crédito pelos grandes avanços cabia quase exclusivamente à ciência médica. Mas então, no início da década de 1960, um epidemiologista britânico chamado Thomas McKeown (1912-88) examinou os dados históricos e notou algumas anomalias curiosas.[5] A mortalidade por grande número de enfermidades — tuberculose, coqueluche, sarampo e febre escarlatina principalmente — começara a declinar muito antes de tratamentos efetivos estarem disponíveis. As mortes por tuberculose no Reino Unido caíram de 4 mil por milhão em 1828 para 1200 em 1900, e para apenas oitocentas por milhão em 1925 — uma queda de 80% em um século. A medicina não teve nenhuma participação nisso. A mortalidade por febre escarlatina na infância foi de 23 mortes por 10 mil em 1865 para apenas uma morte por 10 mil em 1935, mais uma vez sem vacinas ou outras intervenções médicas eficazes. Tudo somado, sugeriu McKeown, a medicina respondia por talvez no máximo 20% dos avanços. Todo o resto era resultado de melhorias em saneamento e dieta, estilo de vida mais saudável e até coisas como o crescimento das ferrovias, que melhorou a distribuição, levando carne e produtos agrícolas mais frescos aos moradores da cidade.

A tese de McKeown atraiu boa dose de críticas.[6] Seus adversários afirmavam que McKeown selecionara cuidadosamente as doenças usadas para ilustrá-la e que ignorou ou desconsiderou o papel da aplicação dos avanços médicos em muitos lugares. Max Perutz, um desses críticos, lembrou de forma convincente que os padrões de higiene no século xix não haviam melhorado nem um pouco, e sim foram continuamente corroídos pelas hordas que se acotovelavam nas cidades recém-industrializadas, vivendo em condições sórdidas. A qualidade da água potável em Nova York, por exemplo, declinou contínua e perigosamente no século xix — a tal ponto que os moradores de Manhattan eram instruídos a fervê-la antes de usar. A cidade não contou com uma estação de tratamento senão pouco antes da Primeira Guerra Mundial. O mesmo se deu em quase todas as demais áreas urbanas importantes nos Estados Unidos, à medida que o crescimento suplantava a capacidade ou disposição das cidades em fornecer um sistema de água e esgoto adequado.

Seja de quem for o crédito pela extensão de nosso tempo de vida, o mais importante é que hoje estamos mais aptos a resistir às epidemias e calamidades que atormentaram nossos bisavós, além de contar com assistência médica infinitamente superior. Em suma, nunca estivemos melhor.

Ou, ao menos, a situação nunca foi tão boa se você for razoavelmente bem de vida. A distribuição muito desigual dos benefícios do último século constitui motivo para alarme e preocupação. A expectativa de vida no Reino Unido pode ter dado um salto no geral, mas, como John Lanchester comentou em um ensaio no *London Review of Books* em 2017, no bairro do East End, em Glasgow, a expectativa de vida masculina atual é de apenas 54 anos —[7] nove anos a menos do que na Índia. Igualmente, um negro de trinta anos no Harlem, em Nova York, corre muito mais risco de morrer do que um morador de Bangladesh de 34 anos — e não, como poderíamos pensar, devido a drogas ou violência urbana, mas por avc, doenças cardiovasculares, câncer e diabetes.

Ande de ônibus ou metrô em praticamente qualquer grande cidade do mundo ocidental e você presenciará vastas disparidades semelhantes num breve trecho. Em Paris, no trajeto de cinco estações da linha B do trem expresso de Port-Royal a La Plaine-Stade de France, encontramos passageiros com risco 82% maior de morrer em um dado ano do que em outra parte da mesma linha. Em Londres, no metrô, a expectativa de vida diminui de forma consistente em um ano a cada duas estações percorridas na District Line, no sentido leste a partir de Westminster. Em St. Louis, Missouri, faça um passeio de 25 minutos da próspera Clayton ao bairro pobre de Jeff-Vander-Lou no centro e a expectativa de vida cai aproximadamente em um ano por minuto ou quilômetro percorrido.

Duas coisas podem ser ditas com segurança sobre a expectativa de vida no mundo de hoje. Uma é que ser rico de fato ajuda. Para alguém de meia--idade, excepcionalmente bem de vida, morando em quase qualquer nação de alta renda, as chances de chegar a octogenário são excelentes. Uma pessoa em tudo mais idêntica, só que pobre — exercita-se igualmente, dorme a mesma quantidade de horas, faz uma dieta saudável, mas com muito menos dinheiro no banco —, pode esperar morrer de dez a quinze anos mais cedo. É muita diferença para um estilo de vida parecido, e difícil de explicar.

A segunda é que não é boa ideia ser americano. Em comparação a habitantes do resto do mundo industrializado, por lá nem a riqueza ajuda muito. Uma amostragem aleatória de americanos de ambos os sexos entre 45 e 54 anos de idade revela mais do que o dobro de probabilidade de morrer, de qualquer causa, do que grupo equivalente na Suécia. Pense bem. Se você é um americano ou americana de meia-idade, seu risco de empacotar antes da hora é mais do que duas vezes maior do que a de alguém escolhido ao acaso nas ruas de Uppsala, Estocolmo ou Linköping. O mesmo é observado em praticamente qualquer outra nacionalidade utilizada na comparação. Para cada quatrocentos indivíduos de meia-idade mortos anualmente nos Estados Unidos, apenas 220 morrem na Austrália, 230 no Reino Unido, 290 na Alemanha e trezentos na França.[8]

Esses déficits de saúde começam no nascimento e persistem ao longo da vida. A criança americana tem risco 70% maior de morrer na infância, em relação ao resto do mundo rico. Entre os países ricos, os americanos acham-se em desvantagem em quase todas as medidas de bem-estar em tratamento médico — para doença crônica, depressão, abuso de drogas, homicídio, gravidez na adolescência, prevalência de HIV.[9] Até a vítima de fibrose cística vive em média dez anos mais no Canadá do que no seu vizinho do sul.[10] Talvez o mais surpreendente seja que todos esses resultados piorados se aplicam não só aos desprivilegiados, como também aos americanos prósperos, brancos e com ensino superior, quando comparados aos seus equivalentes socioeconômicos em outras nações.

Isso tudo é um pouco contraintuitivo se considerarmos que os Estados Unidos gastam mais com o sistema de saúde do que qualquer outra nação — duas vezes e meia a mais per capita do que a média em todas as demais nações desenvolvidas do mundo. Um quinto de tudo o que o americano ganha trabalhando — 10 209 dólares anuais por cidadão, 3,2 trilhões no total — é gasto com serviços de saúde.[11] É a sexta maior indústria do país e responde por um sexto dos empregos. Priorizar mais a saúde do que isso, só mandando todo mundo vestir jaleco branco.

E contudo, a despeito dos pródigos gastos, e da qualidade indiscutivelmente alta de seus hospitais e de sua medicina de um modo geral, os Estados Unidos aparecem apenas em 31º lugar na classificação mundial da expectativa de vida, atrás de Chipre, Costa Rica e Chile, e pouco à frente de Cuba e Albânia. O que explica esse paradoxo? Bem, para começar, como não é nenhuma novidade, os americanos levam um estilo de vida menos saudável do que a maioria dos outros povos, e isso é verdade em todos os níveis da sociedade. Como observou Allan S. Detsky na *New Yorker*: "Nem americanos ricos estão a salvo de um estilo de vida cheio de porções exageradas de comida, inatividade física e estresse".[12] O holandês ou sueco médio consome cerca de 20% menos calorias do que o americano médio, por exemplo. Pode não parecer uma exorbitância, mas representa um adicional de 250 mil calorias no decorrer de um ano. É mais ou menos o mesmo que você ganharia se sentasse duas vezes por semana para comer um cheesecake inteiro.

A vida nos Estados Unidos também é muito mais arriscada, especialmente para os jovens. O adolescente americano tem duas vezes mais risco de morrer num acidente automobilístico do que o de países equivalentes, enquanto a probabilidade de ser morto por arma de fogo é 82 vezes maior.[13] Os americanos dirigem alcoolizados com mais frequência do que quase quaisquer outros, e usam menos o cinto de segurança do que os demais no mundo rico, exceto os italianos. Quase todas as nações avançadas exigem capacete para motociclistas e seus caronas. Na maior parte dos Estados Unidos a regulamentação é mais frouxa. Em três estados não há obrigatoriedade alguma. Em muitos deles o uso é obrigatório apenas para menores de dezoito ou 21 anos: quando o jovem chega à maturidade pode enfim deixar que o vento, e muitas vezes o asfalto, lamba seus cabelos. Com capacete o motoqueiro tem uma probabilidade 70% menor de sofrer danos no cérebro e 40% menor de morrer num acidente.[14] Em consequência de todos esses fatores, os Estados Unidos exibem o índice assombroso de onze mortes no trânsito por 100 mil habitantes anualmente, comparado a 3,1 no Reino Unido, 3,4 na Suécia e 4,3 no Japão.

Mas onde os Estados Unidos realmente se destacam é no custo colossal de seu sistema de saúde. Um angiograma, revelou uma pesquisa feita pelo *New York Times*, sai em média por 914 dólares nos Estados Unidos; no Canadá, por 35 dólares.[15] A insulina custa cerca de seis vezes mais nos Estados Unidos do que na Europa. A cirurgia de substituição de quadril média custa 40 364 dólares nos Estados Unidos, quase seis vezes o que custa na Espanha, enquanto uma ressonância magnética nos Estados Unidos fica, a 1121 dólares, quatro vezes mais cara do que na Holanda. O sistema todo é notoriamente desajeitado e oneroso. Os Estados Unidos têm cerca de 800 mil médicos em atividade, mas é preciso o dobro disso em pessoal para gerir seu sistema de pagamentos. A conclusão inescapável é que os gastos elevados dos americanos não necessariamente resultam em uma medicina melhor, apenas em custos mais altos.

Por outro lado, há quem gaste de menos, e o Reino Unido sem dúvida parece disposto a liderar o ranking entre as nações de alta renda. Ela ocupa o 35º lugar dentre 37 países ricos em quantidade de tomografias computadorizadas por pessoa, 31º de 36 em ressonâncias magnéticas e 35º de 41 em leitos hospitalares, proporcionalmente a sua população. O *British Medical Journal* informou no início de 2019 que os cortes de orçamento na saúde e na área social entre 2010 e 2017 levaram a cerca de 120 mil mortes precoces no Reino Unido, revelação das mais chocantes.

Um parâmetro comumente aceito para a qualidade do sistema de saúde são as taxas de sobrevivência de câncer em cinco anos, e aqui há grandes disparidades.[16] Para o câncer de cólon, elas são de 71,8% na Coreia do Sul e 70,6% na Austrália, mas apenas 60% no Reino Unido. (Os Estados Unidos não se saem muito melhor, com 64,9%.) Para câncer cervical, o Japão aparece no topo com 71,4%, seguido de perto pela Dinamarca, em 69,1%, com os Estados Unidos em medianos 67% e o Reino Unido nas últimas posições, com 63,8%. No câncer mamário, os Estados Unidos lideram o ranking mundial com 90,2% das vítimas ainda vivas após cinco anos, pouco acima da Austrália com 89,1% e consideravelmente à frente da Grã-Bretanha, com 85,6%. Vale observar que os números de sobrevivência gerais podem mascarar um bocado de disparidades étnicas. Para o câncer cervical, por exemplo, a mulher branca nos Estados Unidos apresenta uma taxa de sobrevivência em cinco anos de 69%, entre os melhores indicadores mundiais, enquanto negras têm uma taxa de sobrevivência de apenas 55%, o que deixaria o país nos últimos lugares. (Isso considerando todas as negras, ricas e pobres.)

O resultado é que Austrália, Nova Zelândia, os países nórdicos e as nações mais ricas do Extremo Oriente se saem todos muito bem, além de algumas nações europeias. Os Estados Unidos não têm tanto assim a comemorar.

As taxas de sobrevivência do câncer no Reino Unido não são nada boas e merecem figurar com mais urgência na pauta nacional.

Mas nada na medicina é fácil e há uma consideração adicional que complica profundamente os resultados em quase toda parte: tratamentos desnecessários. Não é necessário dizer que durante a maior parte da história o papel da medicina sempre foi o de ajudar os doentes a melhorar. Hoje em dia, no entanto, cada vez mais os médicos devotam suas energias a tentar evitar os problemas antes que surjam, mediante exames preventivos, e isso muda completamente a dinâmica profissional. Uma velha piada de médicos parece vir a calhar aqui:

P: Como definir uma pessoa saudável?
R: Alguém que ainda não foi examinado.

A mentalidade por trás de grande parte da assistência médica moderna é que todo cuidado é pouco, e exames nunca são demais. Lógico que é melhor checar e enfrentar ou eliminar eventuais problemas, por mais remotos que sejam, antes de permitir que se transformem numa realidade ruim. O problema dessa abordagem é o que conhecemos por falsos positivos. Considere exames preventivos do câncer de mama. Estudos mostram que entre 20% e 30% das mulheres liberadas após os exames na verdade tinham tumor, só que muitas vezes são tumores que não deveriam causar preocupação, resultando em intervenções desnecessárias. Os oncologistas usam um conceito chamado "tempo de estadia", que é o período transcorrido do momento em que um câncer é identificado nas imagens ao momento em que ficaria evidente de um modo ou de outro. Muitos tipos de câncer têm um tempo de estadia longo e progridem tão lentamente que a pessoa quase sempre morre de alguma outra coisa antes de ser vitimada por ele. Um estudo no Reino Unido descobriu que uma em cada três mulheres com câncer de mama recebe tratamentos que podem deixá-la mutilada desnecessariamente e até abreviar sua vida. As mamografias são com certeza um terreno movediço. Fazer a leitura correta é um desafio — bem maior do que a maioria dos médicos se dá conta. Como observou Timothy J. Jorgensen, quando 160 ginecologistas foram questionados para avaliar a probabilidade de uma mulher de cinquenta anos ter câncer de mama se a sua mamografia desse positivo, 60% deles acharam que as probabilidades eram de oito ou nove em dez.[17] "A verdade é que as probabilidades de que a mulher tenha câncer são de apenas uma em dez", escreve Jorgensen. Por incrível que pareça, os radiologistas não se saem muito melhor.

Em resumo, infelizmente, a prevenção do câncer de mama não salva um monte de vidas. Para cada mil mulheres examinadas, quatro vão morrer de câncer de mama de todo modo (seja porque o câncer não foi detectado, seja porque era agressivo demais para ser tratado com sucesso). De cada mil mulheres que não fazem exames preventivos, cinco morrem de câncer de mama. Assim, a prevenção salva uma vida em mil.

Os homens enfrentam perspectivas igualmente infelizes com a prevenção do câncer de próstata. A próstata é uma pequena glândula do tamanho aproximado de uma noz, pesando menos de trinta gramas, envolvida principalmente na produção e distribuição do líquido seminal. Ela fica em um ponto não tão acessível junto à bexiga e em torno da uretra. O câncer de próstata é a segunda principal causa de mortalidade por câncer entre homens (depois do câncer de pulmão) e se torna cada vez mais comum a partir dos cinquenta anos. O problema é que o exame de câncer de próstata, chamado PSA, que mede os níveis no sangue de uma substância química chamada antígeno específico da próstata, não é confiável. Um PSA elevado indica a possibilidade de câncer — só isso. A única maneira de confirmar se o câncer existe é com uma biópsia, que envolve alcançar a próstata com uma comprida agulha inserida no reto e extrair múltiplas amostras de tecido — procedimento a que dificilmente o paciente quer se sujeitar. Como a sondagem com a agulha só pode ser feita ao acaso, é questão de sorte encontrar ou não um tumor. Quando encontra, é impossível dizer, com a tecnologia atual, se o tumor é agressivo ou benigno. Com base nessa informação incerta, uma decisão deve ser tomada quanto à remoção cirúrgica da próstata — cirurgia traiçoeira, com consequências muitas vezes desalentadoras — ou um tratamento com radiação. Entre 20% e 70% dos homens sofrem de impotência ou incontinência após os procedimentos. Um em cada cinco enfrenta complicações somente da biópsia.

O exame "não é muito mais eficaz do que decidir no cara ou coroa", escreveu o professor Richard J. Ablin, da Universidade do Arizona, que sabe do que está falando. Ele descobriu o antígeno específico da próstata, em 1970. Refletindo que o americano gasta pelo menos 3 bilhões de dólares anuais em exames de próstata, acrescentou: "Nunca imaginei que minha descoberta de quatro décadas atrás pudesse resultar nessa desgraçada avidez pelo lucro".

Uma meta-análise de seis estudos clínicos randomizados envolvendo 382 mil homens revelou que para cada mil indivíduos examinados para detecção de câncer de próstata, aproximadamente um era salvo — ótima notícia para esse indivíduo, mas não tão boa para o grande número de homens que talvez passem o resto da vida sofrendo de incontinência ou impotência, a maioria tendo se submetido a tratamentos sérios mas possivelmente ineficazes.

Tudo isso não quer dizer que os homens deveriam evitar o exame do PSA ou que as mulheres não devem fazer exames de câncer de mama regularmente. Com todos os seus defeitos, são as melhores ferramentas de que dispomos, e sem dúvida salvam vidas, mas quem se submete aos exames precisa estar ciente das desvantagens. Como com quase qualquer problema médico grave, se você está preocupado, é melhor consultar um médico de confiança.

Descobertas acidentais feitas durante investigações rotineiras acontecem com tanta frequência que os médicos têm uma palavra para elas: incidentalomas. A Academia Nacional de Medicina nos Estados Unidos estimou que 765 milhões de dólares anuais — um quarto do custo total com o sistema de saúde — são gastos em exames preventivos inúteis. Um estudo similar no estado de Washington elevou ainda mais as cifras do desperdício, em quase 50%, e concluiu que pelo menos 85% dos exames laboratoriais pré-operatórios são completamente desnecessários.

O problema do abuso de exames é exacerbado em muitos lugares pelo medo de ação judicial e, verdade seja dita, pela ganância de alguns médicos. Segundo o autor e médico Jerome Groopman, a maior parte da categoria nos Estados Unidos está "menos interessada em tratar alguém do que preocupada com processos judiciais ou em como maximizar seus ganhos". Ou, como insinuou outro, mais cinicamente: "Essas bateladas de exames são uma mina de ouro para alguns".[18]

A indústria farmacêutica tem boa parte da culpa por isso. Os fabricantes de remédios normalmente oferecem prêmios generosos para os médicos promoverem suas marcas. Marcia Angell, da Escola de Medicina de Harvard, em artigo no *New York Review of Books*, escreveu que "a maioria dos médicos recebe dinheiro ou presentes das farmacêuticas, de um modo ou de outro".[19] Algumas bancam conferências em resorts luxuosos onde os médicos fazem pouca coisa além de jogar golfe e se divertir. Outras os remuneram para assinar artigos que não escreveram ou os premiam por "pesquisa" que não fizeram. Juntas, estima Angell, as companhias farmacêuticas nos Estados Unidos gastam "dezenas de bilhões" de dólares em pagamentos diretos e indiretos para os médicos todo ano.

Chegamos ao ponto decididamente bizarro em que as farmacêuticas produzem medicamentos que fazem exatamente o que deveriam fazer, mas sem necessariamente fazer bem algum. Um exemplo disso é a droga atenolol, um betabloqueador criado para baixar a pressão arterial, que tem sido amplamente prescrito desde 1976. Um estudo de 2004 envolvendo 24 mil pacientes descobriu que o atenolol de fato reduzia a pressão arterial, mas não influenciava ataques cardíacos ou fatalidades relacionadas. Pessoas que usaram atenolol morriam do coração do mesmo jeito, mas, como disse um observador, "pelo menos morreram com melhores valores de pressão arterial".[20]

As farmacêuticas deixam um pouco a desejar no quesito ética. A Purdue Pharma desembolsou 600 milhões de dólares em multas e punições em 2007 por comercializar o opioide OxyContin sob falsas alegações. A Merck pagou 950 milhões em multas por esconder problemas com seu anti-inflamatório Vioxx, que foi retirado do mercado, mas não sem antes causar 140 mil ataques cardíacos evitáveis. A GlaxoSmithKline atualmente detém o recorde das punições — 3 bilhões de dólares por uma montanha de transgressões. Mas para citar Marcia Angell outra vez: "Essas multas são só custos do negócio". Na maior parte, não chegam ao pé dos imensos lucros obtidos pelas infratoras antes de serem levadas à Justiça.

Mesmo nas melhores e mais cuidadosas circunstâncias, desenvolver um medicamento é um processo inerentemente de tentativa e erro. Quase no mundo todo a lei exige que os pesquisadores façam testes com animais antes de passar a humanos, mas animais não necessariamente dão bons substitutos. Eles possuem diferentes metabolismos, reagem a diferentes estímulos, contraem diferentes doenças. Como um pesquisador da tuberculose notou há alguns anos: "Rato não tosse". Isso ficou ilustrado de forma frustrante nos testes com drogas para combater o Alzheimer. Como os ratos não têm Alzheimer, precisam ser modificados geneticamente para acumular no cérebro uma proteína específica, a beta-amiloide, associada ao Alzheimer em humanos. Quando os ratos modificados receberam uma classe de drogas chamada inibidores BACE, seus acúmulos de beta-amiloide se dissolveram, para grande empolgação dos pesquisadores. Mas quando as mesmas drogas foram experimentadas em humanos, na verdade agravaram a demência.[21] No fim de 2018, três companhias anunciaram que estavam abandonando os ensaios clínicos dos inibidores BACE.

Outra questão com ensaios clínicos é que os indivíduos envolvidos quase sempre são excluídos se apresentam algum outro problema médico ou se tomam outros medicamentos, uma vez que ambas as coisas podem comprometer os resultados. A ideia é eliminar o que chamamos de variáveis de confusão. O problema da vida real é que ela é cheia de variáveis de confusão, ao contrário de ensaios clínicos. Isso significa que um monte de consequências possíveis deixa de ser posto à prova. Raramente sabemos, por exemplo, o que acontece quando remédios variados são usados em combinação. Um estudo revelou que 6,5% das hospitalizações no Reino Unido se devem a efeitos colaterais de medicamentos, muitas vezes em combinação com outros.

Todos os medicamentos vêm com uma mistura de benefícios e riscos, e estes muitas vezes não são bem estudados. Todo mundo já ouviu falar que uma aspirina por dia pode ajudar a prevenir um ataque cardíaco. Isso é verdade, mas apenas até certo ponto. Segundo um estudo com pessoas que tomaram baixa dose de aspirina diariamente por cinco anos, uma em 1667 escapou de um problema cardiovascular, uma em 2002 escapou de um ataque cardíaco não fatal e uma em 3 mil escapou de um AVC não fatal, enquanto uma em 3333 sofreu forte hemorragia gastrintestinal que não teria ocorrido, em outra circunstância. Assim, para a maioria, há praticamente tanta probabilidade de sofrer uma perigosa hemorragia interna por tomar uma aspirina diária quanto de evitar um ataque cardíaco ou AVC, mas em todo caso o risco de uma coisa ou outra é na verdade muito pequeno.[22]

No verão de 2018, as coisas ficaram ainda mais caóticas quando Peter Rothwell, professor de neurologia clínica na Universidade de Oxford, e seus colegas descobriram que uma aspirina por dia não tinha eficácia alguma em reduzir o risco de doença cardíaca ou câncer em pessoas com setenta quilos ou mais — mas oferecia um sério risco de hemorragia interna.[23] Como 80% dos homens e 50% das mulheres ultrapassam esse limiar, parece que muita gente não extrai o menor benefício de uma dose diária de aspirina, ao passo que corre todos os riscos. Rothwell sugeriu que as pessoas acima dos setenta quilos dobrassem a dose, talvez tomando aspirina duas vezes por dia, em vez de uma, mas isso não passa de chute.

Não quero minimizar os benefícios enormes e inquestionáveis da medicina moderna, mas é um fato inescapável que ela está longe de ser perfeita, e de maneiras que nem sempre são amplamente levadas em consideração. Em 2013, uma equipe internacional de pesquisadores investigou práticas médicas comuns e descobriu que, em 146 delas, "a atual prática-padrão não tinha benefício algum ou era inferior à prática que substituíra". Um estudo parecido na Austrália revelou 156 práticas médicas comuns "que provavelmente são arriscadas ou ineficazes".

O fato é que a ciência médica sozinha não resolve tudo — mas também não precisa. Outros fatores podem afetar significativamente os resultados, às vezes de maneiras surpreendentes. Basta ser gentil, por exemplo. Um estudo na Nova Zelândia com pacientes diabéticos em 2016 revelou que a taxa de complicações graves era 40% mais baixa entre os que avaliavam seu médico como dotado de grande compaixão. Nas palavras de um observador, "é um benefício comparável ao da terapia mais intensiva para o diabetes".

Em resumo, atributos cotidianos como empatia e bom senso podem ser tão importantes quanto o equipamento tecnologicamente mais sofisticado. Nesse sentido, pelo menos, talvez Thomas McKeown estivesse no caminho certo.

23. O fim

Coma direito. Exercite-se regularmente. Morra de todo modo.

Anônimo

I

Em 2011, um interessante marco na história humana foi ultrapassado. Pela primeira vez, mais pessoas morreram no mundo de doenças não transmissíveis, como insuficiência cardíaca, AVC e diabetes, do que de todas as doenças infecciosas combinadas.[1] Vivemos numa era em que o que nos mata, na maior parte das vezes, é o estilo de vida. Estamos com efeito escolhendo o modo como morreremos, embora sem dedicar ao assunto a devida reflexão.

Cerca de um quinto das mortes é súbito, como em um ataque cardíaco ou acidente de carro, e um quinto acontece rapidamente, após breve enfermidade. Mas a maioria, cerca de 60%, se deve ao declínio prorrogado. Vivemos uma longa vida; mas nossa morte também é longa. "Quase um terço dos americanos falecidos após os 65 anos terá passado algum período numa unidade de terapia intensiva nos últimos três meses de vida", informou sombriamente a *Economist* em 2017.[2]

Ninguém discute que as pessoas hoje vivem mais do que nunca. Se você é um homem de setenta anos nos Estados Unidos, sua probabilidade de morrer no ano que vem é de apenas 2%. Em 1940, essas probabilidades se davam aos 56 anos.[3] No mundo desenvolvido como um todo, 90% chegam ao 65º aniversário, a grande maioria com saúde.

Mas hoje parece que alcançamos o ponto dos rendimentos decrescentes. Segundo um cálculo, encontrando uma cura para todo tipo de câncer amanhã, aumentaríamos a expectativa de vida universal em apenas 3,2 anos.[4] Eliminando todas as formas existentes de enfermidade cardiovascular, em apenas 5,5 anos. Isso porque pessoas que morrem dessas coisas tendem a ser velhas, de todo modo, e se o câncer ou o coração não as levam, alguma outra coisa se encarrega. Com o Alzheimer isso fica ainda mais patente.[5] Erradicar por completo a doença, segundo o biólogo Leonard Hayflick, acrescentaria apenas dezenove dias à expectativa de vida geral.

Nossas extraordinárias conquistas na duração da vida humana vieram a um preço. Como observou Daniel Lieberman: "Para cada ano de vida adicional obtido desde 1990, apenas dez meses são com saúde".[6] Quase metade da população com cinquenta anos ou mais sofre de dor crônica ou incapacitação. Nos tornamos bons em aumentar a vida, mas não necessariamente em aumentar a qualidade de vida. Idosos pesam um bocado à economia. Nos Estados Unidos, compõem apenas um décimo da população, mas ocupam a metade dos leitos hospitalares e consomem um terço de todos os medicamentos.[7] Só as quedas na velhice custam à economia norte-americana 31 bilhões de dólares por ano, segundo os Centros para Controle de Doenças.

O tempo passado na aposentadoria aumentou substancialmente, mas a quantidade de trabalho realizado para bancar isso não. O cidadão médio nascido antes de 1945 podia sonhar em desfrutar de apenas oito anos de aposentadoria antes de dar o último suspiro, mas alguém nascido em 1971 podia esperar por algo como vinte anos vivendo na aposentadoria, enquanto outro nascido em 1998, pelas tendências atuais, 35 anos — mas financiados, em cada caso, por aproximadamente quarenta anos de trabalho. A maioria das nações nem começou a enfrentar os custos de longo prazo de todas essas pessoas adoentadas e improdutivas que simplesmente seguem vivendo. Em resumo, muitos problemas, pessoais e sociais, nos aguardam no futuro.

Ficar mais lento, perder o vigor e a resistência, passar por uma diminuição regular e inelutável da capacidade de se autoconsertar — numa palavra, envelhecer — é universal a todas as espécies, e intrínseco: ou seja, inicia-se dentro do organismo. A certa altura, seu corpo decidirá entrar em senescência e depois morrer. Você pode retardar um pouco o processo seguindo um estilo de vida virtuoso, mas não escapará para sempre. Em outras palavras, estamos todos morrendo. A única diferença é que uns estão morrendo mais rápido que outros.

Não temos a menor ideia de por que envelhecemos — ou, para falar a verdade, temos muitas, simplesmente não sabemos se alguma delas é correta. Quase trinta anos atrás, Zhores Medvedev, um biogerontologista russo, calculou que existem cerca de trezentas teorias científicas sérias que explicam por que envelhecemos, e a quantidade não diminuiu nas décadas transcorridas desde então.[8] Como o professor José Viña e seus colegas da Universidade de Valencia explicam em uma síntese do pensamento atual, as teorias recaem em três amplas categorias: mutação genética (os genes funcionam mal e matam o dono), desgaste normal (a vida útil do corpo chega ao fim) e acúmulo de resíduo celular (as células ficam entupidas de subprodutos tóxicos). Pode ser que os três fatores operem juntos, ou talvez aconteça de dois deles serem efeitos colaterais do terceiro. Ou pode ser outra coisa completamente diferente. Ninguém sabe.

Em 1961, Leonard Hayflick, então jovem pesquisador do Instituto Wistar na Filadélfia, fez uma descoberta que quase todo mundo em sua área teve muita dificuldade de aceitar. Hayflick descobriu que em cultura — isto é, no laboratório, não em um ser vivo —, as células-tronco humanas podem se dividir apenas cerca de cinquenta vezes antes de misteriosamente perder a capacidade de continuar a fazê-lo. Em essência, parecem programadas para morrer de velhice. O fenômeno ficou conhecido como limite de Hayflick. Foi um momento marcante para a biologia, porque ficou demonstrado pela primeira vez que o envelhecimento era um processo ocorrido no interior das células. Hayflick descobriu também que as células em cultura podiam ser congeladas e mantidas por qualquer duração de tempo e, uma vez descongeladas, retomavam o declínio precisamente do ponto onde haviam parado.[9] Claramente alguma coisa dentro delas servia como uma espécie de dispositivo de contagem, acompanhando quantas vezes haviam se dividido. A ideia de que as células possuem memória em alguma forma e conseguem fazer uma contagem regressiva para seu próprio extermínio era tão absurdamente radical que foi quase universalmente rejeitada.

Por cerca de uma década, as descobertas de Hayflick permaneceram ignoradas. Mas então uma equipe de pesquisadores da Universidade da Califórnia em San Francisco descobriu que trechos de DNA especializado na extremidade dos cromossomos, chamados telômeros, cumprem a função de dispositivo de contagem. A cada divisão celular os telômeros encurtam, até finalmente chegarem ao comprimento predeterminado (que varia marcadamente de um tipo de célula para outra), e então a célula morre ou fica inativa. Com a descoberta, o limite de Hayflick subitamente ganhou credibilidade. Foi saudado como o segredo do envelhecimento. Interrompendo o encurtamento dos telômeros, poderíamos deter o envelhecimento celular. Os gerontologistas ficaram empolgados. Para nosso pesar, anos de pesquisa subsequente mostraram que o encurtamento dos telômeros não tem mais que um pequeno papel no processo. Após os sessenta anos, o risco de morte dobra a cada oito anos. Estudo realizado por geneticistas na Universidade de Utah revelou que o comprimento dos telômeros pode corresponder a meros 4% desse risco adicional.[10] Como a gerontologista Judith Campisi falou à *Stat* em 2017: "Se o envelhecimento fosse só por causa dos telômeros, teríamos resolvido o problema há muito tempo".[11]

Envelhecer, como viemos a descobrir, não só envolve muito mais que os telômeros, como também os telômeros estão envolvidos em bem mais do que envelhecimento. A química dos telômeros é regulada por uma enzima chamada telomerase, que desliga a célula quando ela atingiu sua cota predeterminada de divisões. Nas células cancerígenas, porém, a telomerase não instrui as células a parar de se dividir, antes permite que continuem a se proliferar indefinidamente. A telomerase celular poderia ser uma terapia-alvo de combate ao câncer. Em resumo, fica claro que os telômeros são importantes não apenas para a compreensão do envelhecimento, mas também do câncer; infelizmente, ainda estamos longe de compreender uma coisa ou outra.

Dois outros termos vistos normalmente, e talvez mais produtivamente, em debates sobre envelhecimento são os "radicais livres" e os "antioxidantes". Os radicais livres são fiapos de resíduo celular que se acumulam no corpo no processo do metabolismo. Eles são um subproduto do oxigênio que respiramos. Como afirmou um toxicologista: "O preço bioquímico de respirar é envelhecer". Os antioxidantes são moléculas que neutralizam os radicais livres, então a ideia é que se você tomar um monte deles na forma de suplementos pode compensar os efeitos do envelhecimento. Infelizmente, não existe evidência científica para isso.

A maioria quase certamente nunca teria ouvido falar de radicais livres ou antioxidantes se um pesquisador químico na Califórnia chamado Denham Harman não tivesse lido um artigo sobre envelhecimento em 1945 no *Ladies' Home Journal* de sua esposa e idealizado a teoria de que os radicais livres e antioxidantes são centrais no envelhecimento humano.[12] A ideia de Harman nunca passou de um palpite e a pesquisa provou que estava errada, mas, mesmo assim, ela pegou e não largou mais. A venda de suplementos antioxidantes hoje movimenta 2 bilhões de dólares anuais.

"É um grande conto do vigário", disse David Gems, do University College London, à *Nature* em 2015.[13] "Essa história da oxidação e do envelhecimento continua na moda porque é perpetuada pelas pessoas que lucram com ela."

"Alguns estudos sugerem que na verdade os suplementos de antioxidantes podem fazer mal", noticiou o *New York Times*. O principal periódico especializado, *Antioxidants and Redox Signaling*, publicou em 2013 que "a suplementação de antioxidantes não baixou a incidência de muitas doenças associadas à idade, mas, em alguns casos, aumentou o risco de morte".[14] Nos Estados Unidos, é preciso levar em conta também o fato extraordinário de que a FDA não exerce praticamente nenhuma supervisão nos suplementos. Desde que eles não contenham medicamentos de prescrição e obviamente não matem nem causem algum problema sério a ninguém, os fabricantes podem vender quase tudo que quiserem, "sem garantias de pureza ou eficácia, sem orientações para dose e com frequência sem aviso sobre possíveis efeitos colaterais resultantes de consumir o produto junto com remédios aprovados", como informa a *Scientific American*. Os produtos podem ser benéficos; apenas ninguém comprovou que são.

Embora Harman não tivesse nada a ver com a indústria de suplementos, nem fosse porta-voz das teorias dos antioxidantes, sempre seguiu um regime composto de altas doses das vitaminas antioxidantes C e E e de grandes quantidades de frutas e legumes ricos em antioxidantes — e, para falar a verdade, mal não fez. Ele viveu até os 98 anos.

Mesmo gozando de ótima saúde, o envelhecimento tem consequências inescapáveis para todos nós. À medida que o tempo passa, a bexiga fica menos elástica e perde capacidade, por isso uma das maldições da velhice são as visitas frequentes ao banheiro. A pele também perde elasticidade e fica mais seca e coriácea. Os vasos sanguíneos se rompem mais facilmente e formam hematomas. O sistema imune não consegue detectar intrusos com a mesma confiabilidade de antes. A quantidade de células de pigmento em geral diminui, mas as que restam por vezes crescem, produzindo manchas na pele que costumam ser chamadas de hepáticas, mas obviamente não têm nada a ver com o fígado. A camada de gordura diretamente associada à pele também fica mais fina, por isso pessoas velhas têm mais dificuldade de se aquecer.

Mais séria, a quantidade de sangue bombeado a cada batimento cai gradualmente. Se nada o matar antes, seu coração terminará por pifar. É um fato. E como a quantidade de sangue passando pelo coração diminui, seus órgãos também recebem menos sangue. Depois dos quarenta anos, o volume de sangue passando pelos rins diminui em média 1% ao ano.[15]

Para as mulheres, a chegada da menopausa é um vívido lembrete do processo de envelhecimento. No mundo animal, a maioria das fêmeas chega ao fim da vida pouco após deixar a fase reprodutiva, mas não, felizmente, a fêmea humana, que passa aproximadamente um terço da vida na pós-menopausa. Somos os únicos primatas, e um dos pouquíssimos animais, a conhecer esse ciclo da vida. Entre as criaturas terrestres, as ovelhas são uma dessas raras exceções, e é por isso que o Instituto Florey de Neurociência e Saúde Mental em Melbourne as utiliza para estudar o assunto. Pelo menos duas espécies de baleia também passam pela menopausa.[16] Por que ela ocorre apenas em alguns animais ainda é uma questão a ser respondida.

O problema é que a menopausa pode ser um sofrimento terrível. Três quartos das mulheres enfrentam fogachos (uma sensação de calor súbito, geralmente no peito ou acima, induzida por alterações hormonais, de causas ignoradas). A queda na produção de estrogênio está ligada à menopausa, mas mesmo hoje não há nenhum teste capaz de confirmar conclusivamente seu início. Os melhores indicadores de que a mulher começa a entrar em menopausa (estágio conhecido como perimenopausa) são a menstruação irregular e a provável "sensação de que as coisas não andam muito normais", como Rose George escreveu para a *Mosaic*, publicação do Wellcome Trust.

A menopausa é um mistério tão grande quanto o envelhecimento. Duas teorias principais foram propostas, conhecidas, muito apropriadamente, como a "hipótese da mãe" e a "hipótese da avó".[17] A hipótese da mãe é que ter filhos fica cada vez mais perigoso e exaustivo à medida que a mulher envelhece. Assim, a menopausa poderia simplesmente ser uma espécie de estratégia de proteção. Sem o desgaste e a preocupação de um futuro parto, a mulher pode se concentrar em cuidar da própria saúde, ao mesmo tempo completando a criação dos filhos no período em que entram em seus anos mais produtivos. O que leva naturalmente à hipótese da avó, qual seja, a de que a mulher para de procriar na meia-idade para ajudar os filhos a criar seus filhos.

Aliás, a história de que a mulher entra em menopausa quando esgota seu suprimento de óvulos é um mito.[18] Ela continua a tê-los. Não muitos, é verdade, só que mais do que suficiente para continuar fértil. Assim, não é o fim dos óvulos que aciona o processo (como até mesmo muitos médicos parecem acreditar). Ninguém sabe exatamente o que é.

II

Um estudo feito pelo Albert Einstein College of Medicine em Nova York em 2016 concluiu que, por mais que a medicina avance, é pouco provável muita gente ir além dos 115 anos.[19] Por outro lado, Matt Kaeberlein, biogerontologista da Universidade de Washington, acredita que os jovens atuais poderão viver rotineiramente 50% a mais do que seus pais, e o dr. Aubrey de Grey, cientista-chefe da Fundação de Pesquisa SENS, em Mountain View, Califórnia, acha que algumas pessoas vivas hoje conseguirão chegar a mil anos. Richard Cawthon, geneticista da Universidade de Utah, sugere que, ao menos teoricamente, essa longevidade é possível.

É esperar para ver. O que se pode afirmar no momento é que aproximadamente apenas um em mil vive para chegar a um século de idade.[20] Não sabemos muita coisa sobre as pessoas que vão além disso, em parte por não haver muitas. O Grupo de Pesquisa em Gerontologia da Universidade da Califórnia, em Los Angeles, monitora, como pode, todos os supercentenários do mundo — ou seja, pessoas que completaram o aniversário de 110 anos.[21] Mas, como os registros em grande parte do planeta não são confiáveis e como muita gente, por uma série de motivos, gostaria de levar o mundo a pensar que sua idade é maior do que a real, os pesquisadores da UCLA tendem a ser cautelosos em admitir candidatos nesse clube exclusivíssimo. Em geral, cerca de setenta supercentenários confirmados figuram nas listas do grupo, mas provavelmente há o dobro dessa quantidade espalhados por aí.

As chances de você viver para comemorar seu 110º aniversário são de cerca de uma em 7 milhões. Ser mulher ajuda bastante; a probabilidade de chegar aos 110 é dez vezes maior. Curiosamente, as mulheres sempre viveram mais. É um pouco contraintuitivo, quando consideramos que o homem não morre no parto, e tampouco, durante a maior parte da história, se expunha a contágio cuidando de enfermos. Contudo, em qualquer período, em qualquer sociedade examinada, as mulheres sempre viveram vários anos a mais, em média, do que os homens. E continuam a viver, mesmo que estejamos sujeitos a cuidados de saúde mais ou menos idênticos.

Não se sabe ao certo de ninguém que tenha vivido mais tempo que Jeanne Louise Calment, de Arles, na Provença, que faleceu à idade decididamente provecta de 122 anos e 164 dias em 1997. Foi não só a primeira pessoa a fazer 122 anos, como também 116, 117, 118, 119, 120 e 121. Calment levou uma vida de ócio: seu pai foi um rico construtor de navios e seu marido um empresário próspero. Ela nunca soube o que era trabalhar. Sobreviveu ao esposo em mais de meio século e à filha única em 63 anos. Foi fumante a vida inteira — aos 117 anos, quando enfim parou, seguia fumando dois cigarros por dia — e consumia um quilo de chocolate por semana, mas continuou ativa até o fim e tinha uma saúde de ferro. Como costumava afirmar com orgulho: "Eu só tive pregas em um lugar, e estou sentada sobre ele".

Calment ainda levou a melhor num acordo que se revelaria um tremendo erro de avaliação da outra parte. Em 1965, quando passava por dificuldades financeiras, concordou em deixar seu apartamento para um advogado em troca do pagamento de 2500 francos por mês até sua morte. Como Calment já estava com noventa anos, o advogado acreditou que o negócio seria uma grande barbada. Na verdade, ele morreu primeiro, trinta anos após a assinatura do contrato, tendo pagado a Calment mais de 900 mil francos por um apartamento que nunca pôde usar.

O homem mais velho do mundo, por sua vez, foi Jiroemon Kimura, do Japão, que faleceu aos 116 anos e 54 dias em 2013, após uma vida pacata como funcionário de comunicações do governo, seguida de uma aposentadoria muito prolongada num vilarejo perto de Kyoto. Kimura levava um estilo de vida saudável, assim como milhões de outros japoneses. O que o capacitou a viver tão mais que o resto de nós é uma questão sem resposta, mas a genética familiar parece desempenhar um papel significativo. Como Daniel Lieberman afirmou, chegar aos oitenta é em grande parte resultado de um estilo de vida saudável, mas a partir daí é quase inteiramente questão de genes. Ou como Bernard Starr, professor emérito na Universidade da Cidade de Nova York, gracejou: "A melhor maneira de assegurar sua longevidade é escolher os pais".

No momento em que escrevo, há três pessoas na Terra com a idade confirmada de 115 anos (duas no Japão e uma na Itália) e três com a idade de 114 anos (duas na França, uma no Japão).

Alguns povos vivem mais do que o esperado por qualquer parâmetro conhecido. Como Jo Marchant comenta em seu livro, *Cure* [Cura], os costa-riquenhos possuem apenas cerca de um quinto da riqueza pessoal dos americanos e seu sistema de saúde é pior, mas vivem mais.[22] Além disso, os habitantes de uma das regiões mais pobres da Costa Rica, a península Nicoya, são os mais longevos, a despeito das taxas de obesidade e hipertensão bem mais elevadas. Eles também têm telômeros mais longos. A teoria é que se beneficiam de laços sociais e relações familiares mais fortes. Curiosamente, se vivem sozinhos ou não têm contato com crianças ao menos uma vez por semana, a vantagem do comprimento do telômero desaparece. É um fato extraordinário nossas redes de relações afetivas alterarem fisicamente o DNA. Por outro lado, um estudo americano em 2010 revelou que, sem elas, seu risco de morrer por qualquer causa é duas vezes maior.

III

Em novembro de 1901, em um hospital psiquiátrico em Frankfurt, uma mulher chamada Auguste Deter se queixou com o patologista e psiquiatra Alois Alzheimer (1864-1915) de esquecimentos recorrentes e cada vez piores. Parecia-lhe que sua personalidade desaparecia pouco a pouco, como areia numa ampulheta. "Perdi eu mesma", explicou, com tristeza.

Alzheimer, um bávaro ranzinza mas bondoso, de óculos de pincenê e charuto perpetuamente enfiado no canto da boca, ficou fascinado pelo caso, mas frustrado com sua incapacidade de fazer alguma coisa para impedir a deterioração da pobre mulher. Era um período difícil para o próprio Alois. Sua esposa do casamento de apenas sete anos, Cäcilia, morrera no início do ano, deixando-o com três filhos para criar. Assim, quando Frau Deter apareceu em seu consultório, ele teve de lidar com o profundo luto e a impotência médica ao mesmo tempo. Nas semanas subsequentes, a mulher ficou cada vez mais confusa e agitada e nada que Alzheimer tentasse oferecia alívio.

Com um novo emprego, ele se mudou para Munique no ano seguinte, mas continuou a acompanhar o declínio de Frau Deter à distância, e quando ela finalmente faleceu, em 1906, enviaram-lhe o cérebro para uma autópsia. Alzheimer descobriu que o órgão estava repleto de acúmulos de células destruídas. Ele comentou suas descobertas em uma palestra e em um artigo e assim ficou permanentemente associado à doença, embora na verdade tenha sido um colega o primeiro a chamar o problema de mal de Alzheimer, em 1910. Por incrível que pareça, as amostras de tecido extraídas de Frau Deter foram preservadas, e quando reexaminadas com o uso de técnicas modernas se descobriu que sofria de uma mutação genética nunca vista em pacientes da doença. Parece que não tinha Alzheimer, afinal, mas um problema genético conhecido como leucodistrofia metacromática.[23] Alois não viveu o suficiente para compreender completamente a importância de sua descoberta. Morreu das complicações de um resfriado grave, em 1915, com apenas 51 anos de idade.

Sabemos hoje que a doença de Alzheimer começa com o acúmulo no cérebro de um fragmento de proteína chamado beta-amiloide. Ninguém tem certeza do que os amiloides fazem por nós quando funcionam corretamente, mas acredita-se que tenham um papel na formação de memórias. Em todo caso, depois de utilizados, são normalmente descartados por não serem mais necessários. Em pacientes de Alzheimer, porém, isso não ocorre por completo e se acumulam em grumos conhecidos como placas, atrapalhando o funcionamento cerebral adequado.

Posteriormente, com o avanço da doença, as vítimas também acumulam emaranhados fibrilares de proteínas tau, por vezes chamados de "novelos tau". De que maneira as proteínas tau se relacionam aos amiloides e como ambos se relacionam ao Alzheimer também não está claro, mas o importante é que o paciente sofre de uma perda de memória constante e irreversível. Em sua progressão normal, o Alzheimer destrói primeiro as memórias de curto prazo, depois avança sobre as demais ou sobre a maioria das outras memórias, levando a confusão, irritabilidade, perda da inibição e, finalmente, perda de todas as funções corporais, incluindo respiração e deglutição. Como um estudioso comentou, no fim "a pessoa esquece, no nível muscular, como exalar". Pessoas com Alzheimer, pode-se dizer, morrem duas vezes — primeiro a mente, depois o corpo.

Isso tudo já se sabe há um século, mas, de resto, estamos no escuro. Um fato desconcertante é que a pessoa pode ter demência sem acúmulos de amiloide e tau e é igualmente possível ter acúmulos de amiloide e tau sem sofrer demência. Um estudo revelou que cerca de 30% dos idosos têm substanciais acúmulos de beta-amiloide, mas nenhum sinal de declínio cognitivo.[24]

Pode ser que essas placas e novelos não sejam a causa da doença, mas simplesmente sua "assinatura" — o detrito deixado pela própria doença. Em resumo, ninguém sabe se o amiloide e o tau estão ali porque a vítima produz ambos em excesso ou se simplesmente não consegue eliminá-los adequadamente. A falta de consenso significa que os pesquisadores se dividem em duas facções antagônicas, culpando respectivamente o beta-amiloide e o tau. Sabemos que essas placas e novelos se acumulam aos poucos e começam a aumentar bastante antes de os primeiros sinais de demência se manifestarem, de modo que claramente a chave para tratar o Alzheimer será pegar os acúmulos antes que comecem a provocar danos sérios. Até o momento, não dispomos da tecnologia para isso. Não somos capazes sequer de fazer um diagnóstico definitivo de Alzheimer. A única maneira segura de identificar o problema é na autópsia.

O maior mistério de todos é por que alguns têm Alzheimer e outros não. Diversos genes já foram associados ao mal, mas nenhum revelou ter uma implicação direta como causa original. O mero envelhecimento aumenta bastante a suscetibilidade ao Alzheimer, mas poderíamos dizer o mesmo de praticamente todas as coisas ruins. Quanto maior a escolaridade, menor a probabilidade de desenvolver Alzheimer, mas é quase certo que a mente ativa e questionadora — ao contrário de alguém que se limita a terminar burocraticamente a escola — é o que mantém o Alzheimer afastado. Demências de todo tipo são consideravelmente mais raras em pessoas que fazem uma dieta saudável, exercitam-se ao menos com frequência moderada, conservam um peso adequado e não fumam nem bebem em excesso. Uma vida virtuosa não elimina o risco de Alzheimer, mas o reduz em cerca de 60%.[25]

O Alzheimer é responsável por 60% a 70% dos casos de demência, e acredita-se que afete cerca de 50 milhões de pessoas no mundo todo. No entanto, o mal é apenas um dentre uma centena de tipos de demência, e é com frequência difícil distinguir entre uma e outra. A demência de corpo de Lewy, por exemplo, é muito similar ao Alzheimer, na medida em que envolve uma perturbação das proteínas neurais. (Seu nome vem do dr. Friedrich H. Lewy, que trabalhou com Alois Alzheimer na Alemanha.) A demência frontotemporal surge de danos aos lobos frontais e temporais do cérebro, muitas vezes devido a um AVC. A situação com frequência representa um terrível estresse para os entes queridos, porque a vítima normalmente perde as inibições e a capacidade de controlar impulsos, de modo que tende a fazer coisas constrangedoras — tirar a roupa em público, pegar comida deixada por estranhos, furtar coisas em supermercados e assim por diante. A síndrome de Korsakoff, batizada em homenagem ao pesquisador russo do século XIX Sergei Korsakoff, surge na maioria das vezes do alcoolismo crônico.

No total, um terço de todas as pessoas com mais de 65 anos morrerá de alguma forma de demência. O custo para a sociedade é imenso, e no entanto em quase todos os países a pesquisa curiosamente carece de verbas. No Reino Unido, as demências custam ao Serviço Nacional de Saúde (NHS) 26 bilhões de libras por ano, mas a verba anual para pesquisa é de apenas 90 milhões de libras, bem abaixo das doenças cardiovasculares, com 160 milhões, e do câncer, com 500 milhões.[26]

Poucas enfermidades se mostraram mais resistentes a tratamento do que o Alzheimer. É a terceira causa mais comum de morte entre idosos, superada apenas por doenças cardiovasculares e câncer, e não temos absolutamente nada eficaz para o problema. Em ensaios clínicos, as medicações do Alzheimer têm uma taxa de insucesso de 99,6%, uma das mais elevadas da farmacologia.[27] No fim da década de 1990, muitos pesquisadores sugeriam que a cura era iminente, mas o otimismo se revelou prematuro. Um estudo promissor foi abandonado depois que quatro pessoas desenvolveram encefalite, uma inflamação do cérebro. Parte do problema, como mencionado no capítulo 22, é que os experimentos de Alzheimer devem ser feitos em ratos de laboratório e, como vimos, eles não desenvolvem a doença, precisam ser geneticamente modificados para produzir placas no cérebro, e com isso reagem às medicações de um modo diferente dos humanos. Muitas companhias farmacêuticas jogaram a toalha. Em 2018, a Pfizer anunciou que estava abandonando a pesquisa de Alzheimer e Parkinson e que dispensaria trezentos funcionários de suas instalações de pesquisa na Nova Inglaterra. Desanima um pouco pensar que a pobre Auguste Deter, se consultasse um médico hoje, não encontraria muito mais alívio para seu sofrimento do que o obtido com Alois Alzheimer, há quase 120 anos.

IV

Acontece com todo mundo. Em todo o planeta, cerca de 160 mil pessoas morrem diariamente.[28] São cerca de 60 milhões de novos cadáveres por ano, grosso modo o equivalente às populações de Suécia, Noruega, Bélgica, Áustria e Austrália combinadas ano após ano. Por outro lado, é apenas cerca de 0,7 morte por cem pessoas, ou seja, consideravelmente menos de uma pessoa em cem morre em um dado ano. Comparados a outros animais, somos terrivelmente bons em sobreviver.

Envelhecer é o caminho mais seguro para morrer. No mundo ocidental, 75% das mortes por câncer, 90% por pneumonia, 90% por gripe e 80% por qualquer causa ocorrem em pessoas de 65 anos ou mais. Um fato interessante é que nos Estados Unidos ninguém morre de velhice desde 1951, pelo menos, não oficialmente, porque nesse ano o termo "velhice" como causa mortis ficou proibido nos atestados de óbito. No Reino Unido, ainda é permitido, embora não muito usado.

A morte é para a maioria de nós o evento mais aterrorizante imaginável. Jenny Diski, diante do fim próximo devido ao câncer (em 2016), escreveu uma série de comoventes ensaios para a *London Review of Books* sobre o "terror excruciante" de saber que você vai morrer em breve — "as garras afiadas lacerando esse órgão interno onde as criaturas mais apavorantes vêm cavoucar, roer e viver em mim". Mas pelo jeito também temos um certo mecanismo de defesa embutido. Segundo um estudo de 2014 publicado no *Journal of Palliative Medicine*, entre 50% e 60% dos pacientes terminais relatam sonhos intensos mas altamente reconfortantes sobre seu iminente passamento. Um estudo separado revelou a evidência de um pico químico no cérebro, o que pode explicar as intensas experiências muitas vezes relatadas pelos sobreviventes de quase morte.[29]

A maioria perde a vontade de comer ou beber nos derradeiros dias de vida.[30] Alguns perdem a capacidade de falar. Quando não conseguimos mais tossir nem engolir, em geral emitimos um som rouco conhecido como estertores da morte. Pode soar perturbador, mas não parece ser assim para o moribundo. Entretanto, nem sempre é o caso. A respiração agonal, em que a vítima não consegue inspirar devido a uma insuficiência cardíaca, pode durar apenas alguns segundos, mas o quadro às vezes se arrasta por quarenta minutos ou mais e pode ser extremamente perturbador tanto para a vítima como para os entes queridos junto ao leito de morte.[31] O problema pode ser evitado com um bloqueador neuromuscular, mas muitos médicos o evitam porque o medicamento inevitavelmente acelera a morte e portanto é considerado antiético ou até ilegal, mesmo que o fim esteja muito próximo.

A morte é um assunto dos mais evitados e muitas vezes tomamos as medidas mais desesperadas para adiar o inevitável. O tratamento desnecessário do moribundo é rotina quase universal. Um em cada oito pacientes de câncer terminal nos Estados Unidos é submetido a quimioterapia até durante as duas últimas semanas de sua vida, muito depois que o tratamento perdeu qualquer eficácia. Três estudos separados mostram que pacientes de câncer em cuidados paliativos nas derradeiras semanas na verdade vivem mais e sofrem menos.[32]

Prever a morte, mesmo de um moribundo, não é fácil. Como conta o dr. Steven Hatch, da Escola Médica da Universidade de Massachusetts: "Um estudo revelou que entre pacientes terminais com média de sobrevivência de apenas quatro semanas os médicos acertaram o número de semanas em apenas 25% dos casos e, em outros 25%, a margem de erro de suas previsões superou as quatro semanas!".[33]

A morte fica evidente muito rapidamente. Quase na mesma hora, o sangue começa a deixar os vasos capilares mais superficiais, levando à palidez espectral associada ao fim. "Um cadáver parece ter perdido sua essência, e perdeu. O corpo fica inerte e perde o tônus, não mais insuflado pelo espírito vital que os gregos chamavam de pneuma", escreveu Sherwin Nuland em *How We Die* [Como morremos].[34] Mesmo para uma pessoa desacostumada a cadáveres, a morte é imediatamente perceptível.

A deterioração dos tecidos começa quase na mesma hora, por isso o aproveitamento de um órgão para transplante demanda tamanha urgência. O sangue se acumula por ação da gravidade nas partes do cadáver que ficam por baixo, arroxeando a pele nesses lugares, em um processo conhecido como livor mortis. Células internas se rompem e enzimas vazam e iniciam um processo de autodigestão conhecido como autólise. Alguns órgãos funcionam por mais tempo que outros.[35] O fígado continuará a quebrar moléculas de álcool após a morte, mesmo sem necessidade. As células também morrem em ritmos diferentes. As células do cérebro se vão rapidamente, não mais do que em três ou quatro minutos, mas nos músculos e na pele podem durar horas — até um dia inteiro. O famoso enrijecimento muscular conhecido como rigor mortis surge entre trinta minutos e quatro horas após o óbito, começando pelos músculos faciais, descendo pelo corpo e passando às extremidades. O rigor mortis dura cerca de um dia.

Um cadáver é uma coisa cheia de vida. Só que não é mais a sua vida. São as bactérias que você deixou para trás, além de inúmeras outras que chegam. Ao devorarem seu corpo, as bactérias do intestino produzem uma série de gases, entre eles metano, amônia, sulfeto de hidrogênio e dióxido de enxofre, bem como os compostos químicos cadaverina e putrescina, cujos nomes dispensam explicação. O cheiro de um cadáver em putrefação em geral se torna insuportável em dois ou três dias — menos, se fizer calor. Então, gradualmente, à medida que a carne é consumida, o cheiro desaparece, já que não restou nada para causá-lo. Claro que o processo pode ser interrompido se o corpo estiver numa geleira ou em um pântano de turfa, onde as bactérias não conseguem sobreviver e se proliferar, ou se for mantido muito seco até mumificar.

É um mito, e uma impossibilidade fisiológica, aliás, que o cabelo e as unhas continuam a crescer depois da morte. Nada cresce depois da morte.

Para quem preferiu ser enterrado, a decomposição em um caixão lacrado leva longo tempo — entre cinco e quarenta anos, segundo uma estimativa, e apenas para os não embalsamados.[36] Um túmulo é visitado em média durante apenas quinze anos, de modo que a maioria de nós leva muito mais tempo para sumir do mundo do que da lembrança.[37] Há cerca de um século, apenas um em cem indivíduos era cremado.[38] Hoje é bem mais comum: é o destino final de três quartos dos britânicos e 40% dos americanos. Após a cremação, resta da pessoa cerca de dois quilos de cinzas.

E é assim que você vai partir. Mas foi bom enquanto durou, não foi?

Notas

As notas servem de guia rápido para quem pretende checar um fato ou fazer leituras complementares. Se o assunto for muito conhecido ou difundido — as funções hepáticas, por exemplo —, não menciono a fonte. No geral, estão listadas apenas onde as afirmações são específicas, discutíveis ou por alguma outra razão dignas de nota.

CAPÍTULO 1: COMO CONSTRUIR UM HUMANO [pp. 9-17]

1. A informação sobre o custo de construir uma réplica de Benedict Cumberbatch foi fornecida por Karen Ogilvie da Real Sociedade de Química, Londres.
2. Emsley, *Nature's Building Blocks*, p. 4.
3. Ibid., pp. 379-80.
4. *Scientific American*, jul. 2015, p. 31.
5. "Hunting the Elements", *Nova*, 4 abr. 2012.
6. McNeill, *Face*, p. 27.
7. West, *Scale*, p. 152.
8. Pollack, *Signs of Life*, p. 19.
9. Ibid.
10. Ball, *Stories of the Invisible*, p. 48.
11. Challoner, *Cell*, p. 38.
12. *Nature*, 26 jun. 2014, p. 463.
13. Arney, *Herding Hemingway's Cats*, p. 184.
14. *New Scientist*, 15 set. 2012, pp. 30-3.

15. Mukherjee, *Gene*, p. 322; Ben-Barak, *Invisible Kingdom*, p. 174.
16. *Nature*, 24 mar. 2011, p. S2.
17. Samuel Cheshier, neurocirurgião e professor, citado em *Naked Scientist*, podcast, 21 mar. 2017.
18. "An Estimation of the Number of Cells in the Human Body", *Annals of Human Biology*, nov.-dez. 2013.
19. *New Yorker*, 7 abr. 2014, pp. 38-9.
20. Hafer, *Not-So-Intelligent Designer*, p. 132.

CAPÍTULO 2: POR FORA: PELE E PELO [pp. 18-33]

1. Jablonski, entrevista, State College, Pa., 29 fev. 2016.
2. Andrews, *Life That Lives on Man*, p. 31.
3. Ibid., p. 166.
4. *Oxford English Dictionary*.
5. Ackerman, *Natural History of the Senses*, p. 83.
6. Linden, *Touch*, p. 46.
7. "The Magic of Touch", *The Uncommon Senses*, rádio BBC 4, 27 mar. 2017.
8. Linden, *Touch*, p. 73.
9. Jablonski, entrevista.
10. Challoner, *Cell*, p. 170.
11. Jablonski, entrevista.
12. Id., *Living Color*, p. 14.
13. Id., *Skin*, p. 17.
14. Smith, *Body*, p. 410.
15. Jablonski, *Skin*, p. 90.
16. *Journal of Pharmacology and Pharmacotherapeutics*, abr.-jun. 2012; *New Scientist*, 9 ago. 2014, pp. 34-7.
17. Nota à imprensa do University College London, "Natural Selection Has Altered the Appearance of Europeans over the Past 5000 Years", 11 mar. 2014.
18. Jablonski, *Living Color*, p. 24.
19. Jablonski, *Skin*, p. 91.
20. "Rapid Evolution of a Skin-Lightening Allele in Southern African KhoeSan", *Proceedings of the National Academy of Sciences*, 26 dez. 2018.
21. "First Modern Britons Had 'Dark to Black' Skin", *Guardian*, 7 fev. 2018.
22. *New Scientist*, 3 mar. 2018, p. 12.
23. Jablonski, *Skin*, p. 19.
24. Linden, *Touch*, p. 216.
25. "The Naked Truth", *Scientific American*, fev. 2010.
26. Ashcroft, *Life at the Extremes*, p. 157.
27. *Baylor University Medical Center Proceedings*, jul. 2012, p. 305.
28. "Why Are Humans So Hairy?", *New Scientist*, 17 out. 2017.

29. Jablonski, entrevista.
30. "Do Human Pheromones Actually Exist?", *Science News*, 7 mar. 2017.
31. Bainbridge, *Teenagers*, pp. 44-5.
32. "The Curious Cases of Rutherford and Fry", rádio BBC 4, 22 ago. 2016.
33. Cole, *Suspect Identities*, p. 49.
34. Smith, *Body*, p. 409.
35. Linden, *Touch*, p. 37.
36. "Why Do We Get Prune Fingers?", Smithsonian.com, 6 ago. 2015.
37. "Adermatoglyphia: The Genetic Disorder of People Born Without Fingerprints", *Smithsonian*, 14 jan. 2014.
38. Daniel E. Lieberman, "Human Locomotion and Heat Loss: An Evolutionary Perspective", *Comprehensive Physiology* 5, v. 1, jan. 2015.
39. Jablonski, *Living Color*, p. 26.
40. Stark, *Last Breath*, pp. 283-5.
41. Ashcroft, *Life at the Extremes*, p. 139.
42. Ibid., p. 122.
43. Tallis, *Kingdom of Infinite Space*, p. 23.
44. Bainbridge, *Teenagers*, p. 48.
45. Andrews, *Life That Lives on Man*, p. 11.
46. Gawande, *Better*, pp. 14-5; "What Is the Right Way to Wash Your Hands?", *Atlantic*, 23 jan. 2017.
47. National Geographic News, 14 nov. 2012.
48. Blaser, *Missing Microbes*, p. 200.
49. David Shultz, "What the Mites on Your Face Say About Where You Came From", *Science*, 14 dez. 2015, www.sciencemag.org.
50. Linden, *Touch*, p. 185.
51. Ibid., pp. 187-9.
52. Andrews, *Life That Lives on Man*, pp. 38-9.
53. *Baylor University Medical Center Proceedings*, jul. 2012, p. 305.
54. Andrews, *Life That Lives on Man*, p. 42.

CAPÍTULO 3: SEU EU MICROBIANO [pp. 34-52]

1. Ben-Barak, *Invisible Kingdom*, p. 58.
2. Entrevista com o professor Christopher Gardner da Universidade de Stanford, Palo Alto, 29 jan. 2018.
3. *Baylor University Medical Center Proceedings*, jul. 2014; West, *Scale*, p. 1.
4. Crawford, *Invisible Enemy*, p. 14.
5. Lane, *Power, Sex, Suicide*, p. 114.
6. Maddox, *What Remains to Be Discovered*, p. 170.
7. Crawford, *Invisible Enemy*, p. 13.
8. "Learning About Who We Are", *Nature*, 14 jun. 2012; "Molecular-Phylogenetic Cha-

racterização de Microbial Community Imbalances in Human Inflammatory Bowel Diseases", *Proceedings of the National Academy of Sciences*, 15 ago. 2007.

9. Blaser, *Missing Microbes*, p. 25; Ben-Barak, *Invisible Kingdom*, p. 13.
10. *Nature*, 8 jun. 2016.
11. "The Inside Story", *Nature*, 28 maio 2008.
12. Crawford, *Invisible Enemy*, pp. 15-6; Pasternak, *Molecules Within Us*, p. 143.
13. "The Microbes Within", *Nature*, 25 fev. 2015.
14. "They Reproduce, but They Don't Eat, Breathe, or Excrete", *London Review of Books*, 9 mar. 2001.
15. Ben-Barak, *Invisible Kingdom*, p. 4.
16. Roossinck, *Virus*, p. 13.
17. *Economist*, 24 jun. 2017, p. 76.
18. Zimmer, *Planet of Viruses*, pp. 42-4.
19. Crawford, *Deadly Companions*, p. 13.
20. "Cold Comfort", *New Yorker*, 11 mar. 2002, p. 42.
21. "Unraveling the Key to a Cold Virus's Effectiveness", *New York Times*, 8 jan. 2015.
22. "Cold Comfort", p. 45.
23. *Baylor University Medical Center Proceedings*, jan. 2017, p. 127.
24. "Germs Thrive at Work, Too", *Wall Street Journal*, 30 set. 2014.
25. *Nature*, 25 jun. 2015, p. 400.
26. *Scientific American*, dez. 2013, p. 47.
27. "Giant Viruses", *American Scientist*, jul.-ago. 2011; Zimmer, *Planet of Viruses*, pp. 89--91; "The Discovery and Characterization of Mimivirus, the Largest Known Virus and Putative Pneumonia Agent", *Emerging Infections*, 21 maio 2007; "Ironmonger Who Found a Unique Colony", *Daily Telegraph*, 15 out. 2004; *Bradford Telegraph and Argus*, 15 out. 2014; "Out on a Limb", *Nature*, 4 ago. 2011.
28. Le Fanu, *Rise and Fall of Modern Medicine*, p. 179.
29. *Journal of Antimicrobial Chemotherapy*, v. 71, 2016.
30. Lax, *Mould in Dr. Florey's Coat*, pp. 77-9.
31. *Oxford Dictionary of National Biography*, verbete "Chain, Sir Ernst Boris".
32. Le Fanu, *Rise and Fall of Modern Medicine*, pp. 3-12; *Economist*, 21 maio 2016, p. 19.
33. "Penicillin Comes to Peoria", *Historynet*, 2 jun. 2014.
34. Blaser, *Missing Microbes*, p. 60; "The Real Story Behind Penicillin", PBS NewsHour (website), 27 set. 2013.
35. *Oxford Dictionary of National Biography*, verbete "Florey, Howard Walter".
36. Ibid., verbete "Chain, Sir Ernst Boris".
37. *New Yorker*, 22 out. 2012, p. 36.
38. Michael Kinch, entrevista, Universidade de Washington em St. Louis, 18 abr. 2018.
39. "Superbug: An Epidemic Begins", *Harvard Magazine*, maio-jun. 2014.
40. Blaser, *Missing Microbes*, p. 85; *Baylor University Medical Center Proceedings*, jul. 2012, p. 306.
41. Blaser, *Missing Microbes*, p. 84.
42. *Baylor University Medical Center Proceedings*, jul. 2012, p. 306.

43. Bakalar, *Where the Germs Are*, pp. 5-6.
44. "Don't Pick Your Nose", *London Review of Books*, jul. 2004.
45. "World Super Germ Born in Guildford", *Daily Telegraph*, 26 ago. 2001; "Squashing Superbugs", *Scientific American*, jul. 2009.
46. "A Dearth in Innovation for Key Drugs", *New York Times*, 22 jul. 2014.
47. *Nature*, 25 jul. 2013, p. 394.
48. Kinch, entrevista; "Resistance Is Futile", *Atlantic*, 15 out. 2011.
49. "Antibiotic Resistance Is Worrisome, but Not Hopeless", *New York Times*, 8 mar. 2016.
50. *BBC Inside Science*, rádio BBC 4, 9 jun. 2016; *Chemistry World*, mar. 2018, p. 51.
51. *New Scientist*, 14 dez. 2013, p. 36.
52. "Reengineering Life", *Discovery*, rádio BBC 4, 8 maio 2017.

CAPÍTULO 4: O CÉREBRO [pp. 53-74]

1. "Thanks for the Memory", *New York Review of Books*, 5 out. 2006; Lieberman, *Evolution of the Human Head*, p. 211.
2. "Solving the Brain", *Nature Neuroscience*, 17 jul. 2013.
3. Allen, *Lives of the Brain*, p. 188.
4. Bribiescas, *Men*, p. 42.
5. Winston, *Human Mind*, p. 210.
6. "Myths That Will Not Die", *Nature*, 17 dez. 2015.
7. Eagleman, *Incognito*, p. 2.
8. Ashcroft, *Spark of Life*, p. 227; Allen, *Lives of the Brain*, p. 19.
9. "How Your Brain Recognizes All Those Faces", Smithsonian.com, 6 jun. 2017.
10. Allen, *Lives of the Brain*, p. 14; Zeman, *Consciousness*, p. 57; Ashcroft, *Spark of Life*, pp. 228-9.
11. "A Tiny Part of the Brain Appears to Orchestrate the Whole Body's Aging", *Stat*, 26 jul. 2017.
12. O'Sullivan, *Brainstorm*, p. 91.
13. "What Are Dreams?", *Nova*, PBS, 24 nov. 2009.
14. "Attention", *New Yorker*, 1 out. 2014.
15. *Nature*, 20 abr. 2017, p. 296.
16. Le Fanu, *Why Us?*, p. 199.
17. *Guardian*, 4 dez. 2003, p. 8.
18. *New Scientist*, 14 maio 2011, p. 39.
19. Bainbridge, *Beyond the Zonules of Zinn*, p. 287.
20. Lieberman, *Evolution of the Human Head*, p. 183.
21. Le Fanu, *Why Us?*, p. 213; Winston, *Human Mind*, p. 82.
22. *The Why Factor*, BBC World Service, 6 set. 2013.
23. *Nature*, 7 abr. 2011, p. 33.
24. Draaisma, *Forgetting*, pp. 163-70; "Memory", *National Geographic*, nov. 2007.

25. "The Man Who Couldn't Remember", *Nova*, PBS, 1 jun. 2009; "How Memory Speaks", *New York Review of Books*, 22 maio 2014; *New Scientist*, 28 nov. 2015, p. 36.
26. *Nature Neuroscience*, fev. 2010, p. 139.
27. *Neurosurgery*, jan. 2011, pp. 6-11.
28. Ashcroft, *Spark of Life*, p. 229.
29. *Scientific American*, ago. 2011, p. 35.
30. "Get Knitting", *London Review of Books*, 18 ago. 2005.
31. *New Yorker*, 31 ago. 2015, p. 85.
32. "Human Brains Make New Nerve Cells", *Science News*, 5 abr. 2018; transcrição do programa *All Things Considered*, NPR, 17 mar. 2018.
33. Le Fanu, *Why Us?*, p. 192.
34. "The Mystery of Consciousness", *New York Review of Books*, 2 nov. 1995.
35. Dittrich, *Patient H.M.*, p. 79.
36. "Unkind Cuts", *New York Review of Books*, 24 abr. 1986.
37. "The Lobotomy Files: One Doctor's Legacy", *Wall Street Journal*, 12 dez. 2013.
38. El-Hai, *Lobotomist*, p. 209.
39. Ibid., p. 171.
40. Ibid., pp. 173-4.
41. Sanghavi, *Map of the Child*, p. 107; Bainbridge, *Beyond the Zonules of Zinn*, pp. 233-5.
42. Lieberman, *Evolution of the Human Head*, p. 217.
43. *Literary Review*, ago. 2016, p. 36.
44. *British Medical Journal*, v. 315, 1997.
45. "Can the Brain Explain Your Mind?", *New York Review of Books*, 24 mar. 2011.
46. "Urge", *New York Review of Books*, 24 set. 2015.
47. Sternberg, *NeuroLogic*, p. 133.
48. Owen, *Into the Grey Zone*, p. 4.
49. "The Mind Reader", *Nature Neuroscience*, 13 jun. 2014.
50. Lieberman, *Evolution of the Human Head*, p. 556; "If Modern Humans Are So Smart, Why Are Our Brains Shrinking?", *Discover*, 20 jan. 2011.

CAPÍTULO 5: A CABEÇA [pp. 75-93]

1. Larson, *Severed*, p. 13.
2. Ibid., p. 246.
3. *Australian Indigenous Law Review*, n. 92, 2007; *New Literatures Review*, Universidade de Melbourne, out. 2004.
4. *Anthropological Review*, out. 1868, pp. 386-94.
5. Blakelaw e Jennett, *Oxford Companion to the Body*, p. 249; *Oxford Dictionary of National Biography*.
6. Gould, *Mismeasure of Man*, p. 138.
7. Le Fanu, *Why Us?*, p. 180; "The Inferiority Complex", *New York Review of Books*, 22 out. 1981.

8. McNeill, *Face*, p. 180; Perrett, *In Your Face*, p. 21; "A Conversation with Paul Ekman", *New York Times*, 5 ago. 2003.

9. McNeill, *Face*, p. 4.

10. Ibid., p. 26.

11. *New Yorker*, 12 jan. 2015, p. 35.

12. "Conversation with Paul Ekman".

13. "Scientists Have an Intriguing New Theory About Our Eyebrows and Foreheads", *Vox*, 9 abr. 2018.

14. Perrett, *In Your Face*, p. 18.

15. Lieberman, *Evolution of the Human Head*, p. 312.

16. *The Uncommon Senses*, rádio bbc 4, 20 mar. 2017.

17. "Blue Sky Sprites", *Naked Scientists*, podcast, 17 maio 2016; "Evolution of the Human Eye", *Scientific American*, jul. 2011, p. 53.

18. "Meet the Culprits Behind Bright Lights and Strange Floaters in Your Vision", Smithsonian.com, 24 dez. 2014.

19. McNeill, *Face*, p. 24.

20. Davies, *Life Unfolding*, p. 231.

21. Lutz, *Crying*, pp. 67-8.

22. Ibid., p. 69.

23. Lieberman, *Evolution of the Human Head*, p. 388.

24. "Outcasts of the Islands", *New York Review of Books*, 6 mar. 1997.

25. *National Geographic*, fev. 2016, p. 56.

26. *New Scientist*, 14 maio 2011, p. 356; Eagleman, *Brain*, p. 60.

27. Blakelaw e Jennett, *Oxford Companion to the Body*, p. 82; Roberts, *Incredible Unlikeliness of Being*, p. 114; Eagleman, *Incognito*, p. 32.

28. Shubin, *Your Inner Fish*, pp. 160-2.

29. Goldsmith, *Discord*, pp. 6-7.

30. Ibid., p. 161.

31. Bathurst, *Sound*, pp. 28-9.

32. Ibid., p. 124.

33. Bainbridge, *Beyond the Zonules of Zinn*, p. 110.

34. Francis, *Adventures in Human Being*, p. 63.

35. "World Without Scent", *Atlantic*, 12 set. 2015.

36. Gary Beauchamp, entrevista, Monell Chemical Senses Center, Filadélfia, 2016.

37. Al-Khalili e McFadden, *Life on the Edge*, pp. 158-9.

38. Shepherd, *Neurogastronomy*, pp. 34-7.

39. Gilbert, *What the Nose Knows*, p. 45.

40. Brooks, *At the Edge of Uncertainty*, p. 149.

41. "Secret of Liquorice Smell Unravelled", *Chemistry World*, jan. 2017.

42. Holmes, *Flavor*, p. 49.

43. *Science*, 21 mar. 2014.

44. "Sniffing out Answers: A Conversation with Markus Meister", Caltech, nota à imprensa, 8 jul. 2015. (https://www.caltech.edu/about/new/sniffing-ou-answers-conversation--marcus-meister-47229).

45. Monell, website, "Olfaction Primer: How Smell Works".
46. "Mechanisms of Scent-Tracking in Humans", *Nature*, 4 jan. 2007.
47. Holmes, *Flavor*, p. 63.
48. Gilbert, *What the Nose Knows*, p. 63.
49. Platoni, *We Have the Technology*, p. 39.
50. Blodgett, *Remembering Smell*, p. 19.

CAPÍTULO 6: GOELA ABAIXO: BOCA E GARGANTA [pp. 94-111]

1. "Profiles", *New Yorker*, 9 set. 1953; Vaughan, *Isambard Kingdom Brunel*, pp. 196-7.
2. Birkhead, *Most Perfect Thing*, p. 150.
3. Collis, *Living with a Stranger*, p. 20.
4. Lieberman, *Evolution of the Human Head*, p. 297.
5. "The Choke Artist", *New Republic*, 23 abr. 2007; *New York Times*, obituário, 23 abr. 2007.
6. Cappello, *Swallow*, pp. 4-6; *New York Times*, 11 jan. 2011.
7. *Annals of Thoracic Surgery*, v. 57, 1994, pp. 502-5.
8. "Gut Health May Begin in the Mouth", *Harvard Magazine*, 20 out. 2017.
9. Tallis, *Kingdom of Infinite Space*, p. 25.
10. "Natural Painkiller Found in Human Spit", *Nature*, 13 nov. 2006.
11. Enders, *Gut*, p. 22.
12. *Scientific American*, maio 2013, p. 20.
13. Ibid.
14. Universidade Clemson, nota à imprensa, "A True Food Myth Buster", 13 dez. 2011.
15. Ungar, *Evolution's Bite*, p. 5.
16. Lieberman, *Evolution of the Human Head*, p. 226.
17. *New Scientist*, 16 mar. 2013, p. 45.
18. *Nature*, 21 jun. 2012, p. S2.
19. Roach, *Gulp*, p. 46.
20. *New Scientist*, 8 ago. 2015, pp. 40-1.
21. Ashcroft, *Life at the Extremes*, p. 54; "Last Supper?", *Guardian*, 5 ago. 2016.
22. "I Wanted to Die: It Was So Grim", *Daily Telegraph*, 2 ago. 2011.
23. "A Matter of Taste?", *Chemistry World*, fev. 2017; Holmes, *Flavor*, p. 83; "Fire-Eaters", *New Yorker*, 4 nov. 2013.
24. Holmes, *Flavor*, p. 85.
25. *Baylor University Medical Center Proceedings*, jan. 2016, p. 47.
26. *New Scientist*, 8 ago. 2015, pp. 40-1.
27. Mouritsen et al., *Umami*, p. 28.
28. Holmes, *Flavor*, p. 21.
29. *BMC Neuroscience*, 18 set. 2007.
30. *Scientific American*, jan. 2013, p. 69.
31. Lieberman, *Evolution of the Human Head*, p. 315.

32. Ibid., p. 284.
33. "The Paralysis of Stuttering", *New York Review of Books*, 26 abr. 2012.

CAPÍTULO 7: O CORAÇÃO E O SANGUE [pp. 112-36]

1. Citado em "In the Hands of Any Fool", *London Review of Books*, 3 jul. 1997.
2. Peto, *Heart*, p. 30.
3. Nuland, *How We Die*, p. 22.
4. Morris, *Bodywatching*, p. 11.
5. Blakelaw e Jennett, *Oxford Companion to the Body*, pp. 88-9.
6. *The Curious Cases of Rutherford and Fry*, radio BBC 4, 13 set. 2016.
7. Amidon e Amidon, *Sublime Engine*, p. 116; *Oxford Dictionary of National Biography*, verbete "Hales, Stephen".
8. "Why So Many of Us Die of Heart Disease", *Atlantic*, 6 mar. 2018.
9. "New Blood Pressure Guidelines Put Half of US Adults in Unhealthy Range", *Science News*, 13 nov. 2017.
10. Amidon e Amidon, *Sublime Engine*, p. 227.
11. Health, Estados Unidos, 2016, DHSS Publication n. 2017-1232, maio 2017.
12. Wolpert, *You're Looking Very Well*, p. 18; "Don't Try This at Home", *London Review of Books*, 29 ago. 2013.
13. *Baylor University Medical Center Proceedings*, abr. 2017, p. 240.
14. Brooks, *At the Edge of Uncertainty*, pp. 104-5.
15. Amidon e Amidon, *Sublime Engine*, pp. 191-2.
16. "When Genetic Autopsies Go Awry", *Atlantic*, 11 out. 2016.
17. Pearson, *Life Project*, pp. 101-3.
18. Ibid.; frainghamheartstudy.org.
19. Nourse, *Body*, p. 85.
20. Le Fanu, *Rise and Fall of Modern Medicine*, p. 95; Academia Nacional de Ciências, memória biográfica de Harris B. Schumacher Jr., Washington, DC, 1982.
21. Ashcroft, *Spark of Life*, pp. 152-3.
22. *New York Times*, obituário, 21 ago. 2000; "Interview: Dr. Steven E. Nissen", *Take One Step*, PBS, ago. 2006, www.pbs.org.
23. *Baylor University Medical Center Proceedings*, out. 2017, p. 476.
24. Ibid., p. 247.
25. Le Fanu, *Rise and Fall of Modern Medicine*, p. 102.
26. Amidon e Amidon, *Sublime Engine*, pp. 198-9.
27. *Economist*, 28 abr. 2018, p. 56.
28. Kinch, *Prescription for Change*, p. 112.
29. Welch, *Less Medicine, More Health*, pp. 34-6.
30. Ibid., p. 38.
31. Collis, *Living with a Stranger*, p. 28.
32. Pasternak, *Molecules Within Us*, p. 58.

33. Hill, *Blood*, pp. 14-5.
34. *Economist*, 12 maio 2018, p. 12.
35. "Annals of Medicine", *New Yorker*, 31 jan. 1970.
36. Blakelaw e Jennett, *Oxford Companion to the Body*, p. 85.
37. Miller, *Body in Question*, pp. 121-2.
38. *Nature*, 28 set. 2017, p. S13.
39. Zimmer, *Soul Made Flesh*, p. 74.
40. Wootton, *Bad Medicine*, pp. 95-8.
41. "An Account of the Experiment of Transfusion, Practised upon a Man in London", *Proceedings of the Royal Society of London*, 9 dez. 1667.
42. Zimmer, *Soul Made Flesh*, p. 152.
43. "Politics of Yellow Fever in Alexander Hamilton's America", US National Library of Medicine, sem data (<nlm.nih.gov/exibhition/politicsofyellowfever/collection-transcript14.html>).
44. "An Autopsy of Dr. Osler", *New York Review of Books*, 25 maio 2000.
45. Nourse, *Body*, p. 184.
46. Sanghavi, *Map of the Child*, p. 64.
47. Dr. Allan Doctor, entrevista, Oxford, 18 set. 2018.
48. "The Quest for One of Science's Holy Grails: Artificial Blood", *Stat*, 27 fev. 2017; "Red Blood Cell Substitutes", *Chemistry World*, 16 fev. 2018.
49. "Save Blood, Save Lives", *Nature*, 2 abr. 2015.

CAPÍTULO 8: O DEPARTAMENTO DE QUÍMICA [pp. 137-55]

1. Bliss, *Discovery of Insulin*, p. 37.
2. Ibid., pp. 12-3.
3. "The Pissing Evile", *London Review of Books*, 1 dez. 1983.
4. "Cause and Effect", *Nature*, 17 maio 2012.
5. *Nature*, 26 maio 2016, p. 460.
6. "The Edmonton Protocol", *New Yorker*, 10 fev. 2003.
7. Dr. John Wass, entrevistas, Oxford, 21 mar.; set. 2018.
8. Sengoopta, *Most Secret Quintessence of Life*, p. 4.
9. *Journal of Clinical Endocrinology and Metabolism*, 1 dez. 2006, pp. 4849-53; "The Medical Ordeals of JFK", *Atlantic*, dez. 2002.
10. *Nature*, 25 jun. 2015, pp. 410-2.
11. *Biographical Memoirs of Fellows of the Royal Society*, Londres, nov. 1998; *New York Times*, obituário, 19 jan. 1995.
12. Bribiescas, *Men*, p. 202.
13. *New Scientist*, 16 maio 2015, p. 32.
14. *Nature*, 23 nov. 2017, p. S85; *Annals of Internal Medicine*, 6 nov. 2018.
15. Pasternak, *Molecules Within Us*, p. 60.
16. Nuland, *How We Die*, p. 55.

17. *Nature*, 9 nov. 2017, p. S40.
18. Tomalin, *Samuel Pepys*, pp. 60-5.
19. "Samuel Pepys and His Stones", *Annals of the Royal College of Surgeons*, v. 59, 1977.

CAPÍTULO 9: NA SALA DE DISSECAÇÃO: O ESQUELETO [pp. 156-70]

1. Dr. Ben Ollivere, entrevista, Nottingham, 23-24 jun. 2017.
2. "Yale Students and Dental Professor Took Selfie with Severed Heads", *Guardian*, 5 fev. 2018.
3. Wootton, *Bad Medicine*, p. 74.
4. Larson, *Severed*, p. 217.
5. Wootton, *Bad Medicine*, p. 91.
6. *Baylor University Medical Center Proceedings*, out. 2009, pp. 342-5.
7. Collis, *Living with a Stranger*, p. 56.
8. NASA, folheto informativo, "Muscle Atrophy".
9. *Oxford Dictionary of National Biography*, verbete "Bell, Sir Charles".
10. Roberts, *Incredible Unlikeliness of Being*, pp. 333-5.
11. Francis, *Adventures in Human Being*, pp. 126-7.
12. "Gait Analysis: Principles and Applications", *American Academy of Orthopaedic Surgeons*, out. 1995.
13. Taylor, *Body by Darwin*, p. 85.
14. Medawar, *Uniqueness of the Individual*, p. 109.
15. Wall, *Pain*, pp. 100-1.
16. "The Coming Revolution in Knee Repair", *Scientific American*, mar. 2015.
17. Le Fanu, *Rise and Fall of Modern Medicine*, pp. 104-8.
18. Wolpert, *You're Looking Very Well*, p. 21.

CAPÍTULO 10: EM MOVIMENTO: BIPEDALISMO E EXERCÍCIO [pp. 171-81]

1. "Perimortem Fractures in Lucy Suggest Mortality from Fall Out of Tall Tree", *Nature*, 22 set. 2016.
2. Lieberman, *Story of the Human Body*, p. 42.
3. "The Evolution of Marathon Running", *Sports Medicine* 37, n. 4-5, 2007; "Elastic Energy Storage in the Shoulder and the Evolution of High-Speed Throwing in Homo", *Nature*, 27 jun. 2013.
4. Jeremy Morris, obituário, *New York Times*, 7 nov. 2009.
5. *New Yorker*, 20 maio 2013, p. 46.
6. *Scientific American*, ago. 2013, p. 71; "Is Exercise Really Medicine? An Evolutionary Perspective", *Current Sports Medicine Reports*, jul.-ago. 2015.
7. "Watch Your Step", *Guardian*, 3 set. 2018.
8. "Is Exercise Really Medicine?".

9. Lieberman, *Story of the Human Body*, pp. 217-8.
10. *Economist*, 5 jan. 2019, p. 50.
11. "Is Exercise Really Medicine?".
12. Lieberman, entrevista.
13. "Eating Disorder", *Economist*, 19 jun. 2012.
14. "The Fat Advantage", *Nature*, 15 set. 2016.
15. *Baylor University Medical Center Proceedings*, jan. 2016.
16. "Interest in Ketogenic Diet Grows for Weight Loss and Type 2 Diabetes", *Journal of the American Medical Association*, 16 jan. 2018.
17. Zuk, *Paleofantasy*, p. 5.
18. *Economist*, 31 mar. 2018, p. 30.
19. *Economist*, 6 jan. 2018, p. 20.
20. "The Bear's Best Friend", *New York Review of Books*, 12 maio 2016.
21. "Exercise in Futility", *Atlantic*, abr. 2016.
22. Lieberman, *Story of the Human Body*, p. 217.
23. "Are You Sitting Comfortably? Well, Don't", *New Scientist*, 26 jun. 2013.
24. "Our Amazingly Plastic Brains", *Wall Street Journal*, 6 fev. 2015; "The Futility of the Workout-Sit Cycle", *Atlantic*, 16 ago. 2016.
25. "Killer Chairs: How Desk Jobs Ruin Your Health", *Scientific American*, nov. 2014.
26. *New Scientist*, 25 ago. 2012, p. 41.
27. "The Big Fat Truth", *Nature*, 23 maio 2013.

CAPÍTULO 11: EQUILÍBRIO [pp. 182-94]

1. Blumberg, *Body Heat*, pp. 35-8.
2. West, *Scale*, p. 197.
3. Lane, *Power, Sex, Suicide*, p. 179.
4. Blumberg, *Body Heat*, p. 206.
5. Real Sociedade, "Experiments and Observations in an Heated Room by Charles Blagden, 1774".
6. Ashcroft, *Life at the Extremes*, pp. 133-4; Blumberg, *Body Heat*, pp. 146-7.
7. Davis, *Beautiful Cure*, p. 113.
8. "Myth: We Lose Most Heat from Our Heads", *Naked Scientists*, podcast, 24 out. 2016.
9. *Obituary Notices of Fellows of the Royal Society*, v. 5, n. 15, fev. 1947, pp. 407-23; *American National Biography*, verbete "Cannon, Walter Bradford".
10. "'Voodoo' Death", *American Anthropologist*, abr.-jun. 1942.
11. West, *Scale*, p. 100.
12. Lane, *Vital Question*, p. 63.
13. *Biographical Memoirs*, Real Sociedade, Londres.
14. *Biochemistry and Biology Molecular Education*, v. 32, n. 1, 2004: pp. 62-6.
15. "Size and Shape", *Natural History*, jan. 1974.
16. "The Indestructible Alkemade", RAF Museum, website, 24 dez. 2014.

17. *Edmonton Sun*, 28 ago. 2014.
18. Os detalhes completos podem ser vistos no website noheatstroke.org.
19. Ashcroft, *Life at the Extremes*, p. 8.
20. Ibid., p. 26.
21. Ibid., p. 341.
22. Ibid., p. 19.
23. Annas e Grodin, *Nazi Doctors and the Nuremberg Code*, pp. 25-6.
24. Williams e Wallace, *Unit 731*, p. 42.
25. "Blood and Money", *New York Review of Books*, 4 fev. 1999.
26. Lax, *Toxin*, p. 123.
27. Williams e Wallace, *Unit 731*.

CAPÍTULO 12: O SISTEMA IMUNE [pp. 195-206]

1. "Ambitious Human Cell Atlas Aims to Catalog Every Type of Cell in the Body", NPR, 13 ago. 2018.
2. Professor Daniel Davis, entrevista, Universidade de Manchester, 30 nov. 2018.
3. "Department of Defense", *New York Review of Books*, 8 out. 1987.
4. Davis, *Beautiful Cure*, p. 149.
5. Bainbridge, *Visitor Within*, p. 185.
6. *Lancet*, 8 out. 2011, p. 1290.
7. Davis, *Compatibility Gene*, p. 38.
8. "Inflamed", *New Yorker*, 30 nov. 2015.
9. Kinch, entrevista.
10. "High on Science", *New York Review of Books*, 16 ago. 1990.
11. Medawar, *Uniqueness of the Individual*, p. 132.
12. Le Fanu, *Rise and Fall of Modern Medicine*, pp. 121-3; "A Transplant Makes History", *Harvard Gazette*, 22 set. 2011.
13. "The Disturbing Reason Behind the Spike in Organ Donations", *Washington Post*, 17 abr. 2018.
14. *Baylor University Medical Center Proceedings*, abr. 2014.
15. "Genetically Engineering Pigs to Grow Organs for People", *Atlantic*, 10 ago. 2017.
16. Davis, *Beautiful Cure*, p. 149.
17. Blaser, *Missing Microbes*, p. 177.
18. Lieberman, *Story of the Human Body*, p. 178.
19. Bainbridge, *X in Sex*, p. 157; Martin, *Sickening Mind*, p. 72.
20. *Oxford English Dictionary*.
21. "Skin: Into the Breach", *Nature*, 23 nov. 2011.
22. Pasternak, *Molecules Within Us*, p. 174.
23. "Feed Your Kids Peanuts, Early and Often, New Guidelines Urge", *New York Times*, 5 jan. 2017.
24. "Lifestyle: When Allergies Go West", *Nature*, 24 nov. 2011; Yong, *I Contain Multitudes*, p. 122; "Eat Dirt?", *Natural History*, s.d.

CAPÍTULO 13: INSPIRE, EXPIRE: OS PULMÕES E A RESPIRAÇÃO [pp. 207-19]

1. *Chemistry World*, fev. 2018, p. 66.
2. *Scientific American*, fev. 2016, p. 32.
3. "Where Sneezes Go", *Nature*, 2 jun. 2016; "Why Do We Sneeze?", *Smithsonian*, 29 dez. 2015.
4. "Breathe Deep", *Scientific American*, ago. 2012.
5. West, *Scale*, p. 152.
6. Carter, *Marcel Proust*, p. 72.
7. Ibid., p. 224.
8. Jackson, *Asthma*, p. 159.
9. "Lifestyle: When Allergies Go West", *Nature*, 24 nov. 2011.
10. Professor Neil Pearce, entrevista, Escola de Higiene e Medicina Tropical, Londres, 28 nov. 2018.
11. "Asthma: Breathing New Life into Research", *Nature*, 24 nov. 2011.
12. "Lifestyle: When Allergies Go West"; "Asthma and the Westernization 'Package'", *International Journal of Epidemiology* 31, 2002, pp. 1098-1102.
13. "Lifestyle: When Allergies Go West", *Nature*, 24 nov. 2011.
14. "Getting Away with Murder", *New York Review of Books*, 19 jul 2007.
15. Wootton, Bad Medicine, p. 263.
16. "Getting Away with Murder".
17. "A Reporter at Large", *New Yorker*, 30 nov. 1963.
18. Smith, *Body*, p. 329.
19. "Cancer: Malignant Maneuvers", *New York Review of Books*, 6 mar. 2008.
20. "Get the Placentas", *London Review of Books*, 2 jun. 2016.
21. *Sioux City Journal*, 4 jan. 2015.

CAPÍTULO 14: O GLORIOSO ALIMENTO [pp. 220-40]

1. *Baylor University Medical Center Proceedings*, jan. 2017, p. 134.
2. *American National Biography*, verbete "Atwater, Wilbur Olin"; USDA Agricultural Research Service, website; Wesleyan University, website.
3. McGee, *On Food and Cooking*, p. 534.
4. "Everything You Know About Calories Is Wrong", *Scientific American*, set. 2013.
5. Professor Daniel Lieberman, entrevista, Londres, 22 out. 2018.
6. Gratzer, *Terrors of the Table*, p. 170.
7. "Nutrition: Vitamins on Trial", *Nature*, 25 jun. 2014.
8. "How Did We Get Hooked on Vitamins?", *The Inquiry*, BBC World Service, 31 dez. 2018.
9. "The Dark Side of Linus Pauling's Legacy", quackwatch.org, 14 set. 2014.
10. Smith, *Body*, p. 429.
11. Challoner, *Cell*, p. 38.
12. McGee, *On Food and Cooking*, p. 534.

13. Ibid., p. 803.
14. *New Scientist*, 11 jun. 2016, p. 32.
15. Lieberman, *Story of the Human Body*, p. 255.
16. *New Scientist*, 2 ago. 2014, p. 35.
17. Kummerow obituário, *New York Times*, 1 jun. 2017.
18. *More or Less*, rádio BBC 4, 6 Jan. 2017.
19. Roach, *Grunt*, p. 133.
20. "Can You Drink Too Much Water?", *New York Times*, 19 jun. 2015; "Strange but True: Drinking Too Much Water Can Kill", *Scientific American*, 21 jun. 2007.
21. Zimmer, *Microcosm*, p. 56.
22. *Nature*, 2 fev. 2012, p. 27.
23. *New Scientist*, 18 jul. 2009, p. 32.
24. Keys, obituário, *Washington Post*, 2 nov. 2004; Keys, obituário, *New York Times*, 23 nov. 2004; *Journal of Health and Human Behavior*, inverno de 1963: pp. 291-3; *American Journal of Clinical Nutrition*, mar. 2010.
25. "They Starved So That Others Be Better Fed: Remembering Ancel Keys and the Minnesota Experiment". *Journal of Nutrition* 135, n. 6, jun. 2005.
26. "What Not to Eat", *New York Times*, 2 jan. 2017; "How Much Harm Can Sugar Do?", *New Yorker*, 8 set. 2015.
27. Lieberman, *Story of the Human Body*, p. 265; "Best Before?", *New Scientist*, 17 out. 2015.
28. *Baylor University Medical Center Proceedings*, abr. 2011, p. 158.
29. "Clearing Up the Confusion About Salt", *New York Times*, 20 nov. 2017.
30. *Chemistry World*, set. 2016, p. 50.
31. *International Journal of Epidemiology*, 17 fev. 2016.
32. Professor Christopher Gardner, entrevista, Palo Alto, Calif., 29 jan. 2018.
33. *Nature*, 2 fev. 2012, p. 27.
34. *National Geographic*, fev. 2007, p. 49.

CAPÍTULO 15: VÍSCERAS [pp. 241-50]

1. Vogel, *Life's Devices*, p. 42.
2. Blakelaw e Jennett, *Oxford Companion to the Body*, p. 19.
3. "Fiber Is Good for You. Now Scientists May Know Why", *New York Times*, 1 jan. 2018.
4. Enders, *Gut*, p. 83.
5. "A Bug in the System", *New Yorker*, 2 fev. 2015, p. 30.
6. *Food Safety News*, 27 dez. 2017.
7. "Bug in the System", p. 30.
8. "What to Blame for Your Stomach Bug? Not Always the Last Thing You Ate", *New York Times*, 29 jun. 2017.
9. "Men and Books", *Canadian Medical Association Journal*, jun. 1959.
10. "The Global Incidence of Appendicitis: A Systematic Review of Population-Based Studies", *Annals of Surgery*, ago. 2017.

11. Blakelaw e Jennett, *Oxford Companion to the Body*, p. 43.
12. *New York Times*, obituário, 20 abr. 2005.
13. "Killing Cures", *New York Review of Books*, 11 ago. 2005.
14. Money, *Amoeba in the Room*, p. 144.
15. *Nature*, 21 ago. 2014, p. 247.
16. Zimmer, *Microcosm*, p. 20; Lane, *Power, Sex, Suicide*, p. 119.
17. *Clinical Infectious Diseases*, 15 out. 2007, pp. 1025-9.
18. Roach, *Gulp*, p. 253.
19. "Fatal Colonic Explosion During Colonoscopic Polypectomy", *Gastroenterology* 77, n. 6, 1979.

CAPÍTULO 16: SONO [pp. 251-64]

1. "Sleep Deprivation in the Rat", *Sleep*, v. 12, n. 1, 1989.
2. *Nature*, 23 maio 2013, p. S7.
3. *Scientific American*, out. 2015, p. 42.
4. *New Scientist*, 2 fev. 2013, pp. 38-9.
5. "The Stubborn Scientist Who Unraveled a Mystery of the Night", *Smithsonian*, set. 2003; "Rapid Eye Movement Sleep: Regulation and Function", *Journal of Clinical Sleep Medicine*, 145 jun. 2013.
6. Martin, *Counting Sheep*, p. 98.
7. Ibid., pp. 133-9; "Cerebral Hygiene", *London Review of Books*, 29 jun. 2017.
8. Martin, *Counting Sheep*, p. 104.
9. Ibid., pp. 39-40.
10. Burnett, *Idiot Brain*, p. 25; Sternberg, *NeuroLogic*, pp. 13-4.
11. Davis, *Beautiful Cure*, p. 133.
12. Professor Russell Foster, entrevista, Brasenose College, Oxford, 17 out. 2018.
13. Bainbridge, *Beyond the Zonules of Zinn*, p. 200.
14. Shubin, *Universe Within*, pp. 55-67.
15. Davis, *Beautiful Cure*, p. 37.
16. "Let Teenagers Sleep In", *New York Times*, 20 set. 2018.
17. "In Search of Forty Winks", *New Yorker*, 8-15 fev. 2016.
18. "Of Owls, Larks, and Alarm Clocks", *Nature*, 11 mar. 2009.
19. "Snoring: What to Do When a Punch in the Shoulder Fails", *New York Times*, 11 dez. 2010.
20. Zeman, *Consciousness*, pp. 46-7; "The Family That Couldn't Sleep", *New York Times*, 2 set. 2006.
21. *Nature*, 10 abr. 2014, p. 181.
22. "The Wild Frontiers of Slumber", *Nature*, 1 mar. 2018; Zeman, *Consciousness*, pp. 106-9.
23. Morning Edition, NPR, 27 dez. 2017.
24. Martin, *Counting Sheep*, p. 140.

CAPÍTULO 17: NOS PAÍSES BAIXOS [pp. 265-77]

1. Claro que a anedota é apócrifa.
2. "Nettie M. Stevens and the Discovery of Sex Determination by Chromosomes", *Isis*, jun. 1978; *American National Biography*.
3. Bainbridge, *X in Sex*, p. 66.
4. "The Chromosome Number in Humans: A Brief History", *Nature Reviews Genetics*, 1 ago. 2006.
5. Ridley, *Genome*, pp. 23-4.
6. "Vive la Difference", *New York Review of Books*, 12 maio 2005.
7. "Sorry, Guys: Your Y Chromosome May Be Doomed", *Smithsonian*, 19 jan. 2018.
8. Mukherjee, *Gene*, p. 357.
9. "Infidels", *New Yorker*, 18-25 dez. 2017.
10. Spiegelhalter, *Sex by Numbers*, p. 35.
11. *American Journal of Public Health*, jul. 1996, pp. 1037-40; "What, How Often, and with Whom?", *London Review of Books*, 3 ago. 1995.
12. Spiegelhalter, *Sex by Numbers*, p. 2.
13. Ibid., pp. 218-20.
14. "Bonobos Join Chimps as Closest Human Relatives", *Science News*, 13 jun. 2012.
15. Bribiescas, *Men*, pp. 174-6.
16. Roach, *Bonk*, p. 12.
17. *American Journal of Obstetrics and Gynecology*, ago. 2001, p. 359.
18. Bainbridge, *Teenagers*, pp. 254-5.
19. "Skin Deep", *New York Review of Books*, 7 out. 1999.
20. Morris, *Body Watching*, p. 216; Spiegelhalter, *Sex by Numbers*, pp. 216-7.

CAPÍTULO 18: NO INÍCIO: A CONCEPÇÃO E O PARTO [pp. 278-91]

1. "Not from Venus, Not from Mars", *New York Times*, 25-26 fev. 2017, edição internacional.
2. "Yes, Sperm Counts Have Been Steadily Declining", Smithsonian.com, 26 jul. 2017.
3. "Are Your Sperm in Trouble?", *New York Times*, 11 mar. 2017.
4. Lents, *Human Errors*, p. 100.
5. "The Divorce of Coitus from Reproduction", *New York Review of Books*, 25 set. 2014.
6. Roberts, *Incredible Unlikeliness of Being*, p. 344.
7. "What Causes Morning Sickness?", *New York Times*, 3 ago. 2018.
8. Oakley, *Captured Womb*, p. 17.
9. Epstein, *Get Me Out*, p. 38.
10. Oakley, *Captured Womb*, p. 22.
11. Sengoopta, *Most Secret Quintessence of Life*, pp. 16-8.
12. Cassidy, *Birth*, p. 60.
13. "The Gruesome, Bloody World of Victorian Surgery", *Atlantic*, 22 out. 2017.

14. Oakley, *Captured Womb*, p. 62.
15. Cassidy, *Birth*, p. 61.
16. *Economist*, 18 jul. 2015, p. 41.
17. *Scientific American*, out. 2017, p. 38.
18. *Nature*, 14 jul. 2016, p. S6.
19. "The Cesarean-Industrial Complex", *Atlantic*, set. 2014.
20. "Stemming the Global Caesarean Section Epidemic", *Lancet*, 13 out. 2018.
21. Blaser, *Missing Microbes*, p. 95.
22. Yong, *I Contain Multitudes*, p. 130.
23. *New Yorker*, 22 out. 2012, p. 33.
24. Ben-Barak, *Why Aren't We Dead Yet?*, p. 68.

CAPÍTULO 19: NERVOS E DOR [pp. 292-304]

1. "Show Me Where It Hurts", *Nature*, 14 jul. 2016.
2. Professora Irene Tracey, entrevista, John Radcliffe Hospital, Oxford, 18 set. 2018.
3. *Oxford Dictionary of National Biography*, verbete "Sherrington, Sir Charles Scott"; *Nature Neuroscience*, jun. 2010, pp. 429-30.
4. "Annals of Medicine", *New Yorker*, 25 jan. 2016.
5. "A Name for Their Pain", *Nature*, 14 jul. 2016; Foreman, *Nation in Pain*, pp. 22-4.
6. Dormandy, *Worst of Evils*, p. 483.
7. *Nature Neuroscience*, abr. 2008, p. 314.
8. Wolf, *Body Quantum*, p. vii.
9. *Nature Neuroscience*, abr. 2008, p. 314.
10. Foreman, *Nation in Pain*, p. 3.
11. "The Neuroscience of Pain", *New Yorker*, 2 jul. 2018.
12. Daudet, *In the Land of Pain*, p. 15.
13. "Name for Their Pain".
14. *Chemistry World*, jul. 2017, p. 28; *Economist*, 28 out. 2017, p. 41; "Opioid Nation", *New York Review of Books*, 6 dez. 2018.
15. "The Disturbing Reasons Behind the Spike in Organ Donations", *Washington Post*, 17 abr. 2018.
16. "Feel the Burn", *London Review of Books*, 30 set. 1999.
17. "Honest Fakery", *Nature*, 14 jul. 2016.
18. Marchant, *Cure*, p. 22.

CAPÍTULO 20: QUANDO AS COISAS DÃO ERRADO: DOENÇAS [pp.305-20]

1. "The Post-viral Syndrome: A Review", *Journal of the Royal College of General Practitioners*, maio 1987; "A Disease Epidemic in Iceland Simulating Poliomyelitis", *American Journal of Epidemiology*, v. 2, 1950; "Early Outbreaks of 'Epidemic Neuromyasthenia'", *Postgraduate Medical Journal*, nov. 1978; "Annals of Medicine", *New Yorker*, 27 nov. 1965.

2. "Epidemic Neuromyasthenia: A Syndrome or a Disease?", *Journal of the American Medical Association*, 13 mar. 1972.

3. Crawford, *Deadly Companions*, p. 18.

4. "Two Spots and a Bubo", *London Review of Books*, 21 abr. 2005.

5. Centers for Disease Control and Prevention, *Emerging Infectious Diseases Journal*, maio 2015; "Researchers Reveal That Killer 'Bourbon Virus' Is of the Rare Thogotovirus Genus", *Science Times*, 22 fev. 2015; "Mysterious Virus That Killed a Farmer in Kansas Is Identified", *New York Times*, 23 dez. 2014.

6. "Deadly Heartland Virus Is Much More Common Than Scientists Thought", NPR, 16 set. 2015.

7. "In Philadelphia 30 Years Ago, an Eruption of Illness and Fear", *New York Times*, 1 ago. 2006.

8. "Coping with Legionella", *Public Health*, 14 nov. 2012.

9. "Early Outbreaks of 'Epidemic Neuromyasthenia'".

10. *New Scientist*, 9 maio 2015, pp. 30-3.

11. "Ebola Wars", *New Yorker*, 27 out. 2014.

12. "The Next Plague Is Coming. Is America Ready?", *Atlantic*, jul.-ago. 2018.

13. "Stone Soup", *New Yorker*, 28 jul. 2014.

14. Grove, *Tapeworms, Lice, and Prions*, pp. 334-5; *New Yorker*, 26 jan. 1935; *American National Biography*, verbete "Mallon, Mary".

15. Números fornecidos pelos CDCs.

16. "The Awful Diseases on the Way", *New York Review of Books*, 9 jun. 2016.

17. "Bugs Without Borders", *New York Review of Books*, 16 jan. 2003.

18. US Centers for Disease Control and Prevention, "Media Statement on Newly Discovered Smallpox Specimens", 8 jul. 2014.

19. "Phrenic Crush", *London Review of Books*, out. 2003.

20. MacDonald, *Plague and I*, p. 45.

21. "Killer of the Poor Now Threatens the Wealthy", *Financial Times*, 24 mar. 2014.

22. *Economist*, 22 abr. 2017, p. 54.

23. Kaplan, *What's Eating You?*, p. ix.

24. Mukherjee, *Gene*, pp. 280-6.

25. *Nature*, 17 maio 2012, p. S10.

26. Bainbridge, *Beyond the Zonules of Zinn*, pp. 77-8.

27. Davies, *Life Unfolding*, p. 197.

28. *MIT Technology Review*, nov.-dez. 2018, p. 44.

29. Lieberman, *Story of the Human Body*, p. 351.

30. "The Ghost of Influenza Past and the Hunt for a Universal Vaccine", *Nature*, 8 ago. 2018.

CAPÍTULO 21: QUANDO AS COISAS DÃO MUITO ERRADO: CÂNCER [pp. 321-34]

1. Bourke, *Fear*, pp. 298-9.

2. Mukherjee, *Emperor of All Maladies*, pp. 44-5.

3. Welch, *Less Medicine, More Health*, p. 71.
4. "What to Tell Cancer Patients", *Journal of the American Medical Association*, v. 175, n. 13, 1961.
5. Smith, *Body*, p. 330.
6. Dr. Josef Vormoor, entrevista, Centro Princesa Máxima, Utrecht, Holanda, 18-19 jan. 2019.
7. Herold, *Stem Cell Wars*, p. 10.
8. *Nature*, 24 mar. 2011, p. S16.
9. "The Fat Advantage", *Nature*, 15 set. 2016; "The Link Between Cancer and Obesity", *Lancet*, 14 out. 2017.
10. *British Journal of Industrial Medicine*, jan. 1957, pp. 68-70; "Percivall Pott, Chimney Sweeps, and Cancer", *Education in Chemistry*, 11 mar. 2006.
11. "Toxicology for the 21st Century", *Nature*, 8 jul. 2009.
12. "Cancer Prevention", *Nature*, 24 mar. 2011, pp. S22-3.
13. Armstrong, p. 53; *The Gene That Cracked the Cancer Code*, pp. 27-9.
14. "The Awful Diseases on the Way", *New York Review of Books*, 9 jun. 2016.
15. Timmermann, *History of Lung Cancer*, pp. 6-7.
16. *Baylor University Medical Center Proceedings*, jan. 2012.
17. *American National Biography*, verbete "Halsted, William Stewart"; "A Very Wide and Deep Dissection", *New York Review of Books*, 20 set. 2001; Beckhard e Crane, *Cancer, Cocaine, and Courage*, pp. 111-2.
18. Jorgensen, *Strange Glow*, p. 94.
19. Ibid., pp. 87-8.
20. Ibid., p. 123.
21. Goodman, McElligott e Marks, *Useful Bodies*, pp. 81-2.
22. *American National Biography*, verbete "Lawrence, John Hundale".
23. Armstrong, p. 53. *The Gene That Cracked the Cancer Code*, pp. 253-4; *Nature*, 12 jan. 2017, p. 154.
24. "Childhood Leukemia Was Practically Untreatable Until Don Pinkel and St. Jude Hospital Found a Cure", *Smithsonian*, jul. 2016.
25. *Nature*, 30 mar. 2017, pp. 608-9.
26. "We're Making Real Progress Against Cancer. But You May Not Know It if You're Poor", *Vox*, 2 fev. 2018.
27. *Nature*, 24 mar. 2011, p. S4.

CAPÍTUO 22: MEDICINA BOA E MEDICINA RUIM [pp. 335-50]

1. "The White Plague", *New York Review of Books*, 26 maio 1994.
2. *Literary Review*, out. 2012, pp. 47-8; *Guardian*, 2 nov. 2002.
3. *Economist*, 29 abr. 2017, p. 53.
4. *Nature*, 24 mar. 2011, p. 446.
5. Wootton, *Bad Medicine*, pp. 270-1.

6. *American Journal of Public Health*, maio 2002, pp. 725-9; "White Plague"; Le Fanu, *Rise and Fall of Modern Medicine*, pp. 314-5.
7. "Between Victoria and Vauxhall", *London Review of Books*, 1 jun. 2017.
8. *Economist*, 25 mar. 2017, p. 76.
9. "Why America Is Losing the Health Race", *New Yorker*, 11 jun. 2014.
10. "Stunning Gap: Canadians with Cystic Fibrosis Outlive Americans by a Decade", *Stat*, 13 mar. 2017.
11. "The US Spends More on Health Care than Any Other Country", *Washington Post*, 27 dez. 2016.
12. "Why America Is Losing the Health Race".
13. "American Kids Are 70% More Likely to Die Before Adulthood than Kids in Other Rich Countries", *Vox*, 8 jan. 2018.
14. Insurance Institute for Highway Safety.
15. "The $2.7 Trillion Medical Bill", *New York Times*, 1 jun. 2013.
16. "Health Spending", OCDE, data.oecd.org.
17. Jorgensen, *Strange Glow*, p. 298.
18. "The State of the Nation's Health", *Dartmouth Medicine*, primavera de 2007.
19. "Drug Companies and Doctors: A Story of Corruption", *New York Review of Books*, 15 jan. 2009.
20. "When Evidence Says No but Doctors Say Yes", *Atlantic*, 22 fev. 2017.
21. "Frustrated Alzheimer's Researchers Seek Better Lab Mice", *Nature*, 21 nov. 2018.
22. "Aspirin to Prevent a First Heart Attack or Stroke", NNT, 8 jan. 2015, www.thennt.com.
23. National Institute for Health Research, nota à imprensa, 16 jul. 2018.

CAPÍTULO 23: O FIM [pp. 351-66]

1. *Nature*, 2 fev. 2012, p. 27.
2. *Economist*, 29 abr. 2017, p. 11.
3. "Special Report on Aging", *Economist*, 8 jul. 2017.
4. *Economist*, 13 ago. 2016, p. 14.
5. Hayflick, entrevista, *Nautilus*, 24 nov. 2016.
6. Lieberman, *Story of the Human Body*, p. 242.
7. Davis, *Beautiful Cure*, p. 139.
8. "Rethinking Modern Theories of Ageing and Their Classification", *Anthropological Review* 80, n. 3, 2017.
9. "The Disparity Between Human Cell Senescence In Vitro and Lifelong Replication In Vivo", *Nature Biotechnology*, 1 jul. 2002.
10. University of Utah Genetic Science Learning Center, "Are Telomeres the Key to Aging and Cancer?", relatório.
11. "You May Have More Control over Aging than You Think...", *Stat*, 3 jan. 2017.
12. Harman, obituário, *New York Times*, 28 nov. 2014.
13. "Myths That Will Not Die", *Nature*, 17 dez. 2015; "No Truth to the Fountain of Youth", *Scientific American*, 29 dez. 2008.

14. "The Free Radical Theory of Aging Revisited", Antioxidants and Redox Signaling 19, n. 8, 2013.
15. Nuland, How We Die, p. 53.
16. Naked Scientists, podcast, 7 fev. 2017.
17. Bainbridge, Middle Age, pp. 208-11.
18. Ibid., p. 199.
19. Scientific American, set. 2016, p. 58.
20. "The Patient Talks Back", New York Review of Books, 23 out. 2008.
21. "Keeping Track of the Oldest People in the World", Smithsonian, 8 jul. 2014.
22. Marchant, Cure, pp. 206-11.
23. Literary Review, ago. 2016, p. 35.
24. "Tau Protein — Not Amyloid — May Be Key Driver of Alzheimer's Symptoms", Science, 11 maio 2016.
25. "Our Amazingly Plastic Brains", Wall Street Journal, 6 fev. 2015.
26. Inside Science, rádio BBC 4, 1 dez. 2016.
27. Chemistry World, ago. 2014, p. 8.
28. Organização Mundial de Saúde.
29. Journal of Palliative Medicine, v. 17, n. 3, 2014.
30. "What It Feels Like to Die", Atlantic, 9 set. 2016.
31. "The Agony of Agonal Respiration: Is the Last Gasp Necessary?", Journal of Medical Ethics, jun. 2002.
32. Economist, 29 abr. 2017, p. 55.
33. Hatch, Snowball in a Blizzard, p. 7.
34. Nuland, How We Die, p. 122.
35. "Rotting Reactions", Chemistry World, set. 2016.
36. "What's Your Dust Worth?", London Review of Books, 14 abr. 2011.
37. Literary Review, maio 2013, p. 43.
38. "What's Your Dust Worth?".

Referências bibliográficas

ACKERMAN, Diane. *A Natural History of the Senses*. Londres: Chapmans, 1990.
ALCABES, Philip. *Dread: How Fear and Fantasy Have Fueled Epidemics from the Black Death to Avian Flu*. Nova York: Public Affairs, 2009.
AL-KHALILI, Jim; MCFADDEN, Johnjoe. *Life on the Edge: The Coming Age of Quantum Biology*. Londres: Bantam, 2014.
ALLEN, John S. *The Lives of the Brain: Human Evolution and the Organ of Mind*. Cambridge, Mass: Belknap, 2009.
AMIDON, Stephen; AMIDON; Thomas. *The Sublime Engine: A Biography of the Human Heart*. Nova York: Rodale, 2011.
ANDREWS, Michael. *The Life That Lives on Man*. Londres: Faber and Faber, 1976.
ANNAS, George J.; GRODIN, Michael A. *The Nazi Doctors and the Nuremberg Code: Human Rights in Human Experimentation*. Oxford: Oxford University Press, 1992.
ARIKHA, Noga. *Passions and Tempers: A History of the Humours*. Londres: Ecco, 2007.
ARMSTRONG, Sue. *The Gene That Cracked the Cancer Code*. Londres: Bloomsbury Sigma, 2014.
ARNEY, Kat. *Herding Hemingway's Cats: Understanding How Our Genes Work*. Londres: Bloomsbury Sigma, 2016.
ASHCROFT, Frances. *Life at the Extremes: The Science of Survival*. Londres: HarperCollins, 2000.
_____. *The Spark of Life: Electricity in the Human Body*. Londres: Allen Lane, 2012.
ASHWELL, Ken. *The Brain Book: Development, Function, Disorder, Health*. Buffalo, NY: Firefly, 2012.
BAINBRIDGE, David. *A Visitor Within: The Science of Pregnancy*. Londres: Weidenfeld & Nicolson, 2000.
_____. *The X in Sex: How the X Chromosome Controls Our Lives*. Cambridge, Mass.: Harvard University Press, 2003.

BAINBRIDGE, David. *Beyond the Zonules of Zinn: A Fantastic Journey Through Your Brain*. Cambridge, Mass.: Harvard University Press, 2008.
_____. *Teenagers: A Natural History*. Londres: Portobello, 2009.
_____. *Middle Age: A Natural History*. Londres: Portobello, 2012.
BAKALAR, Nicholas. *Where the Germs Are: A Scientific Safari*. Nova York: John Wiley & Sons, 2003.
BALL, Philip. *Bright Earth: The Invention of Colour*. Londres: Viking, 2001.
_____. *Stories of the Invisible: A Guided Tour of Molecules*. Oxford: Oxford University Press, 2001.
_____. *H₂O: A Biography of Water*. Londres: Phoenix, 1999.
BARNETT, Richard; JAY, Mike (Orgs.). *Medical Londres: City of Diseases, City of Cures*. Londres: Strange Attractor, 2008.
BATHURST, Bella. *Sound: Stories of Hearing Lost and Found*. Londres: Profile; Wellcome, 2017.
BECKHARD, Arthur J.; CRANE, William D. *Crane, Cancer, Cocaine and Courage: The Story of Dr William Halsted*. Nova York: Messner, 1960.
BEN-BARAK, Idan. *The Invisible Kingdom: From the Tips of Our Fingers to the Tops of Our Trash — Inside the Curious World of Microbes*. Nova York: Basic Books, 2009.
_____. *Why Aren't We Dead Yet?: The Survivor's Guide to the Immune System*. Melbourne: Scribe, 2014.
BENTLEY, Peter J. *The Undercover Scientist: Investigating the Mishaps of Everyday Life*. Londres: Random, 2008.
BERENBAUM, May R. *Bugs in the System: Insects and Their Impact on Human Affairs*. Reading, Mass.: Helix, 1995.
BIRKHEAD, Tim. *The Most Perfect Thing: Inside (and Outside) a Bird's Egg*. Londres: Bloomsbury, 2016.
BLACK, Conrad. *Franklin Delano Roosevelt: Champion of Freedom*. Londres: Weidenfeld & Nicolson, 2003.
BLAKELAW, Colin; JENNETT, Sheila (Orgs.). *The Oxford Companion to the Body*. Oxford: Oxford University Press, 2001.
BLASER, Martin. *Missing Microbes: How Killing Bacteria Creates Modern Plagues*. Londres: Oneworld, 2014.
BLISS, Michael. *The Discovery of Insulin*. Edinburgh: Paul Harris Publishing, 1983.
BLODGETT, Bonnie. *Remembering Smell: A Memoir of Losing — and Discovering — the Primal Sense*. Boston: Houghton Mifflin Harcourt, 2010.
BLUMBERG, Mark S. *Body Heat: Temperature and Life on Earth*. Cambridge, Mass.: Harvard University Press, 2002.
BONDESON, Jan. *The Two-Headed Boy, and Other Medical Marvels*. Ithaca: Cornell University Press, 2000.
BOUND ALBERTI, Fay. *Matters of the Heart: History, Medicine, and Emotion*. Oxford: Oxford University Press, 2010.
BOURKE, Joanna. *Fear: A Cultural History*. Londres: Virago, 2005.
BRESLAW, Elaine G. *Lotions, Potions, Pills, and Magic: Health Care in Early America*. Nova York: New York University Press, 2012.

BRIBIESCAS, Richard G. *Men: Evolutionary and Life History*. Cambridge, Mass.: Harvard University Press, 2006.

BROOKS, Michael. *At the Edge of Uncertainty: 11 Discoveries Taking Science by Surprise*. Londres: Profile, 2014.

BURNETT, Dean. *The Idiot Brain: A Neuroscientist Explains What Your Head Is Really Up To*. Londres: Guardian Faber, 2016.

CAMPENBOT, Robert B. *Animal Electricity: How We Learned That the Body and Brain Are Electric Machines*. Cambridge, Mass: Harvard University Press, 2016.

CAPPELLO, Mary. *Swallow: Foreign Bodies, Their Ingestion, Inspiration, and the Curious Doctor Who Extracted Them*. Nova York: New Press, 2011.

CARPENTER, Kenneth J. *The History of Scurvy and Vitamin C*. Cambridge: Cambridge University Press, 1986.

CARROLL, Sean B. *The Serengeti Rules: The Quest to Discover How Life Works and Why It Matters*. Princeton, NJ: Princeton University Press, 2016.

CARTER, William C. *Marcel Proust: A Life*. New Haven: Yale University Press, 2000.

CASSIDY, Tina. *Birth: A History*. Londres: Chatto & Windus, 2007.

CHALLONER, Jack. *The Cell: A Visual Tour of the Building Block of Life*. Lewes: Ivy, 2015.

COBB, Matthew. *The Egg & Sperm Race: The Seventeenth-Century Scientists Who Unravelled the Secrets of Sex, Life and Growth*. Londres: Free, 2006.

COLE, Simon. *Suspect Identities: A History of Fingerprinting and Criminal Identification*. Cambridge, Mass.: Harvard University Press, 2001.

COLLIS, John Stewart. *Living with a Stranger: A Discourse on the Human Body*. Londres: Macdonald & Jane's, 1978.

CRAWFORD, Dorothy H. *The Invisible Enemy: A Natural History of Viruses*. Oxford: Oxford University Press, 2000.

_____. *Deadly Companions: How Microbes Shaped Our History*. Oxford: Oxford University Press, 2007.

CRAWFORD, Dorothy H; RICKINSON, Alan; JOHANNESSEN, Ingólfur. *Cancer Virus: The Story of Epstein-Barr Virus*. Oxford: Oxford University Press, 2014.

CRICK, Francis. *What Mad Pursuit: A Personal View of Scientific Discovery*. Londres: Weidenfeld & Nicolson, 1989.

CUNNINGHAM, Andrew. *The Anatomist Anatomis'd: An Experimental Discipline in Enlightenment Europe*. Londres: Ashgate, 2010.

DARWIN, Charles. *The Expression of the Emotions in Man and Animals*. Londres: John Murray, 1872. [Ed. bras.: *A expressão das emoções no homem e nos animais*. São Paulo: Companhia das Letras, 2000.]

DAUDET, Alphonse. *In the Land of Pain*. Londres: Jonathan Cape, 2002.

DAVIES, Jamie A. *Life Unfolding: How the Human Body Creates Itself*. Oxford: Oxford University Press, 2014.

DAVIS, Daniel M. *The Compatibility Gene*, Londres: Allen Lane, 2013.

_____. *The Beautiful Cure: Harnessing Your Body's Natural Defences*. Londres: Bodley Head, 2018.

DEHAENE, Stanislas. *Consciousness and the Brain: Deciphering How the Brain Codes Our Thoughts.* Londres: Viking, 2014.

DITTRICH, Luke. *Patient H.M.: A Story of Memory, Madness, and Family Secrets.* Londres: Chatto & Windus, 2016.

DORMANDY, Thomas. *The Worst of Evils: The Fight Against Pain.* New Haven: Yale University Press, 2006.

DRAAISMA, Douwe. *Forgetting: Myths, Perils and Compensations.* New Haven: Yale University Press, 2015.

DUNN, Rob. *The Wild Life of Our Bodies: Predators, Parasites, and Partners That Shape Who We Are Today.* Nova York: HarperCollins, 2011.

EAGLEMAN, David. *Incognito: The Secret Lives of the Brain.* Nova York: Pantheon, 2011.

_____. *The Brain: The Story of You.* Edinburgh: Canongate, 2016.

EL-HAI, Jack. *The Lobotomist: A Maverick Medical Genius and His Tragic Quest to Rid the World of Mental Illness.* Nova York: Wiley & Sons, 2005.

EMSLEY, John. *Nature's Building Blocks: An A-Z Guide to the Elements.* Oxford: Oxford University Press, 2001.

ENDERS, Giulia. *Gut: The Inside Story of Our Body's Most Under-Rated Organ.* Londres: Scribe, 2015.

EPSTEIN, Randi Hutter. *Get Me Out: A History of Childbirth from the Garden of Eden to the Sperm Bank.* Nova York: W. W. Norton, 2010.

FENN, Elizabeth A. *Pox Americana: The Great Smallpox Epidemic of 1775-82.* Stroud, Gloucestershire: Sutton, 2004.

FINGER, Stanley. *Doctor Franklin's Medicine.* Philadelphia: University of Pennsylvania Press, 2006.

FOREMAN, Judy. *A Nation in Pain: Healing Our Biggest Health Problem.* Nova York: Oxford University Press, 2014.

FRANCIS, Gavin. *Adventures in Human Being.* Londres: Profile; Wellcome, 2015.

FROMAN, Robert. The Many Human Senses. Londres: G. Bell and Sons, 1969.

GARRETT, Laurie. *The Coming Plague: Newly Emerging Diseases in a World Out of Balance.* Nova York: Farrar, Straus and Giroux, 1994.

GAWANDE, Atul. *Better: A Surgeon's Notes on Performance.* Londres: Profile, 2007.

GAZZANIGA, Michael S. *Human: The Science Behind What Makes Us Unique.* Nova York: Ecco, 2008.

GIGERENZER, Gerd. *Risk Savvy: How to Make Good Decisions.* Londres: Allen Lane, 2014.

GILBERT, Avery. *What the Nose Knows: The Science of Scent in Everyday Life.* Nova York: Crown, 2008.

GLYNN, Ian; GLYNN, Jenifer. *The Life and Death of Smallpox.* Londres: Profile, 2004.

GOLDSMITH, Mike. *Discord: The History of Noise.* Oxford: Oxford University Press, 2012.

GOODMAN, Jordan; MCELLIGOT, Anthony; MARKS, Lara (Orgs.). *Useful Bodies: Humans in the Service of Medical Science in the Twentieth Century.* Baltimore: Johns Hopkins University Press, 2003.

GOULD, Stephen Jay. *The Mismeasure of Man.* Nova York: W. W. Norton, 1981.

GRANT, Colin. *A Smell of Burning; The Story of Epilepsy.* Londres: Jonathan Cape, 2016.

GRATZER, Walter. *Terrors of the Table: The Curious History of Nutrition.* Oxford: Oxford University Press, 2005.

GREENFIELD, Susan. *The Human Brain: A Guided Tour.* Londres: Weidenfeld & Nicolson, 1997.

GROVE, David I. *Tapeworms, Lice, and Prions: A Compendium of Unpleasant Infections.* Oxford: Oxford University Press, 2014.

HAFER, Abby. *The Not-So-Intelligent Designer: Why Evolution Explains the Human Body and Intelligent Design Does Not.* Eugene, Oregon: Cascade, 2015.

HATCH, Steven. *Snowball in a Blizzard: The Tricky Problem of Uncertainty in Medicine.* Londres: Atlantic, 2016.

HEALY, David. *Pharmageddon.* Berkeley: University of California Press, 2012.

HELLER, Joseph; VOGEL, Speed. *No Laughing Matter.* Londres: Jonathan Cape, 1986.

HERBERT, Joe. *Testosterone: Sex, Power, and the Will to Win.* Oxford: Oxford University Press, 2015.

HEROLD, Eve. *Stem Cell Wars: Inside Stories from the Frontlines.* Londres: Palgrave Macmillan, 2006.

HILL, Lawrence. *Blood: A Biography of the Stuff of Life.* Londres: Oneworld, 2013.

HILLMAN, David; MAUDE, Ulrika. *The Cambridge Companion to the Body in Literature.* Cambridge: Cambridge University Press, 2015.

HOLMES, Bob. *Flavor: The Science of Our Most Neglected Sense.* Nova York: W.W. Norton, 2017.

HOMEI, Aya; WORBOYS, Michael. *Fungal Disease in Britain and the United States 1850-2000: Mycoses and Modernity.* Basingstoke: Palgrave Macmillan, 2013.

INGS, Simon. *The Eye: A Natural History.* Londres: Bloomsbury, 2007.

JABLONSKI, Nina. *Skin: A Natural History.* Berkeley: University of California Press, 2006.

_____. *Living Color: The Biological and Social Meaning of Skin Color.* Berkeley: University of California Press, 2012.

JACKSON, Mark. *Asthma: The Biography.* Oxford: Oxford University Press, 2009.

JONES, James H. *Bad Blood: The Tuskegee Syphilis Experiment.* Londres: Collier Macmillan, 1981.

JONES, Steve. *The Language of the Genes: Biology, History and the Evolutionary Future.* Londres: Flamingo, 1994.

_____. *No Need for Geniuses: Revolutionary Science in the Age of the Guillotine.* Londres: Little, Brown, 2016.

JORGENSEN, Timothy J. *Strange Glow: The Story of Radiation.* Princeton, NJ: Princeton University Press, 2016.

KAPLAN, Eugene H. *What's Eating You?: People and Parasites.* Princeton, NJ: Princeton University Press, 2010.

KINCH, Michael. *A Prescription for Change: The Looming Crisis in Drug Development.* Chapel Hill: University of North Carolina Press, 2016.

_____. *Between Hope and Fear: A History of Vaccines and Human Immunity.* Nova York: Pegasus, 2018.

_____. *The End of the Beginning: Cancer, Immunity, and the Future of a Cure.* Nova York: Pegasus, 2019.

LANE, Nick. *Power, Sex, Suicide: Mitochondria and the Meaning of Life.* Oxford: Oxford University Press, 2005.

LANE, Nick. *Life Ascending: The Ten Great Inventions of Evolution*. Londres: Profile, 2009.

_____. *The Vital Question: Why Is Life the Way It Is?*. Londres: Profile, 2015.

LARSON, Frances. *Severed: A History of Heads Lost and Heads Found*. Londres: Granta, 2014.

LAX, Alistair J. *Toxin: The Cunning of Bacterial Poisons*. Oxford: Oxford University Press, 2005.

LAX, Eric. *The Mould in Dr Florey's Coat: The Remarkable True Story of the Penicillin Miracle*. Londres: Little, Brown, 2004.

LEAVITT, Judith Walzer. *Typhoid Mary: Captive to the Public's Health*. Boston: Beacon, 1995.

LE FANU, James. *The Rise and Fall of Modern Medicine*. Londres: Abacus, 1999.

_____. *Why Us?: How Science Rediscovered the Mystery of Ourselves*. Londres: Harper, 2009.

LENTS, Nathan H. *Human Errors: A Panorama of Our Glitches from Pointless Bones to Broken Genes*. Boston: Houghton Mifflin Harcourt, 2018.

LIEBERMAN, Daniel E. *The Evolution of the Human Head*. Cambridge, Mass.: Belknap, 2011.

_____. *The Story of the Human Body: Evolution, Health, and Disease*. Nova York: Pantheon, 2013.

LINDEN, David J. *Touch: The Science of Hand, Heart, and Mind*. Londres: Viking, 2015.

LUTZ, Tom. *Crying: The Natural and Cultural History of Tears*. Nova York: W. W. Norton, 1999.

MACDONALD, Betty. *The Plague and I*. Londres: Hammond, Hammond & Co., 1948.

MACINNIS, Peter. *The Killer Beans of Calabar and Other Stories*. Sydney: Allen & Unwin, 2004.

MACPHERSON, Gordon. *Black's Medical Dictionary* 39. ed. Londres: A&C Black, 1999.

MADDOX, John. *What Remains to Be Discovered: Mapping the Secrets of the Universe, the Origins of Life, and the Future of the Human Race*. Londres: Macmillan, 1998.

MARCHANT, Jo. *Cure: A Journey into the Science of Mind Over Body*. Edinburgh: Canongate, 2016.

MARTIN, Paul. *The Sickening Mind: Brain, Behaviour, Immunity and Disease*. Londres: HarperCollins, 1997.

_____. *Counting Sheep: The Science and Pleasures of Sleep and Dreams*. Londres: HarperCollins, 2002.

MCGEE, Harold. *On Food and Cooking: The Science and Lore of the Kitchen*. Londres: Unwin Hyman, 1986.

MCNEILL, Daniel. *The Face*. Londres: Hamish Hamilton, 1999.

MEDAWAR, Jean. *A Very Decided Preference: Life with Peter Medawar*. Oxford: Oxford University Press, 1990.

MEDAWAR, P. B. *The Uniqueness of the Individual*. Nova York: Dover, 1981.

MILLER, Jonathan. *The Body in Question*. Londres: Jonathan Cape, 1978.

MONEY, Nicholas P. *The Amoeba in the Room: Lives of the Microbes*. Oxford: Oxford University Press, 2014.

MONTAGU, Ashley. *The Elephant Man: A Study in Human Dignity*. Londres: Allison & Busby, 1972.

MORRIS, Desmond. *Bodywatching: A Field Guide to the Human Species*. Londres: Jonathan Cape, 1985.

MORRIS, Thomas. *The Matter of the Heart: A History of the Heart in Eleven Operations*. Londres: Bodley Head, 2017.

MOURITSEN, Ole G. et al. *Umami: Unlocking the Secrets of the Fifth Taste*. Nova York: Columbia University Press, 2014.

MUKHERJEE, Siddhartha. *The Emperor of All Maladies: A Biography of Cancer*. Londres: Fourth Estate, 2011. [Ed. bras.: *O imperador de todos os males*. Trad. Berilo Vargas. São Paulo: Companhia das Letras, 2012.]

_____. *The Gene: An Intimate History*. Londres: Bodley Head, 2016. [Ed. bras.: *O gene: Uma história íntima*. Trad. Laura Teixeira Motta. São Paulo: Companhia das Letras, 2016.]

NEWMAN, Lucile F. (Org.). *Hunger in History: Food Shortage, Poverty and Deprivation*. Oxford: Basil Blackwell, 1999.

NOURSE, Alan E. *The Body*. Amsterdam: Time-Life International, 1965.

NULAND, Sherwin B. *How We Die*. Londres: Chatto & Windus, 1994.

OAKLEY, Ann. *The Captured Womb: A History of the Medical Care of Pregnant Women*. Oxford: Blackwell, 1984.

O'HARE, Mick (Org.). *Does Anything Eat Wasps? And 101 Other Questions*. Londres: Profile, 2005.

O'MALLEY, Charles D.; SAUNDERS, J.B. de C.M. *Leonardo da Vinci on the Human Body: The Anatomical, Physiological, and Embryological Drawings of Leonardo da Vinci*. Nova York: Henry Schuman, 1952.

O'SULLIVAN, Suzanne. *Brainstorm: Detective Stories from the World of Neurology*. Londres: Chatto & Windus, 2018.

OWEN, Adrian. *Into the Grey Zone: A Neuroscientist Explores the Border Between Life and Death*. Londres: Guardian Faber, 2017.

PASTERNAK, Charles A. *The Molecules Within Us: Our Body in Health and Disease*. Nova York: Plenum, 2001.

PEARSON, Helen. *The Life Project: The Extraordinary Story of Our Ordinary Lives*. Londres: Allen Lane, 2016.

PERRETT, David. *In Your Face: The New Science of Human Attraction*. Londres: Palgrave Macmillan, 2010.

PERUTZ, Max. *I Wish I'd Made You Angry Earlier: Essays on Science, Scientists, and Humanity*. Cold Spring Harbor: Cold Spring Harbor Laboratory Press, 1998.

PETO, James (Org.). *The Heart*. New Haven: Yale University Press, 2007.

PLATONI, Kara. *We Have the Technology: How Biohackers, Foodies, Physicians, and Scientists Are Transforming Human Perception One Sense at a Time*. Nova York: Basic, 2015.

POLLACK, Robert. *Signs of Life: The Language and Meanings of DNA*. Londres: Viking, 1994.

POSTGATE, John. *The Outer Reaches of Life*. Cambridge: Cambridge University Press, 1991.

PRESCOTT, John. *Taste Matters: Why We Like the Foods We Do*. Londres: Reaktion, 2012.

RICHARDSON, Sarah. *Sex Itself: The Search for Male and Female in the Human Genome*. Chicago: University of Chicago Press, 2013.

RIDLEY, Matt. *Genome: The Autobiography of a Species in 23 Chapters*. Londres: Fourth Estate, 1999.

RINZLER, Carol Ann. *Leonardo's Foot: How 10 Toes, 52 Bones, and 66 Muscles Shaped the Human World*. Nova York: Bellevue Literary Press, 2013.

ROACH, Mary. *Bonk: The Curious Coupling of Sex and Violence*. Nova York: W. W. Norton, 2008.

_____. *Gulp: Adventures on the Alimentary Canal*. Nova York: W. W. Norton, 2013.

_____. *Grunt: The Curious Science of Humans at War*. Nova York: W.W. Norton, 2016.

ROBERTS, Alice. *The Incredible Unlikeliness of Being: Evolution and the Making of Us.* Londres: Heron, 2014.

ROBERTS, Callum. *The Ocean of Life.* Londres: Allen Lane, 2012.

ROBERTS, Charlotte; MANCHESTER, Keith. *The Archaeology of Disease,* 3. ed. Stroud, Gloucestershire: History Press, 2010.

ROOSSINCK, Marilyn J. *Virus: An Illustrated Guide to 101 Incredible Microbes.* Brighton: Ivy Press, 2016.

ROUECHÉ, Berton (Org.). *Curiosities of Medicine: An Assembly of Medical Diversions 1552-1962.* Londres: Victor Gollancz, 1963.

RUTHERFORD, Adam. *Creation: The Origin of Life.* Londres: Viking, 2013.

_____. *A Brief History of Everyone Who Ever Lived: The Stories in Our Genes.* Londres: Weidenfeld & Nicolson, 2016.

SANGHAVI, Darshak. *A Map of the Child: A Pediatrician's Tour of the Body.* Nova York: Henry Holt, 2003.

SCERRI, Eric. *A Tale of Seven Elements.* Oxford: Oxford University Press, 2013.

SELINUS, Olle et al. (Orgs.). *Essentials of Medical Geology: Impacts of the Natural Environment on Public Health.* Amsterdam: Elsevier, 2005.

SENGOOPTA, Chandak. *The Most Secret Quintessence of Life: Sex, Glands, and Hormones, 1850- -1950.* Chicago: University of Chicago Press, 2006.

SHEPHERD, Gordon M. *Neurogastronomy: How the Brain Creates Flavor and Why It Matters.* Nova York: Columbia University Press, 2012.

SHORTER, Edward. *Bedside Manners: The Troubled History of Doctors and Patients.* Londres: Viking, 1986.

SHUBIN, Neil. *Your Inner Fish: A Journey into the 3.5 Billion-Year History of the Human Body.* Londres: Allen Lane, 2008.

_____. *The Universe Within: A Scientific Adventure.* Londres: Allen Lane, 2013.

SINNATAMBY, Chummy S. *Last's Anatomy: Regional and Applied.* Londres: Elsevier, 2006.

SKLOOT, Rebecca, *The Immortal Life of Henrietta Lacks.* Londres: Macmillan, 2010.

SMITH, Anthony. *The Body.* Londres: George Allen & Unwin, 1968.

SPENCE, Charles. *Gastrophysics: The New Science of Eating.* Londres: Viking, 2017.

SPIEGELHALTER, David. *Sex by Numbers: The Statistics of Sexual Behaviour.* Londres: Profile; Wellcome, 2015.

STARK, Peter. *Last Breath: Cautionary Tales from the Limits of Human Endurance.* Nova York: Ballantine, 2001.

STARR, Douglas. *Blood: An Epic History of Medicine and Commerce.* Londres: Little, Brown, 1999.

STERNBERG, Eliezer J. *NeuroLogic: The Brain's Hidden Rationale Behind Our Irrational Behavior.* Nova York: Pantheon, 2015.

STOSSEL, Scott. *My Age of Anxiety: Fear, Hope, Dread and the Search for Peace of Mind.* Londres: William Heinemann, 2014.

TALLIS, Raymond. *The Kingdom of Infinite Space: A Fantastical Journey Around Your Head.* Londres: Atlantic, 2008.

TAYLOR, Jeremy. *Body by Darwin: How Evolution Shapes Our Health and Transforms Medicine.* Chicago: University of Chicago Press, 2015.

THWAITES, J. G. *Modern Medical Discoveries*. Londres: Routledge and Kegan Paul, 1958.

TIMMERMANN, Carsten. *A History of Lung Cancer: The Recalcitrant Disease*. Londres: Palgrave; Macmillan, 2014.

TOMALIN, Claire. *Samuel Pepys: The Unequalled Self*. Londres: Viking, 2002.

TRUMBLE, Angus. *The Finger: A Handbook*. Londres: Yale University Press, 2010.

TUCKER, Holly. *Blood Work: A Tale of Medicine and Murder in the Scientific Revolution*. Nova York: W. W. Norton, 2011.

UNGAR, Peter S. *Evolution's Bite: A Story of Teeth, Diet, and Human Origins*. Princeton, NJ: Princeton University Press, 2017.

VAUGHAN, Adrian. *Isambard Kingdom Brunel: Engineering Knight-Errant*. Londres: John Murray, 1991.

VOGEL, Steven. *Life's Devices: The Physical World of Animals and Plants*. Princeton, NJ: Princeton University Press, 1988.

WALL, Patrick. *Pain: The Science of Suffering*. Londres: Weidenfeld & Nicolson, 1999.

WELCH, Gilbert H. *Less Medicine, More Health: Seven Assumptions That Drive Too Much Medical Care*. Boston: Beacon, 2015.

WEST, Geoffrey. *Scale: The Universal Laws of Life and Death in Organisms, Cities and Companies*. Londres: Weidenfeld & Nicolson, 2017.

WEXLER, Alice. *The Woman Who Walked into the Sea: Huntington's and the Making of a Genetic Disease*. New Haven: Yale University Press, 2008.

WILLIAMS, Peter; WALLACE, David. *Unit 731: The Japanese Army's Secret of Secrets*. Londres: Hodder & Stoughton, 1989.

WINSTON, Robert. *The Human Mind: And How to Make the Most of It*. Londres: Bantam, 2003.

WOLF, Fred Alan. *The Body Quantum: The New Physics of Body, Mind, and Health*. Nova York: Macmillan, 1986.

WOLPERT, Lewis. *You're Looking Very Well: The Surprising Nature of Getting Old*. Londres: Faber and Faber, 2011.

WOOTTON, David. *Bad Medicine: Doctors Doing Harm Since Hippocrates*. Oxford: Oxford University Press, 2006.

WRANGHAM, Richard. *Catching Fire: How Cooking Made Us Human*. Londres: Profile, 2009. [Ed. bras.: *Pegando fogo: Por que cozinhar nos tornou humanos*. Trad. Maria Luiza X. de A. Borges. Rio de Janeiro: Zahar, 2010.]

YONG, Ed. *I Contain Multitudes: The Microbes Within Us and a Grander View of Life*. Londres: Bodley Head, 2016.

ZEMAN, Adam. *Consciousness: A User's Guide*. New Haven: Yale University Press, 2002.

_____. *A Portrait of the Brain*. New Haven: Yale University Press, 2008.

ZIMMER, Carl. *A Planet of Viruses*. Chicago: University of Chicago Press, 2011.

_____. *Microcosm: E. coli and the New Science of Life*. Nova York: Pantheon, 2008.

_____. *Soul Made Flesh: The Discovery of the Brain — and How It Changed the World*. Londres: William Heinemann, 2004.

ZUK, Marlene. *Riddled with Life: Friendly Worms, Ladybug Sex, and the Parasites That Make Us Who We Are*. Orlando: Harvest; Harcourt, 2007.

_____. *Paleofantasy: What Evolution Really Tells Us About Sex, Diet, and How We Live*. Nova York: W. W. Norton, 2013.

Agradecimentos

Acho que nunca estive em dívida com tantas pessoas pela ajuda e orientação especializadas concedidas de forma tão generosa. Em particular, quero agradecer a duas pessoas pela ajuda especialmente próxima: meu filho, dr. David Bryson, ortopedista pediátrico do Hospital Infantil Alder Hey em Liverpool, e meu bom amigo sr. Ben Ollivere, professor associado de cirurgia do trauma na Universidade de Nottingham e consultor cirurgião de trauma no Centro Médico Queen's, Nottingham.

Sou também muito grato às seguintes pessoas:

Na Inglaterra: dra. Katie Rollins, dra. Margy Pratten e dra. Siobhan Loughna da Universidade de Nottingham e do Centro Médico Queen's, Nottingham; professor John Wass, professor Irene Tracey e professor Russell Foster da Universidade Oxford; professor Neil Pearce da Escola de Higiene e Medicina Tropical de Londres; dr. Magnus Bordewich do Departamento de Ciência da Computação da Universidade de Durham; Karen Ogilvie e Edwin Silvester da Real Sociedade de Química, Londres; Daniel M. Davis, professor de imunologia e diretor de pesquisa no Centro Colaborativo de Pesquisa em Inflamação da Universidade de Manchester, e seus colegas dr. Jonathan Worboys, Poppy Simmonds, dr. Pippa Kennedy e Karoliina Tuomela; professor

Rod Skinner da Universidade de Newcastle; dr. Charles Tomson, nefrologista consultor dos hospitais da Rede Fundação NHS em Newcastle upon Tyne; e dr. Mark Gompels da Rede Fundação NHS de North Bristol. Agradecimentos especiais também ao meu bom amigo Joshua Ollivere.

Nos Estados Unidos: professor Daniel Lieberman da Universidade de Harvard; professora Nina Jablonski da Universidade Estadual da Pensilvânia; dr. Leslie J. Stein e dr. Gary Beauchamp do Centro Monell de Sentidos Químicos na Filadélfia; dr. Allan Doctor e professor Michael Kinch da Universidade Washington em St. Louis; dr. Matthew Porteus e professor Christopher Gardner da Universidade Stanford; e Patrick Losinski e sua equipe na Biblioteca Metropolitana de Columbus em Columbus, Ohio.

Na Holanda: drs. Josef e Britta Vormoor, professor Hans Clevers, dr. Olaf Heidenreich e dr. Anne Rios do Centro de Oncologia Pediátrica Princesa Máxima, em Utrecht. Agradecimentos especiais também a Johanna e Benedikt Vormoor.

Também sou muito agradecido a Gerry Howard, Dame Gail Rebuck, Susanna Wadeson, Larry Finlay, Amy Black e Kristin Cochrane na Penguin Random House, ao brilhante artista Neil Gower, a Camilla Ferrier e seus colegas na agência Marsh em Londres, e aos meus filhos Felicity, Catherine e Sam pela ajuda voluntária. Acima de tudo, e como sempre, meu maior agradecimento vai para minha querida e santa esposa, Cynthia.

Créditos das imagens

CADERNO 1

p. 1 Ilustração de Leonardo da Vinci: Royal Collection Trust © Her Majesty Queen Elizabeth II, 2019/ Bridgeman Images.

p. 2 Bertillon: © Photo Researchers/ Mary Evans Picture Library; Alexander Fleming: Wolf Suschitzky/ The LIFE Images Collection/ Getty Images; Ernst Chain: Granger/ Bridgeman Images.

p. 3 Walter Freeman: Bettmann/ Getty Images; ilustração de Cesare Lombroso: Wellcome Collection; raio X do caso 1071: The Mütter Museum of the College of Physicians of Philadelphia.

p. 4 Werner Forssmann: Nationaal Archief/ Collectie Spaarnestad/ ANP/ Bridgeman Images; Stephen Hales: Granger/ Bridgeman Images; Louis Washkansky: Popperfoto/ Getty Images.

p. 5 William Harvey: Wellcome Collection; Karl Landsteiner: Keystone-France/ Getty Images; Bamberger and Watkins: Minneapolis Public Library Collection, Audio-Visual Department, Abraham Lincoln Presidential Library & Museum.

p. 6 Litotomia: Wellcome Collection; Charles Brown-Séquard: Bridgeman Images; Adolf Butenandt: © sz Photo/ Scherl/ Bridgeman Images.

p. 7 Frederick Banting: Hulton Archive/ Getty Images; paciente de tratamento com insulina, caso VI: Wellcome Images.

p. 8 *Anatomia de Gray*: © King's College London/ Mary Evans Picture Library; esqueleto de Charles Byrne: © Ken Welsh/ Bridgeman Images; sala de dissecação do St George's Hospital com Henry Gray: Wellcome Collection.

CADERNO 2

p. 1 Walter Bradford Cannon: Wellcome Collection; Peter Medawar: Bettmann/ Getty Images; Richard Herrick: Bettmann/ Getty Images.

p. 2 Calorímetro respiratório: Topham Picturepoint © 1999; experimento de inanição de Minnesota: Wallace Kirkland/ Getty Images.

p. 3 William Beaumont: Granger/ Bridgeman Images; Michel Siffre: Keystone-France/ Getty Images.

p. 4 Nettie Stevens: Heritage Image Partnership Ltd/ Alamy Stock Photo; médico do século XIX: INTERFOTO/ Alamy Stock Photo; Ernst Gräfenberg: Museum of Contraception and Abortion, Viena.

p. 5 Embrião humano de seis semanas: Neil Harding/ Getty Images; mórula: dr. Yorgos Nikas/ Science Photo Library/ Getty Images; Joseph Lister: Science History Images/ Alamy Stock Photo.

p. 6 Charles Scott Sherrington and Harvey Cushing: Wellcome Collection; telefonistas: Keystone-France/ Getty Images; pacientes de tuberculose: Science History Images/ Alamy Stock Photo.

p. 7 Mastectomia: Wellcome Collection; Ernest Lawrence: Hulton-Deutsch Collection/ Getty Images.

p. 8 Alois Alzheimer: Getty Images; Auguste Deter: Science History Images/ Alamy Stock Photo.

Índice remissivo

Ablin, Richard J., 346-7
abortos espontâneos, 287
ácaros, 32, 212
ácido carbólico, 285
ácido clorídrico, 208, 242, 245
acne, 20
acromatopsia, 85
açúcares: ação da saliva em, 100; açúcar no sangue, 58, 138, 150; carboidratos, 229; consumo de açúcar nos EUA, 236; consumo diário, 235-6; diabetes e, 235-6; dieta e, 235-6; fibras alimentares e, 230; leite materno, 289; reduzindo o consumo, 239; saúde do coração, 239
Addison, doença de, 144
Addison, Thomas, 143-4
adenoides, 96
adenosina, 260
adolescência, 19, 62, 66-7, 96, 110, 149, 178, 260, 269, 324, 342-3
adrenalina, 30, 142, 186
afasia de Broca, 79
África, 24, 121, 174, 273, 308, 310

agricultura, 22, 50, 311
água: componente fundamental da dieta humana, 224, 231-2, 237; composição do cérebro, 53; e teorias de impressões digitais, 29; na saliva, 100; no plasma sanguíneo, 125; no suor, 29-30; papel dos intestinos, 249; perigo de beber demais, 232; poluentes na, 326, 341; quantidade diária processada pelos rins, 152; quantidade no corpo, 29-30; sede, 58, 232; vírus na água do mar, 39
aids, 98, 134
Akureyri, doença de, 305-9
Albânia, 285, 343
alcaçuz, 91
álcool, 222
alcoolismo, 362
Alemanha, 110, 130, 189, 192-4, 221, 266, 274, 284, 291, 362; contagem de espermatozoides, 279; drogas bactericidas produzidas na, 46; estudo sobre o cérebro, 79; expectativa de vida, 342; experiências nazistas na Segunda Guerra, 192-3; idade das

mulheres no primeiro parto, 280; mortes relacionadas à gravidez, 286; nazista, 119, 192-3, 274, 291; taxa de mortalidade na meia-idade, 342; varíola na, 313
alergias, 204-5, 213-4, 288; amendoim, 205
Alexander, Albert, 47
Alexander, Stewart Francis, 332
algas, 37, 101, 106, 210
Alkemade, Nicholas, 189
altitude, 191
Alvarez, A., 255
Alzheimer, Alois, 360-3
Alzheimer, doença de, 363; acúmulo de beta--amiloide e, 261, 360; causas de, 361-2; como causa de mortes, 338, 352, 362; diagnóstico, 361; diferenças de gênero, 272; efeitos do exercício, 163; ensaios clínicos, 349, 363; ligação com inflamação, 199; papel no sono interrompido, 261; perda de neurônios, 67; perda de olfato, 93; primeiro caso identificado, 360; príons, 262; progressão, 361; sintomas, 360-1
Ama (pescadoras de pérolas do Japão), 210
amamentação, 146, 289-90
amebas, 37, 42, 249
amendoim, alergia a, 205
América do Norte, 11, 42
América do Sul, 24, 69
amido, 100, 211
amígdalas, 95, 96*n*
amilase, 100, 150
amiloides, 360-1
aminoácidos, 106, 228-9; *ver também* proteínas
ampulheta de Henle, 166*n*
Amunts, Katrin, 65
analgésicos, 301-2, 304
androsterona, 92, 147
anemia, 11, 134, 144, 226
Angell, Marcia, 348
angina, 301
angioplastias, 123-4
Annas, George J., 193

antibióticos: crise dos, 49-50, 52; descoberta da penicilina, 45-6; desenvolvimento de novos, 51, 122; efeito sobre o microbioma intestinal, 36; estreptomicina, 216*n*, 336-7, 339; impacto dos, 339-40; meticilina, 51; prescrição para sinusite, 208; reação alérgica a, 204; resistência a, 48-52; tratamento de brucelose, 213; uso de, 49-50, 204, 289; *ver também* penicilina
anticorpos: atacando patógenos, 15, 336*n*; de plasma, 125; leite materno, 289; produção de, 197*n*, 198; proteínas, 15; sistema imunológico, 195-8
antígenos, 131-2
antioxidantes, 355-56
Anton-Babinski, síndrome de, 73
antropologia criminal, 78
ânus, 32, 106, 154, 241
aparelho vestibular (ouvidos), 89
apêndice, 49, 96*n*, 247-8
apendicectomia, 247-8, 328
apendicite, 144, 247
apneia do sono, 261
aposentadoria, 352, 359
Appleton, Joseph, 101
Argentina, 28, 120-1
Aristóteles, 110
arqueas, 37, 42, 44, 249
arremesso, 171, 174
arrepio (calafrio), 26
arsênico, 45, 226
artérias: coronárias, 114, 116, 120, 231; crenças galenistas, 128; entupidas, 304; fluxo do sangue, 126; fornecimento de sangue para a mão, 165
artrite reumatoide, 196
Aserinsky, Eugene, 253-4
asfixia, 97-100
Ashcroft, Frances, 191-2
Ásia, 212, 229, 308, 319; Sudeste Asiático, 117
asma, 211-5, 288; de Proust, 211; obesidade e, 212
aspirina, 349-50

ataques cardíacos: asfixia confundida com, 97-8; causas, 175-6, 240; como causa de morte, 338; consumo de sal, 237; diferenças de sintomas entre os sexos, 117, 272; fatais, 116, 179, 351; incidência nos EUA, 123; ligação com inflamação, 199; noturnos, 114; ocorrência, 116, 175; papel do exercício, 175-6, 179; parada cardíaca e, 116; risco de, 16, 96*n*, 115, 148, 271; testes com sangue artificial, 135; tratamento, 116; tratamentos com medicações, 348-9; *ver também* coração
atenolol, 348
átomos do corpo humano, 13
ATP (trifosfato de adenosina), 187-8, 260
Atwater, Wilbur Olin, 221-2, 224
Aubrey, John, 127
audição, 82, 86-90; *ver também* ouvido
Austrália, 363; expectativa de vida, 342; jogadores de futebol, 72; práticas médicas comuns, 350; taxa de asma, 212; taxa de mortalidade materna, 285; taxa de sobrevivência do câncer, 344
Áustria, 363
autólise, 365
AVC (acidente vascular cerebral): aspirina e, 349; coceira e, 32; como causa de morte, 72, 338, 341, 351; demência e, 362; fala e, 78; fatores de risco, 115, 148, 176, 237, 261; perda de neurônios, 67; sistema imune e, 199; testes com sangue artificial, 135
aviões, cabines pressurizadas de, 192

baço, 12, 32, 126, 150-1, 157, 195
bactérias: ação no suor, 30; causa de câncer, 326; causa de doenças, 37, 44, 213, 307-8, 312, 315-6; culturas bacterianas, 44*n*, 45, 244; defesas contra sistema imunológico, 198-9; DNA bacteriano, 35; em cadáveres, 365; enzimas digestivas, 35; espécies na pele, 30-1; espécies no corpo humano, 36; Gram-negativas, 336; infecção de células bacterianas por vírus, 39; melatonina em, 259; mutação de, 35; na bexiga, 153; na boca, 100-1; nas fezes, 249; no intestino, 215, 242, 247, 249; no leite materno, 289; números de células bacterianas no corpo humano, 36; quantidade na pele, 30-1; relógios internos de, 260; reprodução, 35; resistência a antibióticos, 48-52; salmonela, 199, 243-4, 312; tempo de vida, 35; transferência de, 37; transferências de genes, 35; tratamentos antibacterianos, 45-6, 48, 52, 336
bacteriófagos, 52, 249
baiacu (*fugu*), 103-4
Bainbridge, David, 197, 201, 258-9, 318
bainha de mielina, 66
Bangladesh, 341
Banks, Joseph, 184
Banting, Frederick, 138-9
baqueteamento digital (dedos inchados), 192
Barbet, Pierre, 167
Barker, David, 290
Barnard, Christiaan, 121-2
Barr, James, 225
basófilos, 195, 197
batimento cardíaco, 57, 114, 183, 192, 227, 262, 298
Beauchamp, Gary, 90, 92-3
Beaumont, William, 245
bebês, 17, 54, 79, 132-3, 171, 215, 249, 260, 263, 275, 277, 281-2, 286, 289-91
Bedson, Henry, 314
Beijerinck, Martinus, 38
beijo, 37, 41, 100, 209
Bélgica, 363
Bell, Sir Charles, 165
Belluz, Julia, 240
Bertillon, Alphonse, 27-8
Best, Charles Herbert, 138
beta-amiloide, 261, 349, 360-1
bexiga, 151-4, 346, 356
Bianconi, Eva, 16*n*
bile, 148, 150-1
Bilharz, Theodor, 316

bilharziose (esquistossomose), 316
bilirrubina, 126
bipedalismo, 172-3; adaptação do pescoço, 97, 172; ajustes no projeto da pelve, 288; desgaste e lesão de cartilagem, 169; mudanças no rosto, 81; pés e, 168; problemas da coluna vertebral, 168; problemas nas costas e nos joelhos, 17, 168; problemas no quadril, 169-70; razões do, 171
Birtles, Richard, 43
Blagden, Charles, 184
Blaiberg, Philip, 121
Blaser, Martin, 289
Bliss, Michael, 139
Blumberg, Mark S., 185
boca, 95; bactérias na, 100-1; forma, 173; glândulas salivares, 100; micróbios da, 101; receptores da dor, 103-5; receptores de sabor, 102, 106; *ver também* língua; saliva
bocejos, 263-4
Boletus edulis (cogumelo comestível), 104
Bolívia, 192
bolsa de Fabricius, 197
borborigmos, 242
Boring, Edwin G., 102
Borrow, George, 339
bouba, 316
Bourbon, doença do vírus de, 308
Bourouiba, Lydia, 209
bradicardia, 116
Brasil, 55, 200, 214, 289, 315
Bribiescas, Richard, 279
Bright, Richard, 144
Broca, Pierre Paul, 78-9
Brodie, Sir Benjamin, 95
Brodmann, Korbinian, 65-6
bromo, 226
Brown-Séquard, Charles Edouard, 142-3
Brunel, Isambard Kingdom, 94-6
Burckhardt, Gottlieb, 69
Burkitt, linfoma de, 326
Burney, Fanny, 327-8
bursite, 197

Bush, George W., 124
Butenandt, Adolf, 147
Byers, Eben M., 330
Byrne, Charles, 160-1

cabeça: audição, 86-9; cefaleia tensional, 300; cílios, 81; consciência após decapitação, 75-6; craniometria, 76-8; dores de, 30, 107, 211, 284, 300, 306; enxaquecas, 300; expressões faciais, 79-80; nariz e sinos faciais, 81-2; olfato, 90-3; queixo, 82; sobrancelhas, 81; visão, 82-6
cabelos, 26, 366; cacheados, 26; calvície, 33; ciclo de crescimento, 258; ciclo de crescimento de, 27; cor dos, 22, 24; couro cabeludo, 26-7, 300; efeitos do tratamento de câncer, 334; folículos capilares, 19, 26, 33; *ver também* pelos
cabines pressurizadas de aviões, 192
cadaverina (composto químico), 101, 365
cádmio, 11
cálcio, 10, 153, 236
cálculos: biliares, 151; renais, 153-4
Calment, Jeanne Louise, 358-9
calorias: cálculo da ingestão calórica diária, 220-1; conceito de, 220; efeitos do cozimento sobre, 223; energia consumida por sessão sexual, 271; estilo de vida americano e, 343; Experimento de Inanição de Minnesota, 233; ingestão de açúcar, 236; quantidade usada pelo cérebro, 55; queimando, 179; recomendações de ingestão diária, 220; "vazias", 223
calvície, 33
caminhar, 17, 30, 168, 172-4, 176, 179-80, 288
Campisi, Judith, 354
Canadá, 23, 36, 41-2, 62, 64, 238, 285, 342-3
canal alimentar, 241, 246
câncer: causas, 321-7; células cancerígenas, 16, 323, 334, 354; cervical, 326, 344; cirurgia, 326-7, 329; de cólon, 249, 325, 334, 344; como causa de mortes, 16, 117, 322, 334, 338, 352, 362-3; defesas do sistema imune,

16, 196, 198, 203, 206; dor do, 299; efeitos do exercício físico na prevenção, 176; de esôfago, 325; estilo de vida e, 325; de estômago, 249, 325; exames de imagens, 345; fator idade, 324, 363; fatores ambientais, 325; de fígado, 325, 330; fundos para pesquisa do, 362; infantil, 333-4; de intestino, 249; leucemia, 206, 333; ligação com a exposição a estrogênio, 281; ligação com a insônia, 261; ligação com dieta, 105, 242, 249, 291; locais, 324; medo de, 321; palavra, 322n; de pâncreas, 325; papel da vitamina D, 23; de pele, 23; propagação, 329; de pulmão, 16, 215-8, 326, 334, 346; quimioterapia, 332-4, 364; de rim, 325; riscos de, 240, 341, 349; sarcomas, 324; taxas de sobrevivência, 334, 344; de tireoide, 325; tratamentos, 206, 330-4, 364; *ver também* tumores

câncer de mama: fatores de risco, 176, 261, 325; mamografias, 345-6; mastectomia, 327, 329; migração para o fígado, 330; padrão de crescimento, 324; taxas de mortalidade, 117, 334-6; taxas de sobrevivência, 345-6

câncer de próstata: como causa de mortes, 299, 334, 346; e vitamina C, 227; exame de PSA, 346; incidência, 322; obesidade e sobrepeso como risco para, 325

Candida albicans (fungo), 41

Cannon, Walter Bradford, 185-7

cantar, 110-1, 315

Capgras, síndrome de, 73

capsaicina, 104-5, 295

carboidratos, 100, 148, 228-30; como componente fundamental da dieta humana, 224

carbono, 10, 229-31; dióxido de carbono, 210, 221, 250, 263, 326; monóxido de carbono, 125-6

carcinomas, 324

carne, consumo de, 222, 228, 234, 240, 340

Carroll, Lewis, 110

Carter, Henry Vandyke, 161-2

cartilagem, 109, 158, 164, 169
catapora, 39
cavidade pleural, 99, 209
Cawthon, Richard, 357
caxumba, 198
cefaleia tensional, 300
células, 13-4; adiposas, 145; bacterianas, 36; cancerígenas, 16, 323, 334, 354; células B, 195, 197-8; células T, 195-8; células T CAR, 206; células-tronco, 195, 282, 353; cerebrais, 55, 67, 365, *ver também* neurônios; cromossomos, 267; da pele, 19, 356, 365; de Merkel, 20; energia em, 187; envelhecimento, 354; epiteliais, 324; epitélio, 246; espermatozoides, 278; ganglionares fotossensíveis, 257; gastrulação, 282; imunes, 195-9; intestinais, 249; melanócitos, 22; mitocôndrias, 13, 36, 125, 273; nervosas, 39-40, 55, 87, 91; número de células no corpo, 16, 36; oculares, 257; ossos, 164; proteínas nas, 13; pulmonares, 210; receptoras de paladar, 102; sanguíneas, 132, 151, 163; *ver também* glóbulos brancos; glóbulos vermelhos

Centro de Sentidos Químicos Monell (Filadélfia, EUA), 90

cera de ouvido, 195

cérebro, 55-6, 68, 365; amígdala, 57-8, 65, 96, 186; AVC (acidente vascular cerebral), 72; células de glia, 67; células nervosas *ver* neurônios; centro de fala no, 78; cerebelo, 57; cirurgias no, 64-5, 69-71; compensação pela perda de massa, 68; composição do, 53; córtex cerebral, 65-6, 82; córtex olfativo, 92; desenvolvimento, 66-7; distúrbios neurológicos, 72-3; eficiência, 55; encefalite, 363; epilepsia, 64, 69, 72, 143; fluido cerebrospinal, 71; gânglios basais, 57; hemisférios, 56; hipocampo, 57-8, 64-5, 92, 293; hipotálamo, 57-8, 92, 122, 141, 183, 186, 257; lesões no, 68-9, 71, 74; lobo occipital, 56; lobo parietal, 56; lobo temporal, 56; lobos frontais, 56, 68-70, 78, 362;

407

lobotomia (leucotomia), 69, 71; massa cinzenta, 66; matéria branca, 66; meninges, 71, 300; morte cerebral, 122; núcleo accumbens, 67; núcleo supraquiasmático, 258; plasticidade do, 290; processamento de informação, 54; prosencéfalo, 67, 254; sinais nervosos, 296; sinais visuais, 59; sistema límbico, 57-8; tálamo, 58, 262; tamanho do, 55, 73-4, 79; telencéfalo, 56-7; tronco encefálico, 57; tumores no, 32, 69, 300; uso de energia pelo, 54-5
cérvix, 275
cesarianas, 288-9
Chain, Ernst, 46, 48
Chang, Tony, 197*n*
Charnley, John, 170
Chile, 178, 191, 343
chimpanzés, 109, 121, 166, 173, 271
China, 212, 247
Chipre, 123, 343
Churchill, Winston, 110
ciclosporina, 122, 202
cílios, 81
Cingapura, 280, 337
cirrose, 149, 272
citocinas, 195, 199
Claverie, Jean-Michel, 43
Clément, Nicolas, 221*n*
Clevers, Hans, 149, 249
clitóris, 20, 275
cobre, 10
cocaína, 329
coccidioidomicose (febre do vale), 42
coceira (prurido), 32-3
"coco de Bradford" (vírus gigante), 43
Coga, Arthur, 128
cogumelos, 104
colágeno, 163
cólera, 44, 132, 150, 297
colesterol, 116, 150, 229-30, 235, 240; bom, 230-1, 235; ruim, 230-1
colina, 226
Collip, J. B., 139

cólon: atividade bacteriana no, 242, 243*n*; câncer de, 249, 325, 334, 344; comprimento, 246; passagem dos alimentos, 242; *ver também* intestino
coluna vertebral, 57, 163, 168, 173
comensalismo, 37
Common Cold Unit (Reino Unido), 40
consciência, 68
constipação, 306
Cook, capitão James, 103, 184
Cooper, Sir Astley, 170
coqueluche, 340
coração, 68; arritmia cardíaca, 120; atributos emocionais, 112-3; átrios, 113; batimento cardíaco, 57, 114, 183, 192, 227, 262, 298; bradicardia, 116; cardiomiopatia hipertrófica, 117; cirurgias de, 118-23; diástole, 114; doenças cardiovasculares, 115, 118, 235, 242, 261, 291, 301, 341, 362; dor (angina), 301; fatores de risco de cardiopatias, 118, 234-5, 242, 258, 261, 291; funcionamento do, 113; fundos de pesquisas, 362; insuficiência cardíaca, 116-7, 237, 351, 364; marca-passo, 120; palpitações, 116; parada cardíaca, 116; ponte de safena, 120-1; relógio biológico, 258; sístole, 114; taquicardia, 116; taxa de mortalidade por doenças cardíacas, 115-6, 234, 322, 338, 341, 352, 362; taxas cardíacas, 183, 234, 262, 291; transplantes de, 121-2; ventrículos, 113, 117; *ver também* ataques cardíacos
Cordåy, Charlotte, 76
coreia (doença de Huntington), 317
Coreia do Norte, 314
Coreia do Sul, 344
corpo, tamanho do, 188-9
corpos doados para dissecção, 159
corpúsculos de Meissner, 20
corpúsculos de Pacini, 20
corpúsculos de Ruffini, 20
corrida, 180-1
Cortinarius speciosissimus (cogumelo letal), 104

cortisol, 142, 144
Costa Rica, 343, 359
costas: coçar, 32; consequências do bipedalismo para as, 17, 168, 175; dores nas, 17, 168-9, 175, 211, 284; flexibilidade das, 172
Cotard, ilusão de, 73
Cotton, Henry, 248
Cournand, André, 119
couro cabeludo, 26-7, 300
Coyne, Bernard, 219*n*
cozimento dos alimentos, 173, 184, 223-4, 239
crânio: afinamento do crânio humano, 74; craniometria, 76-8; de bebês, 288; frenologia, 76; posição do pescoço, 97, 172
Crawford, Dorothy H., 39
Creutzfeldt-Jakob, doença de, 262
crianças *ver* infância
criptas de Henle, 166*n*
Crohn, Burrill, 203
Crohn, doença de, 196, 203
cromo, 10, 226
cromossomos, 96, 265-7; telômeros, 354; X, 266-7; Y, 266-8
crucificação, 167
Cryptococcus gattii (fungo), 41
Cuba, 286, 316, 343
Cumberbatch, Benedict, 10-2
Curie, Marie, 92, 330
Curie, Pierre, 92, 330
custo de construção de um ser humano, 9-12

daltonismo, 85
Dalziel, Thomas Kennedy, 203*n*
Dam, Henrik, 225
Darwin, Charles, 28, 79, 80, 110, 168
Daudet, Alphonse, 301
Davis, Barnard, 77
Davis, Daniel, 196, 198, 201, 206, 259
Davis, Donald, 236
Dawson, Paul, 101
De Grey, Aubrey, 357
decibéis, 88-9
dedos, 21, 166-7, 298; impressões digitais, 28-9; inchados (baqueteamento digital), 192; polegares, 166; ponta dos, 20
deglutição, 96, 361
demência, 262*n*, 349, 361-2; demência de corpo de Lewy, 362; frontotemporal, 362
Demodex folliculorum (ácaros), 32
dengue, 287
dentes: anéis (acreções microscópicas) nos, 258*n*; bactérias nos, 100-1; dentina, 102; deterioração dos, 100, 311; escovação dos, 100; esmalte dos, 101; extração dentária, 248; força da mordida, 102; molares, 17; papel na fala, 109; tamanho dos, 173; vitamina D, 23
depressão, 144, 258, 261, 272, 306, 342
derrame *ver* AVC (acidente vascular cerebral)
Descartes, René, 258
desidratação, 29-30
Deter, Auguste, 360, 363
Detsky, Allan S., 343
diabetes: açúcar e, 235-6; como causa de morte, 137-8, 341, 351; como fator de risco para doenças cardíacas, 118; como fator de risco para insuficiência renal, 153; crianças famélicas e, 291; e nascimentos por cesariana, 288; exercícios físicos na prevenção de, 176, 179, 240; fatores dietéticos, 235, 242, 318; insônia e, 261; insulina, 138; ligações genéticas, 139-40, 317; perturbações do ritmo diário, 258; sistema imunológico e, 199; tipo 1, 139-40, 288; tipo 2, 139-40, 317-8; tratamento, 350
diafragma, 148, 209, 218, 315
Diamond, Jared, 311
diarreia, 243, 338
Dickens, Charles, 278
Dieffenbach, Johann, 110
dieta: açúcar e, 235-6; americana, 237; aminoácidos, 228; balanceada, 222, 229, 240; câncer de intestino, 249; carboidratos, 229; componentes fundamentais da dieta humana, 224; consumo de água, 231-2; consumo de carne, 174, 222, 228, 234,

240, 340; contagem de espermatozoides, 279; deficiências na, 24; demência e, 362; diabetes e, 140; e riscos de doenças cardíacas, 118; expectativa de vida e, 342; Experimento de Inanição de Minnesota, 233; fibras alimentares, 230, 236, 239, 242; hormônios e, 145-6; legumes, 230, 236, 356; mediterrânea, 234-5; sal e, 237; saudável, 342, 362; suplementos, 148, 226-7, 355

dieta vegetariana, 174, 228, 239; declínio nutricional, 236; "dieta americana" e, 237; doenças transmitidas por alimentos, 244; fibras alimentares, 230; gorduras e óleos, 231; plantas comestíveis, 224; teorias dietéticas, 239, 356; transporte de produtos agrícolas por ferrovia, 340

difteria, 117, 244, 297, 311-2, 321, 338, 340

dimetilamina, 101

dimetilsulfureto, 101

Dinamarca: contagens de espermatozoides, 279; estudo sobre corrida, 180; estudo sobre insônia, 261; idade das mulheres no primeiro parto, 280; mortalidade materna, 285; taxas de sobrevivência de câncer, 344

dióxido de carbono, 210, 221, 250, 263, 326

dióxido de enxofre, 365

dióxido de nitrogênio, 326

Diski, Jenny, 363-4

disruptores endócrinos, 279

dissecação, 21, 130, 156-61

Djerassi, Carl, 281

DNA: análise do Homem de Cheddar, 25; bacteriano, 35; como funciona, 15; concepção e, 281; danificado por raios ultravioleta, 23; de ácaros *Demodex folliculorum*, 32; efeito dos relacionamentos no, 359; escuro, 15; estrutura do, 14; mutações, 14; quantidade no corpo, 13; tamanho, 14; telômeros, 354, 359

Doctor, Allan, 133

doença celíaca, 288

doença de Addison, 144

doença de Akureyri, 305-9

doença de Bright (nefrite), 144

doença de Crohn, 196, 203

doença de Gerstmann-Sträussler-Scheinker, 262

doença de Huntington, 317

doença do suor, 307

doença do vírus de Bourbon, 308

doença hepática gordurosa não alcoólica (esteatose hepática), 149

doença inflamatória intestinal, 317

doenças autoimunes, 125, 196, 204, 272

doenças genéticas, 317-8

"doenças incompatíveis", 318

doenças infecciosas: agentes infecciosos tapeando o sistema imunológico, 198-9; antibióticos e, 339-40; cruzando a barreira das espécies, 310-1; cuidados com a saúde, 117-8; declínio das, 340; difteria, 117, 244, 297, 311-2, 321, 338, 340; doenças tropicais negligenciadas, 316; ebola, 310; espirro, 209; experimentos com prisioneiros de guerra, 193; exposição prévia a agentes infecciosos, 214; febre tifoide, 117, 305, 312-3; gripe, 310; perda do olfato, 93; pesquisadores, 316; príons e, 262; surtos, 306-11; taxas de mortalidade, 50, 338, 351; tuberculose, 117, 162, 244, 311, 314-6, 321, 336, 338, 340, 348; vacinação, 198, 310-1, 314, 319-20, 340; varíola, 162, 193, 313-4, 321; zoonóticas, 311

doenças raras, 318

Doll, Richard, 216-7

dor: abdominal, 272; abdominal, 117, 151; abdominal, 312; aguda, 299; alívio da, 302, 329; angina, 301; ataques cardíacos, 117, 272; câncer, 299; cefaleia tensional, 300; cirurgias e, 154, 327, 329; crônica, 175, 299-301, 352; de cabeça, 30, 107, 211, 284, 300, 306; de tumores cerebrais, 300; definição, 293-4; disfuncional, 298-9; do parto, 284, 288; efeito placebo, 303; enxaquecas, 300; exercício na administração da, 303; experiências com, 293-5; fantasma,

293; finalidade da, 292, 298; inflamação, 199; inflamatória, 298; limiar de dor para ruído, 89; medição do grau de desconforto, 294; muscular, 293, 306; nas costas, 17, 168-9, 175, 211, 284; neuropática, 299; nevralgia do trigêmeo, 293; no quadril, 169; nociceptiva, 298; nociceptores, 295-7, 300; nos joelhos, 168, 175; percepção da, 30-1; questionário McGill, 294; tato e, 18; tratamento da, 302
Dorrestein, Pieter, 325
Down, 78
Down, síndrome de, 78, 162
Dubois, Antoine, 327
Duchenne de Boulogne, G.-B., 80

E. coli (bactéria), 35, 199, 228, 242-3, 249-50
Eagleman, David, 55
ebola, 310
efeito placebo, 303
Ehrlich, Paul, 45
Einstein, Albert, 46
Ekman, Paul, 80, 81
elefantíase (filariose linfática), 316
elementos necessários para a construção de um ser humano, 10-2
Eliot, George, 300
elizabethkingia (infecção bacteriana), 307
Elmqvist, Rune, 120
embrião, 282
encarceramento, síndrome de, 73
encefalite, 363
encefalopatia espongiforme bovina (doença da vaca louca), 262
encefalopatia traumática crônica (ETC), 72
endocrinologia, 141-3, 145
endorfinas, 104, 142
enjoo matinal, 283
envelhecimento, 58, 67, 353-7
enxaquecas, 300
enzimas: autólise, 365; digestivas, 35, 150; lisozima (enzima antimicrobiana), 46, 100; papel das, 15, 100; produção, 11, 35, 138; química dos telômeros, 354

eosinófilos, 197
epidemias, 43, 117, 131, 243, 306-7, 310, 316, 320, 341
epidídimo, 276
epiglote, 97
epilepsia, 64, 69, 72, 143
epitélio, 84, 91, 246; células epiteliais, 324
equilíbrio, 57, 82, 89, 172
Escandinávia, 212
escarlatina, 340
Escherich, Theodor, 249-50
esclerose múltipla, 196, 204, 317
Escócia, 76, 104, 139
escroto, 276; câncer do, 325
esfíncter, 165
esôfago, 186; câncer de, 325
espasmo hipnal, 256
esperma, 273-80; bancos de, 277; espermatozoides, 11, 278-82
espinhas (acne), 19, 20
espirro, 209
esquistossomose (bilharziose), 316
Estado Unidos: penicilina produzida em massa nos, 47
estado vegetativo, 71, 73-4
Estados Unidos: abuso de opioides, 302; amamentação, 289-90; antibióticos usados nos, 50; apendicite, 247; asma nos, 212; ataques cardíacos nos, 123; AVC (acidente vascular cerebral), taxa anual nos, 123; causas de morte nos, 97, 343, 363; cesarianas nos, 289; consumo de açúcar nos, 236; consumo de calorias nos, 220; contagem de espermatozoides, 279; crise dos opioides, 302; custos de saúde, 342, 347, 352; deficiências nutricionais, 237; déficits de saúde, 342; difteria, 312; doença de Akureyri nos, 306; doença renal, 153; doenças cardiovasculares nos, 115, 234; doenças hepáticas nos, 149; epilepsia nos, 72; expectativa de vida nos, 337, 342-3, 352; expectativa de vida nos, 342; febre tifoide, 312; Food and Drug Administration (FDA), 31, 50, 133, 135, 231,

242, 314, 355; gordura na dieta e doenças cardiovasculares, 234; idade da mulher no primeiro parto, 280; intervenções preventivas, 124, 347; intoxicações alimentares nos, 243; lesões da medula espinhal, 298; lobotomias, 69-70; mortalidade infantil, 191, 286, 342; mortalidade materna, 285-6; mortalidade por câncer nos, 322, 334; mortalidade por monóxido de carbono, 126; mortes no trânsito, 343; mortes por gripe nos, 319-20; obesidade e sobrepeso nos, 178, 286; peste bubônica, 316; problemas relacionados ao sono, 260-1; próteses, 169; quimioterapia nos, 332; sobre tratamento nos, 347; suplementos alimentares, 355; tabagismo nos, 217-8; taxas de sobrevivência de câncer, 344; transplantes de órgãos, 202; venda de plasma, 125; vírus de Bourbon, 307; vírus de Powassan, 307

estanho, 10-1

esteatose hepática (doença hepática gordurosa não alcoólica), 149

esteroides, 140, 147, 214

estilos de vida, 16, 74, 81, 140, 174, 179, 205, 215, 240, 249, 279, 291, 317-8, 340, 342-3, 351, 353

estômago: ácido clorídrico no, 208, 242, 245; câncer de, 249, 325; digestão e, 241-2; estudo do estômago de St. Martin, 245; gorgolejos (borborigmos), 242; hormônios e, 145-6; matando micróbios, 242; objetos estranhos no, 99; passagem de alimento para o, 96

estreptomicina, 216n, 336-7, 339

estrogênio, 142, 147, 275, 281, 357

Estudo do Coração de Framingham (Massachusetts), 118

Euler, Ulf von, 186

Europa, 23, 25, 50-1, 110, 128, 142, 160, 186, 233-4, 284-5, 306, 308, 318, 333, 344

Eustachi, Bartolomeo, 90

Evans, Nicholas, 104

Everest, monte, 191

evolução: alergias, 205; aminoácidos, 228; bipedalismo, 109, 175; cor da pele, 21-5; distribuição dos ossos, 163; espermatozoides, 278; fala, 108-9; humana, 17, 109; impressões digitais, 28; mutações, 14, 324; nariz e sinos faciais, 81-2; ouvidos, 87-8; sono, 252-3; tecido cardíaco danificado, 116

exercício: adiando a doença de Alzheimer, 163; administração da dor, 303; asma e, 214; benefícios para a saúde, 176, 180, 235, 240, 318; efeito sobre os ossos, 164; perda de peso, 179; produção de endorfinas com, 142; quantidade ideal, 176; temperatura corporal e, 184

expectativa de vida: aumento da, 337-9, 352; dieta e, 235; exercício e, 176; no Reino Unido, 341; nos EUA, 342; número de batimentos cardíacos durante a vida, 183; pobreza e, 341-2; previsões, 357-9; taxas desiguais, 341; valores históricos, 337-8, 352

experiências de quase-morte, 364

Experimento de Inanição de Minnesota, 233

expressões faciais, 79-80

Fabricius, Hieronimus, 197n

fadiga crônica, síndrome da (SFC), 306n

fala, 97, 102, 108-11, 173; centro de fala do cérebro (área de Broca), 78-9

Falloppio, Gabriele, 160, 275

Faulds, Henry, 28

Favaloro, René, 120-1

Favre, P. A., 221n

febre, 184

febre amarela, 131, 193, 244, 316

febre do vale (coccidioidomicose), 42

febre puerperal, 284-5

febre tifoide, 117, 305, 312-3

fêmur, 169-70, 172

fenol, 285

feromônios, 26, 147

ferro, 135, 226, 236, 246, 266, 358

fertilidade, 163, 277, 279, 282, 286, 334-5

fetos, 255, 280, 283, 286-7, 291

fezes, 93, 126, 221, 248-9
fibras alimentares, 230, 236, 239, 242
fibrose cística, 342
fígado, 148, 152; ação em açúcares, 230, 236; atividade após a morte, 365; bile, 148, 150-1; bilharziose (esquistossomose), 316; calorias consumidas pelo, 180; câncer de, 325, 330; cirrose, 149, 272; danos por gorduras trans, 231; doenças hepáticas, 149-50, 272; efeitos do selênio no, 11; esteatose hepática (gordura no fígado), 149; hepatite B, 326; hepatite C, 134, 149-50, 326; papel do, 148; plasticidade do, 290; regeneração do, 149; relógio biológico, 258; tamanho, 148; teorias antigas sobre o, 127, 150; vesícula biliar e, 151-3, 328
filariose linfática (elefantíase), 316
Finlândia, 140, 234, 279
Firth, Colin, 110
Fishback, Hamilton, 133
Fisher, Deborah, 244
flatulência, 248, 250
Fleming, Alexander, 34, 45-8, 50, 100
flora intestinal, 140, 289
Florey, Howard, 46-8, 297, 356
Foege, William, 338
folículos capilares, 19, 26, 33
fome: Experimento de Inanição de Minnesota, 233; Grande Fome (Segunda Guerra Mundial), 291; obesidade e, 232-3; regulação, 58, 145-6
Food and Drug Administration (FDA), 31, 50, 133, 135, 231, 242, 314, 355
Forssmann, Werner, 118-9
fósforo, 10
Foster, Russell, 257-61
França, 43, 142-3, 234, 250, 307, 314, 327, 330; dieta e doenças cardíacas, 234; expectativa de vida na, 342, 359; impressões digitais, 27-8; mortalidade infantil, 286; mortalidade materna, 285; obesidade, 178-9; suores da Picardia, 307
Frank, Loren, 252

Frederico, o Grande (rei da Prússia), 130
Freeman, Walter Jackson, 69-71
frenologia, 76
Frey, H. P., 122
Friedman, Jeffrey, 145
frutas, 47; como componente alimentar, 222; fibras alimentares em, 230; maduras, 85, 103; melão cantaloupe, 244; modernas, 236
fungos, 37, 41-2, 45, 104, 122, 208, 249; cogumelos, 104
Funk, Casimir, 224-5

Gage, Phineas, 68-9, 246n, 266
gagueira, 110
Galeno, 127
Galton, Francis, 28
Gardner, Christopher, 35, 238-9
Gardner, Randy, 263
gás mostarda, 332
Gawande, Atul, 31
gêmeos, irmãos, 201, 281-2
Gems, David, 355
genes: de histocompatibilidade, 37n; diferenças genéticas entre homens e mulheres, 271; doenças genéticas, 317-8; genoma, 14-5; herança genética, 268; HTT, 317; mutações genéticas, 14-5, 24-5, 35, 317, 324, 353, 360
George VI, rei da Inglaterra, 110
George, Rose, 357
Gerstmann-Sträussler-Scheinker, doença de, 262
Gibbon, John H., 119-20
glândulas: bulbouretrais, 276; endócrinas, 141; pineal, 141, 258-9; pituitária, 141-2; salivares, 100, 141; sebáceas, 19-20, 29; sudoríparas, 19, 29-30, 141, 190
Glick, Bruce, 197n
glicocorticoides, 144
glicogênio, 149-50
glicose, 125, 148-9, 163, 229
glóbulos brancos, 126; baço e, 151; efeitos do gás mostarda sobre os, 332; inflamação e,

413

199; quantidade, 126; terapia de células T CAR, 206; tipos de, 197
glóbulos vermelhos, 12, 125, 148, 249; efeitos da altitude nos, 191-2; ferro e, 226; formato bicôncavo, 125; função dos, 12-3, 125, 134; hemoglobina, 36, 124-5, 135; quantidade, 12-3, 124-5; tamanho, 83, 125; transfusões de, 135
glutamato monossódico, 106-7
glúteos, 173
Goldfarb, Stanley, 232
Goldsmith, Mike, 88
gordura: armazenamento no corpo, 19, 177, 230; como componente fundamental da dieta humana, 224, 228-31; correlação entre os níveis de gordura na dieta e doenças cardiovasculares, 234-5, 239; digestão de, 150; efeitos do envelhecimento, 356; exercícios e, 180; gordura saturada, 231, 235, 237; IMC (índice de massa corporal), 178; no cérebro, 53; no fígado (esteatose hepática), 149; óleo de coco, 231, 237; receptores gustativos para, 106; reserva de energia dos bebês, 54; reserva nas mulheres, 271; saturada, 230
gorduras: gorduras trans, 231, 240
Gould, Stephen Jay, 78, 200
Grã-Bretanha (Reino Unido): amamentação, 290; asma, 212; causas de morte, 97, 307, 340, 363; cesariana, 289; cuidados de saúde, 344; custos com demência, 362; epilepsia, 72; estudo sobre ataques cardíacos, 175; estudo sobre consumo de sal, 238; expectativa de vida, 337, 342; idade de mulheres no primeiro parto, 281; mortalidade infantil, 212; mortalidade materna, 285; mortes no trânsito, 343; mortes por câncer, 322; taxas de sobrevivência de câncer, 344; transplantes de órgãos, 203
Gräfenberg, Ernst, 274
Graham, Evarts Ambrose, 216-7
Graham, Robert Klark, 277
Gram, Hans Christian, 336*n*

Grande Fome, 291
Grant, Colin, 73
gravidez: abortos espontâneos, 287; ectópica, 282; enjoo matinal, 283; ideias antigas sobre a determinação do sexo, 266; melasma (produção aumentada de melanina), 23; mortalidade materna, 285; na adolescência, 269, 342; papel da placenta, 286; peso do útero na, 275; pré-eclampsia, 286-7; reservas de energia para, 145; tabagismo na, 218; *ver também* parto
Gray, Henry, 161
Grécia, 212, 234, 280
Green, Joseph Henry, 112
grelina, 146
gripe: como causa de morte, 310, 319-20, 338, 363; cruzando a barreira das espécies, 311, 313; gripe espanhola (1918), 310, 320; H5N1 (gripe aviária), 319; incubada em populações animais e de aves, 313; perda de olfato, 93; sobrevivência do vírus, 41; tempo frio e, 209; transmissão do vírus, 310; vacina, 319; vírus novos, 196
Grodin, Michael A., 193
Groopman, Jerome, 347
Grubbe, Emil H., 331
Guangzhou (China), 212
Guiné, 80, 310
Gulliver, George, 126

H5N1 (gripe aviária), 319
Haier, Richard, 55
Haldane, J. B. S., 143, 188
Hales, Stephen, 114-5
Halsted, William, 151-2, 328-30
Hamblin, James, 179
Harman, Denham, 355
Harvey, William, 127, 160, 297
Hashimoto, tireoidite de, 204
Hatch, Steven, 364
Haugen, Robert, 98
Hayflick, Leonard, 352-4
Heartland, vírus de, 308-9

Heimlich, Henry Judah, 98
Heimlich, manobra, 98
hemácias *ver* glóbulos vermelhos
hemofilia, 125
hemoglobina, 36, 124-5, 135
Henderson, Lawrence, 339
Henking, Hermann, 266
Henle, Jakob, 166
hepatite B, 326
hepatite C, 134, 149-50, 326
Herculano-Houzel, Suzana, 55
heroína, 302
herpes, 32, 37-8, 40
Herrick, Richard, 201-2
Herrick, Ronald, 201-2
Hesse, Fanny, 45*n*
hibernação, 252, 324
hidrogênio, 10, 229-31, 250; sulfeto de hidrogênio, 101, 250, 365
hidroxiapatita, 163
Hill, Austin Bradford, 216
hipertensão, 11, 115-6, 118, 152, 238, 240, 252, 261, 286, 359
Hipócrates, 322
hipocretinas, 262
hipotálamo: aparência, 58; como glândula endócrina, 141; núcleo supraquiasmático, 258; papel do, 58, 92, 122, 183; sistema límbico e, 57
hipóxia, 192
histamina, 195
Hite, Shere, 270
Hitler, Adolf, 46, 147
HIV, 342
hmong (povo do Sudeste Asiático), 117
Hodgkin, linfoma de, 144, 334
Hodgkin, Thomas, 144
Holanda, 234, 249, 280, 286, 289, 291, 323, 343-4
Hollyer, Thomas, 154-5
Homem de Cheddar (antigo bretão), 25
homens: anatomia sexual masculina, 276; aspirina e, 350; ataques cardíacos em, 117, 272; avaliando a atratividade de mulheres, 80; calvície masculina, 33; câncer de próstata, 322, 346; câncer testicular, 325; carregando sacolas, 272; consumo de açúcar nos EUA, 236; contagem de espermatozoides, 279; diferenças genéticas entre homens e mulheres, 271; ensaios clínicos, 272; enxaquecas em, 300; estrogênio em, 147-8; expectativa de vida, 337, 339; fraturas em, 170; fumantes, 217; gagueira em, 110; ignorância da anatomia feminina, 274; lesões da medula espinhal em, 298; mal de Parkinson em, 272; nível diário recomendado de vitamina A, 226; pênis, 20, 154, 276-7; pesquisas sobre sexualidade masculina, 270; pressão arterial em, 115; próstata, 276, 346; risco de câncer em, 324; sedentarismo em, 179; sensibilidade tátil dos, 21; sobrepeso e obesidade, 178; sono REM, 255; suicídios, 272; tempo de trânsito intestinal, 241; testículos, 103, 141, 148, 267, 276-7; testosterona em, 147-8, 275; vulnerabilidade a infecções, 272
Homo erectus, 109
Homo sapiens, 17, 81, 109
Hong Kong, 212, 280, 337
Hopkins, Sir Frederick, 225
hormônios, 143; androsterona, 92, 147; calvície masculina e, 33; cortisol, 142, 144; descoberta, 141, 144-5; dieta e, 145-6; esteroides, 147, 214; estrogênio, 142, 147, 275, 281, 357; exercícios e, 176; feromônios, 26, 147; funções, 145-6; grelina, 146; hormônio do crescimento, 142, 146; insulina, 103, 138-40, 146, 150, 343; leptina, 145-6; melatonina, 258-9; no parto, 287; osteocalcina, 163; oxitocina, 142, 146-7; papel da placenta na distribuição de, 286; papel do tálamo na liberação de, 262; produção de, 141, 144, 148, 153, 163, 275; progesterona, 147; prostaglandinas, 195, 287; pulmões e, 145; rins e, 145; sistema imune, 204; testosterona, 142-3, 147-8, 275; transmitindo

415

mensagens químicas, 15, 140; transporte de, 124; vitamina D, 225
"humores", quatro, 129, 150
Hungria, 285
Hunt, Mary, 47
Hunter, John, 160
Hunter, William, 130
huntingtina, 317
Huntington, doença de, 317

Ikeda, Kikunae, 106
ilusão de Cotard, 73
IMC (índice de massa corporal), 178
impressões digitais, 28-9
imunidade ver sistema imune
imunossupressão, 202
imunoterapia, 206
Índia, 162, 341
indígenas, 24, 229
indigestão, 16, 211
indústria farmacêutica: caso do atenolol, 348; crise dos antibióticos, 49-50, 52; crise dos opioides nos EUA, 302; desastre da talidomida, 283; médicos e, 347; multas e penalidades, 348; pesquisa de Alzheimer, 363; produção de penicilina, 47; sangue sintético, 135; testes clínicos, 348-9
infância: alergias, 205; asma, 212; câncer infantil, 333-4; causas de morte, 212; células cerebrais, 67; mortalidade infantil, 212, 290, 339
infecções enterobacteriáceas (CRE), 51
inflamação, 105, 197, 199, 214, 298, 363; doença inflamatória intestinal, 317
Inglaterra ver Grã-Bretanha
insônia, 211, 261-3
insulina, 103, 138-40, 146, 150, 343
intestino, 68; câncer, 242; cirurgias no, 248; comprimento, 246; doenças intestinais, 203, 317; flora intestinal, 140, 289; intestino delgado, 241, 246, 248-9; intestino grosso, 242, 246, 248-9; síndrome do intestino irritável, 304; tempo de trânsito intestinal, 241; vilosidades intestinais, 246; ver também cólon
intoxicação alimentar, 243-5
Iraque, 314
Irlanda, 280, 285, 312
Ishii, Shiro, 193-4
Islândia, 305
Itália, 16, 78, 112; expectativa de vida, 337, 359; hábitos alimentares e resultados de saúde, 234; idade da mulher no primeiro parto, 280; mortalidade materna, 285
Iugoslávia, 234

Jablonski, Nina, 19, 21-6, 29
Jackson, Chevalier Quixote, 99
James, Henry, 110
Japão, 31, 103-4, 106, 176, 194, 359; asma no, 212; baiacu (fugu), 103-4; expectativa de vida, 337, 359; experiências com prisioneiros de guerra, 193-4; hábitos alimentares e saúde, 234, 249; idade da mulher no primeiro parto, 280; impressões digitais, 28; mortalidade infantil, 286; mortalidade relacionada à gravidez, 286; mortes no trânsito, 343; pescadoras de pérolas do, 210; taxa de sobrevivência do câncer, 344; umami (sabor), 106-7
Jensen, Frances E., 67
joelhos: ações, 162; consequências do bipedalismo para os, 17; efeitos da obesidade sobre os, 169; problemas nos, 168-70, 175; próteses, 169; tamanho dos, 172
Jones, Steve, 182, 184
Jonson, Ben, 276
Jorgensen, Timothy J., 330-1, 346

Kaeberlein, Matt, 357
Kale, Rajendra, 72
Kanizsa, Gaetano, 61
Kaptchuk, Ted, 303
Karsenty, Gerard, 163
Kennedy, John F., 71, 144
Kennedy, Rosemary, 70-1

Keys, Ancel, 233-5
khoisan (povo africano), 24
Kimura, Jiroemon, 359
Kinch, Michael, 49, 51-2, 123, 195, 199, 319-20
Kinsey, Alfred, 270, 277
Klüver-Bucy, síndrome de, 73
Koch, Robert, 44, 243-4, 296, 315
Korsakoff, Sergei, 362
Korsakoff, síndrome de, 362
Kristof, Nicholas, 279
Kummerow, Fred A., 231

La Paz (Bolívia), 192
lábios, 20, 25, 76, 109, 165, 192, 330
Laënnec, René, 274
lagartixas, 268
lágrimas, 84-5, 195, 298; lisozima (enzima antimicrobiana), 46
Laguesse, Édouard, 138
Lambert, Raymond, 191
Lanchester, John, 341
Landsteiner, Karl, 131-2
Lane, Nick, 188
Lane, Sir William Arbuthnot, 248
Langerhans, Paul, 138
laringe, 96, 99, 109, 173, 218
Larson, Frances, 76
Larsson, Arne, 120
Lawrence, Ernest, 331-2
Lawrence, Gunda, 331
Lawrence, John, 331
Lazear, Jesse, 316
Le Fanu, James, 60, 68
Legionella (bactéria), 309
legumes, 230, 236, 356
Lei da Superfície, 182, 188
leishmaniose, 316
Leonardo da Vinci, 160
lepra, 311
leptina, 145-6
leucemia, 206, 333
Levine, James, 180
Lewy, demência de corpo de, 362

Lewy, Friedrich H., 362
Libéria, 310
Lieberman, Daniel, 72, 81-2, 97, 108-9, 174, 177, 179, 223, 231, 234, 236-7, 318-9, 352, 359
ligamento de Henle, 166*n*
ligamentos, 12, 109, 164, 165; ligamento da nuca, 173
Lillehei, Walton, 120
Linden, David J., 20
Linder, Jeffrey, 50
linfócitos, 195, 197-8
linfoma de Burkitt, 326
linfoma de Hodgkin, 144, 334
língua: bactérias da, 101; cirurgia para gagueira, 110; corpúsculos de Meissner, 20; forma, 173; mapa da, 102; músculo, 101-2, 165; nociceptores, 296; papel na fala, 109, 173; papilas gustativas, 102, 107; queimando a, 100, 104, 296; receptores de paladar, 102, 106; sensibilidade, 102; soluços e, 219
Lipes, Wheeler Bryson, 247-8
lipoproteínas, 229-30
lisozima (enzima antimicrobiana), 46, 100
Lister, Joseph, 285
listeriose, 244
Lituânia, 279, 286
lobotomia (leucotomia), 69, 71
Loftus, Elizabeth, 61-2
Lombroso, Cesare, 75, 78
Loughna, Siobhan, 114, 159
Lower, Richard, 128
Lucy (proto-humana), 171-4
lúpus, 196, 204
Luxemburgo, 280

macacos, 78, 172
Macaulay, Thomas Babington, 95
MacDonald, Betty, 315
Machin, Anna, 37*n*
MacLean, Paul D., 57
Macleod, Iain, 217
Macleod, J. J. R., 138

macrófagos, 195, 209
"mal de monge", 192
mal de Parkinson, 57, 262, 272, 363
malária, 42, 98, 132, 193, 305
Mallon, Mary (Maria Tifoide), 312
mamíferos, 22, 25-6, 39, 81, 95, 105, 111, 143, 173, 183, 197, 209-10, 250, 253, 259, 276, 311
Manchúria, 193
mandíbula, 173
manganês, 10
Mank, Judith, 272
manobra de Valsalva, 90
manobra Heimlich, 98
mãos, 21, 157, 164-7, 295-6, 299
Marat, Jean-Paul, 76
marca-passo, 120
Marchant, Jo, 359
Maria, rainha da Escócia, 76
Martin, Paul, 256
mastectomia, 327, 329
mau hálito matinal, 100-1
McCafferty, John, 122
McGinnis, Michael, 338
McKeown, Thomas, 340, 350
McNeill, Daniel, 80, 85
Medawar, Peter, 38-9, 139, 168, 200-1
mediterrânea, dieta, 234-5
medula espinhal, 295, 298
Medvedev, Zhores, 353
Meissner, corpúsculos de, 20
Meissner, Georg, 20
Meister, Markus, 92
melanina, 18, 22-3
melanócitos, 22
melatonina, 258-9
Melzack, Ronald, 294
memória, 58; armazenamento de, 62-4; campeonato de, 64; capacidade de formar novas memórias, 64; células T de, 198; de curto prazo, 63; de longo prazo, 63; de reconhecimento, 63; de trabalho, 63; declarativa, 63; efeitos da doença de Alzheimer na, 360-1; envelhecimento celular e, 354; falsas memórias, 61; hipocampo e, 58, 64-5, 92, 293; osteocalcina e, 163; perda de, 306, 361; processual, 63; sonhos e, 255; sono e consolidação da, 252, 256
meninges, 71, 300
menopausa, 271, 274, 334, 356-7
menstruação, 274, 281, 357
mergulhadores, 210
Merkel, células de, 20
meticilina, 51
metil mercaptano, 100
México, 178, 316
micróbios, 35, 153; catalogação de, 153; causadores de náuseas, 244; causando doenças, 37, 307, 310n; comensais, 37; da boca, 101; do solo, 307, 335; *E. coli* (bactéria), 249-50; efeito da temperatura, 185; enganando o sistema imunológico, 198-9; microbioma intestinal, 36; microbioma vaginal, 288; papel no corpo humano, 34-5; parto e, 288; pele, 31; quantidade no corpo humano, 36, 289; resistência a antibióticos, 48-52; transferência de, 37-8, 41; variedades no corpo humano, 37, 41-2; vírus gigantes, 43; *ver também* bactérias; vírus
"microexpressões" faciais, 80
mielina, 66-7, 295
Miller, Jacques, 198
Mitchell, Peter, 188
mitocôndrias, 13, 36, 125, 273
Mitsugor , Band , 103
Molaison, Henry, 64-5
molibdênio, 10
Moniz, Egas, 69
monócitos, 197
monóxido de carbono, 125-6
Monroe, Marilyn, 110
Moreno, Alcides, 190
morfina, 100, 211, 301, 329
Morris, Desmond, 87, 277
Morris, Jeremy, 175
morte: causas de, 16, 67, 72, 115, 247, 322,

337-9, 362-3; experiências de quase-morte, 364; gripe como causa de, 310, 319-20, 338, 363; mortalidade infantil, 212, 290, 339; no parto, 175, 284-5; número anual de mortes no planeta, 363; prever a, 364; processo da, 364-6; rigor mortis (rigidez cadavérica), 143, 365; síndrome da morte noturna súbita e inesperada, 117; súbita, 117; suicídios, 121, 126, 259, 272, 314, 338; tratamento desnecessário de doentes terminais, 364

mosquitos, 42, 316

Mouritsen, Ole G., 107

MRSA ("Staphylococcus aureus resistente à meticilina"), 51

Mukherjee, Siddhartha, 268, 321

mulheres: Alzheimer em, 271-2; amamentação, 146, 289-90; anatomia sexual feminina, 275; aspirina e, 350; ataques cardíacos em, 117, 272; atratividade avaliada por homens, 80; câncer de mama, 261, 329, 345, 347; carregando sacolas, 272; clitóris, 20, 275; diferenças genéticas entre homens e mulheres, 271; doenças autoimunes em, 204, 272; ensaios clínicos, 272; enxaquecas em, 300; esclerose múltipla, 318; estrogênio, 147-8, 275, 281, 357; expectativa de vida, 148, 337, 358; fraturas em, 170; fumantes, 217-8; gagueira em, 110; gravidez, 23, 218, 282-3, 286; idade da primeira menstruação, 281; idade do primeiro parto, 280; menopausa, 271, 274, 334, 356-7; menstruação, 274, 281, 357; metabolização do álcool, 272; mitocôndrias, 273; nível diário recomendado de vitamina A, 226; ossos femininos, 271; ovários, 141, 148, 275, 277, 280, 284; óvulos, 275, 280-2, 357; parto, 175, 280, 284-8, 358; pesquisas sobre sexualidade feminina, 269-70; ponto G, 274; pré-eclâmpsia, 286-7; pressão arterial de, 115; remoção cirúrgica dos ovários (ooforectomia), 284; reserva de gordura em, 271; risco de câncer em, 324; sedentarismo em, 179; sensibilidade tátil das, 21; sobrepeso e obesidade, 178, 286; sono REM, 255; taxa de sobrevivência do câncer, 344; tempo de trânsito intestinal, 241; testosterona em, 147-8, 275; trabalhadoras contaminadas por rádio, 330; tubas uterinas, 160, 275, 282; útero, 146, 275, 282, 287-8, 290; vulva, 275

Murray, Joseph, 201-2

músculos: aparelho digestivo, 96; arrepios, 26; colágeno nas fibras musculares, 163; comportamento no sono REM, 254; coração (músculo cardíaco), 116, 165; das mãos, 165-6; deglutição, 96; diafragma, 148, 209, 218, 315; do braço, 158; doença de Akureyri, 305-9; dores musculares, 293, 306; elasticidade muscular, 15; energia consumida pelos, 54; esfíncter, 165; expressões faciais, 79-80; fibras musculares, 163; fornecimento de sangue para os, 23, 114, 116, 151, 177; glúteos, 173; lei da inervação recíproca, 297; língua, 101-2, 165; massa muscular, 165; mastectomia e, 328; no ouvido, 86, 88; nos olhos (íris), 85; papel na fala, 109; pulso e, 158; quantidade no corpo, 165; relógio biológico, 258; rigor mortis (rigidez cadavérica), 143, 365; tendões e, 164; tônus muscular, 165

mutações genéticas, 14-5, 24-5, 35, 317, 324, 353, 360

Nadal, Rafael, 164

narcolepsia, 262

nariz: escorrendo, 208; experimento da "coriza" com corante, 40; forma, 81-2; manobra de Valsalva, 90; receptores olfativos, 91-2; sentido do olfato, 91-2, 107

nazismo, 119, 192-3, 274, 291

Neandertal, homem de, 109

nefrite, 144

neurociência, 65, 68, 257

neuromiastenia epidêmica, 306

neurônios: armazenamento de memória, 62;

bainha de mielina, 66; células nervosas do cérebro, 55; consciência e, 68; falhas dos, 72; morte de, 262; núcleo supraquiasmático, 258; origem do termo "neurônio", 96; papel das células da glia, 67; produção de novos, 67; quantidade no cérebro humano, 55, 57; sinapses, 55, 66, 297
neutrófilos, 195, 197
nevralgia do trigêmeo, 293
Newton, Sir Isaac, 102, 297
Nilo ocidental, vírus do, 307
nióbio, 11
Nissen, Steve, 124
nitrogênio, 10, 34, 204, 250; dióxido de nitrogênio, 326
Nobel, Alfred, 147
nociceptores, 295-7, 300
Nordby, Erika, 190
Normann, Wilhelm, 231
Noruega, 122, 202, 363
Nova Zelândia, 212, 344, 350
nuca, ligamento da, 173
núcleo supraquiasmático (cérebro), 258
Nuland, Sherwin B., 153, 365

obesidade, 178; alergias e, 204; asma e, 212; doença cardíaca e, 118; expectativa de vida na Costa Rica, 359; fome e, 232-3; IMC (índice de massa corporal), 178; insuficiência renal e, 153; materna, 286; na França, 178-9; números globais, 178-9; países ricos, 178; paradoxo da, 180; perda de peso com exercícios, 179; relação com nascimento por cesariana e, 288; sobrepeso e, 149, 177-8, 180, 240, 325
óleo de coco, 231, 237
olfato: córtex olfativo, 92; detecção de odores, 92; papel no paladar, 107; perda do, 93; receptores olfativos, 91-2
olhos, 82, 86; bastonetes e cones, 82-3, 85, 257; células ganglionares fotossensíveis, 257; cílios e, 81; cor dos, 24, 85; cor dos, 24; córnea, 83-4, 163; coroide, 83; criptas de Henle, 166n; cristalino, 83; esclera (branco do olho), 83, 85; fóvea, 83-4; globo ocular, 70, 84; íris, 24; lágrimas, 84; nervo óptico, 59, 83, 86; ponto cego, 86; retina, 60, 83, 257
Ollivere, Ben, 21, 157-8, 162, 208
ooforectomia (remoção cirúrgica dos ovários), 284
opiáceos, 142, 154, 160, 283, 302
ópio, 211
opioides, 302-3
opiorfina (analgésico da saliva), 100
Osborne, Charles, 218-9
Osler, William, 131
ossos: crânio, 33, 70, 74, 288; crescimento dos, 163-4; da coxa, 172; das mãos, 163, 165; dos pés, 163, 167-8; e a capacidade de fala, 109; efeitos da radiação, 330; efeitos do envelhecimento, 169-70; efeitos do exercício, 163-4, 176; enxertos, 192-3; femininos, 271; fratura e calcificação, 163-4; material orgânico e inorgânico, 163; medula óssea, 195, 198; número de, 162; ossículos dos ouvidos, 87-8; osteocalcina, 163; produção de hormônios, 163; seios da face, 208; sesamoides, 162-3; tamanho corporal, 160, 168, 188; tecidos conjuntivos, 165; vitamina D, 23
osteocalcina, 163
Osterberg, Swede, 221
ouvido: aparelho vestibular, 89; canal auditivo, 87; cera de, 195; cóclea, 88; efeito de Valsalva, 90; estereocílios, 88; exterior (pavilhão auricular), 87; ossículos, 87-8; reflexo acústico, 88; tímpano (membrana timpânica), 60, 87-90; trompa de Eustáquio, 89-90
ovários, 141, 147-8, 275, 277, 280, 284
óvulos, 275, 280-2, 357
Owen, Adrian, 73-4
óxido nítrico, 133-4
óxido nitroso (gás hilariante), 128, 133
oxigênio, 10, 34, 113, 116, 124-5, 128, 135, 192,

209-10, 221; carboidratos e, 229; células e, 13, 124, 134, 177; componente do corpo humano, 10; gorduras e, 229; hemoglobina e, 125; inalar e exalar, 207-8; papel da placenta, 286-7; prendendo a respiração, 210; privação (hipóxia), 192; processo de envelhecimento, 355; suprimento no sangue, 75, 83, 116, 128
oxitocina, 142, 146-7

Pacini, corpúsculos de, 20
Paget, Stephen, 330
Painter, Theophilus, 267
paladar: audição e, 108; cérebro e, 108; comida picante, 104-5, 296; cozimento dos alimentos, 223; identificação, 105; olfato e, 107; perda do, 93; receptores de, 102, 106; sal e, 237; *umami*, 106-7; visão e, 108
pâncreas: câncer de, 325; como glândula endócrina, 141, 150; funções do, 138, 150; hormônios e, 145; insulina produzida pelo, 103, 138, 150; relógio biológico, 258; tamanho e forma, 150
papel-moeda, germes em, 41
papilomavírus humano, 326
Paquistão, 313
parada cardíaca, 116
parassonias, 263
Parker, Dorothy, 18
Parker, Janet, 313-4
Parkinson, mal de, 57, 262, 272, 363
parto: cesariana, 288-9; contrações do útero, 146; dor, 284, 288; fases do, 287; febre puerperal, 284-5; idade da mãe, 280; menopausa e, 357; micróbios, 288; morte no, 175, 284-5; tamanho do canal de, 287-8; *ver também* gravidez
Pasternak, Charles A., 205
Pasteur, Louis, 312
pasteurização do leite, 244
Pauling, Linus, 227
Pearce, Neil, 212-5
pedras *ver* cálculos

pele: ácaros na, 32; camada subcutânea de gordura, 19; câncer de, 23; células da, 19, 356, 365; coceira (prurido), 32-3; cor da, 21-5; derme, 19-20; envelhecimento, 356; enxertos de, 200-1; epiderme, 19, 21; glândulas sebáceas, 19-20, 29; glândulas sudoríparas, 19, 29-30, 141, 190; impressões digitais, 27-8; micróbios da, 31; receptores da, 20; sem pelos (glabra), 25, 173; tamanho da, 18-9
pelos: ciclo de crescimento de, 27; dos mamíferos, 26; faciais, 27; folículos capilares, 19, 26, 33; nas axilas, 26-7; pele sem, 25, 173; perda de pelos corporais, 29; pessoas peludas, 25; pubianos, 26; secundários, 27; *ver também* cabelos
pelve, 17, 170, 172, 175, 287-8
Penfield, Wilder, 64, 297
penicilina: bactérias Gram-negativas e, 336; descoberta da, 45, 100; desenvolvimento e primeiro uso, 46-7, 297; e o prêmio Nobel de Fleming, 34, 48; impacto nas doenças infecciosas, 339-40; na febre puerperal, 285; produção nos EUA, 47; resistência à, 48, 50
pênis, 20, 154, 276-7
Pepys, Samuel, 137, 154-5
Perutz, Max, 200, 340
pés, 25, 30-1, 163, 167-8, 173
pescadoras de pérolas, 210
pescoço, 76, 97, 159, 172, 209, 230, 274-5, 300
peste bubônica, 311, 316
Petri, Julius Richard, 44-5*n*
Pettenkofer, Max von, 44
Pfizer, 363
Picardia, suores da, 307
picnodisostose, 318
pimentão, 105
pimentas, 104-5
pineal, glândula, 141, 258-9
Pinkel, Donald, 333
piscar, 12, 73, 76, 165, 282
Pithovirus sibericum (vírus), 39

pituitária, glândula, 141-2
placas beta-amiloides, 361-2
placebos, 303-4; efeito placebo, 303
placenta, 286-7
plaquetas, 125-7
plasma sanguíneo, 125, 186
Platts-Mills, Thomas, 215
pneumonia, 42-3, 50, 123, 211, 309, 322, 363
polegares, 166
Polinésia, 22
poliomielite, 306
Polônia, 285
ponte de safena, 120-1
ponto G, 274
Pope, Alexander, 115
potássio, 10, 227
Pott, Percivall, 325
Powassan, vírus de, 307
Pratten, Margaret "Margy", 159, 164
pressão arterial: alta (hipertensão), 11, 115-6, 118, 152, 238, 240, 252, 261, 286, 359; efeitos do sal, 237-8; efeitos do sono, 252; medicação para, 348; medição da, 114; papel do cortisol, 144; papel do óxido nítrico, 133; papel do potássio, 227; papel do tálamo, 262; papel dos rins, 152; pré-eclampsia, 286-7; redução da, 105, 348; rubor de raiva, 23; variação durante o dia, 114, 258
Primeira Guerra Mundial, 65, 186, 332, 341
príons, 262
prisioneiros de guerra, experimentos em, 193-4
Proctor, Lita, 39
progesterona, 147
Projeto de Biodiversidade do Umbigo, 31
propriocepção, 82, 297
prostaglandinas, 195, 287
próstata, 276, 346; câncer de, 227, 299, 322, 334, 346-7
proteínas: aminoácidos, 106, 228-9; anticorpos, 15; antígenos, 131-2; beta-amiloide, 261, 349, 360-1; coagulação do sangue, 126; códigos genéticos para produção de, 15; colágeno, 163; como componente fundamental

da dieta humana, 224; deficiência de, 228; demência e proteína beta-amiloide, 360-1; e as cepas de gripe, 319; enzimas, 100; fígado produzindo, 148; hemoglobina, 36, 124-5, 135; hormônios, 140; huntingtina, 317; insulina, 103, 138-40, 146, 150, 343; lipoproteínas, 229-30; nas células, 13; no cérebro, 53; no corpo, 15, 228; príons, 262; proteínas tau, 361; sistema imunológico e, 200; titina, 15; transferidas no beijo, 37
protistas, 37, 41-2
protozoários, 37, 42
Proust, Marcel, 211
Prout, William, 224
Prowazek, Stanislaus von, 316
Prusiner, Stanley, 262n
ptialina, 100
puberdade, 145-6, 212, 263, 281, 318, 325
pulmões, 208-10; aparelho respiratório, 210; asma, 211, 213, 215; câncer de, 16, 215-8, 326, 334, 346; capacidade dos, 209-10; cavidade pleural, 99, 209; do feto, 287; hormônios e, 145; limpeza dos, 208; movimento, 68; nitrogênio, 34; peso dos, 209; prendendo a respiração, 210; problemas pulmonares, 210-1; receptores de paladar nos, 103; suprimento de sangue para os, 113, 128, 135; tamanho dos, 13, 210; tuberculose, 314-5; vírus em, 39
pulso, 157-8
Purkinje, Jan, 28
Purves, Sir Thomas Fortune, 89
putrescina (composto químico), 365

quadris, 52, 169-70, 174, 272, 344
quase-morte, experiências de, 364
quatro "humores", 129, 150
quedas, sobrevivendo a, 189-90
queixo, 82
quemocinas, 195
questionário McGill, 294
quimioterapia, 332-4, 364

radicais livres, 355
rádio (elemento químico), 330
radioterapia, 330-3, 346
raios ultravioleta, 18, 23, 25, 40
raios X, 331
ratos de laboratório, 47, 145, 217, 249, 251, 349, 363
Real Sociedade (Londres), 10-1, 115, 128, 184, 297
Rechtschaffen, Allan, 253
Rector, Dean, 247-8
Reino Unido, 40, 47, 57, 95, 117, 143, 160, 175, 212, 227, 263, 271, 285-6, 290, 330, 341, 344-5, 349
Reino Unido *ver* Grã-Bretanha
relógios internos, 257-8, 260
República Tcheca, 286
resfriados, 40
respiração: agonal, 364; apneia do sono, 261; atividade respiratória, 215-7; controle da, 210; crianças, 215; efeitos do Alzheimer, 361; envelhecimento e, 355; forma do nariz, 82; ofegante, 29; papel do tronco cerebral, 57; poluentes e, 326; prendendo a respiração, 210; soluços e, 218
retrovírus, 203
Rice, Andrew, 301
Richards, Dickinson, 119
Ricketts, Howard Taylor, 316
Rickettsia (bactérias), 312, 316
Riddoch, síndrome de, 73
rigor mortis (rigidez cadavérica), 143, 365
rins, 152; calorias consumidas pelos, 180; câncer de, 325; cirurgia de remoção de um rim, 152; doenças renais, 153, 338; envelhecimento e, 152-3; equilíbrio vital entre os níveis de sal e água no corpo, 152, 232; falência renal, 153; fornecimento de sangue para os, 113, 356; função dos, 152; hormônios e, 145; palavra, 153; pedras nos, 153, 154*n*; relógio biológico, 258; tamanho dos, 152; transplante de, 104, 201; túbulos de Henle, 166*n*

ritmos circadianos, 257, 259-60
RNA, 13, 125
Roach, Mary, 250, 273
Robinson, George, 77
Rollins, Katie, 242
Romênia, 212
ronco, 89, 111, 261
Röntgen, Wilhelm, 331
Roosevelt, Franklin Delano, 118
Rothwell, Peter, 349-50
Rous, Peyton, 326
Rousseau, Jean-Jacques, 241
Rowbotham, Timothy, 43
Rudolph, Lauren Beth, 243
Ruffini, corpúsculos de, 20
Rush, Benjamin, 130
Rush, Boyd, 121*n*
Rússia, 212

Sacks, Oliver, 56, 300
sal, 30, 106, 152, 237-9
saliva: analgésico (opiorfina), 100; composição da, 100; efeitos do sono, 100; glândulas salivares, 100, 141; lisozima (enzima antimicrobiana), 46, 100; na amamentação, 289; produção de, 111, 298; quantidade diária secretada, 100
Salmon, Daniel Elmer, 243
salmonela (bactéria), 199, 243-4, 312
Salvarsan (droga), 45
Sandoz, 122
sangrias, 129-31, 283
sangue: armazenamento, 133-4; artificial, 133, 135; células brancas do sangue *ver* glóbulos brancos; células vermelhas do sangue *ver* glóbulos vermelhos; coagulação, 126; cor do, 126*n*, 128; exames de, 125, 133; fator Rh, 131; hemoglobina, 36, 124-5, 135; papéis do, 124; plaquetas, 125-7; plasma sanguíneo, 125, 186; quantidade no corpo, 124; tipos sanguíneos, 131-2; transfusão de, 128-9, 132-5; *ver também* pressão arterial; vasos sanguíneos

423

sarampo, 311, 340
sarcomas, 324
Schatz, Albert, 335-7, 339
Scheerer, Richard, 83
Scheffer, Henri-Léon, 28
Scoville, escala (de calor de pimentas), 105, 295
Scoville, Wilbur, 104-5
Scoville, William, 64-5
Searle, John R., 68
sede, 58, 232
Seested, John, 308
Segunda Guerra Mundial, 30, 47, 189, 192, 200, 233
Segura Vendrell, Aleix, 210
selênio, 11
sêmen, 276-7; vesículas seminais, 276
Semmelweis, Ignaz, 284
Senning, Åke, 120
Serra Leoa, 310
sexo: anatomia sexual feminina, 275; anatomia sexual masculina, 276; contagem de espermatozoides, 279; cromossomos, 266-8; determinação do, 265-7; diferenças genéticas entre homens e mulheres, 271; endorfinas liberadas no ato sexual, 142; feromônios, 26, 147; função sexual controlada pelo hipotálamo, 58; herança genética, 268; pelos secundários e maturidade sexual, 27; pesquisas e estatísticas, 268-71; testosterona e impulso sexual, 148; troca de micróbios no ato sexual, 37
Shakespeare, William, 9, 156, 236, 251, 278n
Sherrington, Charles Scott, 296-7
Sibéria, 39, 314
Siffre, Michel, 259
sífilis, 45, 301
Silbermann, J. T., 221n
Simon, Gustav, 152
sinapses, 55, 66, 296-7
síndrome da fadiga crônica (SFC), 306n
síndrome da morte noturna súbita e inesperada, 117
síndrome de Anton-Babinski, 73

síndrome de Capgras, 73
síndrome de Down, 78, 162
síndrome de encarceramento, 73
síndrome de Klüver-Bucy, 73
síndrome de Korsakoff, 362
síndrome de Riddoch, 73
sistema imune: amamentação e, 289-90; amígdalas e adenoides, 96; asma e, 214; baço e, 151; células B, 195, 197-8; células imunes, 195-9; células T, 195, 197-8; defesa contra células cancerígenas, 16; defesas contra células cancerígenas, 16, 196, 198, 203, 206; doenças autoimunes, 125, 196, 204, 272; efeitos do sono sobre o, 252; enfraquecido, 51; envelhecimento e, 356; glóbulos brancos, 126, 197, 199; imunidade adaptativa, 198; inflamação e, 199; linfócitos, 195, 197-8; papel do, 197-8; papel do exercício no fortalecimento do, 176; plasticidade do, 290; proteínas e, 200; reações alérgicas e, 199, 203; terapia de células T CAR, 206; terapia de checkpoint, 206; transplantes e, 201-3; vitamina D fortalecendo o, 23
sistema nervoso: autônomo, 186, 298; central, 67, 296, 298, 317; parassimpático, 298; periférico, 298; simpático, 298; somático, 298
Smith, Theobald, 243
sobrancelhas, 81
sobrepeso, 149, 177-8, 180, 240, 325
soluços, 218-9
sonambulismo, 263
sonhos, 58, 253-6, 364
sono, 252; apneia do, 261; bocejo, 263; distúrbios do, 261-3; fases do, 254; insônia, 211, 261-3; insônia familiar fatal, 261; narcolepsia, 262; papel do, 252; privação de, 251, 261; quantidade ideal de, 253, 261; ronco, 89, 111, 261; sensação de queda (espasmo hipnal ou mioclônico), 256; sono REM, 253-5
sorrir, 80
Spiegelhalter, David, 270-1
Sri Lanka, 22

St. Martin, Alexis, 245-6
Stampfer, Meir, 227
Staphylococcus aureus (bactéria), 50-1, 244; MRSA ("Staphylococcus aureus resistente à meticilina"), 51
Stark, Peter, 29
Starling, E. H., 143
Starr, Bernard, 359
Stent, Charles Thomas, 123*n*
Stevens, Nettie, 246, 266-7
Stewart, Payne, 192
Strachan, David, 205
Strange, Jennifer, 232, 330
Styrbæk, Klavs, 107
Sudeste Asiático, 117
Suécia: consumo de calorias na, 343; expectativa de vida na, 342; idade das mulheres no primeiro parto, 280; mortalidade materna, 285; mortes no trânsito, 343; regulamentação do uso de antibióticos, 50
Suíça, 41, 143, 280, 309
suicídios, 121, 126, 259, 272, 314, 338
sulfeto de hidrogênio, 101, 250, 365
sulfonamidas (drogas bactericidas), 46
suor, 29-30; doença do suor, 307
suplementos alimentares, 148, 226-7, 355

tabagismo, 118, 216-7, 226, 235, 313, 325, 338; indústria do cigarro, 218; na gravidez, 218
tálamo, 58, 262
talidomida, 283
taquicardia, 116
tato: memória e, 62; processamento cerebral dos inputs sensoriais, 21, 56; respostas do sistema nervoso, 295; sensibilidade tátil, 21; sentido do, 18-20; transferência de germes, 41, 101, 209
Taylor, Jeremy, 168
Tchecoslováquia, 190
telomerase, 354
telômeros, 354, 359
temperatura corporal, 119, 125, 183-5, 252, 279
tendões, 12, 156-8, 162, 164-5

Tenzing Norgay, Sardar, 191
Terman, Lewis, 233
testículos, 103, 141, 148, 267, 276-7; câncer testicular, 325
testosterona, 142-3, 147-8, 275
Tewksbury, Joshua, 104
Thomas, Lewis, 314
tifo, 193, 311-2, 316-7
timo, 141, 195, 198
tireoide, 141, 146, 204; câncer de, 325
tireoidite de Hashimoto, 204
titina, 15
togotovirus, 308
Torgerson, Warren S., 294
Toulouse-Lautrec, Henri de, 318
toxemia (pré-eclampsia), 286
Tracey, Irene, 294-5, 299-303
tracoma, 316-7
transplantes de órgãos, 121-2, 201-3, 365
trifosfato de adenosina (ATP), 187-8, 260
trigêmeo, nevralgia do, 293
trimetilamina, 101
trompa de Eustáquio, 89-90
Trump, Donald, 290
tubas uterinas, 160, 275, 282
tuberculose, 117, 162, 244, 311, 314-6, 321, 336, 338, 340, 348
túbulos de Henle, 166*n*
tularemia, 307
tumores, 217, 304, 322*n*, 331, 345; no cérebro, 32, 69, 300; *ver também* câncer

umami (sabor), 106-7
umbigo, 31
União Europeia, 50
Unidade 731 (Manchúria), 193-4
Updike, John, 110
urina, 47, 92, 126, 137, 147, 152-3, 184, 276, 334
útero, 146, 275, 282, 287-8, 290
úvula, 95, 111

vacinação, 198, 310-1, 314, 319-20, 340
vagina: detectores de dor na, 106; lábios va-

425

ginais, 275; ponto G, 274; secreções vaginais, 274
Valsalva, Antonio Maria, 90
vanádio, 10
varicela-zóster, 39
varíola, 162, 193, 313-4, 321
vasos sanguíneos: angioplastia, 123-4; comprimento, 13, 124; depósitos de placas nos, 230; envelhecimento, 356; inflamação, 199; na derme, 19; no olho, 83; pressão arterial, 114; queimaduras solares e, 23; rotas reconfiguradas, 173; testes de dilatação e contração dos, 119; *ver também* sangue
vegetarianismo *ver* dieta vegetariana
velhice, 40, 170, 339, 352-3, 356, 363
verme-da-guiné, 316
Vesalius, Andreas, 160
vesícula biliar, 151-3, 328
vesículas seminais, 276
vilosidades intestinais, 246
Viña, José, 353
Virgílio, 110
vírus, 37-9; bacteriófagos, 52, 249; causa de câncer, 326; de Bourbon, 308; de Heartland, 308-9; dengue, 287; descrição de, 38; ebola, 310; efeitos da temperatura sobre a taxa de replicação viral, 184; gigante ("coco de Bradford"), 43; gripe, 196, 310, 319; hipervirulência, 310; HIV, 342; inerte, 39; mutações em, 196; não patogênicos, 39; oceânicos, 39; origem do termo, 38-9; papilomavírus humano, 326; *Pithovirus sibericum*, 39; de Powassan, 307; quantidade na água do mar, 39; quantidade no corpo humano saudável, 39; resfriado comum, 40; retrovírus, 203; saltando a barreira entre espécies, 311; teoria de desenvolvimento da asma, 215; togotovírus, 308; transferência pela pele, 40-1; varicela-zóster, 39; vírus do Nilo ocidental, 307; Zika, 287
visão, 82-6; papel na avaliação do sabor, 108; *ver também* olhos
vitamina A, 226-7, 236
vitamina B, 225
vitamina C, 17, 227, 356
vitamina D, 22-4, 152, 225
vitamina E, 227, 356
vitaminas: conceito de, 222, 224; definição de, 225-6; descoberta e nomenclatura, 225; papel do fígado no armazenamento e absorção de, 148; papel do intestino grosso na absorção de, 249; risco de ingerir demais, 226; suplementos vitamínicos, 227, 356
Vormoor, Josef, 323-4, 333
Vulovi , Vesna, 190
vulva, 275

Wadlow, Robert, 141
Wagner, Rudolf, 20
Waksman, Selman, 336-7
Waldeyer-Hartz, Heinrich Wilhelm Gottfried von, 96, 265, 280
Wall, Patrick, 299, 303
Washburn, Arthur L., 185-6
Washington, George, 129
Washkansky, Louis, 121
Wass, John, 141, 144, 146
Willett, Walter, 180
Willner, Dana, 39
Wilson, Edmund Beecher, 267
Wood-Allen, Mary, 284
Wootton, David, 129
Worboys, Jonathan, 199
Wrangham, Richard, 223
Wright, James Homer, 126
Wynder, Ernst, 216-7

Yong, Ed, 311

Zacharski, Leo, 226
zigoto, 281-2
Zika (vírus), 287
Zilles, Karl, 65
Zimmer, Carl, 232, 250
zircônio, 11
Zuk, Marlene, 339

ESTA OBRA FOI COMPOSTA POR ACOMTE EM MINION E IMPRESSA PELA
GEOGRÁFICA EM OFSETE SOBRE PAPEL PÓLEN SOFT DA SUZANO S.A.
PARA A EDITORA SCHWARCZ EM JANEIRO DE 2020

A marca FSC® é a garantia de que a madeira utilizada na fabricação do papel deste livro provém de florestas que foram gerenciadas de maneira ambientalmente correta, socialmente justa e economicamente viável, além de outras fontes de origem controlada.